RESERVA ECOLÓGICA DE MACAÉ DE CIMA

NOVA FRIBURGO - RJ

ASPECTOS FLORÍSTICOS DAS ESPÉCIES VASCULARES

VOLUME 2

MINISTÉRIO DO MEIO AMBIENTE, DOS RECURSOS
HÍDRICOS E DA AMAZÔNIA LEGAL
INSTITUTO DE PESQUISAS
JARDIM BOTÂNICO DO RIO DE JANEIRO

RESERVA ECOLÓGICA DE MACAÉ DE CIMA

NOVA FRIBURGO - RJ

ASPECTOS FLORÍSTICOS DAS ESPÉCIES VASCULARES

VOLUME 2

Marli Pires Morim de Lima
Rejan R. Guedes-Bruni
(organizadoras)

Rio de Janeiro
1996

INSTITUTO DE PESQUISAS
JARDIM BOTÂNICO DO RIO DE JANEIRO
Rua Pacheco Leão 915 - Jardim Botânico - 22.460-030 -Rio de Janeiro - RJ

ISBN 85-7224-002-0 (obra completa)
ISBN 85-7224-004-7 v.2

Ilustração da capa:
Tab. Physiognom. VI da Flora Brasiliensis –
Vol. I – Pars I – C.F.Ph. de Martius

Diagramação: MG Textos Editoriais ME.

Reserva Ecológica de Macaé de Cima : Nova Friburgo - RJ : Aspectos Florísticos das Espécies Vasculares / Jardim Botânico do Rio de Janeiro . Marli Pires Morim de Lima, Rejan R. Guedes-Bruni (organizadoras). – Rio de Janeiro : Jardim Botânico, 1994.

3 v.

ISBN 85-7224-002-0 (obra completa)

1. Botânica - Nova Friburgo (RJ). 2. Reserva Ecológica de Macaé de Cima (RJ). I. Lima, Marli Pires Morim de. II. Guedes-Bruni, Rejan R. III. Jardim Botânico do Rio de Janeiro.

CDU 581.9 (815.3)

Impresso no Brasil/Printed in Brazil

AGRADECIMENTOS

Ao Ministério do Meio Ambiente, dos Recursos Hídricos e da Amazônia Legal na pessoa do Exmo. Sr. Ministro, Dr. Gustavo Krause pelo apoio dispensado ao Jardim Botânico do Rio de Janeiro, em suas linhas de pesquisas e estudos na Mata Atlântica.

À Secretária Executiva do Ministério do Meio Ambiente, Dra. Aspásia Camargo pelo estímulo constante às questões científicas e, em especial, ao Programa Mata Atlântica do Jardim Botânico do Rio de Janeiro no âmbito do MMA.

Ao Dr. Raul Jungmann, ex-presidente do IBAMA e atual Ministro Extraordinário de Política Fundiária, pela atenção dispensada às questões da investigação científica bem como pelo respeito ao posicionamento do Programa Mata Atlântica no tocante aos limites do bioma, para fins de manejo e conservação, mesmo quando divergiram de suas convicções teóricas.

Ao Diretor do Instituto de Pesquisas Jardim Botânico do Rio de Janeiro, Dr. Sérgio de Almeida Bruni, pela dedicação e esforço sempre empreendidos à pesquisa da Casa de D.João VI, possibilitando assim a publicação desta obra.

Aos pesquisadores e colegas que, por acreditarem em um ideal maior, investiram muito do seu tempo frente a coordenação do Programa Mata Atlântica, não medindo esforços para assegurar a continuidade de nossos estudos, proporcionando assim, paulatinamente, o alcance dos objetivos propostos: Gustavo Matinelli (1988/91), Haroldo Cavalcante de Lima (1991/93) e Tânia Sampaio (1993/95).

À MacArthur Foundation e Shell Brasil S.A., com o apoio da Fundação Margaret Mee, que vêm implementando as linhas de pesquisa do Programa Mata Atlântica, assegurando a continuidade dos esforços em resgatar conhecimentos e conservar os remanescentes de Mata Atlântica.

Ao CNPq pelas bolsas concedidas aos graduandos, integrantes do Programa Institucional de Bolsas de Iniciação

Científica (PIBIC), possibilitando a formação de recursos humanos.

À equipe do Centro de Informações e Serviços do Programa Mata Atlântica, especialmente a Eduardo C Dalcin, Renato Pizarro e Luciana Solano pelo empenho na manutenção da base de dados do Programa Mata Atlântica.

À Professora Maria de Fátima Freitas pelo apoio na revisão nomenclatural da base de dados informatizada do Programa Mata Atlântica.

Aos membros da Comissão de Publicações do Jardim Botânico do Rio de Janeiro, pelas sugestões e, especialmente, ao editor, Carlos Alberto P.Cabral, pelo entusiástico acompanhamento ao longo do processo editorial.

Aos autores dos artigos aqui reunidos que acreditaram nos objetivos desta obra empenhando-se no enriquecimento das informações aqui contidas.

À Dra. Graziela Maciel Barroso por acreditar no "novo" e com isto incessantemente semear, despertar e estimular vocações.

A todos, nossos sinceros e renovados agradecimentos.

SUMÁRIO

APRESENTAÇÃO

Considerada a segunda floresta tropical mais ameaçada, entre as 15 regiões identificadas mundialmente como "hotspot" (áreas com alta biodiversidade, altas taxas de endemismo e ao mesmo tempo com alta pressão antrópica), a Mata Atlântica ocupa posição prioritária nos esforços mundiais para a conservação da biodiversidade.

Respondendo no passado por 97% da cobertura vegetal do estado do Rio de Janeiro, encontra-se atualmente restrita a aproximadamente 10% de sua área original, num processo cada vez mais acelerado de dilapidação das áreas naturais.

O Jardim Botânico do Rio de Janeiro, iniciou, em 1988, o Programa Mata Atlântica, com o objetivo de resgatar , através de levantamentos florísticos sistematizados, os remanescentes florestais circunscritos aos limites da Floresta Pluvial Atlântica no Estado do Rio de Janeiro. A partir daí, instrumentar-se para fornecer uma visão global e analítica da sua diversidade florística e participar dos processos de conservação e manejo destes remanescentes foi sua segunda meta.

Este trabalho teve início na região da Serra de Macaé, cujos resultados alí obtidos vêm sendo publicados na obra intitulada RESERVA ECOLÓGICA DE MACAÉ DE CIMA, Nova Friburgo-RJ: Aspectos Florísticos das Espécies Vasculares, que hoje lança seu segundo volume.

Somente o esforço integrado de várias instituições - Shell do Brasil S.A., MacArthur Foundation,Ministério do Meio Ambiente dos Recursos Hídricos e da Amazônia Legal, Fundação Margaret Mee,CNPq, em parceria com o Jardim Botânico do Rio de Janeiro - possibilitou a realização desta pesquisa que vem contribuindo, de forma sistemática, para um maior conhecimento deste bioma e, consequentemente, sua recuperação, ainda que parcial.

Ao apresentar este volume ao público o faço com o sentimento de estar cumprindo mais uma etapa da missão institucional que o Jardim Botânico do Rio de Janeiro se propõe, de contribuir para a conservação da biodiversidade.

SERGIO BRUNI
Diretor do Instituto de Pesquisas
Jardim Botânico do Rio de Janeiro

INTRODUÇÃO

O estudo mais acurado sobre as espécies vegetais que ocorrem na Floresta Pluvial Atlântica torna-se, dia a dia, mais premente. O conhecimento sobre suas peculiaridades morfológicas, os ambientes que habitam, associados às suas respectivas regiões geográficas, bem como suas potencialidades, sem dúvida, constituem-se como fundamentais à visão global e analítica da diversidade florística brasileira. O Programa Mata Atlântica do Jardim Botânico do Rio de Janeiro, no decorrer de seus dez anos de atuação, tem coligido e analisado tais informações em relação às áreas até então inventariadas, localidades estas que se dispõem ao longo das serranias fluminenses no complexo montanhoso das Serras do Mar e Mantiqueira.

Conscientes da relevância da divulgação destes resultados, uniram-se esforços na interação dos conhecimentos taxonômicos advindos de pesquisadores de instituições distintas, bolsistas do CNPq e da Fundação Botânica Margaret Mee no sentido de elaborar o segundo volume da obra RESERVA ECOLÓGICA DE MACAÉ DE CIMA, Nova Friburgo - RJ: Aspectos Florísticos das Espécies Vasculares.

Neste contexto, reuniu-se neste volume o estudo de 31 famílias, abrangendo 230 espécies. Os procedimentos metodológicos utilizados nos tratamentos taxonômicos são aqueles já mencionados no primeiro volume.

O somatório dos resultados obtidos, procedentes das abordagens taxonômicas já elaboradas e do levantamento florístico e fitossociológico, é, no presente trabalho, também avaliado. As informações taxonômicas pormenorizadas que ilustram esta avaliação foram extraídas dos respectivos artigos.

Alguns grupos botânicos aqui apresentados não contam com tratamentos taxonômicos recentes ou, paradoxalmente, várias espécies que habitam a área em estudo da Serra de Macaé ainda eram muito pouco conhecidas da taxonomia contemporânea. Consequentemente, nem sempre todos os problemas relativos a estes táxons foram resolvidos, porém acredita-se no princípio científico de que a exposição de problemas é o primeiro passo na busca de sua solução.

Ratificando assim o firme propósito, por todos partilhado, de melhor conservar este ecossistema, acredita-se que os artigos aqui reunidos vêm corroborar as afirmativas anteriores que destacam a exuberância, a singularidade e o ainda desconhecido sobre a flora da Reserva Ecológica de Macaé de Cima.

Interação entre levantamentos florísticos e tratamentos taxonômicos: Avaliação preliminar para a Reserva Ecológica de Macaé de Cima

Marli Pires Morim de Lima[1]
Rejan R. Guedes-Bruni[2]

O índice de redução da cobertura florestal atinente à Floresta Pluvial Atlântica bem como o nível de desconhecimento a respeito de suas espécies vegetais, não só justificam como também induzem, que áreas remanescentes desta formação sejam amostradas de modo a possibilitar, num prazo relativamente curto de tempo, diferentes análises florísticas, cujos diagnósticos possibilitarão o adequado estabelecimento de medidas conservacionistas. Associada a este processo, a taxonomia começa a vislumbrar, já em seu processo inicial de pesquisa, não só a determinação dos táxons, como também a indicação da relevância da região em estudo para os diferentes grupos, quer seja pela riqueza e diversidade de espécies, quer seja pelos problemas taxonômicos que começam a se delinear, ou mesmo por ambos.

Destaque-se como de fundamental importância na interação entre levantamentos florístico-fitossociológicos sistematizados e a taxonomia a possibilidade de ampliação na amostragem dos diferentes grupos taxonômicos. A complexidade verificada nestes grupos advinda não só de aspectos

[1] Instituto Brasileiro de Geografia e Estatística - IBGE / Jardim Botânico do Rio de Janeiro, Rua Pacheco Leão 915, CEP 22460-030, Rio de Janeiro, RJ. Email: pmajb92 @ ax.ibase.org.br

[2] Jardim Botânico do Rio de Janeiro, bolsista de pós-graduação CNPq.

nomenclaturais mas sobretudo da plasticidade morfológica dos táxons, tem encontrado neste esforço de coleta um importante elemento na elucidação de complexos. A identificação de limites entre espécies torna-se muito mais segura, tendo à mão um conjunto de dados, relativos às populações inventariadas, muitas vezes com coletas induzidas à elucidação de determinados problemas, tornando possível, a partir do microcosmo específico ampliar não só a visão taxonômica como biogeográfica. A possibilidade de identificar novas áreas de ocorrência, assim como sinonimizar táxons, torna-se muito mais segura quando dispõe-se de uma ação prolongada no campo que permite resgatar os fenômenos que só a persistência in natura faculta.

O levantamento florístico e fitossociológico realizado na Reserva Ecológica de Macaé de Cima (Programa Mata Atlântica 1990) registrou a ocorrência, até o momento, de 1011 espécies. Deste montante, 462, ou já foram objeto de tratamento taxonômico em Lima & Guedes-Bruni (1994) ou estão sendo no presente volume. Assim, 46%, numa primeira aproximação do conhecimento sobre a flora vascular da Reserva, mostram-se concluídos, o que permite uma avaliação, mesmo que ainda preliminar, do investimento dispensado nos respectivos estudos taxonômicos desenvolvidos.

Os resultados até então obtidos, com a elaboração destes trabalhos, demonstram o quanto tem sido significativo e proveitoso a interação entre estas duas abordagens científicas, uma de caráter generalista (florística e fitossociologia) e a outra particularizada (taxonomia). O levantamento florístico e fitossociológico, além das questões anteriormente explicitadas, estimulou, sem dúvida, o avanço do conhecimento taxonômico em determinados grupos vasculares, os quais, por sua vez, têm proporcionado maior precisão, tanto no conhecimento florístico da região quanto nas análises sobre composição e estrutura de comunidades. Neste tocante, quando avaliada a riqueza de espécies em relação às famílias, estavam, por exemplo, as Rubiaceae representadas por 45 espécies, o que lhes atribuía a quinta posição em relação às demais famílias (Guedes-Bruni & Lima 1994). Hoje, após o tratamento taxonômico a família totaliza 53 táxons específicos (Gomes, 1996) tornando-a a segunda família em riqueza. Outro exemplo significativo é o das Monimiaceae que se faziam representar por 9 espécies e cujo atual tratamento revela a ocorrência de 17 táxons na área em estudo, destacando-se a inclusão de espécies registradas na coleção de Glaziou.(Peixoto & Pereira 1996).

A família Myrtaceae, sem dúvida, figura entre aquelas mais expressivas conferindo à Floresta Pluvial Atlântica relevante singularidade e diversidade de espécies, constituindo-se entretanto num grupo taxonômico complexo e que apenas nos últimos 6 anos vem sendo estudado para o Rio de Janeiro, concomitantemente com as áreas inventariadas pelos programas de pesquisa do Jardim Botânico do Rio de Janeiro (Barroso & Peron 1994). Os avanços taxonômicos têm subsidiado a análise comparativa entre a composição dos diferentes trechos da Floresta Pluvial Atlântica revelando-as, até o presente, como um grupo indicador na caracterização de florestas (Guedes-Bruni et al. em conclusão).

O refinamento pode ser ainda observado nas Compositae, onde dos 40 táxons registrados, 34 eram conhecidos a nível específico. O estudo atual abrange 42 espécies de ocorrência na Reserva (Esteves & Barroso 1996). Na tabela 1 são apresentadas as famílias estudadas neste volume e os respectivos números de gêneros e espécies que abrangem, seguidos, entre parênteses, do número anteriormente registrado (Guedes-Bruni & Lima 1994), quando observadas alterações a nível quantitativo.

Corroborando os exemplos anteriormente destacados, avalia-se a contribuição taxonômica dos trabalhos já elaborados para a Reserva Ecológica de Macaé de Cima tendo-se como parâmetros: (1) espécies, combinações e sinônimos novos, (2) ocorrência exclusiva de táxons, até o momento, para a localidade, (3) espécies documentadas apenas por coleções do século passado e que foram agora resgatadas e (4) ainda aquelas cujos únicos testemunhos de ocorrência constam destas coleções. Os dados sobre os grupos selecionados, segundo a relevância que demonstraram, estão sumarizados na tabela 2.

Às estimativas de ocorrência de 90.000 espécies de plantas superiores nos Neotrópicos devem ser acrescentadas aproximadamente outras 10.000 por serem descobertas (Gentry 1986, 1988). Este relevante dado, que considera fortemente o universo da flora amazônica, serve aos botânicos e conservacionistas contemporâneos como alerta do quanto ainda existe para ser estudado. As florestas ocorrentes ao longo da costa atlântica, hoje sob forte pressão antrópica, abrigam 16% destas espécies.

Conhecer os táxons, analisar seus padrões biogeográficos, desvendar e definir respectivamente suas estratégias reprodutivas e de conservação são ações mais que urgentes, são obrigatórias, porém inexeqüíveis isoladamente.

Tabela 1: Relação de famílias e sumário quantitativo de gêneros e espécies tratados neste volume, Programa Mata Atlântica (1990) e Guedes-Bruni & Lima (1994).

Família	**Gêneros**	**Espécies**
Acanthaceae	3 (1)	8 (1)
Amaranthaceae	1	1
Anonnaceae	5	10 (8)
Apocynaceae	5	7 (6)
Aquifoliaceae	1	5 (2)
Balanophoraceae	2 (1)	2 (1)
Begoniaceae	1	20
Bignoniaceae	9 (5)	10 (5)

Cactaceae	4 (3)	7 (6)
Cannaceae	1	1
Clethraceae	1	1
Chrysobalanaceae	2	2
Commelinaceae	2 (1)	2 (1)
Compositae	12 (9)	42 (36)
Convolvulaceae	1	1
Cornaceae	1	1
Dichapetalaceae	1	1
Gentianaceae	1	1
Icacinaceae	1	1
Lecythidaceae	1	1
Marattiaceae	1	2
Meliaceae	4	5 (4)
Menispermaceae	2	3 (2)
Monimiaceae	3	17 (9)
Onagraceae	1	2
Ophioglossaceae	1	1
Rubiaceae	22 (16)	57 (38)
Schizaeaceae	1	3
Smilacaceae	1	4
Vittariaceae	1	1
Vochysiaceae	1	9 (3)
Zingiberaceae	2	(1) 2
Total: 31	95	230

Tabela 2: Sumário das famílias selecionadas e avaliação segundo parâmetros taxonômicos

Família	Espécies novas	Novas comb.	Sinônimos novos	Registros col. antigas	Registros col. antigas + PMA	Espécies restritas à R.E. Macaé de Cima
Acanthaceae (Profice 1996)	–	3	–	1	–	–
Asclepiadac. (Pereira & Paixão 1994)	–	–	–	4	1	–
Compositae (Esteves & Barroso 1996)	–	–	–	1	5	–
Monimiaceae (Peixoto & Pereira 1996)	1	1	1	8	6	7
Myrtaceae (Barroso & Peron 1994)	1	–	–	1	1	8
Piperaceae (Guimarães 1994)	–	–	–	2	2	–
Rubiaceae (Gomes 1996)	2	–	2	10	–	3

Referências bibliográficas

BARROSO, G.M. & PERON, M. 1994. Myrtaceae. *In:* Lima, M.P.M. de & Guedes-Bruni, R.R.. **Reserva Ecológica de Macaé de Cima, Nova Friburgo - RJ: Aspectos Florísticos das Espécies Vasculares.** Rio de Janeiro, Jardim Botânico, v.1, p. 261 - 302.

ESTEVES, R. & BARROSO, G.M. 1996. Compositae. *In:* Lima, M.P.M. de & Guedes-Bruni, R.R.. **Reserva Ecológica de Macaé de Cima, Nova Friburgo - RJ, Aspectos Florísticos das Espécies Vasculares.** Rio de Janeiro, Jardim Botânico, v.2, p. 189 - 245

GENTRY, A.1986. Sumário de patrones fitogeograficos neotropicales y sus implicaciones para el desarollo de la Amazonia. **Revta. Acad.Colombiana 16**: 101-116.

________. 1988. Changes in plant community diversity and floristic çomposition on enviromental and geographical gradients. **Ann. Missouri Bot. Gard. 75**: 1-34.

GOMES, M. 1996. Rubiaceae. *In*: Lima, M.P.M. de & Guedes-Bruni, R.R.. **Reserva Ecológica de Macaé de Cima, Nova Friburgo - RJ, Aspectos Florísticos das Espécies Vasculares.** Rio de Janeiro, Jardim Botânico, v.2, p. 345 - 426.

GUEDES-BRUNI, R.R. & LIMA, M.P.M.DE. 1994. Abordagem geográfica, fitofisionômica, florística e taxonômica da Reserva Ecológica de Macaé de Cima. *In:* Lima, M.P.M. de & Guedes-Bruni, R.R.. **Reserva Ecológica de Macaé de Cima, Nova Friburgo - RJ, Aspectos Florísticos das Espécies Vasculares.** Rio de Janeiro, Jardim Botânico, v.1, p.17-54.

________. BARROSO, G.M. & SILVA, A.G. da (em conclusão). Myrtaceae de remanescentes florestais do Rio de Janeiro: II.Comparação florística em trechos da Mata Atlãntica.

LIMA, M.P.M.DE & GUEDES-BRUNI, R.R.1994. **Reserva Ecológica de Macaé de Cima, Nova Friburgo -**

RJ, Aspectos Florísticos das Espécies Vasculares. Rio de Janeiro, Jardim Botânico, v.1, 404 p.

PEIXOTO, A.L. & PEREIRA, V. 1996.Monimiaceae. In: Lima, M.P.M. de & Guedes-Bruni, R.R.. **Reserva Ecológica de Macaé de Cima, Nova Friburgo - RJ, Aspectos Florísticos das Espécies Vasculares.** Rio de Janeiro, Jardim Botânico, v.2. p. 299 - 331.

PROGRAMA MATA ATLÂNTICA, 1990. Relatório final. Jardim Botânico do Rio de Janeiro/IBAMA, 220 p.

ACANTHACEAE

Sheila Regina Profice[1]

No estado do Rio de Janeiro a família Acanthaceae está constituída por 19 gêneros e aproximadamente 100 espécies, ocorrendo preferencialmente na Floresta Pluvial Atlântica e com poucos representantes nas matas de restinga. O estágio atual de coleta para a família no Rio de Janeiro reflete a pouca representatividade de algumas espécies, o que impossibilita uma avaliação precisa da distribuição geográfica e consequentemente dificulta a interpretação de aspectos relacionados a endemismo.

As plantas desta família, na Reserva Ecológica de Macaé de Cima, são ervas, subarbustos, arbustos ou lianas, glabras ou pubescentes, indumento constituido por tricomas simples, 1-4 células, às vezes, com tricomas glandulares. Folhas opostas, simples, inteiras, a parte vegetativa e a lâmina foliar muitas vezes com cistólitos, mais visíveis quando herborizados; pecioladas. Flores alvas com anel violáceo, vermelhas ou amarelas, dispostas em fascículos, espigas ou reunidas em inflorescência composta, hermafroditas, zigomorfas ou quase actinomorfas, geralmente bracteadas ou bibracteoladas; cálice profundamente 5-lobado ou truncado e muito reduzido; corola gamopétala, com tubo cílindrico estreitado na base, 5-lobada ou bilabiada; estames 4 ou 2, por vezes 1

[1] Jardim Botânico do Rio de Janeiro, Rua Pacheco Leão 915, CEP 22460-030.

estaminódio, anteras monotecas ou bitecas, rimosas ou porícidas, as tecas paralelas ou sobrepostas ligadas verticalmente ao conectivo; ovário súpero, bilocular raro unilocular por aborto de um carpelo, estilete simples. Fruto drupóide ou capsular, com 4 sementes apoiadas por retináculos ganchosos.

Chave para identificação das espécies:

1. Lianas; face ventral da lâmina foliar com as células basais dos tricomas simples nítidos brácteolas bem desenvolvidas envolvendo parcialmente o tubo da corola; cálice inteiro; 4 estames dídinamos e 1 estaminódio; anteras com poros apicais; fruto drupóide
   2. Flores 1-2 axilares; pedicelo hirsuto; bractéola obovada-oblonga; corola alva com anel violáceo .... 1. **Mendoncia puberula**
   2'. Flores 2-4 axilares; pedicelo ferrugíneo-pubescente; bractéola lanceolado-ovada; corola vermelha.. 2. **Mendoncia velloziana**

1'. Ervas, subarbustos ou arbustos; lâmina foliar com ou sem cistólitos; bractéolas reduzidas; cálice 5-lobado lacínios iguais ou diferentes; 4 estames ou só 2, sem estaminódio, anteras rimosas; fruto capsular
   3. Lâmina foliar sem cistólitos; 4 estames,anteras monotecas, por vezes dorsalmente pilosas
      4. Erva com caule sublenhoso; folha largo-lanceolada, face ventral geralmente irregu- larmente colorida; corola amarela; bráctea conduplicada, membranácea.. 3. **Aphelandra squarrosa**
      4'. Subarbusto; folha estreito-lanceolada, discolor; corola vermelha; brácteas não conduplicadas, subcartáceas ou rigidas
         5. Brácteas amarelas, obovadas, margem inteira .... 4. **Aphelandra stephanophysa**
         5'. Brácteas vermelhas, romboidais, margem 5-7 denteada .... 5. **Aphelandra rigida**

3'. Lâmina foliar com cistólitos conspícuos; 2 estames, anteras bitecas
6. Ramos flexuosos, de cilíndricos a subteragonais, lisos, entre nós geniculados; folha lanceolada ou estreito-lanceolada; brácteas inconspícuas
7. Flores dispostas em 2 a 3 espigas laxas, unilaterais, pedunculadas ....6. **Justicia polita**
7'. Flores dispostas em espigas curtas, laxas, unilaterais ....7. **Justicia clausseniana**
6'. Ramos angulosos, na porção superior com tricomas simples, retos, amarelados; folha largo-lanceolada; brácteas conspícuas ....8. **Justicia nervata**

1. Mendoncia puberula Mart., Nov. Gen., 3: 24, tab. 211. 1829.
(Fig. 1 c)

Liana; ramos subcilíndricos, hirsutos; entrenós 11-14 cm distantes. Folha de ovada a elíptica, base obtusa, ápice acuminado, face ventral com as células basais dos tricomas conspícuas, áspera, tricomas esparsos, face dorsal as nervuras salientes, denso-pubescentes, margem ciliada, 7-9 cm compr. e 4,3-5 cm larg.; pecíolo com a pilosidade igual a do ramo, 1-1,2 cm compr. Flores 1 raro 2 axilares; pedicelo hirsuto, 4-5 cm compr.; bractéola obovado-oblonga, ápice mucronado, externamente os tricomas simples com até 1,5 mm de compr.; cálice inteiro, ca. 2 mm de compr.; corola alva com anel violáceo, 2 cm compr., lacínias 2 superiores e 3 inferiores, orbiculares, 5 mm compr. e 4 mm larg. Estames 4 didínamos, anteras bitecas, poros apicais. Drupóide, obovóide, 1,5 cm compr. e 1,7 cm diâm.

Nome popular: Mijo-de-gato-pintado; cipó-d'agua (Wasshausen & Smith 1969).

Floração e frutificação: Floresce nos meses de outubro a abril e frutifica de janeiro a junho e dezembro.

Habitat: Espécie de ampla distribuição ocorrendo na Floresta Pluvial Amazônica, Floresta Pluvial Atlânica, Cerrado e Floresta Pluvial Subtropical. No Rio de Janeiro habita a Floresta Pluvial Atlântica montana e alto-montana atingindo altitudes de 1300 m.

Distribuição geográfica: Brasil: Amazonas, Pará, Goiás, Minas Gerais, Espírito Santo, Rio de Janeiro, São Paulo, Paraná, Santa Catarina e Rio Grande do Sul; Colômbia, Equador e Guiana.

Material examinado: André M. Amorim 302 et al. (RB).

Comentários: A espécie foi considerada em seu conceito amplo. De acordo com Profice (1988) as variabilidades, embora reconhecíveis, precisam ser melhor definidas, faz-se necessário um estudo para reavaliar os limites deste táxon.

2. Mendoncia velloziana Mart., Nov.Gen.,3: 33, tab. 210.1829.
(Fig.1 a-b)

Liana; caule 8-11,5 cm DAP; ramos subcilíndricos, de glabrescentes a ferrugíneo-pubescentes; entrenós 5-12 cm distantes. Folha suborbicular, ovada, elíptica, base de obtusa a arredondada, ápice de obtuso a levemente agudo, por vezes terminando por um múcron, face ventral com as células basais dos tricomas conspícuas, áspera, raríssimos tricomas no limbo, face dorsal com as nervuras proeminentes, pubescentes, margem inteira levemente ondulada, 4,5-8 cm compr. e 3,6-5 cm larg.; pecíolo 1-2 cm compr. Flores 2-4 axilares; pedicelo ferrugíneo-pubescente 4-8 cm compr.; bractéola lanceolado-ovada, ápice apiculado, nervura central nítida, externamente com tricomas esparsos; cálice inteiro, ca. 2 mm compr.; corola vermelha, 3 cm compr., 5-lobada, lobos subiguais, eliptícos. Estames 4 didínamos, inclusos, anteras bitecas, poros apicais. Drupóide oblongo, 1,5 cm compr. e 1 cm diâm.

Nome popular: Mijo-de-gato-vermelho; cipó-d'agua; raiz-preta (Profice 1988)

Floração e frutificação: Floresce e frutifica de agosto a janeiro.

Habitat: Espécie de ampla distribuição ocorre na Floresta Pluvial Amazônica, Floresta Pluvial dos Tabuleiros e Floresta Pluvial Atlântica.

Distribuição geográfica: Brasil: Amazonas, Ceará, Bahia, Minas Gerais, Espírito Santo, Rio de Janeiro, São Paulo, Paraná e Santa Catarina; Colômbia e Paraguai.

Material examinado: C.M.B.Correia s/nº PII ind. 3477 (RB 290772); S.V.A.Pessoa s/nº PI ind.406 (RB 27096); M.Nadruz 518 et al. (RB); H.C.de Lima 3764 et al.(RB); C.M.B.Correia s/nº PII ind. 3521 (RB 291653); C.M.B.Correia s/nº ind. 3656 (RB 291652).

Comentários: Na região, a espécie pode ser observada tanto no trecho da mata mais preservada como na secundária em lugares sombreados ou em locais abertos expostos à radiação solar.

3. Aphelandra squarrosa Nees *in* Mart., Fl.Bras.9: 89.1847. (Fig.1 e)

Erva 30-50 cm de altura; caule sublenhoso, ereto, cilíndrico, levemente sucoso, glabro. Folhas largo-lanceoladas, ápice acuminado, base decurrente, face ventral verde-amarelada, às vezes verdes, 13-15 nervuras secundárias, proeminentes, na face dorsal, glabras, 21-25 cm compr. e 8-9,5 cm larg.; pecíolo 2,5-3 cm compr. Flores em espiga terminal raro axilar,5-11 cm compr.; brácteas amarelas membranáceas, conduplicadas, ovadas, ápice agudo, reflexo, margem inteira, 2,5-3 cm compr. e 1,8-2 cm larg.; bractéola lanceolada, subhialina, paleácea, 4,5 mm compr. e 1 mm larg.; cálice 5-partido, 8-10 mm compr., segmentos lanceolados, nervados, tricomas glandulares esparsos, o posterior um pouco mais largo do que o par anterior e os laterais; corola amarela, 4 cm compr., o lábio superior ereto, oblongo, bilobado, o inferior reflexo, 3-lobados, lobos subiguais, oblongos. Estames 4, exsertos, anteras monotecas, 5 mm compr., face dorsal e apical vilosa. Cápsula oblonga, 8 mm compr., glabra.

Nome popular: Carangola; afelandra; folhagem (Corrêa 1984).

Floração e frutificação: Floresce de janeiro a junho e frutifica de abril a junho.

Utilidades: Planta ornamental destaca-se pelas folhas, em geral, variegadas e inflorescência formada de brácteas e flores amareladas. Espécie introduzida na Europa, há aproximadamente um século, cultivada nos jardins do mundo inteiro.

Habitat: Espécie da Floresta Estacional, Cerrado e da Floresta Pluvial Atlântica. No Rio de Janeiro habita preferencialmente os barrancos úmidos, à margem dos rios e locais pedregosos das Serras do Mar e da Mantiqueira.

Distribuição geográfica: Brasil: Pernambuco, Minas Gerais, Rio de Janeiro e São Paulo.

Material examinado: C.M.B.Correia 128 et al. (RB).

Comentários: Nos exemplares encontrados na região da Reserva de Macaé de Cima nota-se uma variação na coloração verde-amarelada ou por vezes verde da face ventral da lâmina foliar.

4. Aphelandra stephanophysa Nees *in* Mart., Fl.Bras.9: 90.1847.
(Fig.1 f)

Subarbusto; caule cílindrico, na direção do ápice curto-pubescente. Folha estreito-lanceolada, ápice acuminado, base decurrente, 7-10 nervuras secundárias, salientes, na face dorsal pubescentes, na ventral glabras, margem um pouco revoluta, 9-13 cm compr. e 1,5-2,5 cm larg.; pecíolo com o indumento igual ao do caule, 5-10 mm compr. Flores em espiga terminal, 4-5 cm compr.; brácteas amarelas, subcartáceas, obovadas, margem inteira, 13-16 mm compr. e 6-9 mm larg.; bractéolas lanceoladas, subhialinas, pubérulas, 7 mm compr. e 2 mm larg.; cálice 5-partido, ca. 8 mm compr.,segmentos lanceolados, subhialinos, nervados, margens ciliadas, o posterior 3 mm larg., o par anterior 2 mm larg., os laterais 1,5 mm larg.; corola vermelha, 3 cm compr., lábio superior ereto, bilobado, o inferior 3-lobado, lobo mediano ovado, os laterais oblongos. Estames 4, inclusos, anteras monotecas. Fruto não visto.

Floração e frutificação: Floresce nos meses de janeiro, março e maio.

Habitat: Espécie até o momento exclusiva da Floresta Pluvial Atlântica alto-montana, pode ser encontrada em áreas restritas da Serra do Mar, alcançando 1100 m.s.m.

Distribuição geográfica: Brasil: Rio de Janeiro

Material examinado: G.Martinelli 12032 et al. (RB); Glaziou 4165 (R).

Comentários: *A. lutea var. angustifolia* Glaziou, variedade descrita para Macaé de Cima, é considerada por Wasshausen (1975) sinônimo de *A. stephanophysa* .

5. Aphelandra rigida Glaz. ex Mildbr., Notizbl. Bot.Gard.Berlin 11:65.1930.
(Fig.1 d)

Subarbusto 1-2 m altura; ramos cílindricos, glabros, fistulosos. Folha estreito-lanceolada, base decurrente, ápice longo acuminado, 12-14 nervuras secundárias, marcadas na face dorsal, glabras, 13-15 cm compr. e 2-2,5 cm larg.; pecíolo canaliculado, 1-1,7 cm compr. Flores em espiga terminal, 6-10 cm compr.; brácteas vermelhas, rigidas, romboidais, ápice acuminado, margem 5-7 denteada, nervadas, 1,5-1,7 cm compr. e 5-6 mm larg.; bractéolas lanceoladas, subhialinas, paleáceas, pubérulas, 10-11 mm compr.e ca. 2 mm larg.; cálice 5-partido, 12-13 mm compr., segmentos subhialinos, o posterior lanceolado 4,5 mm larg., o par anterior linear 2,5 mm larg., os laterais filiformes 2 mm larg.; corola vermelha, miúdamente pilosa, 1,7 cm compr., lábio superior bilobado, o inferior 3-lobado, lobos subiguais, ovados. Estames 4, inclusos, anteras monotecas, 3 mm compr. Fruto não visto.

Floração e frutificação: Floresce em abril e junho.

Habitat: Espécie da Floresta Pluvial Atlântica alto-montana.

Distribuição geográfica: Brasil: Rio de Janeiro .

Material examinado: Glaziou 18400 (R); Fototipo F nº 8714.

Comentários: O material botânico utilizado para descrição da espécie foi coletado por Glaziou em Macaé de Cima, tendo ainda registros de coleta para os munícipios de Santa Maria Madalena e Macaé.

6. Justicia polita (Nees) Profice nov.comb.
= *Sericographis polita* Nees *in* Mart., Fl.Bras.9: 109.1847. (Tipo: *ad rivulos in Serra dos Orgãos: Beyrich, Gardner, Schott, Luschnath, Sellow*).
= *Jacobinia polita* (Nees) Hiern., Kjoeb, Vidensk. Madd. 1877: 84.1877.
(Fig.1 i)

Arbusto 0,70-3 m altura; ramos flexuosos, cilíndricos a subtetragonais, lisos, cistólitos proeminentes, entrenós geniculados, esverdeados nas partes jovens quando seco. Folhas lanceoladoas, ápice acuminado a leve falcado, base decurrente, 6-8 nervuras secundárias, glabras em ambas as faces, com cistólitos conspícuos, margem sub-revoluta, 8-14,5 cm compr. e 2,3-5,7 cm larg.; pecíolo 0,7-2 cm compr. Flores dispostas em 2 a 3 espigas, laxas, unilaterais, pedunculadas, axilares ou terminais, pedunculo com tricomas glandulares; bráctea e bractéolas filiformes, pubérulas, cistólitos miúdos evidentes, 2 mm compr.; cálice 5-partido, 10 mm compr., segmentos iguais, subulados, pubérulo-glandulosos; corola vermelha, 3,5-4 cm compr., tubo cilíndrico alargado na fauce, lábio superior subereto,ápice bilobado, o inferior 3-lobado, lobos subiguais, arredondados. Estames 2 exsertos, anteras bitecas, 2,5 mm compr., teca superior e inferior subapiculadas na base. Cápsula claviforme, 1 cm compr., glabra. Semente suborbicular, testa enrugada.

Floração e frutificação: Floresce de maio a julho e frutifica em junho.

Habitat: Espécie rara, até o momento só encontrada na Floresta Pluvial Atlântica alto-montana.

Distribuição geográfica: Brasil: Rio de Janeiro .

Material examinado: M.Peron 803 et al.(RB); I.Araujo 2 (RB); S.R.Profice 42 (RB).

Comentários: A nova combinação foi realizada segundo o conceito de Graham (1988) para o gênero *Justicia*. Nees, em 1847, cria para o estado do Rio de Janeiro 2 variedades distinguindo-as pela forma da inflorescência e comprimento da corola. A variabilidade não pode ser avaliada devido ao escasso material coletado, o que sugere o uso de um conceito amplo sem a separação de táxons específicos.

7. Justicia clausseniana (Nees) Profice nov.comb.
= *Sericographis clausseniana* Nees *in* Mart., Fl.Bras.9: 11.1847.
(Tipo: *Ad Novum Friburgum: Claussen* - Foto: F, RB).
(Fig.1 g)

Arbusto 0,60-2 m alt.; ramos flexuosos, cilíndricos, lisos, entrenós geniculados, cistólitos nítidos, glabros. Folhas estreito-lanceoladas, ápice leve falcado, base atenuada, nervuras secundárias pouco evidentes, em ambas as faces glabras, cistólitos conspicuos, margem leve revoluta, 2,5-5 cm compr. e 0,3-0,6 cm larg.; pecíolo 1,5-3 mm compr.Flores dispostas em espigas, laxas, unilaterais, axilares; brácteas e bractéolas filiformes,pubérulas, cistólitos miúdos, salientes, 2-3 mm compr.; cálice 5-partido, segmentos iguais, linear-lanceolados, pubérulo-glandulosos, 7-9 mm compr. e ca. 1 mm larg.; corola vermelha, miúdamente glandulosa-pilosa, 2-2,4 cm compr., base do tubo 1,5 mm larg., lábio superior ereto, ápice curto-bilobado, lábio inferior 3-lobado, lobos patentes, subiguais, oblongos. Estames 2 exsertos, anteras bitecas, ca. 2 mm compr., teca superior e inferior sub-apiculadas pela base. Cápsula claviforme, pubérula, 1 cm compr. Semente subglobosa, testa lisa.

Floração e frutificação: Floresce de abril a junho, agosto e novembro frutifica em junho.

Habitat: Aparentemente exclusiva da Floresta Pluvial Atlântica alto-montana.

Distribuição geográfica: Brasil: Rio de Janeiro.

Material examinado: C.M.B.Correia 49 et al. (RB); G.Martinelli 12070 et al.(RB); ib. 11745 et al. (RB).

Comentários: Adotou-se o conceito de Graham (*l.c*) para realizar a nova combinação aqui apresentada. O material coletado em Macaé de Cima tem as características morfológicas que concordam com a descrição de Nees para *S.claussenian*a. Entretanto, pode ser observada uma variação no comprimento da folha e da corola entre o tipo da espécie coletado por Claussen para Nova Friburgo (Foto F nº 26565) e o material de Macaé de Cima.

8. Justicia nervata (Lindau) Profice nov. comb.

=*Jacobina nervata* Lindau, Bull. Herb. Boiss. 3(9): 487.1895. (Tipo: *Brasiliae loco non indicato leg. Glaziou* n.17165- Foto: F,RB).
(Fig.1 h)

Arbusto 1,5-2 m altura; ramos angulosos, cistólitos proeminentes, na porção superior com tricomas simples, retos, amarelados. Folhas nigrescentes quando herborizadas, largo-lanceoladas, ápice curto-acuminado, base aguda, 7-8 nervuras secundárias, face ventral glabra, cistólitos conspícuos, face dorsal com as nervuras pubescentes, margem inteira a leve ondulada, ciliada, 5-18,5 cm compr. e 2,6-8 cm larg.; pecíolo na face dorsal com tricomas iguais ao do caule, 1-3,5 cm compr. Flores dispostas em espigas, terminais, reunidas em uma inflorescência paniculada; brácteas lanceoladas, pubérulo-glandulosas, 7-10 mm compr. e 2-3 mm larg.; bractéolas linear-lanceoladas, pubérulo-glandulosas, 6-7 mm compr.; cálice 5-partido, 12 mm compr., segmentos iguais, lineares, pubérulo-glandulosos; corola vermelho-alaranjada, 3,6-4 cm compr., suavemente glandulosa-pilosa, tubo estreito, lábio superior curto-bilobado, lábio inferior 3-lobado, lobos subiguais, oblongos. Estames 2, exsertos, anteras bitecas, teca inferior um pouco maior do que a superior, subapiculadas. Cápsula claviforme, pubérulo-glandulosa, 1,7 cm compr. Semente subglobosa, testa lisa.

Floração e frutificação: Floresce em abril-maio, julho e agosto frutifica em agosto.

Habitat: Espécie, até o presente momento, exclusiva da Floresta Pluvial Atlântica alto-montana.

Distribuição geográfica: Brasil: Rio de Janeiro.

Material examinado: M.Leitman 243 et al.(RB); M.Peron 798 et al.(RB); C.M.Vieira 40 et al. (RB); M.G.Bovini 763 et al. (RUSU).

Comentários: Adotou-se o trabalho de Graham (*l.c.*) para efetuar a nova combinação. Espécie rara representada pelo material tipo coletado por Glaziou (Foto F nº 9811) em "Alto Macaé" e pelas coletas recentes para esta região.

Tabela sumarizada

Gênero	Nº de Espécies
Mendoncia	2
Aphelandra	3
Justicia	3
Total	8

Referências bibliográficas

CORRÊA, M. P. 1984. **Dicionário das Plantas úteis do Brasil e das exóticas cultivadas**, 2ª ed., Inst. Bras. Desenv. Florestal, **v.3**, p.298.

GRAHAM, V.A.W.1988. Delimitation and infra-generic classification of *Justicia* (Acanthaceae). **Kew Bull. 43** (4): 551-624.

PROFICE, S.R.1988. *Mendoncia* Vell. ex Vand. (Acanthaceae) Espécies ocorrentes no Brasil. **Arq. Jard.Bot.Rio de Janeiro 29:** 201-279.

WASSHAUSEN,D.C. & SMITH, L.B.1969. **Acantáceas.** *In:* **Reitz, Flora Ilustrada Catarinense**. Itajaí, Santa Catarina,134pp., il.

WASSHAUSEN,D.C.1975.The genus *Aphelandra* (Acanthaceae). **Smithsonian Contribution Botany 18**,157 pp., il.

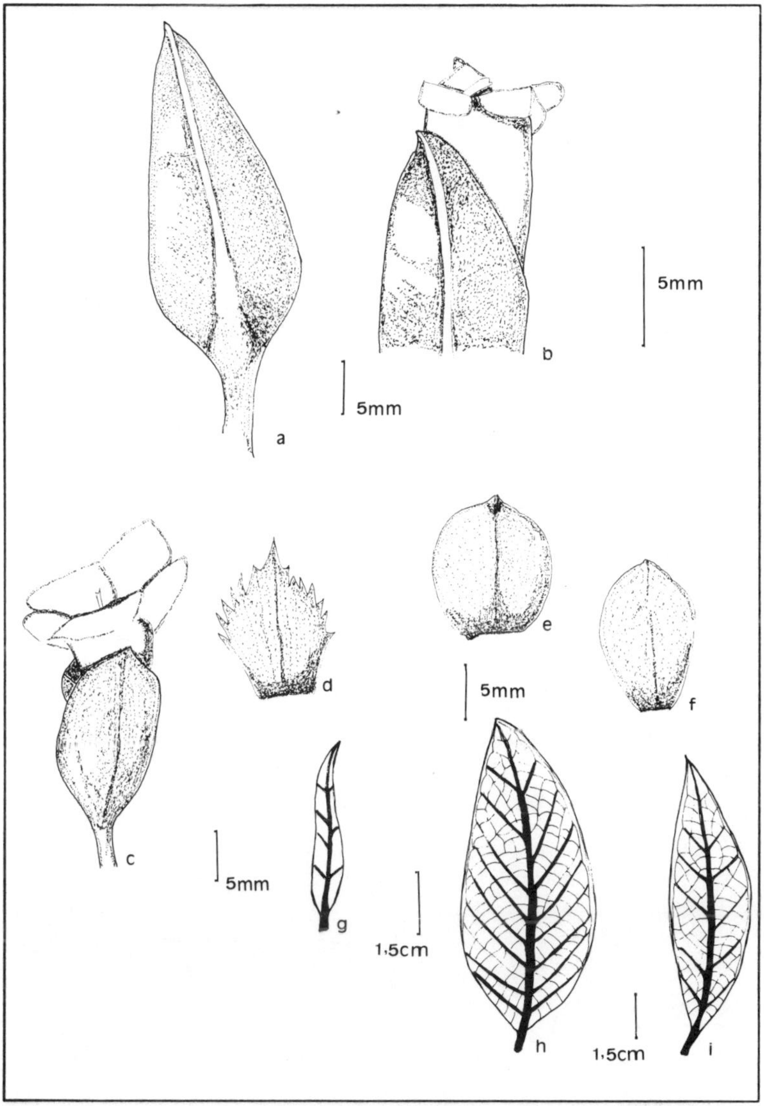

Fig.1- *Mendoncia velloziana:* a- Bractéola, b- Detalhe da flor e da bractéola. *Mendoncia puberula:* c- Bractéola e flor. Forma das brácteas: d- *Aphelandra rigida*, e- *Aphelandra squarrosa*, f- *Aphelandra stephanophysa*. Folhas de: g-*Justicia clausseniana*, h-*Justicia nervata*, i- *Justicia polita*.

AMARANTHACEAE

Josafá Carlos de Siqueira[1]

A família Amaranthaceae Juss. está representada no Brasil por 13 gêneros e cerca de 100 espécies, encontradas principalmente nos ecossistemas dos cerrados e campos rupestres. Apenas 15 espécies aparecem nas formações florestais. Na Floresta Pluvial Atlântica ocorrem 7 gêneros e 10 espécies (Siqueira 1990). Na Reserva Biológica de Macaé de Cima, até o presente, somente uma espécie foi coletada.

Pfaffia pulverulenta (Mart.) Kuntze in Rev.Gen.Plantarum 2: 543. 1891.
(Fig. 2 a-e)

Subarbustos semi-escandentes, lenhosos, principalmente na base da planta; ramos jovens densamente pilosos. Folhas ovadas ou ovado-elípticas, glabra na face adaxial e pilosas na abaxial; pêlos pulverulentos, verticilado-ramosos, patentes. Inflorescências terminais e axilares, paucifloras, paniculadas, alvescentes. Brácteas laterais densamente pilosas; pêlos rufo-ferrugíneos. Perigônio com sépalas trinervadas, amareladas. Gineceu com estilete capitado-bilobado; ovário

[1] Depto. de Geografia e Meio Ambiente da PUC-Rio, Curador do Herbarium Friburgense (FCAB) de Nova Friburgo, RJ.
Rua Marquês de São Vicente, 293 - Gávea 22451-041 Rio de Janeiro, RJ

uniovulado. Tubo estaminal multidentado; anteras monotecas. Frutos cápsulas monospérmicas e bivalvares, inclusas nas sépalas do perigônio.

Nome popular: Corango-veludo.

Floração e frutificação: Floresce no verão e frutifica no outono e inverno.

Habitat: Esta espécie ocorre exclusivamente na Floresta Pluvial Atlântica, aparecendo em orlas das matas, clareiras e beira de rios e em áreas de vegetação alterada.

Distribuição geográfica: Brasil: Rio de Janeiro, São Paulo e Santa Catarina (Smith & Downs 1972).

Comentários: Esta espécie é muito próxima de *Pfaffia paniculata* (Mart.) Kuntze, diferenciando-se desta pela presença dos abundantes pêlos pulverulentos, verticilado-ramosos (Siqueira 1988).

Material examinado: A.F.Vaz et al. 670 (RB); S.V.A. Pessoa et al. 447 (RB); H.C.de Lima et al. 3595 (RB); C.M.Vieira 38 (RB); H.C. de Lima et al. 3404 (RB); S. V. A. Pessoa et al. 209 (RB); M.Peron et al. 797 (RB).

Referências bibliográficas

KUNTZE, O. 1891. **Revisio Generum Plantarum 2**: 539-545

SIQUEIRA, J.C. de. 1988. Considerações taxonômicas sobre as espécies brasileiras do gênero PFAFFIA Mart. (Amaranthaceaae). **Acta Biol. Leopold. 10**(2): 269-278.

__________. 1990. Amaranthaceae de Mata Atlântica. **Acta Biol. Leopold. 12**(1): 165-173.

SMITH, L. B & DOWNS, R.J 1972. Amaranthaceae de Santa Catarina *In:* Reitz, R. **Flora Ilustr. Catar.** 35-50.

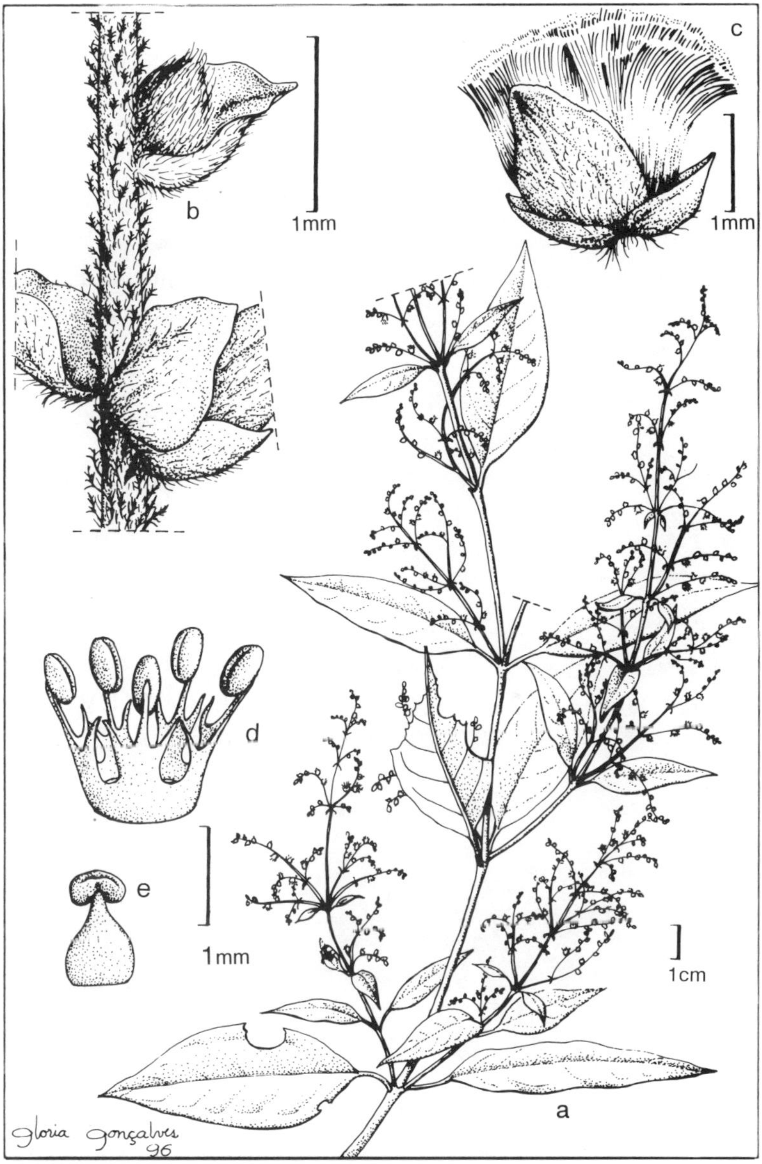

Fig. 2 - *Pfaffia pulverulenta*: a- ramo com folhas e flores; b- detalhe do ramo com pêlos ramificados; c- detalhe da flor; d- tubo estaminal; e- gineceu

ANNONACEAE

Bruno C. Kurtz[1]
Andrea Costa[2]

A família Annonaceae está representada na Reserva Ecológica de Macaé de Cima por 5 gêneros e 10 espécies que apresentam, de um modo geral, pequena importância na estrutura do componente arbustivo-arbóreo dos trechos de mata estudados.

São arbustos, arvoretas ou árvores, apresentando frequentemente embira. Folhas alternas, simples. Flores isoladas ou reunidas em inflorescências paucifloras, axilares ou opositifólias. Sépalas 3. Pétalas 6, dispostas em 2 séries, que podem ser subiguais a bastante diferentes entre si. Estames numerosos. Carpelos numerosos, livres ou raramente soldados. Frutos com carpídios carnosos, deiscentes ou indeiscentes, total ou parcialmente concrescidos ou livres, e neste caso estipitados ou subsésseis.

---

[1] Jardim Botânico do Rio de Janeiro/IBAMA, rua Pacheco Leão 915, Rio de Janeiro, RJ, CEP 22460-030.

[2] Museu Nacional/UFRJ, Departamento de Botânica, Quinta da Boa Vista, São Cristivão, Rio de Janeiro, RJ, CEP 20940-040.

Agradecimentos: Os autores agradecem ao Dr. Paul J.M. Maas, do Institute of Systematic Botany, University of Utrecht, The Netherlands, e ao Dr. Renato de Mello-Silva, do Instituto de Biociências, Universidade de São Paulo, pela revisão das determinações.

Chave para identificação das espécies:

1. Carpídios livres; inflorescências ou flores isoladas axilares
    2. Carpídios indeiscentes, estipitados; flores isoladas; anteras biloculares
        3. Ápice dos ramos com pêlos ferrugíneos, patentes, ca. de 2,0 mm de comprimento .... 4. **Guatteria dusenii**
        3'. Ápice dos ramos glabrescente ou diferentemente piloso
            4. Folhas elípticas, até 6,6 cm de comprimento e 2,2 cm de largura .... 5. **Guatteria sp.1**
            4'. Folhas elípticas, lanceoladas ou obovallanceoladas, até 14,0 cm de comprimento e 3,7 cm de largura
                5. Ápice dos ramos glabrescente; folhas glabrescentes em ambas as faces .... 3. **Guatteria australis**
                5'. Ápice dos ramos piloso; folhas com face ventral subglabra, com pêlos na nervura central, e face dorsal pubescente, com pêlos mais densos na nervura central .... 6. **Guatteria sp.2**
    2'. Carpídios deiscentes, subsésseis, clavados e arqueados; inflorescências 2-3-floras; anteras multilocelares... .... 10. **Xylopia brasiliensis**
1'. Carpídios total ou parcialmente concrescidos; inflorescências opositifólias, raramente axilares
    6. Carpídios parcialmente concrescidos........................ .... 2. **Duguetia salicifolia**
    6'. Carpídios totalmente concrescidos
        7. Pétalas subiguais, triangulares, sem alas dorsais .... 1. **Annona cacans**
        7'. Pétalas desiguais, as externas com alas dorsais, as internas triangulares ou escamiformes
            8. Pétalas internas triangulares, apresentando constrição na base, ca. 0,4 cm de comprimento .... 9. **Rollinia xylopiifolia**

8'. Pétalas internas escamiformes
9. Ápice dos ramos pubescente; folhas oblongo-elípticas a raramente ovais, pubescentes em ambas as faces, podendo ser glabrescentes na face ventral ....7. **Rollinia laurifolia**
9'. Ápice dos ramos áureo-tomentoso; folhas elípticas, pubescentes na face ventral e tomentosas na dorsal ....8. **Rollinia sylvatica**

1. Annona cacans Warm., Vidensk. Meddel. Dansk Naturhist. Foren. Kjöbenhavn 3(5): 155. 1873; R.E. Fr., Acta Horti Berg. 10(2): 262-3. 1931.

Árvores até 18 m de altura, tronco com casca lisa e acinzentada, ápice dos ramos glabro. Folhas com pecíolo até 1,7 cm de comprimento, com inserção espessada, oblongas a elípticas, ápice agudo a acuminado, base aguda e decurrente, glabras e nítidas na face ventral, glabrescentes na dorsal, (6,5)10,5-14,5(21,6) x (2,0)2,5-3,5(7,0) cm, nervura principal bem pronunciada na face dorsal e de coloração amarelo-alaranjada em material seco. Inflorescências sésseis, opositifólias, 2-floras. Flores com pedicelo até 0,7 cm de comprimento, apresentando uma bractéola mediana. Sépalas triangulares, até 0,3 cm de comprimento, pubescentes. Pétalas triangulares, as externas ca. 0,8 cm e as internas ca. 0,6 cm de comprimento, pubescentes. Estames com filete ca. 0,5 mm de comprimento, antera ca. 1,0 mm de comprimento, conectivo truncado no ápice, prolongando-se no dorso das anteras. Ovário com carpelos soldados. Frutos subglobosos, até 14,0 cm de diâmetro, carpídios indeiscentes, concrescidos.

Nomes populares: Pinha brava (nome local), araticum cagão (Corrêa 1984).

Floração e frutificação: Coletada em flor no mês de novembro e em fruto no de abril.

Utilidades: Ornamental, sendo uma das espécies mais elegantes do gênero, merecedora de cultura sobretudo para a arborização de ruas e praças. Além disto, a polpa dos frutos é comestível (Corrêa 1984).

Habitat: Floresta Pluvial Atlântica baixo-montana e montana, Floresta Estacional, Restinga, vegetação alterada.

Distribuição geográfica: Brasil: Minas Gerais, Rio de Janeiro, São Paulo, Santa Catarina.

Dados fitossociológicos: A espécie apresenta pequena importância fitossociológica no trecho de mata alterada (onde pode alcançar o dossel), não tendo sido registrada no trecho em bom estado de conservação. Fora das parcelas, foi escassamente coletada ao longo da estrada.

Material examinado: H.C. de Lima 3565 (RB, SP, SPF, U); idem 4031 (RB, CEPEC, GUA, SP, SPF, NY, U); C.M.B. Correia s/n, PII, ind. 4210 (RB 290813); idem s/n, PII, ind. 4304 (RB 290812); T. Fontoura s/n, PII, ind. 3267 (RB 290814); F.C. Hoehne s/n (R 112814, SP 31179); Klein & Souza Sob. 8075 (FLOR, R).

2. Duguetia salicifolia R.E. Fr., Acta Horti Berg. 12(1): 48. 1934.
(Fig. 3 a)

Arbustos ou árvores até 8 m de altura, ápice dos ramos levemente geniculado e densamente lepidoto. Folhas com pecíolo até 0,3 cm de comprimento, lanceoladas, ápice agudo a atenuado, base aguda, face ventral glabra e dorsal com indumento lepidoto denso, (4,5)7,7-11,0(12,5) x (1,2)1,9-2,6 cm. Inflorescências sésseis ou com pedúnculo até 0,5 cm de comprimento, opositifólias, 1-3-floras. Flores com pedicelo até 1,5 cm de comprimento, apresentando bractéola mediana. Sépalas ovais, até 1,2 cm de comprimento, com indumento lepidoto. Pétalas subiguais, rômbicas, até 1,8 cm de comprimento, com indumento lepidoto. Estames sésseis, anteras ca. 1,0 mm de comprimento, conectivo globoso no ápice. Carpelos pilosos, estigma alongado. Frutos subglobosos, até 7,0 cm de diâmetro, carpídios desiguais, indeiscentes, parcialmente concrescidos, com ápice piramidal.

Floração e frutificação: Coletada em flor nos meses de outubro e novembro e em fruto em agosto e outubro.

Habitat: Floresta Pluvial Atlântica montana e alto-montana.

Distribuição geográfica: Brasil: Rio de Janeiro, São Paulo.

Comentários: A espécie foi coletada nos trechos mais preservados da Reserva, em mata de encosta e mata nebular.

Material examinado: A. Amorim 261 (RB, NY, U); idem 263 (RB, SP, U); C.M. Vieira 96 (RB); G. Martinelli 11934 (RB, SPF, U).

3. Guatteria australis A. St.-Hil., Fl. Bras. merid. 1: 37. 1825; R.E. Fr., Acta Horti Berg. 12(3): 306-7, fot. 1. 1939; Mello-Silva, Flora Fanerogâmica da Ilha do Cardoso 3: 45-7, fig. 3-5. 1992.
(Fig. 3 b)

Arvoretas ou árvores até 14 m de altura, ápice dos ramos glabrescente. Folhas com pecíolo até 0,8 cm de comprimento, elípticas a lanceoladas, ápice atenuado a acuminado, base aguda, glabrescentes em ambas as faces, (4,0)7,0-14,0 x 1,8-3,0(3,7) cm. Flores isoladas, axilares, pedúnculo até 3,0 cm de comprimento, articulado abaixo do terço inferior. Sépalas oval-triangulares, ca. 0,6 cm de comprimento, pubérulas. Pétalas subiguais, ca. 1,7 cm de comprimento e 0,8 cm de largura, pubérulas. Estames até 2,0 mm de comprimento, conectivo truncado no ápice. Carpelos com estigma séssil. Frutos com numerosos carpídios livres, indeiscentes, estipitados, elipsóides e apiculados.

Nomes populares: Canela, embira, pau de embira (nomes locais), imbiú, embuí (Corrêa, 1984), pindaúva (Mello-Silva, 1992).

Floração e frutificação: Coletada em flor nos meses de março e dezembro e em fruto no período de junho a setembro e em dezembro.

Habitat: Floresta Pluvial Atlântica baixo-montana e montana; Restinga.

Distribuição geográfica: Brasil: Rio de Janeiro, São Paulo, Paraná.

Dados fitossociológicos: A espécie apresenta relativa importância fitossociológica no trecho de mata em bom estado de conservação, onde ocupa preferencialmente o sub-bosque, não tendo sido registrada na mata alterada. Fora das parcelas, tem sido coletada nos locais mais preservados da Reserva.

Material examinado: A. Fonseca Vaz 643 (RB, HRB); A.L. Almeida 30 (RB, F, SPF, U); C. Farney 1233 (RB, U); C.M. Vieira 63 (RB); G. Martinelli 12986 (RB); H.C. de Lima 3405 (RB, F, U); idem s/n, PI, ind. 1207 (RB 290843); M. Leitman 383 (RB); M. Nadruz 499 (RB); idem 506 (RB, SPF, U); M. Peron 767 (RB); idem 769 (RB); R. Guedes 2159 (RB, SP); idem 2173 (RB); S.V.A. Pessoa 454 (RB); idem 463 (RB, GUA); idem s/n, PI, ind. 3823 (RB 290840, SP); T. Wendt 183 (RB).

4. Guatteria dusenii R.E. Fr., Acta Horti Berg. 12(3): 313, fot. 7. 1939.

Arvoretas ou árvores até 13 m de altura, ápice dos ramos com pêlos ferrugíneos, patentes, ca. 2,0 mm de comprimento. Folhas com pecíolo até 0,3 cm de comprimento, oblongo-lanceoladas, oboval-lanceoladas ou elípticas, ápice acuminado, base aguda a obtusa, face ventral glabra, com indumento hirsuto sobre a nervura central, face dorsal hirsuta, principalmente sobre a nervura central, (5,3)8,4-13,5(15,5) x (1,5)2,2-3,2(3,7) cm. Flores isoladas, axilares, pedúnculo até 4,3 cm de comprimento, hirsuto, articulado no terço inferior, às vezes apresentando brácteas. Sépalas suborbiculares, ca. 0,7 cm de comprimento, face ventral glabra e dorsal com pêlos longos, pouco densos. Pétalas desiguais, ca. 2,0 cm de comprimento, pubérulas, as externas estreito-ovais e as internas rômbicas. Estames ca. 1,5 mm de comprimento, conectivo truncado no ápice. Carpelos pilosos. Frutos com numerosos carpídios livres, indeiscentes, estipitados, elipsóides e apiculados.

Floração e frutificação: Coletada em flor nos meses de abril, setembro, outubro e dezembro e em fruto em abril, junho, agosto, setembro e outubro.

Habitat: Floresta Pluvial Atlântica montana; vegetação alterada.

Distribuição geográfica: Brasil: Rio de Janeiro, Paraná, Santa Catarina.

Dados fitossociológicos: A espécie foi registrada nos trechos de mata em bom estado de conservação e alterada, nos quais apresenta pequena importância fitossociológica, ocorrendo preferencialmente no sub-bosque.

Material examinado: B.C. Kurtz 117 (RB, F, K); G. Martinelli 12258 (RB); H.C. de Lima 3561 (RB, F, SP); idem 3695 (RB, GUA, U); M. Nadruz 572 (RB, F, NY, SPF, U); M. Peron 881 (RB, SPF); M.P.M. de Lima 169 (RB, U); S.V.A. Pessoa 438 (RB, SP, U).

5. Guatteria sp.1

Árvore com 9 m de altura, ápice dos ramos piloso. Folhas com pecíolo até 0,4 cm de comprimento, elípticas, ápice agudo a acuminado, base aguda, face ventral subglabra, com pêlos na nervura central, e dorsal pubescente, com pêlos mais densos na nervura central, 4,2-6,6 x 1,3-2,2 cm. Flores isoladas, axilares, pedúnculo até 2,0 cm de comprimento, articulado, apresentando 2 brácteas foliáceas, uma sobre a articulação e a outra abaixo desta. Sépalas ovais, ca. 0,5 cm de comprimento, pilosas. Pétalas desiguais, pubérulas, as externas estreito-elípticas, ca. 1,4 cm de comprimento, as internas elípticas, ca. 1,6 cm de comprimento. Estames ca. 1,0 mm de comprimento, conectivo truncado no ápice. Carpelos levemente pilosos na base. Frutos não vistos.

Nomes populares: Imbiú pimenta (nome local).

Floração e frutificação: Coletada em flor no mês de março.

Dados fitossociológicos: Espécie de reduzida importância fitossociológica no trecho de mata em bom estado de conservação, no qual situa-se no sub-bosque, não tendo sido amostrada no trecho de mata alterada.

Comentários: Apesar de ter sido coletada em flor, a consulta à bibliografia disponível, a comparação com o material depositado nos herbários do Jardim Botânico do Rio de Janeiro (RB) e do Museu Nacional (R) e o envio de duplicata ao Dr. Paul J.M. Maas não possibilitaram a identificação a nível específico.

Material examinado: M. Peron 777 (RB, U); R. Guedes s/n, PI, ind. 971 (RB 290854).

6. Guatteria sp.2

Árvores até 9 m de altura, ápice dos ramos piloso. Folhas com pecíolo até 0,7 cm de comprimento, lanceoladas, às vezes oboval-lanceoladas ou elípticas, ápice agudo a acuminado, base aguda, face ventral subglabra, com pêlos na nervura central, face dorsal pubescente, com pêlos mais densos na nervura central, 7,4-11,8 x 1,8-3,1 cm.

Dados fitossociológicos: Espécie de reduzida importância fitossociológica no trecho de mata alterada (onde ocupa o sub-bosque), não tendo sido registrada no trecho em bom estado de conservação.

Comentários: A espécie está representada apenas por material estéril, o que impossibilitou a sua identificação.

Material examinado: B.C. Kurtz s/n, PII, ind. 1581 (RB 290853); H.C. de Lima s/n, PII, ind. 733 (RB 290852); idem s/n, PII, ind. 1428 (RB 290851).

7. Rollinia laurifolia Schltdl., Linnaea 9: 319. 1835; Maas *et al.*, Fl. Neotropica 57: 118-21, fig. 58. 1992.
(Fig. 3 c)

Arvoretas ou árvores até 24 m de altura, ápice dos ramos pubescente. Folhas com pecíolo até 1,4 cm de comprimento, oblongo-elípticas a raramente ovais, ápice obtuso a raramente acuminado, base obtusa a raramente aguda, pubescentes em ambas as faces, podendo ser glabrescentes na face ventral, 8,5-15,0(19,0) x 2,8-5,5 cm, nervuras sucundárias bem marcadas e curvadas. Inflorescências opositifólias, 1-2-floras, pedúnculo curto, pubérulo. Flores com pedicelo ca. 2,0 cm de comprimento, apresentando bractéola escamiforme basal, pubérula. Sépalas oval-triangulares, ca. 0,2 cm de comprimento, tomentosas. Pétalas desiguais, as externas formando tubo giboso com ca. 0,4 cm de comprimento, alas obovais, patentes a suberetas, 1,0-1,5 cm de comprimento, tomentosas, pétalas internas escamiformes. Estames com filete curto, dilatado, conectivo truncado no ápice e expandido dorsalmente em pequena ala horizontal. Carpelos alongados. Frutos subglobosos a elipsóides, até 2,0 cm de diâmetro, carpídios indeiscentes, concrescidos, aréolas alongadas, bem demarcadas, apiculadas na extremidade superior.

Nomes populares: Araticum do mato (Corrêa 1984), araticu cagão, araticu(m), araticu(m) mirim, jangada preta, pindaíba, pinha, pinha da mata (Maas *et al.* 1992).

Floração e frutificação: Coletada em flor no mês de outubro.

Utilidades: Os frutos são comestíveis (Maas *et al.* 1992).

Habitat: Floresta Pluvial Atlântica baixo-montana e montana; Floresta Pluvial dos Tabuleiros; Floresta Pluvial Ripária; Floresta Estacional; vegetação alterada.

Distribuição geográfica: Brasil: Mato Grosso, Minas Gerais, Bahia, Espírito Santo, Rio de Janeiro, São Paulo, Paraná.

Dados fitossociológicos: A espécie está bem representada no trecho de mata alterada, onde alcança o dossel ou mesmo apresenta-se como emergente, ocupando a 16ª posição em relação ao índice do valor de importância. No trecho de mata em bom estado de conservação, não foi registrada.

Material examinado: C.M.B. Correia 276 (RB); idem s/n, PII, ind. 4756 (RB 290847); B.C. Kurtz s/n, PII, ind. 2210 (RB 290849); R. Guedes s/n, PII, ind. 793 (RB 290850); O.C. Góes & Octávio 35 (RB).

8. Rollinia sylvatica (A. St.-Hil.) Mart., Fl. Bras. 13(1): 18. 1841 ("silvatica"); Maas *et al.*, Fl. Neotropica 57: 148-51, fig. 69. 1992.
(Fig. 3 d)

Árvore com 7,0 m de altura, ápice dos ramos áureo-tomentoso. Folhas com pecíolo até 0,8 cm de comprimento, áureo-tomentoso, elípticas, ápice obtuso, base aguda a obtusa, pubescentes na face ventral, tomentosas na dorsal, 5,5-9,5 x 3,0-4,2 cm. Inflorescências axilares ou opositifólias, 1-2-floras. Flores com pedicelo até 1,5 cm de comprimento, áureo-tomentoso. Sépalas triangular-ovais, agudas a acuminadas, ca. 0,3 cm de comprimento, áureo-tomentosas na face dorsal. Pétalas desiguais, as externas formando tubo giboso com ca. 0,4 cm de comprimento, alas obovais, suberetas, ca. 0,6 cm de comprimento, áureo-tomentosas, pétalas internas escamiformes. Estames com filetes curtos, dilatados, conectivo expandido, truncado no ápice e obtriangular no dorso das anteras. Carpelos pilosos. Frutos subglobosos a ovóides, até 4,0 cm de diâmetro, carpídios indeiscentes, concrescidos, aréolas piramidais, apiculadas ou não na extremidade superior.

Nomes populares: Araticum do mato (Corrêa 1984), araticu(m), araticum do grande, bananinha, biribá, cortiça, cortiça de comer, embira vermelha, pinha (Maas *et al.* 1992).

Floração e frutificação: Coletada em flor no mês de setembro.

Utilidades: Madeireira, fornecendo madeira branca, acetinada, compacta, mole e extremamente leve, própria para canoas e embarcações pequenas, obras internas, tabuado de forro, escultura, marcenaria ordinária, carpintaria e objetos de uso doméstico e têxtil, pois a casca dá material para cordoalha grosseira. Os frutos são comestíveis e, quando submetidos à fermentação, produzem bebida vinosa, aconselhada como estomáquica e refrigerante. No uso medicinal, as folhas passam por béquicas, febrífugas e maturativas das úlceras sifilíticas, excelentes na cura de quaisquer cólicas e úteis no combate às anginas, aftas e disenteria (Corrêa, 1984). Além disto, o extrato dos frutos (imaturos) é utilizado contra diarréia crônica e a polpa é usada para o tratamento de úlceras, sendo que esta causa, entretanto, problemas intestinais em muitas pessoas. Já a casca é usada como adstringente e no caso de menstruação excessiva (Maas *et al.* 1992).

Habitat: Floresta Pluvial Atlântica baixo-montana e montana; Floresta Pluvial Ripária; Floresta Estacional; Cerrado (ocasionalmente); vegetação alterada.

Distribuição geográfica: Brasil: Mato Grosso, Minas Gerais, Bahia, Espírito Santo, Rio de Janeiro, São Paulo, Paraná, Santa Catarina, Rio Grande do Sul.

Comentários: A espécie é aparentemente pouco comum na região, tendo sido coletado um único indivíduo num trecho perturbado da Reserva, à beira da estrada.

Material examinado: M. Peron 893 (RB, F, NY, SP, SPF, U); J.G. Kuhlmann 2123 (RB).

9. Rollinia xylopiifolia (A. St.-Hil. & Tul.) R.E. Fr., Acta Horti Berg. 10(2): 315. 1931; R.E. Fr., Acta Horti Berg. 12(1): 176. 1934 ("xylopifolia"); Maas *et al.* Fl. Neotropica 57: 159-60, fig. 74. 1992.
(Fig. 3 e)

Arbustos ou árvores até 10 m de altura, ápice dos ramos tomentoso. Folhas com pecíolo até 0,8 cm de comprimento, elípticas a lanceoladas, ápice agudo a atenuado, base aguda a raramente obtusa, face ventral com pêlos esparsos na lâmina e adensados sobre a nervura central, face dorsal pubescente, (4,2)6,5-11,7 x (1,2)1,7-2,5 cm. Inflorescências opositifólias, 1-3-floras, pedúnculo até 0,2 cm de comprimento. Flores com pedicelo até 2,2 cm de comprimento, tomentoso, apresentando bractéola muito reduzida. Sépalas largo-ovais, acuminadas, ca. 0,3 cm de comprimento, tomentosas. Pétalas desiguais, tomentosas, as externas com ala largamente oval, ca. 0,3 cm de comprimento, as internas triangulares, apresentando constrição na base, ca. 0,4 cm de comprimento. Estames com filetes curtos, conectivo truncado no ápice e expandido no dorso das anteras. Carpelos alongados. Frutos globosos, até 2,8 cm de diâmetro, carpídios indeiscentes, concrescidos, aréolas arredondadas, indistintamente demarcadas.

Nomes populares: Pau de embira, imbiú pimenta (nomes locais), araticum cagão (Maas *et al.* 1992).

Floração e frutificação: Coletada em flor no mês de abril e em fruto no período de agosto a novembro.

Habitat: Floresta Pluvial Atlântica montana; Floresta Estacional.

Distribuição geográfica: Brasil: Espírito Santo, Rio de Janeiro, São Paulo.

Dados fitossociológicos: Espécie de reduzidíssima importância fitossociológica no trecho de mata em bom estado de conservação, no qual ocupa uma das últimas posições em relação ao índice do valor de importância, não tendo sido registrada no trecho de mata alterada. Fora das parcelas, foi coletada preferencialmente em locais mais preservados da Reserva.

Material examinado: A. Fonseca Vaz 661 (RB, HRB, U); C. Farney 1232 (RB, U); C.M.B. Correia 120 (RB); C.M. Vieira 24 (RB, U); M. Leitman 378 (RB); S.V.A. Pessoa 132 (RB, CEPEC, F, NY, SP, SPF, U).

10. Xylopia brasiliensis Spreng., Neue Entdeck. 3: 50. 1821; R.E. Fr., Acta Horti Berg. 10(1): 91-2, fig. 7, a-c. 1930.
(Fig. 3 f)

Árvore com 15 m de altura, ápice dos ramos curtamente piloso. Folhas com pecíolo até 0,5 cm de comprimento, oval-lanceoladas, ápice atenuado, base aguda, margem revoluta próximo à base, glabras na face ventral e pilosas na dorsal, (3,0)4,0-7,5 x 0,9-1,3 cm. Inflorescências axilares, curto-pedunculadas, 2-3-floras. Flores com pedicelo até 0,4 cm de comprimento, apresentando 1 a 2 bractéolas até 0,2 cm de comprimento. Sépalas largo-ovais, agudas, ca. 0,3 cm de comprimento, pilosas na face dorsal. Pétalas desiguais, tomentosas, as externas estreito-ovais, ca. 1,1 x 0,3 cm, as internas lineares, ca. 1,0 x 0,1 cm. Estames com filete curto, conectivo com ápice largo-oval, expandido entre e sobre as anteras multilocelares. Carpelos alongados, estigma piloso. Frutos com carpídios livres, deiscentes, subsésseis, clavados e arqueados, apresentando constrições entre as sementes, até 3,0 cm de comprimento.

Nomes populares: Pindaíba de folha pequena, embira, embireira branca, erva doce, imbui, pau doce, pau de mastro, pindaíba (Corrêa 1984).

Floração e frutificação: Coletada em flor no mês de dezembro.

Utilidades: Os frutos são acres, carminativos, aromáticos e condimentares, sucedâneos da "pimenta da Índia" (Corrêa 1984).

Habitat: Floresta Pluvial Atlântica montana; Floresta Estacional.

Distribuição geográfica: Brasil: Minas Gerais, Rio de Janeiro, São Paulo, Santa Catarina. Paraguai.

Comentários: A espécie é aparentemente pouco comum na Reserva, tendo sido coletado um único indivíduo à beira da estrada.

Material examinado: M. Nadruz 526 (RB, F, SPF, U); H.P. Veloso 53 (RB).

Tabela sumarizada

Gêneros	Nº de espécies
Annona	1
Duguetia	1
Guatteria	4
Rollinia	3
Xylopia	1
Total	10

Referências bibliográficas

CORRÊA, M.P. 1984. **Dicionário das plantas úteis do Brasil e das exóticas cultivadas.** Instituto Brasileiro de Desenvolvimento Florestal, 6 v.

MAAS, P.J.M.; WESTRA, L.Y.Th. & COLLABORATORS. 1992. *Rollinia. In:* **Flora Neotropica.** New York, The New York Botanical Garden, 188 p.

MELLO-SILVA, R. de. 1992. Flora fanerogâmica da Ilha do Cardoso (São Paulo, Brasil): Annonaceae. *In:* Fiuza de Melo, M.M. da R. *et al.* (eds.) **Flora Fanerogâmica da Ilha do Cardoso.** São Paulo, Instituto de Botânica, v. **3**, p. 43-51.

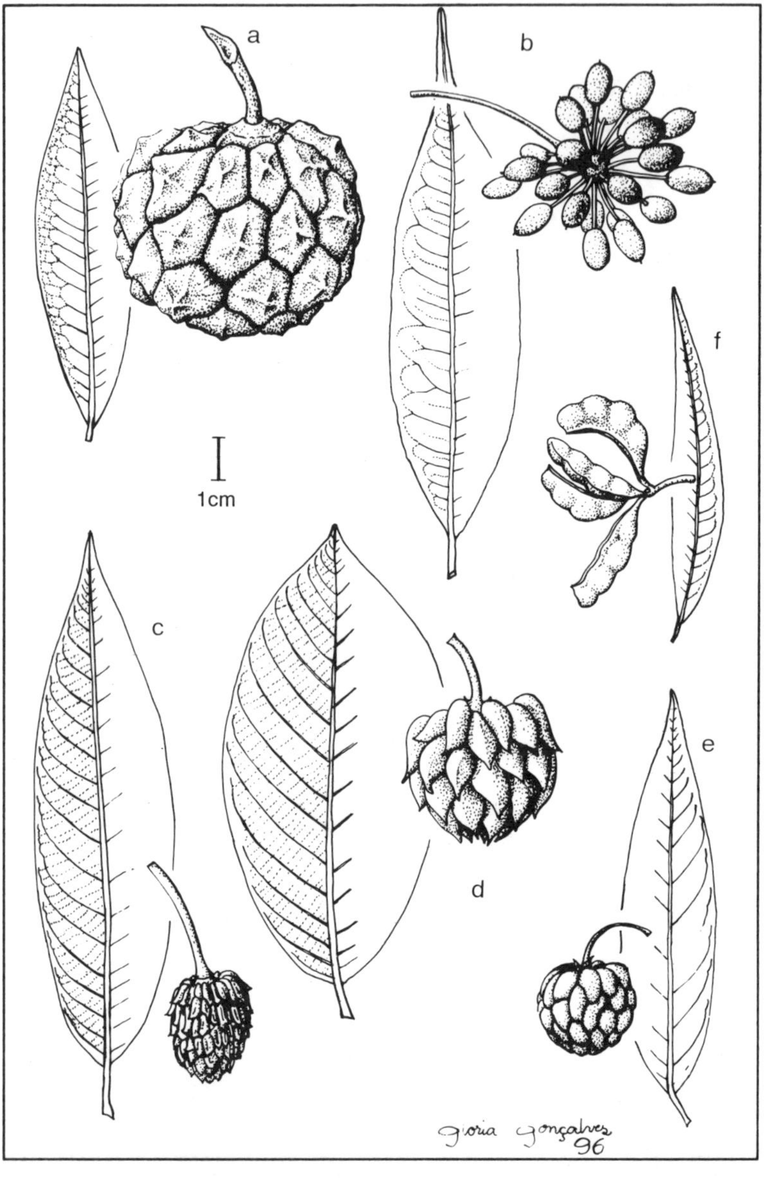

Fig. 3 - Folhas e frutos de: a - *Duguetia salicifolia*; b - *Guatteria australis*; c - *Rollinia laurifolia*; d - *R. sylvatica*; e - *R. xylopiiifolia*; f - *Xylopia brasiliensis.*

APOCYNACEAE

Paulo Roberto do Canto Farág[1]

A família Apocynaceae é constituída de 300 gêneros e mais ou menos 2000 espécies tropicais ou subtropicais, sendo também ocasionalmente encontradas nas regiões temperadas. No Brasil, ocorrem cerca de 376 espécies subordinadas a 41 gêneros (Barroso 1986), dos quais cinco gêneros e sete espécies estão representados na Flora da Reserva Ecológica de Macaé de Cima.

A família está representada na Flora da Reserva de Macaé de Cima por espécies lactescentes, arbóreas, arbustivas escandentes, lianas e trepadeiras herbáceas; que apresentam ou não apêndices nos nós. Suas folhas são simples, opostas, sub-opostas e alternas, sem estípulas; margem inteira; geralmente com glândulas ou emergências glândulares na base do limbo. Inflorescências cimosas e racemosas. Flores pentâmeras, prefloração geralmente imbricada no cálice e contorcida na corola; glândulas na base interna do cálice; corola geralmente glabra externamente e pilosa internamente. Androceu formado por cinco estames inseridos no tubo da corola e adnados em torno do estigma. Gineceu com dois

[1] Aluno do Curso de Pós-graduação em Botânica da Universidade Federal do Rio Janeiro (UFRJ).

Agradecimentos: A Haroldo Cavalcante de Lima, pesquisador do Jardim Botânico do Rio de Janeiro, pela orientação e revisão dos manuscritos do presente trabalho realizado junto ao Programa Mata Atlântica.

carpelos,ovário súpero, geralmente com muitos óvulos. Frutos apocárpicos geralmente com 2 folículos delgados ou espessos. Sementes aladas, ariladas ou comosas.

Cabe ressaltar, além da grande riqueza de espécies da família na flora brasileira, a importância dos seus diversos usos tais como: madeireiro, produtor de goma, medicinal, ornamental e tóxico (Azambuja 1947).

Chave para identificação das espécies:

1. Plantas arbóreas
   2. Árvores de 3-6 m de altura, nós dos ramos com apêndice em forma de dentes. Folhas opostas, lanceoladas, glabras, membranáceas, nervuras secundárias conspícuas e acentuadamente curvas, pecíolos medindo no máximo 1 cm de comprimento. Frutos rugosos, com sementes sem alas, oblongas, envolvidas por arilo vermelho-alaranjado.................7. **Peschiera australis**
   2'. Árvores de 8-16 m de altura, nós dos ramos sem apêndice em forma de dentes. Folhas subopostas, opostas, alternas e verticiladas, oblongo-lanceoladas, espatuladas e obovadas, pilosas, subcoriáceas, nervuras secundárias tênues e não curvas; pecíolos medindo acima de 1 cm. Frutos não rugosos, sementes aladas sem arilo.
      3. Ramos lenticelados. Folhas de espatuladas a obovadas, com 9-11 pares de nervura secundárias, pêlos ferrugíneos. Frutos, glabros, com cerca de 6 cm de comprimento, 8-10 sementes, com 4 cm de comprimento e 3 cm de largura.........................
      ....1. **Aspidosperma parvifolium**
      3'. Ramos sem lenticelas. Folhas oblongo-lanceoladas, com 18 a 30 pares de nervuras secundárias, pêlos alvacentos. Frutos vilosos, com 5,3-11,5 cm de comprimento e 3-6 cm de largura, cerca de 15 sementes, com 5-6,5 cm de comprimento e 3,2-5 cm de largura........2. **Aspidosperma melanocalyx**

1'. Plantas trepadeiras

4. Lianas com ramos roliços; ritidoma em placas. Folhas com domáceas nas axilas das nervuras secundárias. Frutos com cerca de 36 cm de comprimento e intumescências espaçadas.................. 3. **Forsteronia refracta**

4'. Trepadeiras herbáceas ou subarbustos escandentes, com ramos roliços; sem ritidoma em placas. Folhas sem domáceas nas axilas das nervuras secundárias. Frutos com ca. de até 16 cm comprimento sem intumescências.

5. Ramos com nós apendiculados, folhas glabras, nervação eucamptódroma, eucamptódroma na metade inferior e broquidódroma da metade superior do limbo em diante, nervuras secundárias não proeminentes na face inferior do limbo.

6. Ramos lenticelados, com apêndices inconspícuos nos nós. Folhas elíticas, elíticas-oblongas, base aguda e ápice agudo, nervação eucamptódroma, com 10 a 13 pares de nervuras secundárias, com 2,5-6,2 cm de comprimento e 1,4-3,3 cm de largura. Cálice com 0.7 cm de comprimento e 6-7 glândulas em sua base. Ovário envolvido por 2 nectários................ ....5. **Mandevilla pendula**

6'. Ramos não lenticelados, com 2 pares de apêndices triângulares nos nós. Folhas lanceolada-ovada, base obtusa-cordada e ápice agudo, nervação eucamptódroma na metade inferior do limbo e broquidódroma na metade superior do limbo em diante, com 5-7 pares de nervura secundária, com 3,5-5,8 cm de comprimento e 1-1,7 cm de largura. Cálice com 1 cm de comprimento e 1 glândula solitária na base. Ovário envolvido por 5 nectários............4. **Mandevilla funiformis**

5'. Ramos com nós não apendiculados. Folhas pilosas, nervação broquidódroma, com 5 a 8 pares de nervuras secundárias proeminente na face inferior do limbo.................................6. **Odontadenia lutea**

1. Aspidosperma parvifolium A.DC. *In* DC. Prodrumus VIII:398. (1844); Muell. Arg. in Mart. Fl. Bras. 6. (1):57-1860. (Fig. 4 a-b).

Árvores com 8-13 m de altura. Ramos lenticelados castanhos a acinzentados. Folhas subopostas, opostas ou alternas, geralmente congestas nos ápices dos ramos; pecíolo ca. 1-1,5 cm de comp., coberto por pêlos ferrugíneos; limbo com 3,9-8,0 x 1,4-3,5 cm, elítico, espatulado a obovado, base aguda levemente decorrente e ápice obovado, margem ligeiramente revoluta, sub-coriáceas, discolores, face superior esverdeada ligeiramente pubérulo, com pêlos concentrados na nervura central e inferior ferrugínea com indumento viloso e caduco; nervação eucamptódroma, isto é, com nervuras secundárias curvas e diminuindo gradualmente no sentido apical, não fechando-se na margem, nervura central imersa na face superior, com 9-11 nervuras secundárias tênues. Inflorescência axilar a subterminal, dicásio composto modificado, subglomerular. Flores vilosas, creme-amareladas; pedicelo com ca. 0,1 cm de comp., cálice ca. 0,2 cm comp., com lobos ovais, agudos a obtusos; corola ca. 0,6 cm, com lobos ovais, externamente vilosas e internamente pilosas abaixo da inserção dos estames; estames presos medianamente nos lobos da córola, ovário cônico, densamente piloso, estilete mais estigma com 0,2 cm de comp. Frutos com lenticelas pulverulentas, ca. de 6 cm de comp. e 3 cm de larg., glabros. Sementes 8-10, com alas concêntricas, ca. 4 cm de comp. e 3 de larg. e 3 cm de larg.

Nome popular: Carapanaúba, guaratiba-mimoso, guatambú, guatambú do meudo, guatanbú-mirin, guatambú-rosa, pequiá marfin, pequiá da restinga, pequiá-bravo, pereirobravo, perobeira, perobinha-pereira, piquiá, petiá-verdadeiro, petiá, tambú-peroba. (Ferreira 1988.).

Floração e frutificação: Encontrada em floração de agosto a novembro.

Habitat: Cerrado, Floresta Pluvial Atlântica baixo-montana e montana, Floresta Pluvial Amazônica e Restinga.

Distribuição geográfica: Brasil: Acre, Amazonas, Pará, Rondônia, Ceará, Pernambuco, Bahia, Distrito Federal, Goiás, Minas Gerais, Rio de Janeiro, São Paulo, Santa Catarina e Rio Grande do Sul. Venezuela, Guiana, Suriname e Peru. (Ferreira 1988.)

Comentários: Os materiais botânicos coletados em Macaé de Cima se enquadram nos limites de *A. parvifolium* proposto por Woodson (1951) e Ferreira (1988). Entretanto, este último autor propõe uma delimitação mais ampla para esta espécie, e inclui *A. australe*, *A. pyricollum*, *A. ulei* e *A. vargaii* na sua sinonímia. Portanto a delimitação de *A. parvifolium*, aqui aceita, representa uma espécie de ampla distribuição em diversos tipos de habitats e com grande plasticidade nos caracteres morfológicos, sendo assim uma das espécies de maior variação dentro do grupo.

Material examinado: M.P.M. de Lima et al. 170 (RB); G. Martinelli 11913 (RB); H.C. de Lima 4022 (RB) e C.M.B. Corrêa et al. 190 (RB).

2. Aspidosperma melanocalyx Müll.Arg. in Mart. Fl. Bras. 6 (1): 52-1860; M. Pichon, in Bull Mus. Nat. Hist. Nat. II, 19:367. 1947.
(Fig. 4 c-d).

Árvore com 8-16m de altura; ritidoma liso e acinzentado; látex castanho. Ramos angulares-comprimidos castanhos claros a escuros. Folhas subopostas, opostas ou alternas; pecíolos com 1-2,5 cm de comp.; limbo com 3,7-11,5 x 2,0-

5,7 cm, oblonga-lanceoladas, base aguda a rotundada, ápice agudo a arredondado, margem levemente revoluta, subcoriáceas; nervação craspedódroma simples, ou seja, nervuras secundárias terminando na margem do limbo, com 18 a 30 nervuras secundárias, tênues em ambas as faces; discolores, na face superior verde-olivácea e lustrosa, na inferior densamente pubérula, pilosidade alvacenta. Inflorescências axilares nos pontos mais altos dos ramos, dicásios compostos modificados, ca. 20 cm de comp. Flores alvacentas a amareladas, pedicelos ca. 0,1 cm de comp.; cálice ca. 0,3 cm comp., com lobos ovais-agudos, densamente pubérulo a viloso, pilosidade castanho-clara; corola ca. 0,9 cm comp., com tubo ca. de 0,6 cm de comp. e lobos com ca. de 0,3 cm de comp., externamente glabras, internamente com poucos pêlos seríceos abaixo da inserção dos estames, lobos ovais-lanceolados; estames inseridos no tubo da corola; anteras ovais-agudas; ovário cônico, estigma fusiforme. Frutos lateralmente comprimidos, com sulcos longitudinais, oliváceos-nigrescentes, vilosos, com 5,3-11,5 x 3-6 cm, pedicelo engrossando da base para o ápice, ca. 1-3,5 cm de comp. Sementes cerca de 15, alas concêntricas, alvacentas, com 5-6,5 cm de comp. e 3,2-5 cm de larg..

Nome popular: Em Macaé de Cima é conhecido como moela de velho. Peroba-parda, peroba-preta, peroba rajada, pequiá-açu e petiá-mandioca (Corrêa 1984).

Floração e frutificação: Em Macaé de Cima com frutos de abril a junho. Floresce nas florestas leste do Brasil de fevereiro a abril (Woodson 1951).

Habitat: Cerrado, Floresta Pluvial Atlântica baixo-montana e montana.

Distribuição geográfica: Brasil: Pernambuco, Bahia, Minas Gerais, Espírito Santo, Rio de Janeiro (RB).

Comentários: Os materiais botânicos coletados em Macaé de Cima se enquadram nos limites de *A. melanocalyx Woodson* (1951). Embora Ferreira (1988) tenha proposto

A. melanocalyx (espécie extra-amazônica) e *A. verruculosum* (espécie amazônica) como sinônimos de *A. spruceanum* (espécie amazônica), os dados não são suficientes para justificar sua decisão. Portanto, no presente trabalho optou-se pelo conceito de Woodson (1951), que mantém os *taxons* como espécies distintas, que além da distribuição geográfica relaciona, principalmente, como características diferenciais de *A. melanocalyx,* os lobos da corola com a metade do comprimento do tubo ou menos da metade.

Utilidades: A madeira é de cor parda com veios muito compacta e resistente. Podendo ser utilizada para construção naval, civil e móveis de luxo (Corrêa 1984).

Material examinado: Oscar Mont. s/nº (RB13906); S. de V.A. Pessoa 495 et al. (RB); H.C. de Lima 3523 et al. (RB); Kuhlmann s/nº (RB136470).

3. Forsteronia refracta Müll. Arg. in Mart. Fl. Bras. 6 (1): 97-1860; Miers, apoc. So. Am. 244 pl. 35 b (1878); Woodson, Ann. Mo. Bot. Gard. 22. 220 (1935).
(Fig. 5 h-i).

Liana com ramos roliços e ritidoma em placas. Folha oposta, com pecíolo canaliculado ca. 0,5 cm de comp., limbo com 5-10 x 2,2-4 cm, obovado-oblongo, oblongo ou lanceolado, base aguda e ápice agudo-mucronado, membranácea, concolor e glabra; glândulas na base da nervura principal e domáceas nas axilas das nervuras secundárias na face inferior do limbo; nervação broquidódroma, ou seja, nervuras secundárias agrupam-se formando arcos antes da margem do limbo, com 8 a 10 pares de nervuras secundárias. Inflorescência tirsóide, glabra, com 8 a 13 cm de comp. brácteas triangulares. Flores alvas ca. 0,4 cm comp., pedicelos ca.0,3 cm de comp., cálice ca. 0,1 cm comp., com lobos ovais e glabros, com numerosas glândulas distribuídas uniformemente na base, corola branca ca. 0,4 cm comp., sub-rotácea, campanulada, glabras externamente e densamente pilosas internamente, lobos obtusos; anteras oblongas, ca. 0,1 cm de comp.; ovário ovóide, envolvido por 5 nectários. Frutos lineares e longos, ca. 36 cm de comp., articulados, glabros, com estrias longitudinais. Sementes comosas, com 2-3 cm de comp., coma (tufo apical dispersor) ca. 4 cm de comp..

Nome popular: Cipó de leite (Markgraf 1968.).

Floração e frutificação: Em Macaé de Cima são encontrdos frutos maduros em agosto. Floresce de novembro a dezembro e frutifica de março a junho. (Markgraf 1968).

Habitat: Espécie característica da Floresta Pluvial Atlântica baixo-montana e montana e da Mata Subtropical das Bacias dos Rios Paraná e Uruguai. (Markgraf 1968).

Distribuição geográfica: Brasil: Pará, Minas Gerais, Rio de Janeiro, Paraná e Santa Catarina. Venezuela, Paraguai e Argentina setentrional. (Markgraf 1968).

Comentários: Espécie frequente no interior das matas, amplamente difundida no Sul do país (Markgraf 1968).

Material examinado: H.C.de Lima s/nº et al. (RB 290884); C.M.B.Corrêa 106 et al. (RB); T.Fontoura s/nº et al. (RB 290883).

4. Mandevilla funiformis (Vell.) K. Schum. in Engl. e Prantl. Pflanzenfau 4.2:171 (1895); Woodson, Ann. Mo. Bot. Gard. 20: 647 1933.
(Fig. 5 f-g).

Trepadeira ou subarbusto escandente, ramos roliços, com 2 pares de apêndices triângulares nos nós, látex branco. Folha oposta, com pecíolo canaliculado 0,7-1,4 cm de comp., limbo com 3,5-5,8 x 1,0-1,7 cm lanceolado-ovado, base obtusa-cordada, ápice agudo e entumescido, membranácea, discolor e glabra, glândulas na base da nervura central; nervação eucamptódroma na metade inferior do limbo e broquidódroma da metade superior do limbo em diante, com 5-7 pares de nervuras secundárias. Inflorescência racemos simples lateral, corimbiforme, com 5 a 12 flores amarelas. Flores alvo-esverdeadas constituídas de pedicelo ca. 2 cm de comp., brácteas lanceoladas, cálice com sépalas agudas ca. 1 cm de comp.,portando na base de cada sépala 1 glândula solitária, também aguda, ca. 0,4 cm de comp.; corola infundibuliforme, glabra, obliquamente obovada, ca. 5 cm de comprimento; anteras auriculadas na base, ca. 0.7 cm de comp.; ovário ovóide, glabro, com 5 nectários compressos, obovóides. Frutos relativamente delgados, ca. 10-15 cm de comp. e sementes comosas, 0,7 cm de comp.

Nome popular: Jalapa-silvestre (Markgraf 1968)

Floração e frutificação: Em Macaé de Cima flores presentes em dezembro. Markgraf (1968) assinala a Floração e frutificação praticamente todo o ano, muitas vezes apresentando os dois.

Habitat: Floresta Pluvial Atlantica baixo-montana e montana e Restingas.

Distribuição geográfica: Pernambuco (Woodson 1935), Espírito Santo (RB), Bahia e Minas Gerais, Rio de Janeiro, São Paulo, Paraná e Santa Catarina (Markgraf 1968).

Comentários: Esta espécie é muito frequente em áreas de Restinga e Matas litorâneas, tendo sido observada raramente em Florestas da encosta da Serra do Mar. Cabe ressaltar que os exemplares provenientes de Restingas, possuem pêlos na base da nervura central, na face inferior do limbo, o que não foi observado nos materiais de Magé, Petrópolis e Macaé de Cima.

Material examinado: S.V. A. Pessoa 418 et al. (RB); A.P. Duarte 999 (RB); D. Araujo 715 (RB) e A.L. Peixoto 559 (RB).

5. Mandevilla pendula (Ule) Woodson, Ann. Mo. Bot. Gard. 20: 725. 1933.
(Fig. 5 d-e)

Trepadeira herbácea ou subarbusto escandente; ramos vinosos, roliços e delgados, com apêndices insconspícuos nos nós. Folhas opostas, com pecíolo também vinoso, canaliculado com 0,5-1,5 cm de comp., limbo com 2,5-6,2 x 1,4-3,3 cm, elítico, elítico-oblongo, base aguda e ápice agudo, subcoriácea, discolor, glabra, glândulas na base da nervura principal; nervação eucamptódroma, com 10 a 13 pares de nervura secundárias, sendo estas tênues na parte inferior do limbo. Inflorescências racemos simples, laterais, corimbiformes, com 6 a 10 flores. Flores vinosas com pedicelo ca.1-2 cm de comp., brácteas mais ou menos ovadas; cálice ca. 0,7cm de comp., sépalas agudas, com 6-7 glândulas na base interna das sépalas; corola tubular-campanulada, ca. 6 cm de comp., lobos obliquamente oblongos-ovados; estames com anteras, auriculadas e amarelas; ovário ovóide-oblongo, glabro, com 2 nectários com a metade do tamanho do ovário. Frutos delgados, com 10 a 16 cm de comp. e ca. de 0,5 cm de larg.

Floração e frutificação: Em Macaé de Cima flores em novembro.

Habitat: Floresta Pluvial Atlântica montana.

Distribuição geográfica: Rio de Janeiro e São Paulo (Woodson 1933)

Comentários: Com base no material estudado e na bibliografia consultada, percebe-se que a espécie é característica de regiões elevadas, ocorrendo geralmente acima de 1.000 msm.

Material examinado: Markgraf 3754 et Brade (RB); G. Martinelli 8703 et C. Farney (RB); C. Farney 104 et G. Martinelli (RB); J.F.A. Baumgratz et al. 492 (RB).

6. Odontadenia lutea (Vell.) Markgr. in Fedde, Rep. Sp. Nov. 20:24. (1924); Woodson, Ann. Mo. Bot. Gard. 22:238 (1935). (Fig. 4 e-f).

Trepadeira volúvel com ramos roliços, pilosos e lenticelados. Folhas opostas, com pecíolo piloso com 0,3-0,5 cm de comp., limbo com 3,5-7,0 x 2,0-3,5 cm, lanceolado, obovado-lanceolado a oblongo-lanceolado, base auriculada e ápice mucronado,pilosas principalmente sobre as nervuras, nervação broquidódroma proeminente na parte inferior do limbo e na superior imersas,com 5 a 8 pares de nervuras secundárias, sendo os dois primeiros partindo do mesmo ponto. Inflorescência lateral, corimbiforme. Flores alvo-amareladas, ca. 6 cm de comp., pedicelo piloso ca. 2 cm, brácteas subjacentes ao pedicelo; cálice ca. 1 cm de comp., com lobos ovados a oblongos, glândulas solitárias na base; corola infundibuliforme, ca. 5 cm de comp.,branca-amarelada, glabra, tubo cilíndrico, lobos obliquamente obovados, ca. de 2,5 cm de comp.;estames inseridos na base da fauce da corola, antera levemente elípticas-sagitadas, pêlos no dorso e no filete; ovário oblongo-ovóide, anel nectarífero com 5 lobos maiores que o ovário. Frutos arredondados, lenticelados e glabrescentes, com ca. 6,7-12,7 cm de comp. Sementes comosas medindo cerca de 1,0 cm e comas alvos, medindo cerca de 3,0 cm de comp.

Floração e frutificação: Em Macaé de Cima frutos de abril a junho.

Habitat: Cerrado, Floresta Puvial Atlântica baixo-montana e montana.

Distribuição geográfica: Distrito Federal, Goias, Mato Grosso, Minas Gerais e Rio de Janeiro.

Comentários: Como pode ser observado nos materiais consultados e segundo Woodson (1935), trata-se de uma espécie extremamente variável, quanto ao indumento, dimensões, forma e margem da folha.

Material examinado: H.C.de Lima et al. 3777 (RB); H.C. de Lima et al. 3521 (RB); Brade, s/nº (R 2844).

7. Peschiera australis (Müll.Arg.) Miers, Apoc. So. Am.: 46 1878; Mgf. Notizbl. Bot. Gart. Berlin 14: 173 1938; In Reitz, Fl. Ilustr. Catarinense Apoc.: 45, fig.13 1968; Ezcurra, Darwiniana 23 (2-4): 441, fig. 21 1981.
(Fig. 5 a-c).

Árvores de 5-6 m de altura, nós dos ramos com apêndice em forma de dentes, látex branco. Folhas opostas, com pecíolos canaliculados, 0,5-1 cm de comp., limbo com 6,5-13 x 1,5-3,1 cm, lanceolado, base aguda e ápice caudado a falcado, membranácea, discolor, glabra; nervação broquidódroma, com 8 a 11 pares de nervuras secundárias acentuadamente curvas e amareladas na face inferior. Inflorescência em cimeira ca. de 0,5-1,4 cm de comp., com 8-10 flores brancas, pediceladas. Flores ca. 0,4 cm de comp.; cálice com sépalas lineares e agudas, glabras, com 8-10 a glândulas na base; corola infundibuliforme, alvas, com 1 cm de comp., glabras externamente e internamente pubescente, lobos oblíquos; estames com 0,7 cm de comp.; ovário sem disco nectarífero aparente, estilete mais curto que o ovário. Frutos curvos em forma de meia lua, verrucosos, 4,5 x 1,0 cm. Sementes ca. 20 por fruto, oblongas, sulcadas, com 1,2 cm de comp. e 0,5-0,8 cm de larg., arilo alaranjado na face ventral.

Nome popular: Leiteira-dois-irmãos, jasmim (Markgraf 1968).

Floração e frutificação: Em Macaé de Cima encontram-se frutos em junho. Markgraf (1968) assinala a floração de setembro a novembro e frutificação de fevereiro a abril.

Habitat: Floresta Pluvial Atlântica baixo-montana e montana, Zona da Mata Bacia do Rio Uruguai (Markgraf 1968.).

Distribuição geográfica: Brasil: Rio de Janeiro, São Paulo, Paraná, Santa Catarina e Rio Grande do Sul (Markgraf 1968.).

Comentários: Como característica de *P. australis,* Allorge (1988) cita a cor amarelada dos materiais botânicos herborizados, o que foi observado nos materiais estudados de Macaé de Cima. Deve-se porém atentar para a semelhança desta espécie com *P. affinis,* da qual diferencia-se por possuir cálice de sépalas retas e com 8-10 glândulas na base de cada sépala, enquanto *P. affinis* possui sépalas refractas ou reflexas com 4-5 glândulas na base.

Material examinado: H.C.de Lima 3612 (RB); C.M.B. Corrêa s/nº et al. (RB290874); R. Guedes s/nº et al. (RB290875); R. Guedes s/nº et al. (RB290875).

Tabela sumarizada

Gêneros	Nº de Espécies
Aspidosperma	2
Forsteronia	1
Mandevilla	2
Odontadenia	1
Peschiera	1
Total	7

Referências bibliográficas

ALLORGE, L. 1983. **Morfhogie, systématique, chimiotaxanomie et biogéographie des Tabernaemontanoidées (Apocynacées) américaines.** Universite de Paris-Sud Centre D'orsay. 1-545 (THESE).

AZAMBUJA, D. 1947. Contribuição ao conhecimento das Apocynaceae encontradas no Brasil. **Arq. Serv. Flor. Rio de Janeiro 3**: 9-112.

BARROSO, G.M. et al. 1986. **Sistemática de Angiosperma do Brasil.** Viçosa,UFV, Impr. Univ., v. **3**, p. 8-16.

CORRÊA, M.P. 1984. **Dicionário das Plantas Úteis do Brasil e das Exóticas Cultivadas,** Rio de Janeiro, Ministério da Agricultura, vol. **5**, p.459.

FERREIRA, W. M. N. 1988. **Aspidosperma Mart., nom. cons. (Apocynaceae): estudos taxonômicos.** Instituto de Biologia da Universidade Estadual de Campinas (UNICAMP). Tese de Doutorado.

MARKGRF, F. 1968. **Apocynáceas** *In:* REITZ, P.R. **Flora Ilustrada Catarinense**: 1-112, 25 pls., 24mapas.

MUELL. Arg. J. 1860. **Apocynaceae** *In:* Mart. **Flora Brasiliensis 6** (1): 1-195.

WOODSON, R.E. Jr. 1933. Studies in the Apocynaceae, IV. The American genera of Echitoidae. **Ann. Bot. Gard. 19** (4): 605-790, 1 fig.

WOODSON, R.E. Jr. 1935. Studies in the Apocynaceae, V. The American Genera of Echitoideae. **Ann. Mo. Bot. Gard. 22** (2): 153-306.

WOODSON, R.E. Jr. 1951. Studies in the Apocynaceae, VIII. An Interim Revision of the Genus Aspidosperma Mart. & Zucc. **Ann. Mo. Bot. Gard. 38**: 119-206.

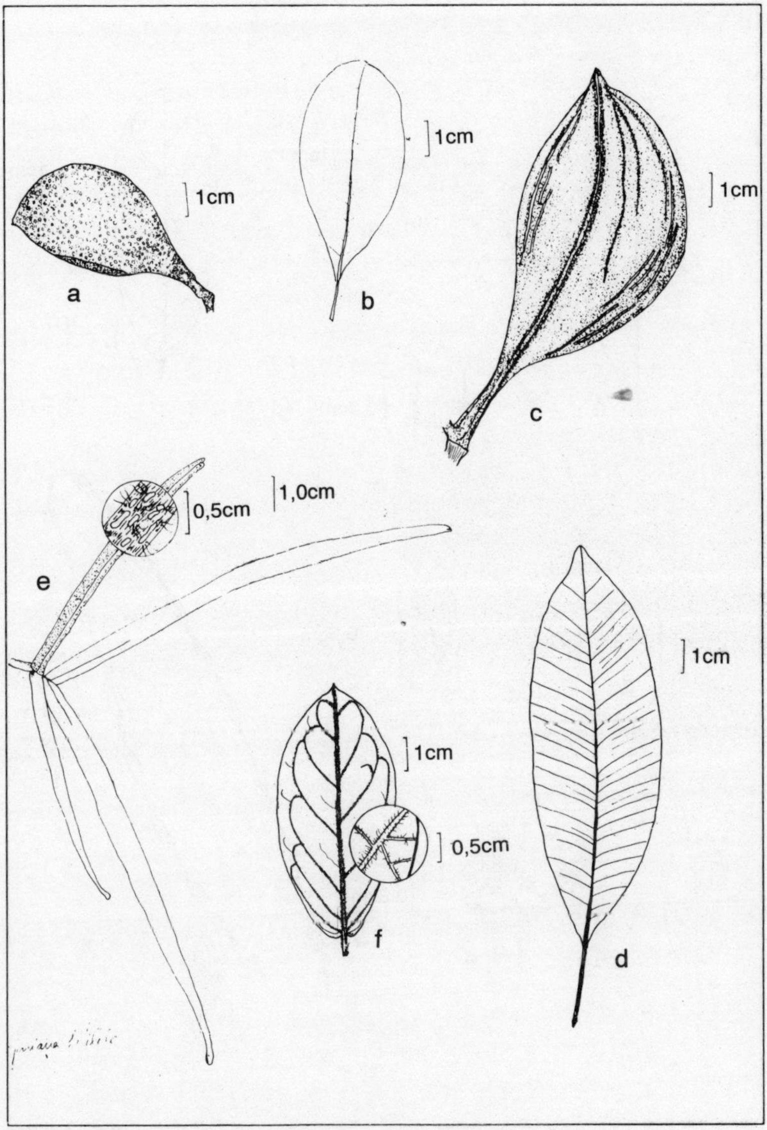

Fig. 4 - *Aspidosperma parvifolium*: a - fruto (1cm), b - folha (1cm). *Aspidosperma melanocalix*: c - fruto (1cm), d - folha (1cm). *Odontadenia lutea*: e - fruto (detalhe do fruto - 0,5cm, fruto - 1cm); f - folha (detalhe da folha - 0,5cm, fruto - 1cm).

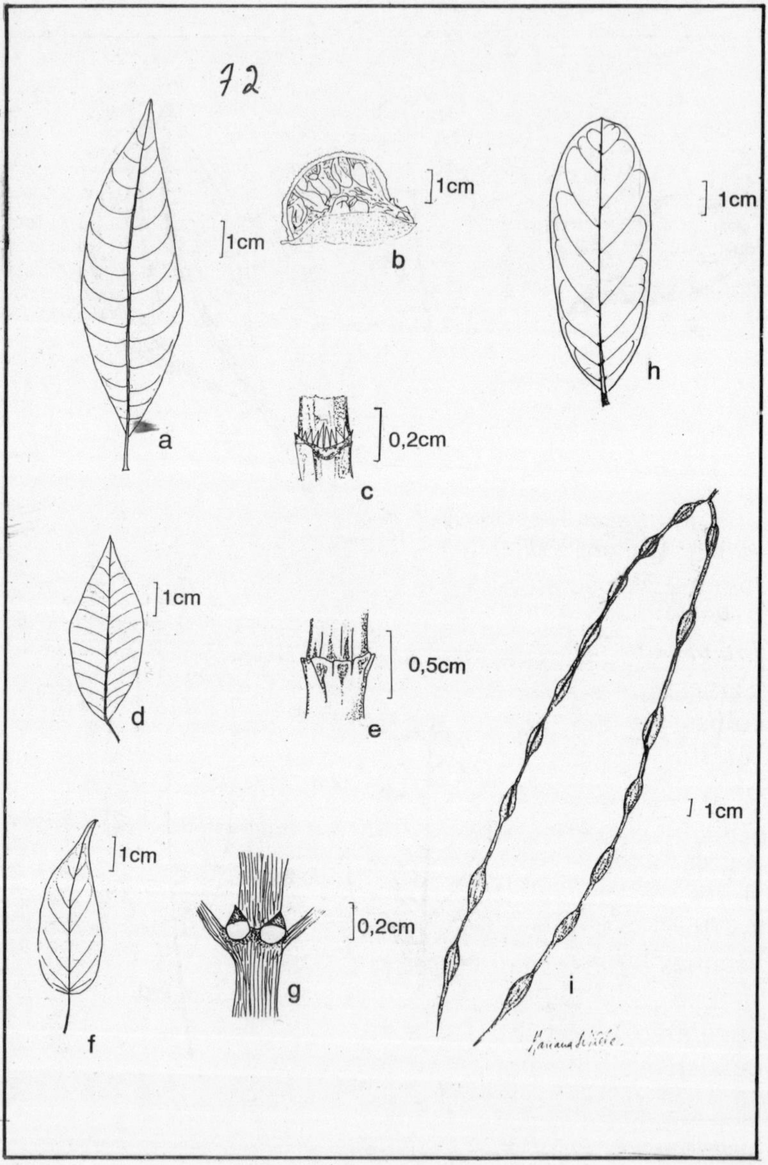

Fig. 5 - *Peschiera australis*: a-folha (1cm), b - fruto (1cm), c - detalhe do nó (2cm). *Mandevilla pendula*: d - folha (1cm), e - detalhe do nó (0,5cm). *Mandevilla funiformis*: f - folha (1cm), g - detalhe do nó (0,2cm). *Forsteronia refracta*: h - folha (1cm), i - fruto (1cm).

AQUIFOLIACEAE

Mariana Lima Vilela[1]

A família está representada no Brasil por um único gênero *Ilex* L. O Estado do Rio de Janeiro, conta com aproximadamente 15 espécies. Na Reserva Ecológica de Macaé de Cima é representada por cinco espécies : *Ilex paraguariensis; Ilex integerrima, Ilex taubertiana, Ilex theezans e Ilex pubiflora.* Tais espécies são arvoretas de 6 a 15 m de altura. Apresentam folhas perenes, simples alternas, de margem serrada ou inteira, largamente lanceoladas, ovadas, oblongas ou obovadas, cartáceas ou coriáceas, de pecíolo canaliculado com menos de 2 cm de comprimento, ramos às vezes nigrescentes. Inflorescências compostas de uma a muitas flores, geralmente axilares em folhas de crescimento atual. As flores são unissexuais por aborto, geralmente tetrâmeras; estames férteis um pouco mais curtos que a corola, anteras rimosas, pistilódio presente em flores masculinas. Fruto nuculânio (Barroso, revisão final) coroado pelo estigma persistente, com 4 pirênios, cada um com uma semente.

---

[1] Bolsista do Programa Institucional de Bolsas de Iniciação Científica (PIBIC-CNPq) - (Agosto de 1994 a Dezembro de 1995) Jardim Botânico do Rio de Janeiro - Rua Pacheco Leão, 915 - Jardim Botânico - 22460-030.

Agradecimentos: Ao Dr. Ademir Reis , Curador do Herbário Barbosa Rodrigues (HBR) pela sua preciosa colaboração através da remessa de material, a qual foi imprescindível para a conclusão deste trabalho. À Marli P. M.de Lima e Rejan R.Guedes-Bruni pela orientação e críticas.

Chave para identificação de espécies:

1. Folhas de margem serrada
   2. Folhas adultas coriáceas, obovadas a largamente lanceoladas, 8,0 cm a 14,0 cm de comprimento e 3,0 cm a 8,0 cm de largura ....1. **Ilex paraguariensis**
   2'. Folhas adultas cartáceas, lanceoladas a ovais, 2,5 cm a 4,0 cm de comprimento e 1,0 cm a 1,5 cm de largura, pecíolo nigrescente ....2. **Ilex taubertiana**

1'. Folhas coriáceas ou sub-coriáceas de margem inteira
   3. Folhas obovadas ou largamente obovadas, geralmente tridentadas no ápice, 4,0 cm a 9,0 cm de comprimento e 1,5 cm a 4,5 cm de largura.......... ....3. **Ilex theezans**
   3'. Sem o conjunto de caracteres.
      4. Folhas largamente lanceoladas a oblongo-lanceoladas, 4,5 cm a 7,5 cm de comprimento, 2,0 cm a 4,0 cm de largura, pecíolo nigrescente ....4. **Ilex integerrima**
      4'. Folhas obovado-oblongas, 2,0 cm a 3,5 cm de comprimento e 0,7 cm a 1,2 cm de largura.......... ....5. **Ilex pubiflora**

1. Ilex paraguariensis A.St.-Hil. in. Mém. Mus. Par. ix, 351.1822.
(Fig. 6 a-e)

Árvores ou arbustos de 4,0 m a 15,0 m de altura. Pecíolo canaliculado com 1,0 a 2,0 cm de comprimento. Folhas obovadas ou largamente lanceoladas, coriáceas 8,0 cm a 14,0 cm de comprimento e 3,0 cm a 8,0 cm de largura, margem serrada, base aguda, ápice cuspidado, acuminado ou retuso, nervuras secundárias partindo da nervura principal em direção ao ápice, ramificando-se de modo a formar arcos marginais pouco conspícuos, nervuras terciárias inconspícuas em ambas as faces. Flores dispostas em inflorescências curtas axilares. Flores masculinas ca 2,0 cm, 4 pétalas, 4 estames alternipétalos, mais curtos que a corola, anteras bitecas, ovais ca 5,0 mm de comprimento, gineceu abortado, pistilódio presente. Fruto nuculânio 0,5 a 1,0 cm de diâmetro.

Nomes populares: mate, erva-mate, erveira, congonha, erva, erva-verdadeira, erva-congonha. (Lorenzi 1992; Corrêa 1969), congonheira, congoín, caáguaçú, congonha-grande, orelha-de-burro, caá, erva-piriquita (Edwin & Reitz 1967)

Floração e frutificação: flores de agosto a fevereiro e frutos de outubro a fevereiro.

Utilidades: A madeira pode ser empregada na caixotaria e lenha. Suas folhas devidamente preparadas fornecem o mate, muito cultivado no sul do Brasil, cuja composição química demonstra qualidades alimentícias e medicinais. O mate apresenta qualidades tônicas, estimulantes e diuréticas. Os resíduos industriais da fabricação do mate fornecem ainda, cera para assoalho, graxa de sapato, emulsões e sabões (Corrêa 1969). A árvore é ornamental e os frutos são consumidos por várias espécies de pássaros. Pode ser utilizada no plantio de áreas degradadas. (Lorenzi 1992).

Habitat: Floresta Pluvial Atlântica montana e baixo-montana, Cerrado, vegetações alteradas.

Distribuição geográfica: Brasil: Bahia, Mato Grosso, Minas Gerais, Rio de Janeiro, São Pulo, Paraná, Santa Catarina e Rio Grande do Sul. Regiões sub-tropicais e temperadas da América do Sul.

Comentários: Em geral é uma espécie ombrófila, prosperando em campo aberto. Ocorre em ervais nativos no Rio Grande do Sul. Espécie pouco representativa na amostragem fitossociológica, apresentando apenas 4 indivíduos como elementos do sub-bosque.

Material examinado: H.C.de Lima s/n ind: P1B.2765 (RB 290795); S.V.A.Pessoa s/n ind: P1A.1910 (RB 290794);

ind: P1A.1972 (RB 290792); Gurgel 18580 (RB), 18551 (RB)

2. Ilex taubertiana Loes. in E. & P. Nat. Pflanzenf. Nachtr. 1:218. 1897
(Fig. 7 f-j)

Árvore ca 8,0 m de altura. Ramos jovens nigrescentes, estriados. Pecíolo canaliculado, 0,2 cm a 1,0 cm de comprimento. Folhas cartáceas, lanceoladas ou ovadas, 2,5 cm a 5,5 cm de comprimento, 1,0 cm a 1,5 cm de largura, margem serrada, base aguda, decorrente ou assimétrica, ápice agudo, nervuras secundárias partindo da nervura principal em direção ao ápice, de modo a formar delgados arcos marginais. Flores unissexuais dispostas em ramos floríferos nascidos exclusivamente em lenho novo. Botões florais masculinos ca 3,0 mm, 4 sépalas agudas elípticas, 4 estames aparentemente sésseis no botão, anteras bitecas ligeiramente cordadas com menos de 1 mm de comprimento, pistilódio cônico. Fruto nuculânio ovóide-globoso.

Nome popular: caúna nebular (Edwin & Reitz 1967)

Floração e frutificação: Floresce em dezembro, frutos maduros em março (Edwin & Reitz 1967). Na Reserva Ecológica de Macaé de Cima, os botões florais surgem no mês de novembro.

Utilidades: A madeira pode ser usada como lenha (Edwin & Reitz 1967)

Habitat: Floresta Pluvial Atlântica montana e alto-montana. (Edwin & Reitz 1967)

Distribuição geográfica: Rio de Janeiro, Paraná e Santa Catarina

Comentários: Este taxon, conforme mencionado por Edwin & Reitz (1967) é afim de *I. microdonta, I. brevicuspis* e *I. kleinii.* As duas primeiras espécies diferem do taxon em questão, principalmente pela estrutura das inflorescências. Enquanto *I. kleinii* apresenta o pedúnculo basal ramificando-se duas vezes em 5-9 pedicelos, as duas outras apresentam o pedúnculo basal ramificado apenas uma vez. As flores destes três taxons também apresentam diferenças quanto à forma das pétalas e anteras e tamanho dos estames em relação ao tamanho das pétalas.

O material examinado de *I. kleinii*, entretanto, não demonstrou caracteres diagnósticos significativos que justifiquem tal espécie como disitinta de *I. taubertiana*. A estrutura das inflorescências de ambos é extremamente semelhante e, destaca-se ainda que a maioria dos exemplares identificados até então como *I. taubertiana*, encontram-se em frutos. Em *I. kleinii*, coincidentemente, todos os exemplares observados, inclusive o *paratypus* da espécie, encontram-se em botões florais masculinos. Considerando-se que entre as Aquifoliaceae predominam plantas dióicas, questiona-se a possibilidade de tratar-se de um único taxon.

Para responder a tal questão é necessário que sejam realizadas coletas diversificadas de indivíduos masculinos e femininos, preferencialmente em diversas fenofases e proceder-se ao estudo e reavaliação dos caracteres diagnósticos entre *I. taubertiana* e *I. kleinii*.

Material examinado: H.C.de Lima 4014 (RB 295237); Reitz & Klein 18033 (RB); *paratypus* de *I.kleinii* Edwin: Smith & Klein 8481 (RB)

3. Ilex theezans Mart. in Syst. Mat. Med. Veg. Bras. 61. 1861.
(Fig. 6 f)

Arvoreta com até 12 m de altura, lenho glabro, às vezes preto ao secar. Folhas coriáceas, 4 a 9 cm de comprimento, 1,5 a 4, 5 cm de largura, obovadas ou largamente obovadas, margem predominantemente inteira tridentada próximo ao ápice; ápice arredondado ou obtuso, às vezes com apículo curto; base aguda ou cuneada, nervuras laterais aparentes em ambas as faces; pecíolo 8 a 20 mm de comprimento, canaliculado, inchado na base. Inflorescência axilar, exclusivamente em lenho novo. Flores masculinas relativamente grandes, 4 a 5 meras, até 13 mm, pétalas elípticas, estames do mesmo tamanho da corola, anteras elípticas, pistilódio reduzido; flores femininas menores, 8 a 10 mm, pétalas elípticas, estaminódios ca ½ do comprimento das pétalas, anteras estéreis cordadas, ovário ca 3 mm, ovóide, séssil capitado. Fruto nuculânio ovóide-globoso.

Nomes populares: caúna-amargosa, orelha-de-mico, miqueira, caúna-de-folha-grande (Edwin & Reitz 1967)

Floração e frutificação: flores de setembro a dezembro, frutos maduros de dezembro a maio.

Utilidades: A infusão de suas folhas fornece chá com qualidades diuréticas e estimulantes (Corrêa 1969). A madeira é utilizada na fabricação de pianos (Edwin & Reitz 1967)

Habitats: Floresta Pluvial Atlântica baixo-montana e alto-montana, Restinga, Formação de Araucária e vegetações alteradas.

Distribuição geográfica: Brasil: Bahia, Goiás, Minas Gerais, Espírito Santo, Rio de Janeiro, São Paulo, Paraná, Santa Catarina e Rio Grande do Sul.

Comentários: A ocorrência desta espécie para Macaé de Cima é testemunhada por apenas um exemplar da coleção de Glaziou, cuja coleta data de novembro de 1891.

Material examinado: Glaziou 19003 (R 8224); Gurgel 16126 (RB); J.G.Khulman 824 (RB).

4. Ilex integerrima Reissek in. Mart. Fl. Bras. xi. I. 45. 1861.
(Fig. 7 a-e)

Árvores ou arbustos com cerca de 6,0 m de altura. Pecíolo canaliculado rugoso nigrescente com 1,0 a 2,0 cm de comprimento. Folhas largamente lanceoladas a oblongo lanceoladas, coriáceas, 4,5 cm a 7,5 cm de comprimento e 2,0 cm a 4,0 cm de largura, margem inteira, base cuneada, ápice agudo, glabras; nervuras secundárias pouco conspícuas partindo da nervura principal em direção à margem ramificando-se de maneira a formar arcos marginais; nervuras terciárias inconspícuas em ambas as faces. Flores unissexuais dispostas em inflorescências axilares. Flores masculinas ca 1,0 cm, 4 pétalas, 4 estames alternipétalos, anteras bitecas, angulosas ca 1,0 mm de comprimento, gineceu abortado, pistilódio presente. Fruto nuculânio globoso ca 0,5 cm de comprimento, coroado pelo estigma.

Nomes populares: chá-das-missões, chá-do-brasil, chá-do-paraguai, chá-do-paraná, chá-dos-jesuítas, chá-mate, congonha, congonha-das-missões, caiena. (Corrêa 1969)

Utilidades: Suas folhas preparadas fornecem chá, muitas vezes falsificando o verdadeiro mate. (Corrêa 1969)

Habitat: Floresta Pluvial Atlântica montana, Mata Ciliar e vegetações alteradas.

Floração e frutificação: flores de junho a dezembro, frutos em junho.

Distribuição geográfica: Brasil: Minas Gerais, Rio de Janeiro, Paraná e Santa Catarina.

Material examinado: G.Martinelli 11909 (RB), 11816 (RB); J.G. Kuhlman s/n (RB 15320); Gurgel 16092 (RB), 16090 (RB)

5. Ilex pubiflora Reissek in Mart. Fl. Bras. 11 (1) 53. 1861. (Fig. 7 k)

Arvoreta ca 9 m de altura, glabra, ramos acinzentados. Folhas sub-coriáceas glabras, geralmente congestas no ápice dos ramos, 2,0 cm a 3,5 cm de comprimento e 0,7 cm a 1,2 cm de largura, obovadas ou obovado-oblongas, margem inteira, ápice rotundo, obtuso ou agudo, raro com pequeno múcron, base cuneada, nervação conspícua na face inferior, nervuras secundárias mais aparentes anostomasadas na margem. Pecíolo 0,3 cm a 0,5 cm de comprimento canaliculado, inchado na base. Inflorescências axilares, flores pentâmeras, cálice com lacínios curtos ovados ou agudos, pétalas oblongas ou rotundas. Estames menores que as pétalas, anteras oblongas. Ovário séssil, 5-locular. Fruto nuculânio elipsóide sub-globosa, cálice persistente.

Nome popular: caá-verá (Corrêa 1969)

Floração e frutificação: Flores e frutos observados em agosto e setembro; em Macaé de Cima frutifica em agosto.

Habitat: Floresta Pluvial Atlântica montana

Distribuição geográfica: Brasil: Minas Gerais, Rio de Janeiro e São Paulo

Material examinado: M. Leitman 198-A (RB); F.C.Hohene s/n (RB 31244); Marckgraf & Brade 21235 (RB).

Tabela sumarizada

Gêneros	Nº de Espécies
Ilex	5

Referências bibliográficas

BARROSO, G.M. et al. Revisão final. **Morfologia de frutos e sementes de Dicotiledôneas aplicada à Sistemática.**

CORRÊA, M.P. 1969. **Dicionário de Plantas Úteis do Brasil.** Ministério da Agricultura. Inst. Bras. IBDF. Vol. **IV.**

EDWIN, G. & REITZ, P.R. 1967. Aquifoliáceas. *In:* REITZ, P.R. **Flora Ilustrada Catarinense.** I Parte. 47 pp.

LORENZI, H.1992. **Árvores Brasileiras. Manual de Identificação e Cultivo de Plantas Arbóreas Nativas do Brasil**. Ed. Plantarum. Nova Odessa, SP.: 31.

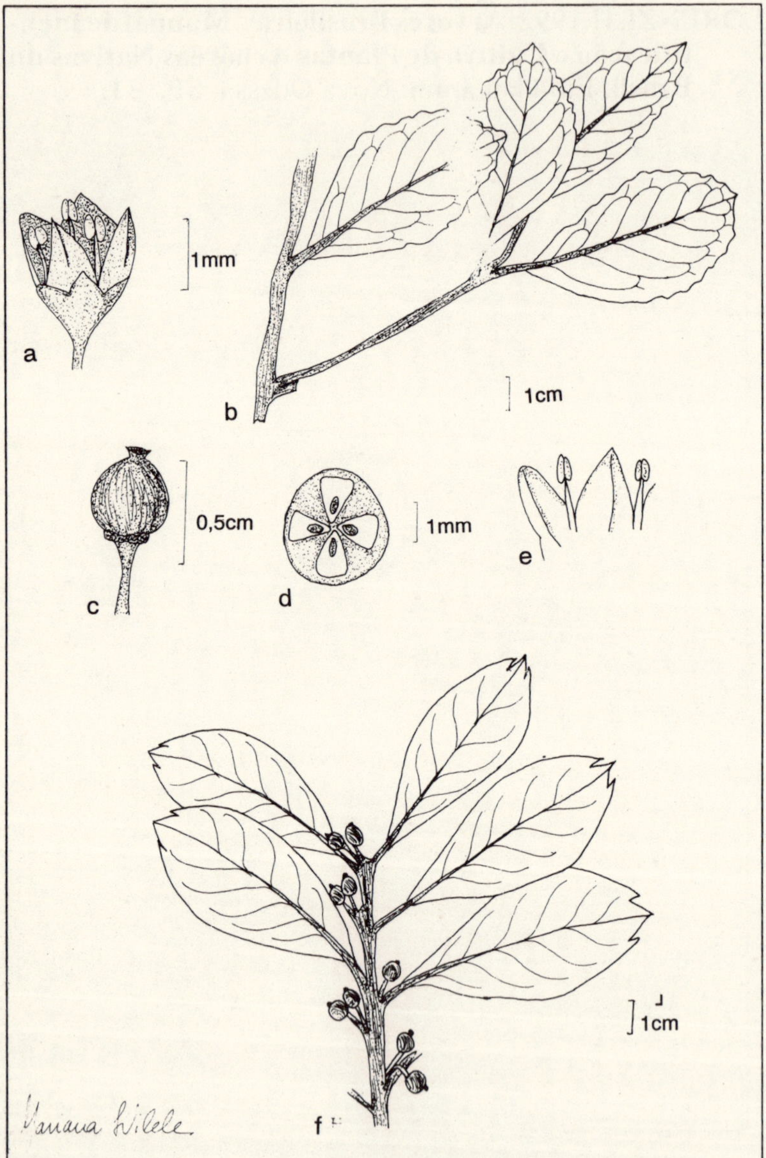

Fig. 6 - *Ilex paraguariensis*: a - flor masculina; b - hábito; c - fruto; d - corte transversal do ovário; e - estames alternipétalos. *Ilex theezans*: f - hábito

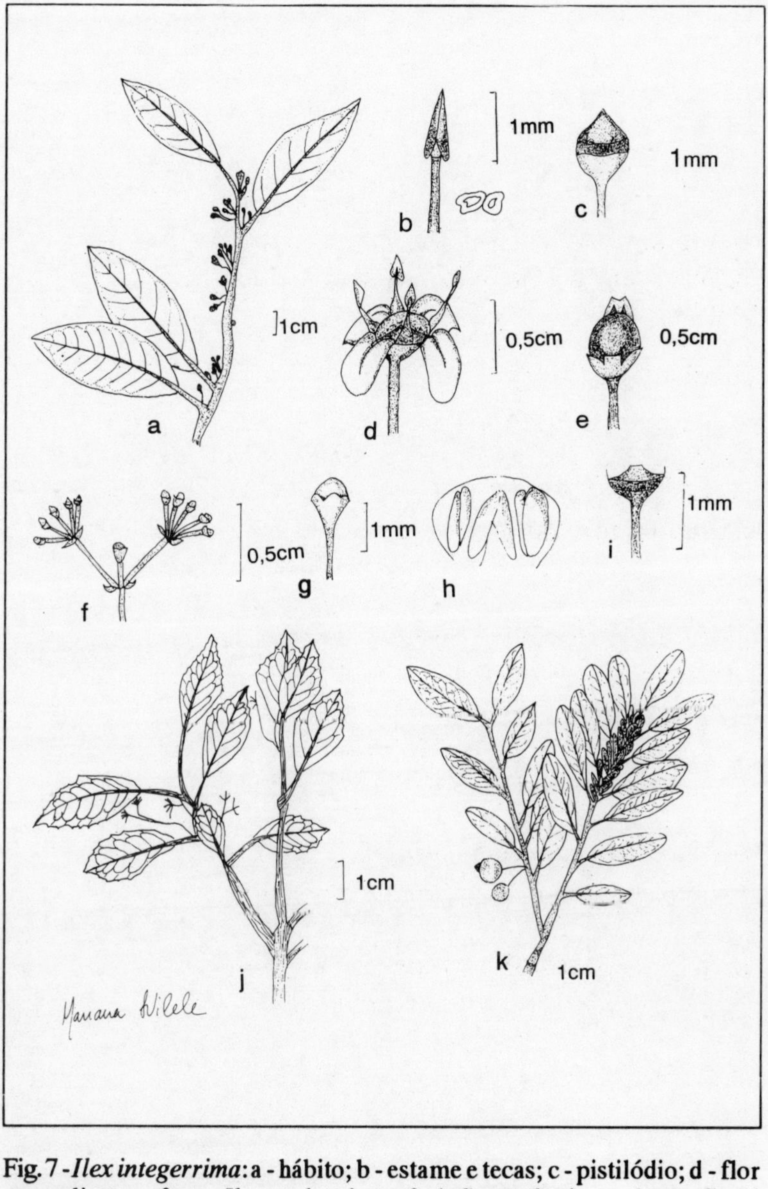

Fig. 7 - *Ilex integerrima*: a - hábito; b - estame e tecas; c - pistilódio; d - flor masculina; e - fruto. *Ilex taubertiana*: f - inflorescência; g - botão floral masculino; h - anteras antes da antese; i - pistilódio; j - hábito. *Ilex pubiflora*: k - hábito.

BALANOPHORACEAE

João Marcelo Alvarenga Braga[1]

A família Balanophoraceae distribui-se nas regiões tropicais e subtropicais do mundo, apresentando 43 espécies que são subordinadas a 18 gêneros. Na Flora brasileira é representada por 6 gêneros e 10 espécies, das quais *Scybalium glaziovii* Eichler e *Langsdorffia hypogaea* Martius ocorrem na Reserva Ecológica de Macaé de Cima.

Parasitas de raízes de vegetais lenhosos, aclorofiladas, monóicas ou dióicas, de coloração castanha, amarela, rósea ou vermelha. Rizomas tuberiformes, arredondados, alongados ou disformes. Bainha (volva basilar) presente ou ausente. Caule (pedúnculo) revestido ou não de escamas. Folhas quando presentes, escamiformes, espiraladas, geralmente imbricadas ou ausentes. Inflorescências estrobiliformes, capituliformes ou espádices; brácteas escamiformes, geralmente caducas, peltadas ou não; bractéolas (páleas) filiformes ou clavadas. Flores estaminadas com perigônio livre ou lobado, com 3 a 8 tépalas; sinândrio geralmente com 3 estames concrescidos, anteras biloculares ou triloculares com deiscência rimosa. Flores pistiladas com perianto ausente ou adnato ao ovário, bilobado ou com lobos irregulares

---

[1] Bolsista da Fundação Botânica Margaret Mee / Jardim Botânico do Rio de Janeiro; Rua Pacheco Leão, 915. Jardim Botânico. Rio de Janeiro, RJ. CEP.: 22.460-030 / E.mail: pmajb92.@ax.ibase.br

e inconspícuos; ovário ínfero, unicarpelar a tricarpelar, raramente pentacarpelar com placentação central, 1 ou 2 estiletes com estigma geralmente capitado. Fruto com endocarpo geralmente espesso; semente ategumentada com endosperma oleaginoso, embrião sem cotilêdones.

Chave para identificação das espécies

1. Parasita dióico; rizoma alongado, tomentoso; bainha com 7-8 lobos distintos, diferenciando-se das escamas basais; caule até 1,5 cm de compr.; folhas e brácteas escamiformes glabrescentes ou ligeiramente tomentosas, margem inteira e ciliada. .... 1. **Langsdorffia hypogaea**

1'. Parasita monóico ou dióico; rizoma tuberiforme, glabro; bainha quase indistinta, não diferenciando-se das escamas basais; caule maior que 2,5 cm de compr.; folhas e brácteas escamiformes glabras a glabrescentes, margem esparsamente crenulada e não ciliada. .... 2. **Scybalium glaziovii**

1. Langsdorffia hypogaea Mart. in Eschwege, J.Bras. **2**:179, t.5. 1818; Eichler in Martius, Fl. Bras. 4(2): 10. 1869; Harms, Nat. Pflanzenf. ed.2. 16b: 336. 1935; Hanssen, Fl. Neotropica 23: 68. 1980.
(Fig. 8 a-b)

Parasita dióico, coloração amarelado (vivo) e castanho-paleáceo (seco). Rizoma 1,5-2,0 cm de diâm., alongado, tortuoso e tomentoso, com ramificações ascendentes. Bainha com 7-8 lóbulos regulares, triangulares, eretos e espessados. Caule quase imperceptível ou com até 1,5 cm de compr.. Folhas 0,3-1,1 x 0,4-0,7 cm, triangulares a triangular-ovadas, glabrescentes a ligeiramente tomentosas, base truncada, ápice agudo a ligeiramente acuminado, margem ciliada. Inflorescência pistilada 1,5-5,8 cm de larg., capituliforme, hemisférica ou discóide; brácteas 1,2-2,7 x 0,5-1,0 cm, triangular-ovadas a lanceoladas, ligeiramente côncavas, glabrescentes a ligeiramente tomentosas, base truncada, ápice acuminado, margem ciliada. Flores pistiladas 0,15-0,3 cm de compr., linear-prismáticas; perianto tubular, ligeiramente pubérulo, com lobos inconspícuos; estilete com terço superior rugoso, estigma capitado. Flores estaminadas e frutos não observados.

Nome popular: Fel-da-terra, rosa-de-cabloco, sempre-viva-do-mato (Falcão 1975).

Floração e Frutificação: Na R.E. de Macaé de Cima floresce nos meses de fevereiro e maio. Segundo Hanssen (1980) floresce o ano inteiro.

Utilidades: A planta quando seca é utilizada como tocha para iluminação; do rizoma se extrai cera, utilizada na fabricação artesanal de velas; o receptáculo é comestível e o suco é considerado afrodisíaco na medicina popular (Falcão 1975).

Habitat: Espécie amplamente dispersa por variados habitats neotropicais. No Brasil ocorre na Floresta Pluvial Atlântica montana, Floresta Pluvial Amazônica e Cerrado. Segundo Falcão (1975) encontra-se preferencialmente nas matas alteradas semi-abertas de solo pedregoso e úmido das encostas montanhosas.

Distribuição geográfica: Brasil: Rondônia, Pará, Mato Grosso, Goiás, Distrito Federal, Ceará, Pernambuco, Bahia, Minas Gerais, Espírito Santo, Rio de Janeiro, Sao Paulo, Paraná e Santa Catarina. Ocorre desde o México até a América do Sul.

Comentários: A observação contida na etiqueta de um dos exemplares examinados (G.Martinelli 4433), indica o parasitismo em raiz de *Ficus* sp. (Moraceae), sendo este um dos hospedeiros preferenciais também citado nos trabalhos de Harms (1935) e Hanssen (1980). Dentre as espécies americanas de Balanophoraceae, *Langsdorffia hypogaea* Martius juntamente com *Helosis cayennensis* (Swartz)

Sprengel var. *cayennensis* são as que apresentam distribuição mais ampla no neotrópico.

Material examinado: G. Martinelli 4433 (RB); T.S.Pereira s/nº (RB 290301, RUSU).

2. Scybalium glaziovii Eichler in de Candolle, Prod. 17: 133. 1873; Harms, Nat. Pflanzenf. ed. 2. 16b: 319. 1935; Hanssen, Fl. Neotropica 23: 29. 1980.
(Fig. 8 c)

Parasita monóico ou dióico, coloração castanho ou avermelhada (vivo) e nigrescente (seco). Rizoma 2,5-5,0 x 4,0-7,5 cm, tuberiforme, com pequenas projeções ou ausentes, glabro e ligeiramente escabroso. Bainha quase imperceptível com lóbulos curtos e geralmente reflexos, pouco diferenciados das escamas basais. Caule 2,5-6,0 x 0,9-1,5 cm, cilíndrico, reto ou encurvado. Folhas 0,5-0,7 x 0,3-0,4 cm, triangulares a triangular-lanceoladas, eretas, glabras, com diminutas rugosidades, base truncada, ápice agudo a acuminado. Inflorescência estaminada 1,8-6,5 cm de compr., estrobiliforme; brácteas 0,6-0,8 x 0,3-0,5 cm, triangular-lanceoladas, glabras, base truncada, ápice acuminado; bractéolas (páleas) 0,2-0,4 cm de compr., filiformes ou ligeiramente clavadas, abundantes e densamente agrupadas. Flores estaminadas 0,2-0,3 cm de compr., espatuladas, com 3 lacínios regulares, ovados, eretos e côncavos, margem denticulado-truncada, com terço superior cartilaginoso. Flores pistiladas 0,2-0,4 cm de compr., perianto adnato ao ovário, estigmas capitados. Frutos não observados.

Nome popular: Fel-da-terra (Falcão 1975).

Floração e Frutificação: Na R.E. de Macaé de Cima floresce no mês de novembro.

Habitat: Espécie endêmica da Floresta Pluvial Atlântica montana e alto-montana.

Distribuição geográfica: Exclusiva do sudeste brasileiro, sendo encontrada nos estados do Rio de Janeiro e São Paulo.

Comentários: Espécie rara e pouco representada nas coleções botânicas. Conhecida pela ciência no século passado, a partir do material coletado pelo botânico Augusto François Glaziou (Glaziou 4070b/4700), oriundo do Alto-Macaé, Nova Friburgo, RJ. Até o momento assinalava-se como endêmica do estado do Rio de Janeiro porém, o presente estudo possibilitou registrar a ocorrência deste taxon para o estado de São Paulo, através do exame da coleção do herbário do Jardim Botânico do Rio de Janeiro (RB), onde encontrou-se um exemplar fragmentado (H.P.Bautista 249 et al.), procedente do Parque Estadual São José das Águas, Campo do Jordão, ampliando-se assim, sua área de dispersão.

Material examinado: C. de Silva s/nº (RB 292484, RUSU); G.Martinelli 9114, E.Simonis et C.Farney (RB); H.P.Bautista 249 et G.M.Barroso (RB)

Tabela Sumarizada:

Gêneros	Nº de Espécies
Scybalium	1
Langsdorffia	1
Total	2

Referências bibliográficas

EICHLER, A.W. 1869. Balanophoraceae. *In:* Martius, **Flora Brasiliensis 4** (2): 1-74, t. 1-16.

________. 1873. Balanophoraceae. *In:* DCandolle, **Prod. 17**: 117-150.

FALCÃO, W.F.de A. 1971. Balanophoraceae do Estado do Rio de Janeiro. **Atas Soc. Biol. Rio de Janeiro 14** (5/6): 151-155.

________. 1975. Balanoforáceas. *In:* Rėitz, P. R. **Flora Ilustrada Catarinense**, fasc. BALA.

HANSSEN, B. 1980. **Balanophoraceae**. **Flora Neotropica**, Monogr. **23**.

HARMS, H. 1935. Balanophoraceae. *In:* Engler et Prantl. **Die naturlichen Pflanzenfamilien** ed. 2. **16b**: 296-339.

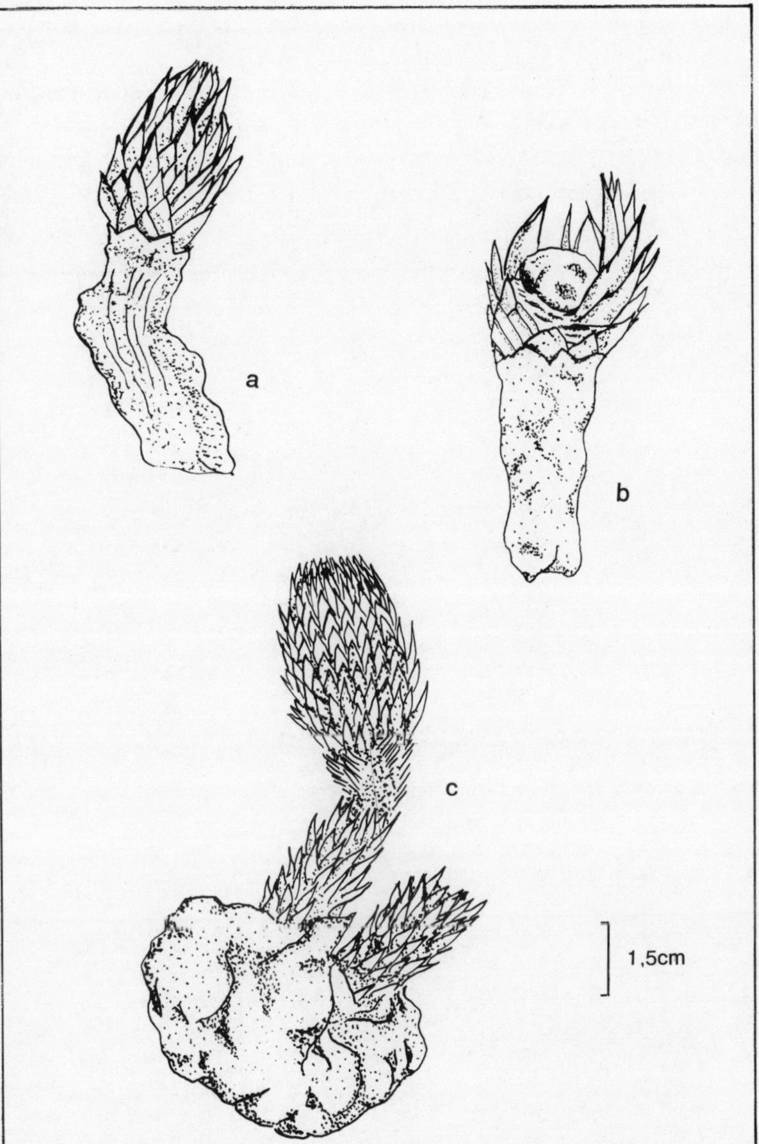

Fig. 8 - *Langsdorffia hypogaea* : a - hábito; b - inflorescência com parte das brácteas removidas. *Scybalium glaziovii*: c - hábito.

BEGONIACEAE[1]

Eliane de Lima Jacques[2]

Importantes contribuições para o conhecimento da família Begoniaceae no Brasil foram efetuados por Velloso (1831) e De Candolle (1861) e, mais recentemente, alguns autores retrataram a família seja por listagens de espécies (Glaziou 1909; Rizzini 1954 e Siqueira 1984, 1986, 1987), seja por floras regionais (Brade 1957b, Dau *et al,* 1971, Pereira, 1959 e Smith & Smith 1971) ou pelas várias espécies novas estabelecidas (Brade 1943, 1944, 1945a, b, 1948, 1950, 1952, 1954, 1957a, 1958a, b, 1971). No final do século XIX, Glaziou foi o primeiro a documentar nos herbários a ocorrência de begônias para a região de Macaé de Cima. Neste século, outras equipes realizaram expedições científicas na área e, até o presente estudo, seis espécies de Begonia eram registradas para a região.

A família Begoniaceae está representada no Brasil pelo gênero Begonia com cerca de 250 espécies (Barkley 1972 a, b), distribuídas de norte a sul do país, ocorrendo em quase todas as formações vegetais e com uma grande diversidade

---

[1] Parte da Dissertação de Mestrado apresentada ao Curso de Pós-Graduação em Ciências Biológicas (Botânica) da Universidade Federal do Rio de Janeiro/Museu Nacional.

[2] Universidade Federal de Mato Grosso do Sul - CEUL - DCN Caixa Postal 210 CEP 79603-011 - Três Lagoas - MS.

na Floresta Pluvial Atlântica. São freqüentes na Serra do Mar, penetrando pelas Serras da Mantiqueira e da Bocaina (Duarte 1961).

No estado do Rio de Janeiro ocorrem cerca de 70 espécies, das quais 20 são encontradas, até o momento, na Reserva Ecológica de Macaé de Cima. Destas espécies 18 são exclusivamente brasileiras sendo que 10 só foram registradas , até então, para a região do sudeste brasileiro.

O gênero *Begonia* é caracterizado pela assimetria da lâmina foliar, pecíolos geralmente suculentos, flores unissexuais e cápsulas aladas (Burt-Utley 1985).

A maioria das espécies ocorrentes na Reserva são terrestres e a adaptação ao epifitismo de *B. coccinea,* por exemplo, foi facilitada pela nítida associação com as *Vriesea* (Bromeliaceae) onde encontravam substrado necessário à sobrevivência e *B. herbacea* foi observada em alturas nunca superiores a 2m e, quase sempre, nas proximidades dos rios. Quanto ao hábito podem ser ervas, arbustos, subarbustos ou trepadeiras.

A lâmina foliar é, na maioria das espécies estudadas, assimétrica, com diferentes gradações. As primeiras folhas são simétricas, mesmo para aquelas espécies cuja assimetria é característica do indivíduo adulto. O limbo é geralmente inteiro, podendo ser lobado a partido. A base foliar, usualmente, é cordada, o ápice acuminado e a margem serreada. A venação actinódroma, basal, perfeita, marginal é característica para a maioria das espécies analisadas. Pode-se encontrar venação pinada, craspedódroma, simples a raro semicraspedódroma, em *B. digitata.*

A inflorescência é axilar, cimosa, formada de dicásios compostos. Comumente as inflorescências parciais possuem as últimas ramificações tendendo à cimeiras escorpióides. As flores das ramificações primárias e secundárias são masculinas e as flores femininas se desenvolvem nas últimas ramificações. Os estames podem ser livres, ou de conspícua a inconspícuamente unidos, localizados sobre um eixo cônico, curto ou longo, dispostos ciclicamente. Aqueles localizados nos ciclos mais internos estão geralmente muito mais presos ao eixo do que aqueles localizados mais externamente. Os filetes, às vezes, se entremeam dando à base de um androceu dialistêmone, um aspecto de eixo.

O fruto é seco, do tipo cápsula loculicida, com pedúnculo delgado, trialado, com alas iguais, ou de subiguais a desiguais, membranáceas, com nervuras mais ou menos proeminentes nas alas, marrons. As sementes são distintas de todas as outras sementes de Angiospermas (Bouman & De Lange 1983) pela presença de um anel transversal de células sobre a região micropilar-hilar. São pequenas, comumente de oblongas a elípticas, de retas a raramente curvas (Seções *Solananthera* e *Begonia*), marrons, quando maduras.

O dioicismo temporal foi evidenciado nas begônias da Reserva, onde há pouca ou nenhuma superposição entre as fases estaminadas e pistiladas num mesmo indivíduo, havendo, portanto, uma sincronia na floração.

A dispersão das sementes é feita pelo vento, entretando, após a maturação, os frutos permanecem presos à ráque da infrutescência e, dado à posição invertida da cápsula na ráque e à deiscência loculicida basal desta, algumas centenas de sementes, só serão dispersas após a senescência da infrutescência e posterior abscisão da ráque, e, daí, outros mecanismos de dispersão das sementes podem atuar, tais como a água.

A anatomia de algumas espécies que ocorrem na Reserva foram estudadas por Costa (1970 e 1971), Theobald *et al* (1979) e Cuerrier et al (1991).

Os táxons aqui estudados são categorizados quanto ao "status" conservacionista, segundo os critérios da União Internacional para a Conservação da Natureza -IUCN- apud Somner (1985).

Chave para identificação das espécies:

1\. Folhas compostas..1. **B. digitata**
1'. Folhas simples
2\. Venação craspedódroma
3\. Caule tuberoso, planta herbácea, epífita..2. **B. herbacea**
3'. Caule ereto ou escandente, de lenhoso a sub-lenhoso, planta terrestre 3.Caule tuberoso, planta herbácea, epífita .... 2. **B. herbacea**
4\. Liana .... 3. **B. fruticosa**
4'. Arbusto ou subarbusto
5\. Lâmina foliar obovada, de 5 - 8cm de largura, base desigual, estípula decídua, planta com cer-ca de 2m de altura ....4. **B. arborescens**
5'. Lâmina foliar de elíptica a lanceolada, de 1,3 - 3,5cm de largura, base obtusa, estípula de persistente a tardio-decídua, planta com cerca de 1m de altura .... 5. **B. dentatiloba**
2'. Venação actinódroma
6\. Trepadeira ou liana, caule sarmentoso ou escandente
7\. Trepadeira herbácea; lâmina foliar transversalmente elíptica, ápice de 2 - 3 denteado...6. **B. geniculata**
7'. Liana; lâmina foliar de ovada a muito largamente ovada, ápice acuminado
8\. Nervuras principais na face abaxial ferrugíneo-tomentosas na base a glabrescentes no ápice; lâmina foliar muito largamente ovada .... 7. **B. solananthera**
8'. Nervuras principais em ambas as faces glabras; lâmina foliar ovada.........................8. **B. integerrima var. integerrima**
6'. Erva, arbusto ou subarbusto; caule ereto ou decumbente, nunca sarmentoso ou escandente

9. Epífita; caule decumbente .... 9. **B. coccinea**
9'. Terrestre, caule ereto
10. Caule glabro ou glabrescente em visão macroscópica
11. Erva com até 0,5m de altura
12. Estípula com cerca e 7mm de comprimento, de triangular a lanceolada; lâmina de 2 - 2,5cm de comprimento e 3,3 -5,5cm de largura, assimétrica, de ovada a muito largamente ovada, ápice agudo .....10. **B. fischeri**
12'. Estípula de 1,5 - 2,5cm de comprimento, elíptica, lâmina de 6,3-7,7cm de comprimento e 6,1-7,5 cm de largura, assimétrica, largamente elíptica, enrolada formando um cone em direção à base; ápice obtuso ....11. **B. cucullata var. cucullata**
11'. Subarbusto de 1,5 - 2,5m de altura
13. Caule 6-anguloso, glabrescente, com tricomas glandulares microscópicos; pecíolo de 1,9 - 4,7cm de comprimento, com inconspícuos tricomas glandulares ... .12. **B. angularis var. angularis**
13'. Caule cilíndrico ou estriado, nunca anguloso, glabro; pecíolo de 3,1 - 20cm de comprimento, com tricomas macroscópicos no ápice ou com emergências macroscópicas ao longo de toda a sua extensão
14. Pecíolo apresentando no ápice um colar de tricomas simples macroscópicos
15. Pecíolo de cilíndrico a estriado, de 3,1 - 6cm de comprimento, margem foliar de denteada serreada .... 13. **B. pulchella**
15'. Pecíolo sub-cilíndrico, de 5,5 - 17,5cm de comprimento, margem foliar curto-lobada, de ir-

regularmente crenada a serreada em direção ao ápice................14. **B. valdensium var. valdensium**

14'. Pecíolo no ápice, com um disco inflado, de cor verde a vináceo, com cerca de 1,5cm de diâmetro e ao longo de sua extensão com semi-arcos inflados..15. **B. collaris**

10'. Caule piloso, tomentoso, híspido, escabroso ou escamoso ao longo de toda sua extensão

16. Estípula persistente, membranácea, marrom, com aspecto ressecado, pecíolo e lâmina foliar híspidos ....16. **B. hispida var. hispida**

16'. Estípula decídua, verde ou esverdeada; pecíolo e lâmina foliar escamosos, escabrosos, tomentosos, ferrugíneos, nunca híspidos

17. Lâmina foliar inteira ou 4-lobada a irregularmente lobada, nunca trilobada, nem bilobada, com tricomas nunca ramificados

18. Pecíolo escamoso-tomentoso, escamas com 5 -7mm de comprimento no ápice do pecíolo, vináceas.....17. **B. paleata**

18'. Pecíolo escabroso ou escamoso-escabroso, escamas com cerca de 1 - 1,5 mm de comprimento no ápice do pecíolo, marrons

19. Lâmina foliar distintamente 4-lobada;caule escabroso....18. **B. semidigitata**

19'. Lâmina foliar indistintamente lobada, nunca 4-lobada;caule escamoso-escabroso........9.**B. hugelii**

17'. Lâmina foliar trilobada ou raro bilobada; tricomas ramificados, revestindo toda a planta..........................20. **B. lobata**

1. Begonia angularis Raddi var. **angularis,** Quar. piant. nuov. Bras. : 28. 1820; A. DC., in Mart., Fl. bras. 4 (1): 358. 1861; Hook., Bot. Mag. 128: t. 7842. 1902.
(Fig. 10 c)

Terrestre, subarbustiva com cerca de 2,5 m de alt.; caule aéreo, 6-anguloso, ereto, herbáceo, verde, às vezes com nuances róseos, glabrescentes, com tricomas glandulares microscópicos. Estípula persistente, de 2 - 3 cm de compr., elíptica, ou de ovada a largamente ovada, decussada. Folhas simples; pecíolo cilíndrico, ou de estriado a sulcado, de 1,9 - 4,7 cm de comprimento, com inconspícuos tricomas glandulares; lâmina de 2,3 - 3,5 cm de compr. e 10,4 - 13,3 cm de larg., assimétrica, transversalmente elíptica, base cordada, ápice acuminado, margem denteada, ou de crenada a serreada, em direção ao ápice, verde na face adaxial e alvas ao longo das nervuras principais e na face abaxial verde com nuances róseos e nervuras principais, às vezes vináceas, glabra, nervuras 6 -7, venação actinódroma basal perfeita marginal. Inflorescência de 70 - 100 flores. Bractéolas com cerca de 12 mm de compr. Flor masculina com 2 sépalas, de elípticas a largamente elípticas e com 2 pétalas, de linear-elípticas a elípticas; androceu de 24 - 38 estames, indistintamente unidos, andróforo de 0,2 - 0,3 mm de compr., filetes com cerca de 3 mm de compr., anteras de 1,5 - 2mm de compr., rimosas, conectivo prolongado acima das tecas da antera, de 0,1- 0,2 mm de compr., obtuso. Flor feminina com 5 tépalas, subiguais, elípticas; ovário com cerca de 5 mm de compr. e 7,3 mm de larg. entre a ala maior e a outra menor; estiletes com cerca de 3 mm de compr., concrescidos desde a base até uma altura de 0,8 mm; placenta inteira. Cápsula de 7 - 11 mm de compr. e 11 - 12 mm de larg. entre a ala maior e outra menor, alas desiguais, parte apical da ala maior truncada com a extremidade obtusa e parte basal da ala maior arredondada. Sementes oblongas.

Floração e frutificação: Botão, flor masculina e feminina: não observados. Fruto: julho e setembro.

Habitat: Floresta Pluvial Atlântica, Campo Altimontano, Floresta Pluvial Ripária e Mata de Restinga.

Distribuição geográfica: Brasil: Minas Gerais, Espírito Santo, Rio de Janeiro, São Paulo e Paraná.

Comentários: Na área de estudo esta espécie foi muito pouco coletada. Os espécimes observados encontravam-se sobre pedras úmidas à beira de córregos ou rios e em locais pouco ensolarados. Tal espécie classifica-se na categoria de protegida.

Material examinado: E. L. Jacques 214 e 239 (RB); Glaziou s.n. (R); P. Capell s.n. (FCAB630).

2. Begonia arborescens Raddi, Quar. piant. nuov. Bras.:29. 1820; A.DC. , in Mart., Fl. bras. 4(1): 378.1861; Wawra, Bot. Ergeb. Maxim. Bras. 59, pl.48.1866
(Fig. 9 g)

Terrestre, arbustiva, com cerca de 2 m de alt.; caule aéreo, ereto, cilíndrico, lenhoso, marrom; ramos cilíndricos, pilosos. Estípula decídua, com cerca de 1,5 cm de compr., elíptica, esverdeada, pilosa na face abaxial, próximo à nervura mediana. Folhas simples; pecíolo cilíndrico, de 0,6 - 1,8 cm de compr., piloso; lâmina de 12 - 20,5 cm de compr. e 5 - 8 cm de larg., crassa, indistintamente assimétrica, obovada, com base desigual, ápice acuminado, margem serreada, verde, pilosa na nervura mediana da face abaxial, venação craspedódroma simples. Inflorescência de 20 - 60 flores. Bractéolas oblongas, glabras. Flor masculina com 2 sépalas, obovadas, cuculadas, com 2 pétalas, obovadas, cimbiformes; androceu de 27 - 32 estames, de 1,5 - 2 mm de compr., unidos, andróforo de 1 -2,1 mm de compr., filetes com cerca de 0,5 mm de compr., anteras com cerca de 1 mm de compr., rimosas, conectivo prolongado acima das tecas da antera, com cerca de 0,1 mm de compr., obtuso. Flor feminina com

5 tépalas, ovadas; ovário com cerca de 2 mm de compr. e 3,2 mm de larg., tranversalmente elíptico, de alvo a esverdeado, piloso; estiletes com cerca de 2 mm de compr., indistintamente unidos entre si; placenta inteira. Cápsula de 5 - 6 mm de compr. e 6 - 9 mm de larg., transversalmente elíptica; alas de iguais a subiguais, porções apical e basal arredondadas. Sementes oblongas.

Floração e frutificação: Botão e flor masculinos, dezembro; botão feminino, dezembro (flor feminina: não observada). Fruto: maio, setembro e novembro.

Habitat: Floresta Pluvial Atlântica.

Distribuição geográfica: Brasil: Rio de Janeiro.

Comentários: A espécie ocorre preferencialmente no subbosque, em local sombrio e úmido, às margens de pequenas nascentes, sendo rupícola e saxícola. É pouco frequente na área, com distribuição limitada a altitudes entre 300 - 800 msm, sendo classificada na categoria de rara.

Material examinado: E. L. Jacques 193, 208, 209, 210, 269 (RB); Martii 442 (B); Rio de Janeiro, Petrópolis, 1887, Herb. W. Bello (R).

3. Begonia coccinea Hook., Bot. Mag. 69: t. 3990, 1843; A.DC., in Mart., Fl. bras. 4(1): 360. 1861.
(Fig. 10 i)

Epífita, subarbustiva, com cerca de 60 cm de alt.; caule aéreo, decumbente, de cilíndrico a estriado, de herbáceo a sub-lenhoso, com entrenós distintos, glabro. Estípula decídua, com cerca de 2,4 cm de compr., obovada, base truncada, ápice de arredondado a retuso, margem de inteira a ondulada, esverdeada, glabra. Folhas simples; pecíolo cilíndrico, de 1,2 - 2,8 cm de compr., glabro; lâmina de 1,5 - 2,7 cm de compr. e 5,5 - 11 cm de larg., crassa, assimétrica, transversalmente elíptica, base cordada, ápice acuminado, margem vermelha, de inteira a denteada, verde-lustrosa na face adaxial e verde-claro, às vezes com nuances róseos na face abaxial, glabra, nervuras-5, venação actinódroma basal perfeita marginal. Inflorescência pêndula, de 20 - 60 flores. Bractéolas elípticas, com cerca de 7mm de compr., glabras. Flor masculina com 2 sépalas, muito largamente ovadas, vermelhas, glabras; 2 pétalas, elípticas, vermelhas, glabras; androceu de 10 - 23 estames, livres, de 2 - 3,5 mm de compr., filetes com cerca de 1 mm de compr., entrelaçados formando um eixo, anteras de 2,1 - 2,5 mm de compr., oblongas, rimosas, conectivo curtamente prolongado acima das tecas da antera, obtuso. Flor feminina com 5 tépalas, de tamanhos desiguais entre si, ovadas, vermelhas; ovário de 10 - 14 mm de compr. e de 7 - 10 mm de larg. no ápice, obtriangular, alas iguais a subiguais entre si; estiletes de 2,1 - 3 mm de compr., concrescidos desde a base até uma altura de 0,5 - 1 mm; placenta inteira. Cápsula de 20 - 22 mm de compr. e 15 - 20 mm de larg. no ápice, obtriangular; alas iguais, obtriangulares. Sementes oblongas.

Floração e frutificação: Botão masculino, de outubro a dezembro; flor feminina e masculina de novembro a dezembro. Frutificação ocorrendo de novembro a janeiro.

Habitat: Floresta Pluvial Atlântica.

Distribuição geográfica: Brasil: Rio de Janeiro e Paraná.

Comentários: Ocorre, geralmente, sobre árvores acima de 20m de alt., e devido a este fato é muito pouco coletada, sendo visualizada somente na época de floração e início de frutificação dado à cor vermelha das peças florais e dos frutos imaturos. Associa-se às espécies de *Vriesea bituminosa* Wawra, *V. haematina* L.B. Smith e *V. hydrophora* Ule (Bromeliaceae) na procura de substrato. Classifica-se esta espécie na categoria de espécie em perigo.

Material examinado: A. Amorim 313 (RB); E. L. Jacques 186 (RB); G.F.J. Pabst 5179 (HB); S.V.A. Pessoa 432 (RB).

4. Begonia collaris Brade, Bol. Mus. Nac. Rio de Janeiro, n. ser. bot. 1: 14, est. 5. 1944.
(Fig. 10 e)

Terrestre, subarbustiva, com cerca de 1,5 m de alt.; caule aéreo, ereto, de cilíndrico a estriado, herbáceo, verde, às vezes com nuances róseos , glabro. Estípula decídua, com cerca de 4 cm de compr., de elíptica a oblonga, verde, glabra. Folhas simples; pecíolo cilíndrico, de 6,5 - 20 cm de compr., com semi-arcos inflados (emergências) ao longo do seu comprimento e com um disco inflado no ápice, com cerca de 1,5 cm de diâmetro, de verde a vináceo; lâmina de 7,5 - 11 cm de compr. e 13,5 - 31 cm de larg., crassa, assimétrica, transversalmente elíptica, base cordada, ápice acuminado, margem denteada, verde, nervuras-7, nervuras principais vináceas, na face abaxial com semi-arcos verdes, venação actinódroma basal perfeita marginal. Inflorescência com cerca de 160 flores. Flor masculina com 2 sépalas, de elípticas a ovadas; pétalas-2, lanceoladas, ou de linear-elípticas a elípticas; androceu de 13 - 17 estames, unidos entre si, de 2 - 2,8 mm de compr., andróforo de 0,5 - 0,8 mm de compr., filetes com cerca de 1 mm de compr., anteras de obtusas a oblongas, base assimétrica, rimosas, conectivo prolongado acima das tecas da antera, de 0,2 mm de compr., obtuso. Flor feminina com 5 tépalas, de tamanhos desiguais entre si; ovário com cerca de 1,8 mm de compr. e de 2 - 4 mm de larg.; estiletes de 1,5 - 5 mm de compr., concrescidos desde a base até uma altura de 0,3 - 1,5 mm; placenta inteira. Cápsula cordiforme, com cerca de 8 mm de compr. e de 10 -12 mm de larg. no ápice; alas desiguais, parte apical e basal arredondadas. Sementes oblongas.

Floração e frutificação: Botão e flor masculinos, de novembro a dezembro; flor feminina, de novembro a dezembro e frutos em julho.

Habitat: Floresta Pluvial Atlântica.

Distribuição geográfica: Brasil: Minas Gerais e Rio de Janeiro

Comentários: Apesar do estado de Minas Gerais ser a localidade típica desta espécie não constatamos, exceto pelo tipo nomenclatural, a existência da mesma para este estado nas coleções dos herbários pesquisados. A espécie classifica-se na categoria de rara.

Material examinado: A. Mello Matos s.n. (R!); E. L. Jacques 51, 131-A, 201, 242, 243, 250, 257, 258, 259 (RB); s. leg. (R 9836).

5. Begonia cucullata Willd. var. **cucullata**, Sp. Pl. 4: 414. 1805; J. Golding, Phytologia 50: 330. 1982.
(Fig. 9 j)

Terreste, herbácea com cerca de 0,5 m de alt.; caule aéreo, ereto, cilíndrico, carnoso, verde, às vezes com nuances róseos, glabro. Estípula persistente, de 1,5 - 2,5 cm de comprimento, elíptica, base truncada, ápice obtuso, margem ciliada, glabra. Folhas simples; pecíolo estriado, de 1 - 4,5 cm de compr., glabro; lâmina de 6,3 - 7,7 cm de compr. e 6,1 - 7,5 cm de larg., assimétrica, largamente elíptica, enrolada formando um cone em direção à base, base cordada, ápice obtuso, margem denticulada, ou de serrulada a crenulada, verde, às vezes com nuances róseos na face abaxial, glabra, nervuras-6, venação actinódroma basal perfeita marginal. Inflorescência com cerca de 10 flores. Bractéolas elípticas. Flor masculina com 2 sépalas, de largamente a muito amplamente obovadas, pétalas-2, cimbiforme-obovadas, androceu de 44 - 55 estames, livres, de 3,1 - 3,7 mm de compr., filetes com cerca de 1 mm de compr., anteras de 1 - 1,3 mm de compr., linear-oblongas, base de obtusa a assimétrica, rimosas, conectivo prolongado acima das tecas da antera, de 0,3 - 0,5 mm de compr., obtuso. Flor feminina com 5 tépalas, de tamanhos desiguais entre si, de elípticas a largamente elípticas; ovário de 9 - 13 mm de compr. e cerca de 14,5 mm de larg. entre a ala maior e outra menor, base e ápice obtusos; estiletes de 2 - 3 mm de compr., concrescidos desde a base até uma altura de 0,3 - 0,8mm; placenta bipartida, com óvulos presos nas faces externas e internas dos lóbulos. Cápsula de 16 - 20 mm de compr. e 13 - 21 mm e larg. entre a ala maior e a outra menor; alas desiguais, parte apical e basal ascendente-oblíquas. Sementes elípticas, com ápice prolongado.

Floração e frutificação: Botão masculino, março e novembro e flor, março; flor feminina, março e janeiro. Frutos em março, novembro e janeiro.

Habitat: Floresta Pluvial Atlântica, Floresta Pluvial Ripária, Floresta Pluvial de Araucária, Cerrado e vegetação alterada.

Distribuição geográfica: Brasil: Goiás, Distrito Federal, Mato Grosso, Bahia, Minas Gerais, Espírito Santo, Rio de Janeiro, São Paulo, Paraná, Santa Catarina e Rio Grande do Sul. Argentina e Paraguai.

Comentários: Na Reserva a espécie só foi encontrada associada a ambientes que sofreram a intervenção humana, sendo, contudo, muito rara no local. É uma planta heliófila, crescendo em barrancos argilosos. Classifica-se a espécie na categoria de protegida.

Material examinado: A. Amorim 311 (RB); E. L. Jacques 213, 276 (RB); E. P. Heringer 13274 (UEC); G. Hatschbach 25165 (UEC); H.Monteiro 4386 (RBR); M. M. Arbo 1267 (RBR).

6. Begonia dentatiloba A. DC., *in* Ann. Sci. Nat. Bot. Ser. 4, 11: 140. 1859; idem, in Mart., Fl. bras. 4 (1): 379. 1861. (Fig. 9 f)

Terrestre, subarbustiva com cerca de 1 m de altura; caule aéreo, ereto, cilíndrico, sublenhoso, marrom, piloso. Estípula de persistente a tardio decídua, com cerca de 11 mm de compr., de elíptica a lanceolada. Folhas simples, pecíolo cilíndrico, de 0,3 - 0,7 cm de compr, piloso; lâmina de 7,4 - 13 cm de compr. e de 1,3 - 3,5 cm de larg., simétrica, de elíptica a lanceolada, base obtusa, ápice acuminado, margem serreada, verde, pilosa no terço inferior da nervura mediana na página abaxial e glabrescente no ápice, venação craspedódroma simples. Inflorescência de 10 -50 flores. Bractéolas de elípticas a triangulares, glabras. Flor masculina com 2 sépalas, largamente ovadas, cuculadas, pétalas-2, linear-elípticas; androceu de 8 - 12 estames, livres, de 2 - 4,5 mm de compr., filetes de 0,5 - 2 mm de compr., anteras com cerca de 2 mm de compr., de oblongas a obovadas, rimosas, conectivo prolongado acima das tecas da antera, com cerca de 0,3 - 0,5 mm de compr., obtuso. Flor feminina 5 tépalas, subiguais, de elípticas a ovadas; ovário de 3 - 4 mm de compr. e de 3 - 4,1 mm de larg., comumente com ápice curtamente prolongado, muito largamente ovado; estiletes de 1,3 - 3 mm de compr., concrescidos entre si desde a base até uma altura de 0,2 - 0,3 mm; placenta inteira. Cápsula de 6 - 10 mm de compr. e de 11 - 17 mm de larg., transversalmente elíptica; alas iguais, porções apical e basal arredondadas. Sementes oblongas.

Floração e frutificação: Botão masculino, de novembro a janeiro e flor em novembro; flor feminina, de novembro a janeiro. Fruto: agosto e de outubro a janeiro.

Habitat: Floresta Pluvial Atlântica.

Distribuição geográfica: Brasil: Rio de Janeiro.

Comentários: Esta espécie enquadra-se na categoria de rara.

Material examinado: Brasil, s. leg. (holótipo - W!); A. Amorim 285, 305; A. P. Duarte 4103 (RB); E. L. Jacques 150, 151, 153, 179, 249 (RB).

7. Begonia digitata Raddi, Quar. piant. nuov. Bras.: 27. 1820; A. DC., in Mart., Fl. bras. 4 (1): 374. 1861. (Fig. 9 h, 11 a-m)

Terrestre, arbustiva com cerca de 3,5 m de alt.; caule aéreo, ereto, estriado, sublenhoso, verde, ou de castanho-avermelhado a marrom, escabroso, de tomentoso-ferrugíneo a glabrescente. Estípula decídua, com cerca de 10 mm de compr., cimbiforme, pubescente. Folhas compostas; pecíolo estriado, de 5 - 22 cm de compr., de tomentoso-ferrugíneo a glabrescente, com ápice escamoso e com diminutos folíolos; peciólulo estriado, de 1 - 2,6 cm de compr., tomentoso-ferrugíneo, com diminutas escamas na porção dorsal e escamoso na porção ventral; folíolos 4 - 14, de 13 - 27 cm de compr. e de 2,9 - 6,8 cm de larg., simétricos, de linear-elípticos a lanceolados, base de assimétrica a aguda, ápice acuminado, margem serreada, verdes, piloso-escabrosos, venação semicraspedódroma, nervuras pilosas. Inflorescência multiflora. Bractéolas elípticas. Flor masculina de 10 - 12 mm de compr., 2-sépalas, cocleares, obovadas, 2-pétalas, cocleares, obovadas; androceu de 69 - 92 estames, livres, de 1,5 - 2,8 mm de compr., filetes com cerca de 2 mm de compr. anteras de 0,2 - 0,8 mm de compr., de oblatas a transversalmente elípticas, rimosas, base de obtusa a assimétrica, conectivo não-prolongado acima das tecas da antera e alargado latero-lateralmente. Flor feminina de 11 - 19 mm de comprimento; 5-tépalas, subiguais, obovadas; ovário de 3 - 4 mm de compr., cordiforme, esverdeado, às vezes com tom rosado; estiletes de 2,1 - 2,3 mm de comprimento, concrescidos entre si desde a base até uma altura de 0,8 mm; placenta inteira. Cápsula de 6 - 7 mm de compr. e de 6 - 11 mm de larg.; alas de iguais a subiguais, porções basal e apical arredondadas. Sementes oblongas.

Floração e frutificação: Botão e flor masculinos de agosto a dezembro; flor feminina em agosto e no período de outubro a dezembro. Fruto de dezembro a janeiro.

Habitat: Floresta Pluvial Atlântica.

Distribuição Geográfica: Brasil: Minas Gerais, Espírito Santo, Rio de Janeiro e São Paulo.

Comentários: Espécie comumente encontrada em áreas abertas, como clareiras no sub-bosque e barrancos na beira da estrada, onde a intensidade luminosa é maior e o solo mais seco. Classifica-se este taxon como protegido.

Material examinado: E. L. Jacques 149, 175, 211, 246 (RB); Langsdorff (K); Sello B.2179 (B).

8. Begonia fischeri Schrank., Pl. Rar. Hort. Acad. Monac. 2: 59. 1819; A. DC., in Mart., Fl. bras. 4 (1): 345. 1861; Irmsch., bot. Jahrb. 76: 98. 1953; L. B. Sm. & Wassh., Phytologia 54: 466. 1984.
(Fig. 9 c)

Terrestre, herbácea, com cerca de 0,4 m de alt.; caule aéreo, ereto, estriado longitudinalmente, herbáceo, de castanho-esverdeado a vermelho, glabrescente a glabro. Estípula persistente, com cerca de 7 mm de compr., de triangular a lanceolada, base truncada, ápice de agudo a aristado, margem ciliada, castanha, glabra. Folhas simples; pecíolo cilíndrico, de 1,9 - 3 cm de compr., de pubescente a tomentoso, principalmente no ápice; lâmina de 2 - 2,5 cm de compr. e de 3,3 - 5,5 cm de larg., assimétrica, de ovada a muito largamente ovada, base cordada, ápice agudo, margem crenada, verde, pubérula na face adaxial e de pubescente à glabrescente na face abaxial, nervuras-6, pubescentes na face abaxial e de glabras a pubescentes na face adaxial, venação actinódroma perfeita marginal. Inflorescência com cerca de 10 flores. Bractéolas de largamente elípticas a largamente ovadas, glabras. Flor masculina com 2 sépalas, de elípticas a largamente elípticas, pétalas-2, obovadas, androceu de 26 - 44 estames, de livres a inconspícuamente unidos na base, andróforo com cerca de 0,1 mm de compr., anteras com cerca de 1 mm de compr., de linear-oblongas a raro obovadas, conectivo prolongado acima das tecas da antera, de 0,1 - 0,3 mm de comprimento, obtuso. Flor feminina com 5 tépalas, elípticas; ovário de 3 - 7 mm de compr. e de 3 - 6 mm de larg. entre a ala maior e a menor; estilete com cerca de 2 mm de compr., concrescidos desde a base até uma altura de 0,3 mm; placenta bipartida, com óvulos presos nas faces externa e interna dos lóbulos. Cápsula de 1,2 - 1,5 mm de compr. e de 1,2 - 1,7 mm de larg. entre a ala maior e outra menor; alas desiguais, parte apical da ala maior ascendente-oblíqua e parte basal da ala maior arredondada. Sementes elípticas, com ápice um pouco prolongado.

Floração e frutificação: Botão e flor masculinos, janeiro e maio; flor feminina e fruto de janeiro e maio.

Habitat: Floresta Pluvial Atlântica, Campo altimontano, Floresta Pluvial Amazônica, Restinga, Cerrado e Ruderal.

Distribuição geográfica: Brasil: Acre, Goiás, Distrito Federal, Bahia, Minas Gerais, Espírito Santo, Rio de Janeiro, São Paulo e Paraná.

Comentários: Espécie crescendo em brejos permanentemente encharcados e desprovidos de salinidade, até aos salobros e turfosos (Duarte, 1961). Na área de estudo cresce em locais onde há a intervenção do homem, sendo heliófila e hidrófila. A espécie classifica-se na categoria de fora de perigo.

Material examinado: A. Amorim 317 (RB); B. Weinberg 408 (MBML); E. L. Jacques 277 (RB), J. F. A. Baumgratz 390 (RB).

9. Begonia fruticosa (Klotzsch) A. DC., in Mart., Fl. bras. 4 (1): 377. 1861.
(Fig. 9 d)

Terrestre, liana; caule escandente, lenhoso; ramos cilíndricos, inconspícuamente estriados, marrons, glabros. Estípula persistente, com cerca de 1,5 cm de compr., triangular, glabra, de castanha a marrom. Folhas simples; pecíolo cilíndrico, de 0,05 - 0,6 cm de compr., piloso; lâmina com cerca de 2,9 - 8 cm de compr. e 1 - 2,7 cm de larg., simétrica, elíptica, de lanceolada a obovada, base desigual, ápice acuminado, margem serreada, página superior verde e inferior comumente vináceo-lustrosa, pilosa na nervura mediana, venação craspedódroma simples. Inflorescência multiflora, com cerca de 50 - 100 flores. Bractéolas de triangular a elípticas, glabras. Flor masculina com 2 sépalas, muito largamente obovadas a elípticas, cocleares, pétalas-2, obovadas, cocleares, androceu de 14 - 19 estames unidos, com cerca de 4 mm de compr., filetes de 1,9 - 2,5 mm de compr., anteras de 1 - 1,8 mm de compr., de oblongas a obovadas, rimosas, conectivo inconspícuamente prolongado acima das tecas da antera, comumente assimétrico. Flor feminina com 5 tépalas, de tamanhos desiguais entre si, de estreitamente elípticas a elípticas, ovário com cerca de 2,5 mm de compr. e 2,5 mm de larg., curto-obtriangular; estiletes de 1,5 - 3 mm de compr., concrescidos desde a base até uma altura de cerca de 1 mm; placenta inteira. Cápsula de 11 mm de compr. e de 10 - 11 mm de larg., oblonga; alas iguais entre si, estreitas, com porções apical e basal arredondadas. Sementes estreitamente oblongas.

Floração e frutificação: Botão masculino, de junho a agosto e novembro e flor em maio, agosto e novembro; flor feminina de julho a setembro e fruto em outubro.

Habitat: Floresta Pluvial Atlântica e Floresta Pluvial de Araucária.

Distribuição geográfica: Brasil: Espírito Santo, Rio de Janeiro, São Paulo, Paraná , Santa Catarina e Rio Grande do Sul. Argentina.

Comentários: Foram observadas variações no tamanho foliar e coloração das folhas entre indivíduos desta espécie: um grupo de espécimes com folhas com cerca de 6,8 cm de compr. e 1,9 cm de larg, na maioria das vezes, vináceas na face abaxial e outro grupo com folhas com cerca 3,8 cm de compr. e 1,2 cm de larg., concolores. Classifica-se esta espécie na categoria de protegida.

Material examinado: E. L. Jacques 132, 137, 138, 173, 174, 180, 216, 265, 274 (RB); Glaziou 6094, 6094a (B); O. Handro s.n. (SP 46068); Rio Grande do Sul, 13, 3. 1950, B. Rambo s.n. (B); Sello s.n. (holótipo-B!).

10. Begonia geniculata Vell., Fl. Flum. 10: t. 51. 1831 (1827), icon. (non Jack); idem, Arch. Mus. Nac. Rio de Janeiro 5: 407. 1881, descr.; A. DC., in Mart., Fl. bras. 4 (1): 367. 1861.
(Fig. 9 k)

Terrestre. Trepadeira herbácea com caule sarmentoso, de estriado a sulcado, herbáceo, verde, glabro. Estípula de persistente a tardiamente decídua, com cerca de 1 cm de compr., triangular, quinada, de verde a castanha, glabrescente. Folhas simples; pecíolo estriado, de 3,5 - 13,7 cm de compr., glabro; lâmina de 5,2 - 9 cm de compr. e 6,5 - 14,2 cm de larg., assimétrica, transversalmente elíptica, base cordada, ápice 2 - 3 denteado, margem de crenada a serreada, verde, com diminutos pontos opacos, glabra, nervuras-6, venação actinódroma basal perfeita marginal. Inflorescência multiflora. Bractéolas comumente elípticas, glabras. Flor masculina com 2 sépalas, elípticas, androceu de 15 - 35 estames, de 2 - 4 mm de compr., indistintamente unidos, andróforo com cerca de 0,5 mm de compr., filetes com cerca de 1 mm de compr., anteras de 1 - 2 mm de compr., obovadas, raro oblongas a elípticas, rimosas, conectivo raramente prolongado acima das tecas da antera, de obtuso a truncado. Flor feminina com 5 tépalas, subiguais, elípticas, ovário de 5 - 6 mm de compr. Cápsula de 8 - 11 mm de compr. e 11 - 13 mm de larg., base e ápice obtusos, alas desiguais, parte apical da ala maior truncada e parte basal ascendente-oblíqua, ala maior de 5 - 8 vezes o tamanho das menores. Sementes oblongas.

Floração e frutificação: Botão e flor masculinos de setembro a outubro, flor feminina não observada e fruto em março.

Habitat: Floresta Pluvial Atlântica baixo-montana e montana e vegetação alterada.

Distribuição geográfica: Brasil: Distrito Federal, Bahia, Minas Gerais, Espírito Santo, Rio de Janeiro, São Paulo, Paraná e Santa Catarina.

Comentários: Ocorre preferencialmente entre 400 - 1000m s.m. Tem sido observada e coletada não só em formações primárias, mas também em formações secundárias já estabelecidas, bem como em áreas degradadas (Duarte, 1961). Na área de estudo foi encontrada no sub-bosque e na orla da mata, em locais sombreados ou ensolarados, com suas folhagens formando um denso tapete no solo da mata. Classifica-se esta espécie na categoria de protegida.

Material examinado: A. C. Brade 9731 (R); C. M. Vieira 98 (RB); E. L. Jacques 182, 183, 240 (RB); G. J. Shepherd 5833 (UEC); M. A. Lopes 475 (BHCB); Ynes Mexia 4980a (B).

11. Begonia herbacea Vell., Fl. Flum. 10: t. 53. 1831 (1827), icon.; idem, Arch. Mus. Nac. Rio de Janeiro 5: 407. 1881, descr.; A. DC., in Mart., Fl. bras. 4 (1): 382. 1861. (Fig. 9 i)

Epífita, herbácea. Caule áereo, cilíndrico, tuberoso, de creme a castanho, glabro. Estípula de persistente a tardiamente decídua, com 6 - 10,5 mm de compr. e 4 - 5 mm de larg. na base, triangular, glabra. Folhas simples; pecíolo subcilíndrico, de 2 - 8,5 cm de compr., glabro; lâmina de 13,5 - 34 cm de compr. e 2,4 - 4 cm de larg., simétrica, elíptica, base cuneiforme, ápice de acuminado a atenuado, margem vermelha, serreada, ciliada, verde, com inconspícuos tricomas glandulares e comumente com estruturas esféricas, macroscópicas, hialinas, na página abaxial, venação craspedódroma simples. Inflorescência masculina triflora, raramente com 5 - 9 flores e a feminina uniflora. Brácteas da inflorescência masculina 2, opostas, de ovadas a assimétricas. Flor masculina com 2 sépalas, de largamente elípticas a circulares; androceu de 24 - 31 estames, unidos, andróforo de 1,3 - 2,5 mm de compr.; filetes de 0,1 - 1,1 mm de compr., anteras de 1 - 1,5 mm de compr., obovadas, rimosas, conectivo raramente prolongado acima das tecas da antera, com cerca de 0,1 mm de compr. Flor feminina brevipedicelada; tépalas-3, de elípticas a obovadas; ovário de 4 - 7 mm de compr. e 3,7 - 7,5 mm de larg., oblongo, ápice prolongado até uma altura de 12 mm; estiletes de 2 - 4 mm de compr., concrescidos entre si desde a base até uma altura de 2 mm; placenta inteira. Cápsula de 7 - 8 mm de compr.; alas inconspícuas, iguais entre si. Sementes elípticas.

Floração e frutificação: Botão masculino, flores masculinas e femininas de setembro a dezembro e frutos em setembro.

Habitat: Floresta Pluvial Atlântica.

Distribuição geográfica: Brasil: Rio de Janeiro, São Paulo e Paraná.

Comentários: Observada comumente sobre troncos de árvores localizados em áreas sombreadas, preferencialmente nas proximidades de rios e córregos. A espécie é classificada na categoria de espécie em perigo.

Material examinado: E. L. Jacques 185, 215, 268 (RB); P. Ochhioni s.n. (RB 50557); P. W. Davis D 60904 (UEC).

12. Begonia hispida Schott var. **hispida**, in Spreng., Syst. Veg. 4: 407. 1827; A. DC., in Mart., Fl. bras. 4 (1): 364, t. 96. 1861; idem, Prodr. 15 (1): 363. 1864.
(Fig. 10 d)

Terrestre, arbustiva com cerca de 2,5 m de alt.; caule aéreo, ereto, cilíndrico, de herbáceo a sub-lenhoso, verde, híspido. Estípula persistente, com cerca de 3 cm de compr., triangular, marrom, com aspecto ressecado, membranácea, pilosa na nervura mediana da face abaxial. Folhas simples; pecíolo cilíndrico, de 8 - 21 cm de compr., híspido; lâmina de 9 - 23 cm de compr. e 10 - 35,5 cm de larg., transversalmente elíptica, reniforme, base cordada, ápice acuminado, margem irregularmente lobada, com bordos denteados, na face adaxial verde e na abaxial vinácea, híspida, tricomas vináceos na face adaxial e alvos na abaxial, nervuras - 7, venação actinódroma basal perfeita marginal. Inflorescência multiflora, com cerca de 100 flores. Bractéolas ovadas, pilosas. Flor masculina com 2 sépalas, transversalmente elípticas, pétalas - 2, de elípticas a oblanceoladas; androceu de 30 - 60 estames, indistintamente unidos entre si, de 2 - 5 mm de compr.; andróforo com cerca de 0,3 mm de compr., filetes com cerca de 2 mm de compr., anteras com cerca de 3 mm de compr., de lineares a linear-oblongas, rimosas, conectivo curtamente prolongado acima das tecas da antera, com cerca de 0,2 - 0,3 mm de compr., obtuso. Flor feminina com 5 tépalas,de elípticas a largamente elípticas; ovário com cerca de 2 mm de compr. e cerca de 3 mm de larg., transversalmente elíptico; estiletes de 3 - 6 mm de compr., concrescidos entre si desde a base até uma altura de 0,8 mm; placenta inteira. Cápsula de 6 - 13 mm de compr. e 13 - 25 mm de larg. entre a ala maior e outra menor; alas desiguais entre si, ala maior de 3 - 8 vezes o tamanho das menores, parte apical da ala maior truncada e extremidade obtusa, parte basal arredondada. Sementes oblongas, com ápice truncado.

Floração e frutificação: Botão masculino, flores masculinas e femininas em maio e agosto e frutos no período de maio e de agosto a outubro.

Habitat: Floresta Pluvial Atlântica.

Distribuição geográfica: Brasil: Rio de Janeiro, Paraná e Santa Catarina.

Comentários: Juntamente com a espécie *Begonia paleata*, apresenta para a família Begoniaceae, uma importância considerável na estrutura da mata da Reserva, nas proximidades da cabeceira do Rio das Flores. Classifica-se a espécie na categoria de em perigo.

Material examinado: E. L. Jacques 133, 134, 202, 203, 285 (RB), E. Pereira 280 (RB); Glaziou 17205 (B), 8915 (HB).

13. Begonia hugelii (Klotzsch) A. DC., in Mart., Fl. bras. 4(1): 366. 1861; idem, Prodr. 15 (1): 364. 1864.
(Fig. 10 g)

Terrestre, arbustiva de 2 - 4 m de altura; caule aéreo, ereto, de sublenhoso a lenhoso, de verde a marrom, escamoso-escabroso. Estípula decídua, com cerca de 10 mm de compr., triangular, verde, pilosa. Folhas simples; pecíolo cilíndrico, de 9 - 34 cm de compr., escamoso-escabroso, escamas com cerca de 1 mm de compr. no ápice do pecíolo, marrons; lâmina de 14 - 24 cm de compr. e 15 - 50 cm de larg., assimétrica, cordiforme, base cordada, ápice acuminado, margem indistintamente lobada, bordos de denticulados a serrulados, verde, escabrosa, nervuras - 7, escamoso-tomentosas, venação actinódroma basal perfeita marginal. Inflorescência multiflora, com cerca de 600 flores. Bractéolas triangulares, glabras. Flor masculina com 2 sépalas, reniformes, de elípticas a largamente elípticas, sub-cuculadas, pétalas - 2, obovadas, cimbiformes, androceu de 17 - 27 estames livres, de 2,9 - 4,1 mm de compr., andróforo de 0,2 - 0,5 mm de compr., filetes com cerca de 1 mm de compr., anteras de 1,9 - 2,5 mm de compr., de linear-oblongas a oblanceoladas, rimosas, conectivo prolongado acima das tecas da antera, com cerca de 0,2 mm de compr., obtuso. Flor feminina com 5 tépalas, de largamente a muito largamente obovadas; ovário de 4,5 - 5 mm de compr. e 6,5 - 8 mm de larg. entre a ala maior e outra menor, elíptico; estiletes de 3

- 5 mm de compr., concrescidos entre si desde a base até uma altura de 0,8 - 1 mm; placenta inteira. Cápsula de 7 - 9 mm de compr. e de 15 - 16 mm de larg. entre a ala maior e outra menor; alas desiguais entre si, ala maior 2 - 3 vezes o tamanho das menores, parte apical curto-ascendente-oblíqua e basal arredondada, extremidade apical da ala maior obtusa. Sementes oblongas.

Floração e frutificação: Botão masculino de agosto a setembro e flor masculina não observada. Flor feminina em agosto e outubro e fruto em março, setembro e de novembro a dezembro.

Habitat: Floresta Pluvial Atlântica

Distribuição geográfica: Brasil: Minas Gerais, Rio de Janeiro, São Paulo e Paraná.

Comentários: Na Reserva esta espécie é freqüentemente encontrada na beira da estrada, na orla das matas e no sub-bosque, preferencialmente em solos humosos. De acordo com Duarte (1961), cresce nas formações primárias, ocorrendo também nas gargantas úmidas das formações secundárias onde, por ocasião das queimadas, não tenha sido atingida pelo fogo. A espécie é classificada na categoria de protegida.

Material examinado: cultivado Horto berolinensi, 2.VIII. 1853, s. leg. (B!); São Paulo, 26.VII.1875, A. Loefgren s.n. (B); E. L. Jacques 152, 176, 184, 220, 260, 266, 284 (RB); P. L. Krieger et al s.n. (CESJ 17383); idem s.n. (CESJ 11315).

14. Begonia integerrima Spreng. var. **integerrima**, Neue Entdeckt. 2: 174. 1821; A. DC., in Mart., Fl. bras. 4 (1): 383. 1861.
(Fig. 9 e)

Terrestre. Liana com cerca de 2 m de alt.; caule aéreo, escandente, sulcado, de herbáceo a sub-lenhoso, glabro.

Estípula de cedo-decídua a decídua, com cerca de 10 mm de compr., triangular, de esverdeada a castanha, de pilosa a glabrescente. Folhas simples; pecíolo sulcado, de 1,5 - 5,9 cm de compr., glabro; lâmina com cerca de 4,5 cm de compr. e 2 - 4,5 cm de larg., indistintamente assimétrica, ovada, base de obtusa a curto-cordada, ápice acuminado, margem irregularmente serreada, verde concolor, nervuras principais em ambas as faces glabras, nervuras 5 - 6, venação actinódroma basal perfeita marginal. Inflorescência pauciflora, com cerca de 8 flores. Bractéolas obovadas. Flor masculina com 2 sépalas, largamente elípticas, pétalas-2, obovadas, androceu de 18 - 27 estames unidos, de 3 - 5,5 mm de compr., andróforo de 1 - 2 mm de compr.; filetes com cerca de 1 mm de compr., anteras de 3 - 4,2 mm de compr., de linear-oblongas a oblanceoladas, poricidas; conectivo não-prolongado. Flor feminina com 5 tépalas, de tamanhos desiguais entre si, de largamente elípticas a elípticas; ovário com cerca de 11 mm de compr. e cerca de 14 mm de larg. entre a ala maior e as menores, ápice atenuado; estiletes de 6 - 8 mm de compr., concrescidos entre si desde a base até uma altura de 1 - 1,2 mm; placenta bipartida, com óvulos dispostos nas faces externas dos lóbulos. Cápsula de 11 - 12 mm de compr. e de 11 - 13 mm de larg entre a ala maior e a menor, base e ápice atenuados; alas desiguais, ala maior duas vezes o tamanho das menores, alas menores estreitas, parte apical da ala maior levemente descendente-oblíqua e parte basal ascendente-oblíqua, ápice da ala maior agudo. Sementes estreitamente elípticas.

Floração e frutificação: Botão masculino de julho a setembro, flores masculina e feminina de agosto a setembro. Fruto em setembro.

Habitat: Floresta Pluvial Atlântica.

Distribuição geográfica: Brasil: Espírito Santo, Rio de Janeiro e São Paulo.

Comentários: Classifica-se esta espécie na categoria de rara.

Material examinado: L. Sylvestre 326 (RB). Sello s.n. (B); idem L450 B.566 (B); Schott s.n. (B); idem s.n. (W).

15. Begonia lobata Schott, in Spreng., Syst. Veg. 4: 408. 1827; A. DC., in Mart., Fl. bras. 4 (1): 375. 1861. (Fig. 9 a)

Terrestre, subarbustiva, com cerca de 1,5 m de alt., revestido de tricomas ramificados; caule aéreo, ereto, estriado, herbáceo, de verde a vináceo, piloso. Estípula decídua, com cerca de 7 mm de compr., elíptica, quinada, esverdeada, pilosa na nervura mediana da face abaxial. Folhas simples; pecíolo cilíndrico, de 1,3 - 7 cm de compr., ferrugíneo-tomentoso-escabroso; lâmina de 1,7 - 6,5 cm de compr. e 3,2 - 15 cm de larg., trilobada, raramente bilobada, base cordada, ápice acuminado, margem serreada, de verde na face adaxial e de verde a vinácea na face abaxial, de glabrescente a ferrugíneo-tomentoso-escabrosa, tricomas com ramificações curtíssimas na página adaxial e longas na página abaxial; nervuras 5-6, venação actinódroma basal perfeita marginal. Inflorescência com cerca de 15 flores. Bractéolas ovadas. Flor masculina com 2 sépalas, de largamente elípticas a largamente obovadas, cuculadas na porção mediano-basal; pétalas-2, obovadas, androceu de 36 - 50 estames, indistintamente unidos entre si, de 4 - 5 mm de compr., andróforo inconspícuo, com cerca de 0,05 mm de compr., filetes com cerca de 1 mm de compr., antera de 2,5 - 3 mm de compr., estreitamente oblongas, rimosas, conectivo prolongado acima das tecas da antera, com cerca de 0,5 mm de compr., obtuso. Flor feminina com 5 tépalas, de tamanhos iguais entre si, ovadas; ovário de 5 - 6 mm de compr. e 8 - 9 mm de larg.; estiletes de 4 - 5 mm de compr., concrescidos entre si, desde a base até uma altura de 0,9 - 1 mm; placenta inteira. Cápsula com cerca de 10 mm de compr. e 17 mm de larg. entre a ala maior e a outra menor; alas desiguais entre si, parte apical da ala maior ascendente-oblíqua e parte basal de arredondada a truncada. Sementes oblongas.

Floração e frutificação: Botão masculino de agosto a outubro, flor masculina agosto, outubro e dezembro e flor feminina de agosto a dezembro. Fruto nos períodos de agosto, outubro e dezembro.

Habitat: Floresta Pluvial Atlântica, Campo Altimontano e Floresta Pluvial Ripária.

Distribuição geográfica: Brasil: Minas Gerais, Espírito Santo, Rio de Janeiro e São Paulo.

Comentários: Dentre as espécies observadas e coletadas, até o momento, na Reserva, *Begonia lobata* foi a única encontrada em solos rasos, com pouca disponibilidade de água, como por exemplo na mata da Pedra Bicuda. Classifica-se esta espécie na categoria de espécie protegida.

Material examinado: E. L. Jacques 181, 187, 206 (RB); M. Peron s.n. (OUPR); Vila Rica, Pohl s.n. (B); Sello s.n. (B!); Schott & Sello (B!); S. V. A. Pessoa 246 (RB).

16. Begonia paleata A. DC., Ann. Sci. Nat. Bot. Ser. 4, 11: 137. 1859; idem, in Mart., Fl. bras. 4 (1): 364. 1861
(Fig. 10 h, 12 a-n)

Terrestre, arbustiva de 2 - 4,5 m de alt.; caule aéreo, ereto, cilíndrico, de sublenhoso a lenhoso,- marrom, escamoso. Estípula decídua, com cerca de 4 cm de compr., elíptica, esverdeada, tomentosa. Folhas simples; pecíolo cilíndrico, de 7 - 24,5 cm de compr., escamoso-tomentosos, com escamas no ápice de 5 - 7 mm de compr., vináceas; lâmina de 13,5 - 24 cm de compr.e 22 - 44 cm de larg., papirácea, assimétrica, cordiforme, indistintamente lobada, base cordada, ápice acuminado, margem curtamente lobada, com bordos de denteados a serreados, verdes, face adaxial escabrosa e abaxial tomentosa, nervuras-7, na base da face abaxial da folhas escamoso-tomentosas e tomentosas em direção ao ápice e na face adaxial da folhas de pilosas a tomentosas, nervuras secundárias na face abaxial foliar formando depressões mais ou menos profundas, venação actinódroma basal perfeita marginal. Inflorescência multiflora, com cerca de 400 flores. Flor masculina com 2 sépalas, largamente elípticas, cuculadas, pétalas-2, obovadas; androceu de 18 - 21 estames, de conspícua a inconspícuamente unidos, de 3 - 4 mm de compr., andróforo de 0,5 - 0,8 mm de compr., filetes com cerca de 1 mm de compr., anteras de 2 - 2,5 mm de compr., oblongas, rimosas, conectivo prolongado acima das tecas da antera, de 0,3 - 0,4 mm de compr., truncado. Flor feminina com 5 tépalas, subiguais, elípticas; ovário de 3 - 6 mm de compr. e 3,8 - 9 mm de larg. entre a ala maior e a menor; estiletes de 2 - 5,2 mm de compr., concrescidos entre si desde a base até uma altura de 0,5 - 1,2 mm; placenta inteira. Cápsula de 9 - 12 mm de compr. e 15 - 25 mm de larg. entre a ala maior e a outra menor; alas desiguais, ala maior 2 - 3 vezes o tamanho das menores, porções apical e basal da ala maior arredondadas. Sementes oblongas.

Floração e frutificação: Botão masculino em julho e de setembro a novembro. Flor masculina: julho e de outubro a dezembro. Flor feminina: julho e de setembro a novembro. Fruto: maio e de julho a setembro.

Habitat: Floresta Pluvial Atlântica.

Distribuição geográfica: Brasil: Rio de Janeiro, Paraná e Santa Catarina.

Comentários: No que tange à família Begoniaceae, *Begonia paleata* destaca-se por sua importância na estrutura da mata, assegurada pelos valores de diâmetro à altura do peito (DAP) que abrangem 2,5 - 3,0 cm e devido à sua freqüencia na área. Apresenta um crescimento vegetativo bem eficiente, sendo comumente observada formando novas rebrotas. Classificamos esta espécie na categoria de protegida.

Material examinado: C. M. B. Correa 1 (RB). E. L. Jacques 39, 217, 245, 248, 256, 271, 272 (RB); H. C. Lima 3409, 3410 (RB); S. V. A. Pessoa 233, 359 (RB)

17. Begonia pulchella Raddi, Quar. piant. nuov. Bras. 28: 1820; A. DC., in Mart., Fl. bras. 4 (1): 359. 1861. (Fig. 10 b, 13 a-l)

Terrestre, subarbustiva de 1,5 - 2,5 m de alt.; caule aéreo, ereto, estriado, herbáceo, de verde, às vezes com nuances róseos a marrom, glabro. Estípula de elíptica a largamente elíptica, decussada, de esverdeada a marrom, pilosa na nervura mediana da face abaxial. Folhas simples; pecíolo de cilíndrico a estriado, de 3,1 - 6 cm de compr., no ápice com um colar de tricomas simples, visíveis macroscopicamente; lâmina de 1,7 - 4,7 cm de compr. e de 7 - 13 cm de larg., assimétrica, transversalmente elíptica, base cordada, ápice acuminado, margem de denteada a serreada, verde-lustrosa na face adaxial e verde-opaca na abaxial, pilosa na base da face abaxial a glabrescente em direção ao ápice, nervuras 6 - 8, venação actinódroma basal perfeita marginal. Inflorescência com cerca de 30 flores. Bractéolas oblongas. Flor masculina com 2 sépalas, de elípticas a largamente elípticas; pétalas - 2 , lanceoladas; androceu com cerca de 31 estames, de 3 - 4 mm de compr., indistintamente unidos, andróforo com cerca de 1,2 mm de compr., filetes com cerca de 0,5 mm de compr., anteras de 2,5 - 2,8 m de compr., linear-oblongas, rimosas, conectivo prolongado acima das tecas da antera, de 0,2 - 0,5 mm de compr., obtuso. Flor feminina com 5 tépalas, de tamanhos desiguais entre si, de elípticas a ovadas; ovário de 2,5 - 6 mm de compr. e 5,2 - 10 mm de larg. entre a ala maior e a outra menor, elíptico; estiletes com cerca de 3 mm de compr., concrescidos desde a base até uma altura de cerca de 0,9 mm; placenta inteira. Cápsula de 0,6 - 1,2 mm de compr. e 0,9 - 1,7 mmde larg. entre a ala maior e outra menor; alas desiguais, ala maior 3 - 4 vezes o tamanho das menores, parte apical da ala maior truncada e ápice obtuso, parte basal da ala maior arredondada. Sementes oblongas.

Floração e frutificação: Botão e flor masculinos de abril a maio, flor feminina de março a julho e fruto nos períodos de março a maio e de agosto a setembro.

Habitat: Floresta Pluvial Atlântica.

Distribuição geográfica: Brasil: Minas Gerais, Rio de Janeiro, São Paulo e Paraná.

Comentários: A espécie enquadra-se na categoria de espécie protegida.

Material examinado: E. L. Jacques 35, 43, 44, 200, 207, 244 (RB); G. Martinelli 12054 (RB); M. Kuhlmann 4595 (SP); Raddi s.n. (FI!).

18. Begonia semidigitata Brade, Rodriguésia 18 - 19: 19, t. 4 1945
(Fig. 10 f)

Terrestre. Planta jovem com cerca de 1,5 m de alt.; caule aéreo, ereto, cilíndrico, sub-lenhoso, esverdeado com nuances vináceos, escabroso. Estípula decídua, com cerca de 10 mm de compr. triangular, esverdeada, pilosa na nervura mediana. Folhas simples; pecíolo cilíndrico, com cerca de 8,5 mm de compr., escamoso-escabroso, escamas diminutas ao longo do seu comprimento, com cerca de 1,5 mm de compr., de ápice aristado, marrons; lâmina com cerca de 20 cm de compr. e cerca de 32 cm de larg., distintamente 4-lobada, base cordada, ápice acuminado, margem denteada, verde, ferrugíneo-tomentoso-escabrosa, nervuras 6-7, venação actinódroma basal perfeita marginal. Flor masculina e feminina não observadas. Cápsula imatura com cerca de 7 mm de compr. e cerca de 1,3 mm de larg., transversalmente elíptica, base e ápice obtusos; alas desiguais ente si, parte basal e apical das alas arredondadas. Sementes maduras não observadas.

Floração e frutificação: Flores masculina e feminina não observadas. Frutos em outubro.

Habitat: Floresta Pluvial Atlântica.

Distribuição geográfica: Brasil: Rio de Janeiro.

Comentários: Classifica-se esta espécie na categoria de indeterminada.

Material examinado: A. C. Brade 15834 & J. S. Lima (RB!); C. M. B. Correia 280 (RB); E. L. Jacques 212, 286 (RB)

19. Begonia solananthera A.DC., in Ann. Sci. Nat. Bot. Ser. 4, 11: 128. 1859; idem, in Mart., Fl. bras. 4 (1): 353. 1861.
(Fig. 9 b)

Terrestre. Liana com cerca de 3 m de alt.; caule aéreo, escandente, sulcado, de herbáceo a sublenhoso, de pubescente a tomentoso-ferrugíneo. Estípula persistente, com cerca de 2,5 cm de compr., triangular, de pubescente a tomentosa. Folhas simples; pecíolo sulcado, de 2 - 8 cm de compr., ferrugíneo-tomentoso; lâmina de 4,6 - 9 cm de compr. e de 2,8 - 8 cm de larg., indistintamente assimétrica, muito largamente ovada, base de obtusa a curto-cordada, ápice acuminado, margem irregularmente serreada, face adaxial verde-lustrosa e abaxial de esverdeada a verde com nuances róseos, nervuras principais na face abaxial ferrugíneo-tomentosas na base a glabrescentes no ápice, nervuras 5 - 6, venação actinódroma basal perfeita marginal. Inflorescência pauciflora, com até 10 flores. Bractéolas obovadas, quinadas. Flor masculina com 2 sépalas, elípticas, pétalas-2, de elípticas a obovadas; androceu de 25 - 31 estames unidos, com cerca de 3,1 mm de compr., andróforo de 0,2 - 1 mm de compr., filetes curtíssimos, de 0,1 - 1 mm de compr., anteras com cerca de 3 mm de compr., de linear-oblongas a oblongas, poricidas, com soldadura das paredes das tecas fraca na região abaixo da deiscência; conectivo não-prolongado acima das tecas da antera. Flor feminina com 5 tépalas, de tamanhos desiguais entre si, obovadas e de elíptica a largamente elípticas; ovário de 9 - 11 mm de compr. e 14 - 21 mm de larg. entre a ala maior e a menor, cordiforme; estiletes de

5 - 8 mm de compr., concrescidos entre si desde a base até uma altura de 2 - 2,5 mm; placenta bipartida, com lóbulos juntos entre si, com óvulos dispostos apenas nas faces externas dos lóbulos. Cápsula de 12 - 15 mm de compr. e de 13 - 16 mm de larg. entre a ala maior e a menor; ala maior duas vezes o tamanho das menores. Sementes estreitamente oblongas, com ápice um pouco prolongado.

Floração e frutificação: Botão e flor masculinos em outubro, flor feminina de outubro a novembro e frutos em março, agosto e outubro.

Habitat: Floresta Pluvial Atlântica.

Distribuição geográfica: Brasil: Rio de Janeiro e São Paulo.

Comentários: Classifica-se esta espécie na categoria de espécie rara.

Material examinado: E. L. Jacques 46, 147, 189, 241 (RB); P. H. Davis D.59758 (UEC); Sobral & Siqueira. s.n. (FCAB).

20. Begonia valdensium A. DC. var. **valdensium**, Ann. Sci. Nat., Bot Ser. 4, 11: 38. 1859; idem, in Mart., Fl. bras. 4 (1): 368. 1861.
(Fig. 10 a)

Terrestre, subarbustiva com cerca de 2 m de alt.; caule aéreo, ereto, cilíndrico, quando seco estriado, herbáceo, de verde a vináceo, glabro. Estípula persistente, de 1,3 - 2,7 cm de compr., elíptica, decussada, glabra. Folhas simples; pecíolo sub-cilíndrico, de 5,5 - 17,5 cm de compr., glabro em toda extensão, exceto no ápice onde apresenta um colar de diminutos tricomas simples, em visão macroscópica; lâmina de 2,2 - 10 cm de compr. e 10 - 21 cm de larg., assimétrica, transversalmente elíptica, base cordada, ápice acuminado, margem curto-lobada, de irregularmente crenada a serreada em direção ao ápice, verde-musgo-lustrosa na face adaxial e vinácea na face abaxial, glabra, nervuras 6 - 9, venação actinódroma basal perfeita marginal. Inflorescência com aproximadamente 50 flores. Bractéolas de 2 - 10 mm de compr. de persistentes a tardio-decíduas, elípticas, decussadas. Flor masculina com 2 sépalas, de elípticas a largamente elípticas, cuculadas; pétalas-2, obovadas, cimbiformes; androceu de 14 - 35 estames, de 4 - 4,7 mm de compr., indistintamente unidos até uma altura de 0,05 - 0,6 mm; filetes com cerca de 1,5 mm de compr.; anteral de 2,7 - 3,6 mm de compr., linear-oblongas, base assimétrica, cordiforme, rimosas; conectivo prolongado acima das tecas da antera de 0,2 - 0,5 mm de compr., obtuso. Flor feminina com 5 tépalas, lanceoladas, ou de elípticas a largamente elípticas; ovário com cerca de 8 mm de compr. e cerca de 19 mmm de larg. entre a ala maior e a menor, base cordiforme; estiletes com cerca de 6 mm de compr., concrescidos entre si desde a base até uma altura de cerca de 1,2 mm; placenta inteira. Cápsula de 9 - 13 mm de compr. e de 12 - 20 mm de larg. entre a ala maior e outra menor; alas desiguais, ala maior cerca de 8 vezes o tamanho das menores, parte apical da ala maior ascendente-oblíqua e basal arredondada e ascendente oblíqua em direção a ápice. Sementes oblongas.

Floração e frutificação: Botão masculino, em março, maio e outubro, flor masculina maio e agosto e flor feminina em março e maio. Frutos nos períodos de maio a junho, agosto e outubro.

Habitat: Floresta Pluvial Atlântica.

Distribuição geográfica: Brasil: Espírito Santo, Rio de Janeiro, São Paulo e Paraná.

Comentários: Classifica-se na categoria de protegida.

Material examinado: D. Sucre 1465 (RB); E. L. Jacques 177, 205 (RB); G. Martinelli 12048, 12049 (RB); Sello 5811 (B); W. A. Hoffmann 157 (MBML).

Tabela Sumarizada:

Gêneros	Nº de espécies
Begonia	20

Referências bibliográficas

BARKLEY, F. A. 1972a. Begoniaceae. The genera, sections and known species of each. **The Buptonian 1**, (supl. 4): 1-20.

________. 1972b. The species of the Begoniaceae. **The Buptonian 1**, (supl. 5): 1-120.

BOUMAN, F. & DE LANGE, A. 1983. Structure and micromorphology of Begonia seeds. **Begonian 50**: 70 - 78, 91 il.

BRADE, A. C. 1943. Begônias novas do Brasil. **Arq. Serv. Florestal Rio de Janeiro 2** (1): 21 - 24, 5 est.

________ 1944. Begoniaceae do Herbário do Museu Nacional do Rio de Janeiro. **Bol. Mus. Nac. Rio de Janeiro,** n. ser. bot. **1**: 1 - 16, 7 est.

________. 1945a. Begônias novas do Brasil, III. **Rodriguésia. 9** (18): 17 - 22, 6 est.

________. 1945b. ________. IV. **Rodriguésia 9** (18): 23 - 24, 6 est.

________. 1948. ________. V. **Arq. Jard. Bot. Rio de Janeiro 8**: 227 - 238, 8 est.

________. 1950. ________. VI. Begônias novas do Estado do Espírito Santo. **Arq. Jard. Bot. Rio de Janeiro 10**: 131 - 139, 6 est.

________. 1952. Begoniaceae novae ex Herbario Musei Bot. Stockolm. **Arq. Jard. Bot. Rio de Janeiro 12**: 7 - 13, 5 est.

________. 1954. Begônias novas do Brasil, VII. **Arq. Jard. Bot. Rio de Janeiro 13**: 71 - 91, 10 est.

________. 1957a. ________. VIII. **Arq. Jard. Bot. Rio de Janeiro 15**: 31 - 39, 6 est.

_______. 1957b. Flora de Itatiaia. I. As "Begoniaceae" como fator fisionômico. **Rodriguésia 20** (32): 151 - 166, 7 est.

_______. 1958a. Três espécies novas da flora do Brasil colhidas por Moysés Kuhlmann, **Arq. Bot. Est. S. Paulo 3** (4): 209 - 211 il.

_______. 1958b. Begônias novas do Brasil, IX. Begonias novas do Estado de Santa Catarina. **Sellowia 9**: 23 - 26, 6 est.

_______. 1971. Uma espécie nova do gênero Begonia do Estado da Bahia e sinopse das espécies ... **Bradea 1** (6): 37 - 44 il.

BURT-UTLEY, K. 1985. A revision of Central American species of Begonia, section Gireoudia (Begoniaceae). **Tulane Stud. Zool. Bot. 25** (1): 131 p.

COSTA, C. G. 1970. Observações sobre a anatomia de Begonia valdensium A. DC. **Ann. Acad. Bras. Cienc. 42** (1): 119 - 128.

_______. 1971. Sobre a anatomia foliar de Begonia paleata Schott ex A. DC. **Ann. Acad. Bras. Cienc. 43** (1): 119 - 128.

CUERRIER, A., BROUILLET, L. & BARABÉ, D. 1991. Micromophologie foliaire des Begoniaceae. **Bull. Mus. natn. Hist. nat., Paris, 4** (ser., v. 12) sect. B; **Adansonia 3 - 4**: 297 - 335.

DAU, L., SEGADAS-VIANNA, F. & ORMOND, W. T. 1971. **Begoniaceae in Flora Ecológica de Restingas do Sudeste do Brasil. 20**, 23 p.

DE CANDOLLE, A. 1861. **Begoniacee** *In:* Martius, **Flora brasiliensis** ... v. **4** n. 1, p. 338 - 396, est. 91 - 101.

DUARTE, A. P. 1961. Considerações a cerca do comportamento e dispersão de algumas espécies de Begônias do Estado da Guanabara. **Arq. Jard. Bot. Rio de Janeiro. 17**: 57 - 105.

GLAZIOU, A. F. M. 1909. Liste des plantes du Brésil Central recueillies en 1861 - 1895. **Mem. Soc. bot. France 1** (3): 332 - 324.

PEREIRA, E. 1959. Flora da Cidade do Rio de Janeiro família Begoniaceae Bonpl. **Rodriguésia 33/34**: 203 - 227, il.

RIZZINI, C. T. 1954. Flora Organensis: Lista preliminar dos Cormophyta da Serra dos Órgãos. **Arq. Jard. Bot. Rio de Janeiro 13**: 168 - 169.

SIQUEIRA, J. C. 1984. Flora Friburguense: Levantamento fitogeográfico do Morro-da-Cruz. **Eugeniana 8**: 3 - 11.

_______. 1986. _______: A vegetação do Parque de Furnas do Catete. **Eugeniana 12**: 11 - 21.

_______. 1987. As espécies do gênero Begonia (Begoniaceae) na flora friburguense. **Eugeniana 13**: 11 - 15.

SMITH, L. B. & SMITH, R. C. 1971. Begoniaceae *In:* P. R. Reitz, **Flora Ilustrada Catarinense,** fasc. BEGO. Santa Catarina. 128p il.

SOMNER, G. V. 1985. **Conservação da flora e o exemplo Sapindaceae.** Rio de Janeiro, Universidade Federal do Rio de Janeiro, Curso de Pós-Graduação em Ciências Biológicas (Botânica). 173 p. Dissertação.

THEOBALD, W. L., KRAHULIK, J. L. & ROLLINS, R. C. 1979, Tricome description and classification In: C. R. Metcalfe & L. Chalk. **Anatomy of the dicotyledons.** 2 ed. Oxford: Claredon Press. p. 40 - 53 il.

VELLOSO, J. M. C. 1831 (1827). **Flora Fluminensis.** v. **10**, t. 33 -54.

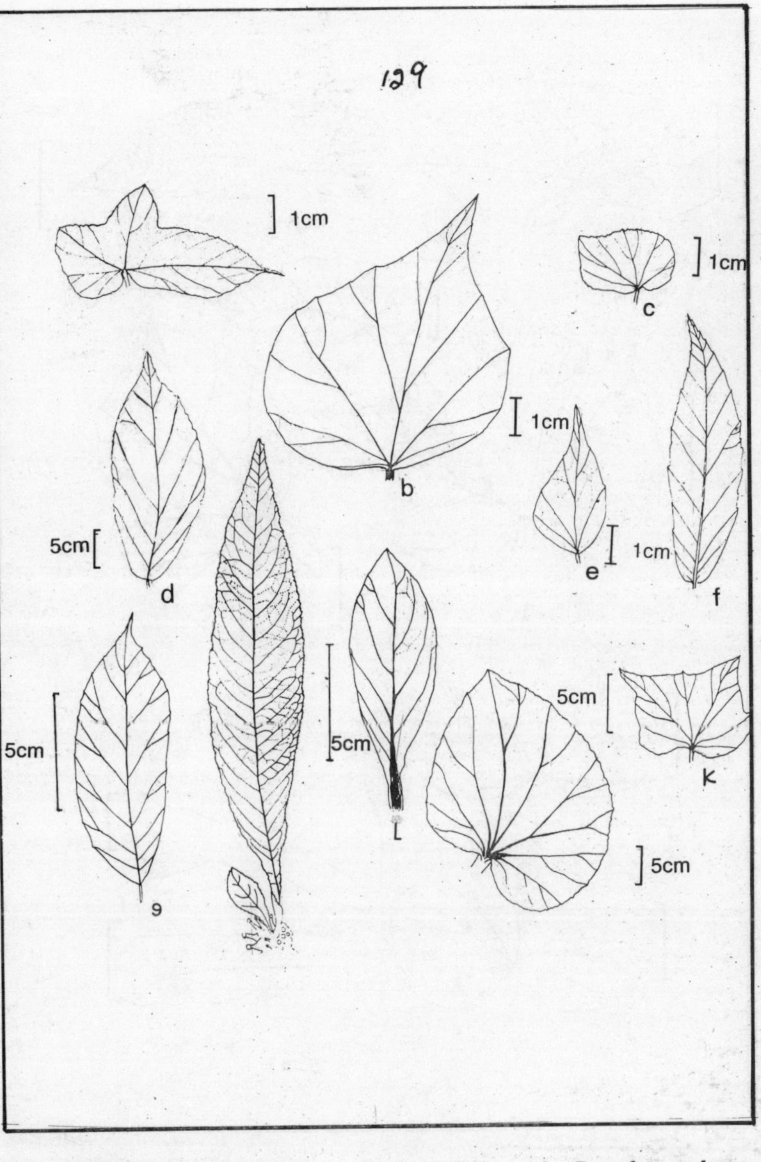

Fig. 9 - Morfologia foliar de: a- *Begonia lobata*, b- *B. solananthera*, c- *B. fischeri*, d- *B. fruticosa*, e- *B. integerrima* var. *integerrima*, f- *B. dentatiloba*, g- *B. arborescens*, h- *B. digitata*, i- *B. herbacea*, j-*B. cucullata* var. *cucullata*, k- *B. geniculata*.

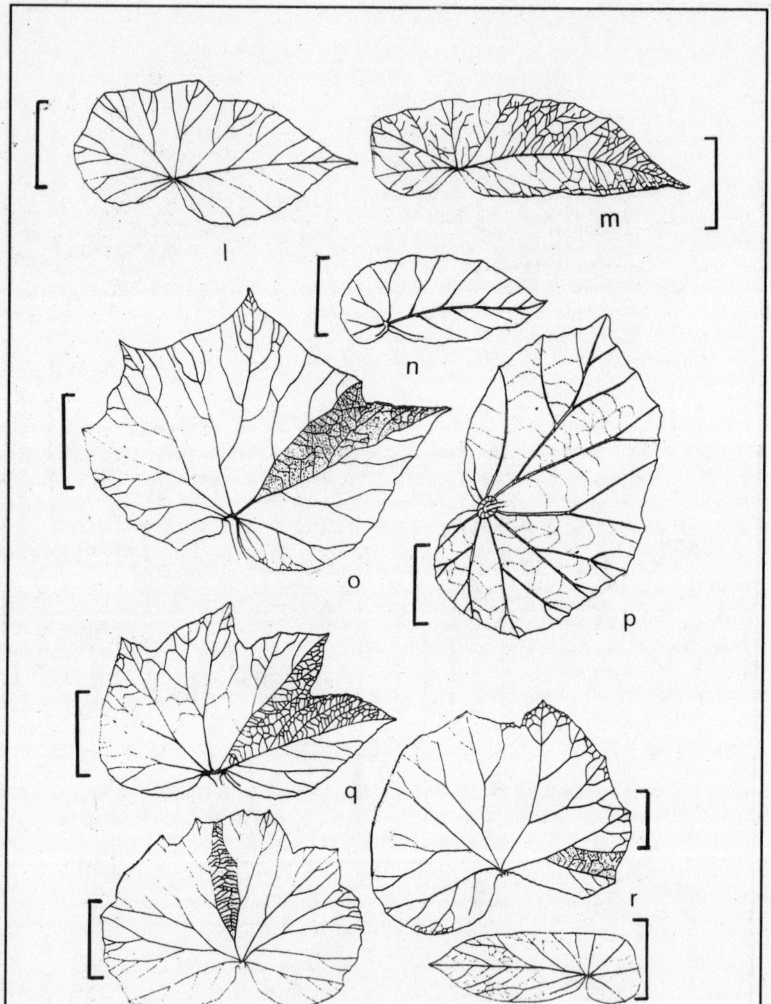

Fig. 10 - Morfologia foliar de: a- *Begonia valdensium*. var. *valdensium*, b- *B. pulchella*, c- *B. angularis* var. *angularis*, d- *B. hispida* var. *hispida*, e- *B. collaris*, f- *B. semidigitata*, g- *B. hugelii*, h- *B. paleata*, i- *B. coccinea*.

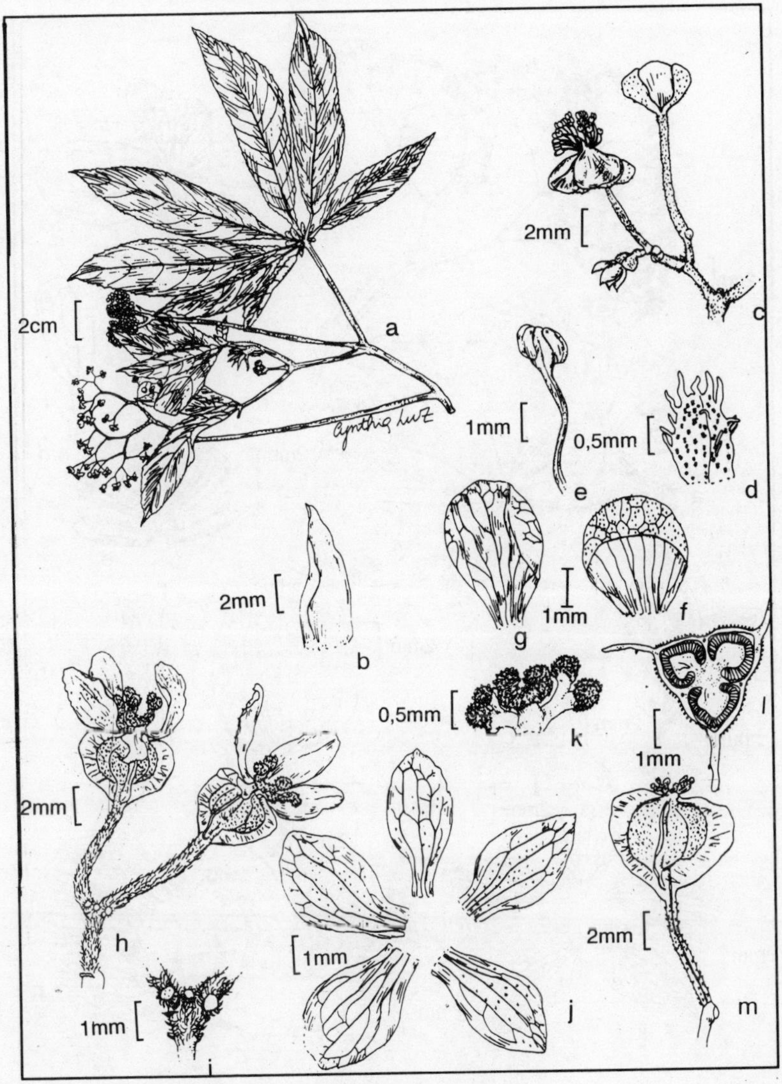

Fig. 11 - *Begonia digitata*: a-Detalhe do ramo, b- estípula, c- detalhe da inflorescência, evidenciando uma flor masculina aberta, d- bractéola da flor masculina e- estame, f, g- sépala e pétala da flor masculina, respectivamente, h- flores femininas, i- detalhe das cicatrizes deixadas pelas flores masculinas e bractéolas, j- tépalas femininas, k- estilete e região estigmática, l- detalhe do ovário em seção transversal, m- fruto.

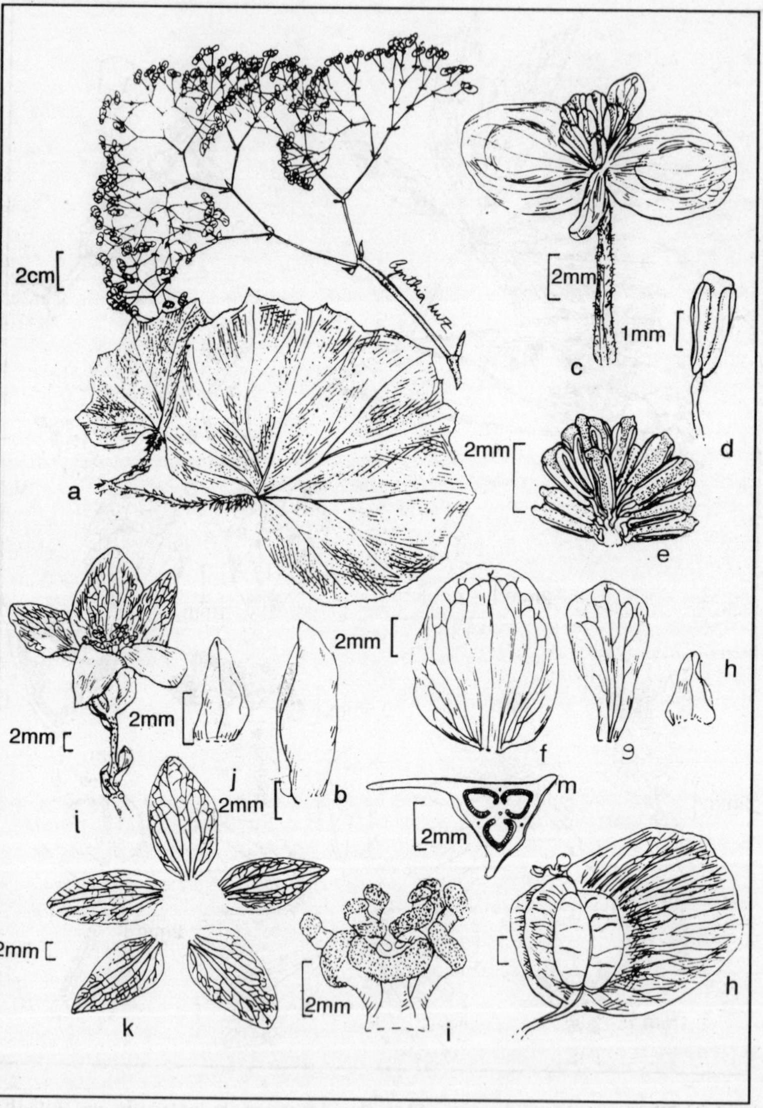

Fig. 12 - *Begonia paleata:* a- Detalhes dos ramos, b- estípula, c- flor masculina, d-estame, e- androceu, f, g, h- sépala, pétala e bractéola da flor masculina, respectivamente, i- flor feminina, j, k- bractéola e tépalas da flor feminina, l- Estiletes, evidenciando a região estigmática, m- detalhe do ovário em seção transversal, n- fruto.

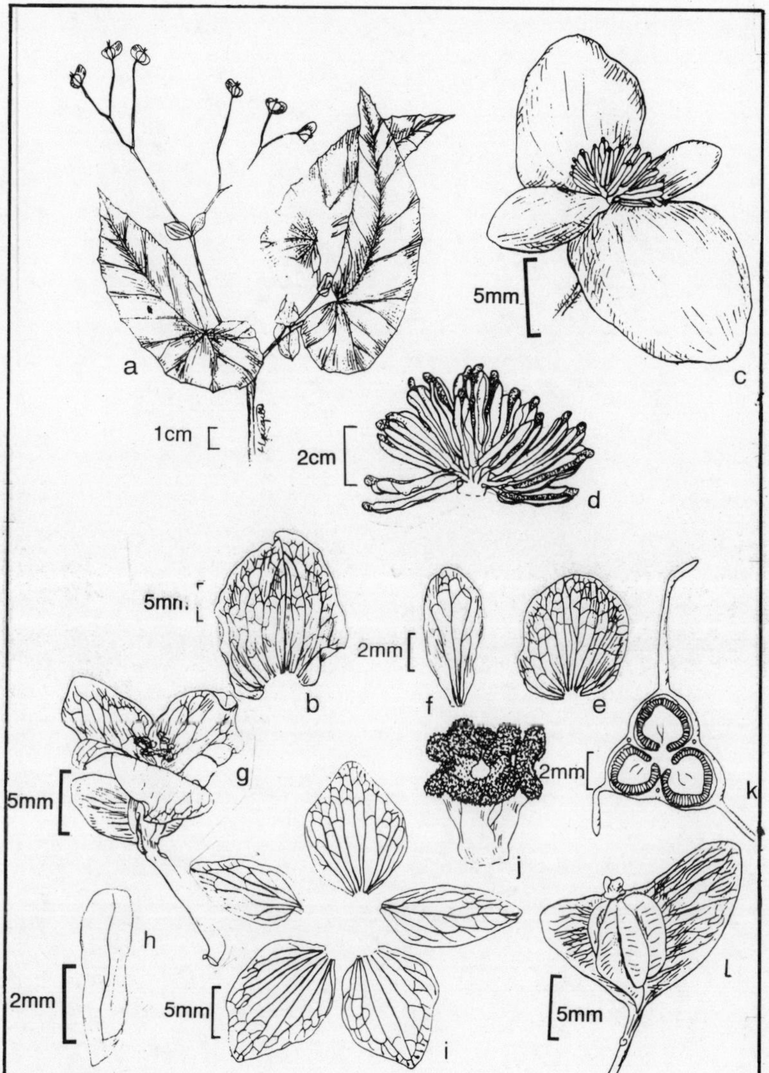

Fig. 13 - *Begonia pulchella*: a- Detalhe do ramo, b-estípula, c- flor masculina, d-androceu, e, f- sépala e pétala da flor masculina, g- flor masculina, h- bractéola da flor feminina, i- tépalas femininas, j- estiletes, evidenciando a região estigmática, k- detalhe do ovário em seção transversal, l- fruto.

BIGNONIACEAE

Cláudia Magalhães Vieira[1]

A família Bignoniaceae possui cerca de 120 gêneros e aproximadamente 650 espécies pantropicais, distribuídas principalmente pela América tropical, sendo também encontradas na América temperada, África, Ásia, Polinésia, Madagascar e Austrália. No Brasil ocorrem cerca de 48 gêneros, com espécies distribuídas por todo o país (Barroso 1986).

O levantamento realizado na Reserva Ecológica de Macaé de Cima registrou a ocorrência de 9 gêneros e 10 espécies. São árvores, lianas trepadeiras por gavinhas ou raízes, raramente hemiepífitas. Pseudoestípulas foliáceas presentes em algumas espécies. Folhas opostas, compostas digitadas ou bi-trifoliololadas com o pecíolo terminal comumente substituído por uma gavinha simples ou trífida; folíolos com margem inteira ou serrada, glabrescentes ou com indumento simples ou ramificado. Flores dispostas em racemos, fascículos, panículas ou tirsos axilares ou terminais. Flores hermafroditas, zigomorfas; cálice gamossépalo, campanulado, cupuliforme, tubuloso ou urceolado, com limbo 5-dentado, truncado, fendido ou sinuoso; corola gamopétala, com limbo mais ou menos bilabiado, freqüentemente visto-

[1] Bolsista da Fundação Botânica Margaret Mee (FBMM) / Jardim Botânico do Rio de Janeiro. R. Pacheco Leão 915. Jardim Botânico - RJ. CEP 22460-030

sa; estames 4, didínamos, anteras glabras ou pilosas; estaminódio curto e inconspícuo; disco presente ou ausente; ovário súpero, bilocular, óvulos numerosos; estilete simples com estigma bilamelado. Fruto cápsula loculicida ou septífraga, ou baga indeiscente. Sementes aladas, transversalmente oblongas, ou não aladas, oblongas.

Chave para identificação das espécies:

1. Lianas trepadeiras por raízes, raramente hemiepífitas, árvores ou arbustos saxícolas; folhas simples ....6. **Schlegelia parviflora**

1'. Árvores, lianas ou trepadeiras por gavinhas, folhas compostas.

2. Árvores; folhas digitadas, 5-7 folioladas.

3. Ramos jovens e folhas densamente pubescentes com pelos ramificados; lâmina dos folíolos com margem inteira, raramente dentada..8. **Tabebuia chrysotricha**

3'. Ramos jovens e folhas glabrescentes; lâmina dos folíolos com margem serrada ....9. **Tabebuia heptaphylla**

2'. Lianas ou trepadeiras herbáceas com gavinhas; folhas 2-3 folioladas.

4. Ramos e folhas densamente flocoso-tomentosos, com pelos ramificados; pseudoestípulas amplas, foliáceas, tomentosas; gavinhas trífidas com discos aderentes nas extremidades ....10. **Urbanolophium glaziovii**

4'. Sem o conjunto de caracteres.

5. Pecíolo com 4,0-10,0 cm de comp. ....2. **Callichlamys latifolia**

5'. Pecíolo geralmente menor que 4,0 cm de comp.

6. Lâmina pubescente a tomentosa na face abaxial, com pelos simples ou ramificados.

7. Lâmina densamente pontuada de glândulas translúcidas ....7. **Stizophyllum perforatum**
7'. Lâmina não glandulosa..........5. **Lundia corymbifera**
6'. Lâmina glabrescente ou com escamas na face abaxial.
8. Lâmina com a face abaxial densamente coberta por escama ....4. **Haplolophium bracteatum**
8'. Lâmina sem escamas.
9. Lâmina densamente glanduloso-punctada, conspicuamente reticulada em ambas as faces; lâmina lanceolada a obovado-lanceolada....................
...............................3. **Fridericia speciosa**
9'. Lâmina ovado-lanceolada a largamente lanceolada, esparsamente glanduloso-punctada na face abaxial..
......................1. **Anemopaegma chamberlaynii**

1. Anemopaegma chamberlaynii (Sims) Bur. & K.Schum., in Mart. Fl. Bras. 8(2):128.1896.
(Fig. 16 f)

Liana com gavinhas. Ramos cilíndricos, estriados, glabros. Folhas bi-trifolioladas; pecíolos com 2,5-6,5 cm comp., peciólulos terminais com 0,9-3,5 cm comp, laterais com 0,3-1,1 cm comp.; lâmina ovado-lanceolada a largamente lanceolada, com base cuneada a arredondada, margem inteira, ápice acuminado a cuspidado, com 6,0-14,0 cm comp. x 2,7-7,1 cm larg., cartácea, glabra nas duas faces exceto sobre a nervura principal e secundárias na face abaxial, esparsamente glanduloso-punctada. Flores dispostas em um racemo axilar, paucifloro; cálice cupuliforme truncado, esverdeado, com 0,8-0,9 cm comp. x 0,8-1,0 cm diâmetro, glabro ou escassamente pubérulo; corola infundibuliforme, amarela, glanduloso-punctada interna e externamente, tubo curvado na base, com 4,0-4,7 cm comp., limbo com 1,0-1,2 cm comp. x 2,5-3,0 cm diâmetro; estames inclusos, anteras glabras; disco pulvinado. Fruto cápsula septífraga achatada, largamente lanceolada, com ápice e base acuminados, com 10,0-13,0 cm comp. x 6,5-7,5 cm larg.; sementes com alas membranáceas, amareladas, transversalmente lanceoladas, com 4,0-5,0 cm comp. x 7,0-9,0 cm larg.

Floração e frutificação: Flores encontradas em outubro, frutos em novembro.

Utilidades: Utilizada como ornamental e na confecção de balaios (Corrêa 1984).

Habitat: Espécie amplamente distribuída pela Floresta Pluvial Atlântica. Ocorre no interior de matas preservadas, bem como em áreas alteradas e margens de trilhas; também encontrada em restinga.

Distribuição geográfica: Brasil: Minas Gerais, Espírito Santo, Rio de Janeiro, São Paulo, Paraná e Santa Catarina. Paraguai.

Comentários: Conhecida popularmente em outras regiões por "catuaba" (Sandwith & Hunt 1974).

Material examinado: C.M.Vieira 447 et L.C.Gurken (RB).

2. Callichlamys latifolia (L.C..Rich.) K.Schum., Nat. Pflanzenf. 4 (3b): 223.1894; Bur. & K.Schum. in Martius Fl. Bras. 8(2): 226-227, t.95.1896.
(Fig. 16 e)

Liana, com gavinhas simples. Ramos jovens lenticelados, com pelos ramificados. Folhas bi-trifolioladas; pecíolos com 4,0-10,0 cm comp., peciólulos com 1,0-2,8 cm comp.; lâmina largamente lanceolada, com base atenuada a cuneada, margem inteira e ápice acuminado a cuspidado, com 10,0-14,0 cm comp. x 5,0-8,5 cm larg., cartácea, glabrescente nas duas faces. Flores dispostas em racemos axilares, com até 13,0 cm comp., pubescentes; cálice inflado-campanulado, com 3,5-4,5 cm comp., fendido irregularmente, piloso; corola campanulada, amarela, com 7,0-8,5 cm comp., externamente pilosa; estames inclusos, anteras glabras. Fruto cápsula septífraga lenhosa lanceolada ou oblongo-lanceolada, com 25,0 cm comp. x 9,0 cm larg.; sementes com alas membranáceas, transversalmente oblongas, com 1,5-2,6 cm comp. x 4,0-5,5 cm larg.

Floração e frutificação: Floresce em janeiro; frutos maduros encontrados em dezembro.

Habitat: Espécie ocorrente em áreas alteradas da Floresta Pluvial Atlântica, na Floresta Pluvial Estacional, Floresta Pluvial Ripária e na Floresta Pluvial Amazônica.

Distribuição geográfica: Brasil: Roraima, Amazonas, Pará, Goiás, Bahia, Mato Grosso, Minas Gerais, Espírito Santo, Rio de Janeiro. Guianas.

Comentários: Conhecida em outras regiões como "bejuco" (Corrêa, l.c.)

Material examinado: M.Peron 894 (RB); A.Gentry 1985 (RB).

3. Fridericia speciosa Mart., Nov. Acta Cur. 13(2).1827; Bur. & K.Schum. in Mart. Fl. Bras. 8(2):223, t. 94.1896. (Fig. 16 a)

Liana com gavinhas simples. Ramos roliços, estriados longitudinalmente, lenticelados. Folhas bi-trifolioladas; pecíolos com 1,0-5,5 cm comp., peciólulos com 0,4-3,0 cm comp.; lâmina lanceolada a obovado-lanceolada, base cuneada a obtusa, margem inteira, ápice acuminado a cuspidado, mucronado, com 4,0-12,5 cm comp. x 1,9-4,5 cm larg., cartácea, glabrescente exceto ao longo da nervura principal e axilas das nervuras secundárias, glanduloso-punctada, conspicuamente reticulada em ambas as faces. Flores dispostas em um tirso terminal, piramidal, amplo, piloso; cálice urceolado-tubuloso, 5-dentado, 5-costado, com 1,5 cm comp. x 0,6 cm larg.; corola hipocrateriforme, vermelha, pilosa externamente, tubo com 2,2 cm comp. x 0,4 cm diâmetro, lobos com 0,3 cm comp.; anteras glabras; disco cupular. O fruto é uma cápsula septífraga linear, achatada, com até 33,0 cm comp. e 1,5 cm larg., com costela mediana em relevo; sementes bialadas, transversalmente oblongas, com 1,0 cm comp. x 3,6 cm larg.

Floração e frutificação: Observada florescendo na região de dezembro a fevereiro; frutos maduros encontrados em novembro.

Utilidades: Planta ornamental utilizada em caramanchões e pérgulas, devido à beleza de suas flores; há notícia de emprego medicinal, sem contudo referenciar-se suas propriedades (Corrêa *l.c.*).

Habitat: Espécie de ampla distribuição na Floresta Pluvial Atlântica, onde é comum principalmente em áreas alteradas e beiras de trilhas.

Distribuição geográfica: Brasil: Bahia, Minas Gerais, Rio de Janeiro, São Paulo, Paraná e Santa Catarina .

Dados fitossociológicos: A espécie apresenta reduzida importância fitossociológica no trecho correspondente à formação secundária, em função dos baixos valores de densidade, freqüência e dominância relativas. Não foi registrada no trecho de mata em bom estado de conservação.

Comentários: Segundo Sandwith e Hunt (*l.c.*) é conhecida popularmente como "cigana-do-mato", "cipó-quebrador" e "cipó-vermelho".

Material examinado: C.M.B.Correia 88 (RB), C.M.B. Correia s/n. (RB 290940), M.Nadruz 730 (RB), C.Porto 1756 (RB), C.Porto s/n (RB 25824), D.C.Goes 712 (RB).

4. Haplolophium bracteatum Cham., Linnaea 7:556. 1832; Bur. & K.Schum. in Mart. Fl. Bras. 8(2): 174, t.85.1896. (Fig. 14)

Liana com gavinhas trífidas, com discos aderentes em suas extremidades. Ramos angulosos, pubescentes. Pseudoestípulas foliáceas. Folhas bifolioladas; pecíolos com 1,1-2,3 cm comp., peciólulos com 1,0-2,5 cm comp.; lâmina largamente lanceolada a obovado-lanceolada, com base cuneada, margem inteira, ápice abruptamente acuminado, com 3,1-8,5 cm comp x 1,8-5,0 cm larg., cartácea, escamoso-punctulada na face adaxial, densamente coberta por escamas na face abaxial. Flores dispostas em racemos axilares ou terminais; brácteas estreitamente lanceoladas; cálice urceolado com margem crespa e sinuosa, textura crasso-coriácea, verde, com 1,0 cm comp., tomentoso; corola campanulada, recurvada, branco-arroxeada, com 2,5cm comp. x 1,3cm diâmetro, tomentosa externamente; estames inclusos, glabros; ovário com disco.

Floração e frutificação: Encontrada na região florescendo em dezembro.

Habitat: Espécie ocorrente na Floresta Pluvial Atlântica, por vezes freqüente em áreas alteradas.

Distribuição geográfica: Brasil (Espírito Santo, Rio de Janeiro, São Paulo).

Comentários: O fruto desta espécies, segundo Gabrielli & Semir (1988), é uma cápsula equinada, oval; as sementes, segundo Bureau & Schumann. (1896), são irregularmente aladas, com 1,1-1,4 cm x 3,0-3,5 cm. É conhecida em outras regiões como “pente-de-macaco-pequeno” (Corrêa *l.c.*)

Material examinado: M.Nadruz 521 (RB), S.V.A.Pessoa 419 (RB).

5. Lundia corymbifera (Vahl) Sandw. in Rec. Trav. Bot. Néerl. 34: 229. 1937; Medded. Bot. Mus. Herb. Rijks Univ. Utrecht 40:229.1937.
(Fig. 15)

Liana com gavinhas. Ramos jovens cilíndricos ou subcilíndricos, densamente pilosos, com áreas glandulares nos nós. Folhas bi-trifolioladas; pecíolos com 1,0-3,2 cm, peciólulos com 0,6-1,8 cm comp.; lâmina ovado-lanceolada a lanceolada, com a base arredondada a levemente cordada, margem inteira, ápice agudo a acuminado, com 3,8-7,0 cm comp. x 2,0-4,5 cm larg., cartácea, densamente pubescente nas duas faces, marcadamente sobre a nervura principal e secundárias. Flores dispostas em um tirso terminal, multifloro, densamente piloso; brácteas caducas; cálice no botão floral obovado-lanceolado, fendendo-se posteriormente no terço superior, por fim campanulado com bordo truncado ou fendido, verde, com 0,5-0,7 cm comp., piloso externamente; corola afunilada, de cor creme externamente, tubo internamente amarelo com nuances avermelhados, com 4,0-4,5cm comp., tomentosa externamente; estames inclusos, anteras pilosas; ovário sem disco.

Floração e frutificação: Observada florescendo de setembro a dezembro.

Habitat: Espécie amplamente distribuída por diversos habitats neotropicais. No Brasil ocorre principalmente na Floresta Pluvial Atlântica.

Distribuição geográfica: Brasil. Paraíba, Minas Gerais, Paraná, Rio Janeiro, Espírito Santo. Venezuela, Trinidade.

Comentários: O fruto, segundo Bureau e Schumann (1897) é uma cápsula com 20,0 cm comp. x 2,0 cm larg, ferrugíneo-subtomentosa. Espécie conhecida em outras regiões como "cipó-alho" (Corrêa *l.c.*).

Material examinado: M.Nadruz 529 (RB).

6. Schlegelia parviflora (Oerst.) Monachino, Phytologia 3: 103. 1949; Sandwith in Kew. Bull. 13: 440. 1959. (Fig. 16 c)

Lianas, trepadeiras por raízes, raramente hemiepífitas, árvores ou arbustos saxícolas. Ramos lenticelados, glabros. Pseudo-estípulas não foliáceas. Folhas simples; pecíolo com 1,0-2,0 cm comp.; lâmina lanceolada, com base coriácea, margem inteira e ápice obtuso a agudo, por vezes retuso, coriácea, com 7,5-16,5 cm comp. x 3,0-8,5 cm larg. Flores em racemos axilares curtos; brácteas e bractéolas triangular-lanceoladas; botões obovados; cálice campanulado, irregularmente lobado, com 0,5-0,6 cm comp. x 0,4-0,5 cm diâmetro; corola alvacenta, hipocrateriforme, tubo com 0,6 cm comp., lobos com 0,7 cm comp.; estames exsertos. Fruto baga indeiscente, subgloboso, vinoso, imerso no cálice acrescente, com 0,8 cm diâmetro; sementes pequenas, não aladas, oblongas.

Floração e frutificação: Floresce de janeiro a março; frutos encontrados em novembro.

Habitat: Espécie amplamente distribuída por diversos habitats neotropicais. No Brasil ocorre na Floresta Pluvial Atlântica baixo-montana e montana e na Floresta Amazônica. Em Macaé de Cima é pouco freqüente e encontrada preferencialmente em trechos de mata preservada, às margens de rios.

Distribuição geográfica: Brasil: Amazonas até Santa Catarina. Honduras, Guatemala, Costa Rica, Colômbia e Peru.

Dados fitossociológicos: Espécie considerada rara na região, tendo sido registrada a ocorrência de apenas 2 indivíduos na parcela correspondente ao trecho de mata em bom estado de conservação.

Comentários: Segundo Sandwith e Hunt (*l.c.*) é conhecida popularmente em outras regiões com o "cipó-de-folhadura". Segundo Roosmalen (1985), as espécies de *Schlegelia* possuem síndrome de dispersão endozoocórica (especialmente aves).

Material examinado: G.Martinelli 11955 (RB), H.C.Lima s/n (RB 290931), M.Peron 766 (RB), E.Pereira 651 (RB).

7. Stizophyllum perforatum (Cham.) Miers in Proc. Roy. hort. soc. 3:198. 1863.; Bur. & K.Schum. in Fl. Bras. 8(2):220, t.93.1896.

Trepadeira com gavinhas simples. Ramos jovens cilíndricos, estriados longitudinalmente, subtomentosos. Folhas bi-trifolioladas; pecíolos e peciólulos subtomentosos, pecíolos com 1,7-2,5 cm comp., peciólulos terminais com 1,5-2,0 cm comp., laterais com 0,5-1,0 cm comp.; lâmina obovado-lanceolada a lanceolada, com base obtusa a arredondada, freqüentemente assimétrica, margem inteira, raro irregularmente dentada, ápice acuminado a cuspidado, mucronado, com 4,5-8,0 cm comp. x 2,2-3,7 larg., cartácea, densamente pontuada de glândulas translúcidas, escassamente pilosa na face adaxial, subtomentosa na abaxial. Flores em racemos axilares paucifloros, subtomentosos; brácteas lineares, com 0,3-0,4 cm comp.; cálice tubuloso irregularmente 5-lobado, verde-amarelado com máculas vinosas, com 1,4 cm comp. x 0,6- 0,9 cm diâmetro, glanduloso-punctado e esparsamente piloso externamente; corola tubuloso-hipocrateriforme, com 4,0 cm comp., tubo alvacento e limbo vinoso com 1,5 cm diâmetro; estames inclusos, anteras glabras; disco cupuliforme, ovário pubescente. Fruto cápsula septífraga linear com 30-40 cm comp. x 0,5-0,6 cm larg.; sementes bialadas com 0,3-0,5 cm comp. x 2,0-2,5 cm larg.

Floração e frutificação: Floresce de dezembro a fevereiro; frutos maduros encontrados em abril.

Habitat: Espécie distribuída pela Floresta Pluvial Atlântica, freqüente em áreas alteradas e margens de trilhas. Também encontrada na Floresta Pluvial Ripária.

Distribuição geográfica: Brasil: Ceará, Bahia, Mato Grosso, Goiás, Minas Gerais, Espírito Santo, Rio de Janeiro, São Paulo, Paraná.

Material examinado: C.M. Vieira 492 et L.C. Gurken; A.P. Duarte 5528 (RB).

8. Tabebuia chrysotricha (Mart. ex DC.) Standley, Publ. Field Mus. Nat. Hist., Bot. Ser. 11:176.1936; Gentry, Fl. Neotr. 25(2): 169-172.1992.
(Fig. 16 d)

Árvore com até 8m de altura, decídua na floração. Ramos jovens pubescentes, com pelos ramificados. Folhas digitadas, (3)4-5 folioladas; pecíolos pubescentes, com 6,5-10,5 cm comp.; peciólulos com 0,4-4,0 cm comp.; lâmina obovado-lanceolada a lanceolada, com base obtusa, arredondada ou levemente cordada, margem inteira ou raramente dentada na metade superior, ápice acuminado, com (1,5)2,5-10,0 cm comp. x (1,0)1,5-5,5 cm larg., cartácea, face adaxial glabrescente, face abaxial densamente pubescente com pêlos ramificados. Inflorescência em fascículos curtos, densamente tomentosos com pelos ramificados, ferrugíneos, multiflorais; pedicelo com 0,7-1,0 cm comp., cálice tubuloso, 5-denteado, com 1,5-1,9 cm comp., densamente tomentoso; corola infundibuliforme, amarela com estrias avermelhadas na parte anterior do tubo, com 4,0-8,0 cm comp., tubo com 2,0-3,0 cm diâmetro, glabra externamente; estames inclusos anteras glabras, ovário com disco anelar-pulvinado. Fruto cápsula loculicida linear com 27 cm comp. x 1,5 cm larg., densamente tomentosa com pelos ramificados ferrugíneos; sementes com 0,7-0,8 cm comp. x 2,0-2,5 cm larg.

Nome popular: Ipê-amarelo.

Floração e frutificação: Floresce de agosto a setembro, frutificando a partir do final de setembro a outubro.

Utilidades: Espécie ornamental muito utilizada em arborização de parques e ruas; sua madeira é utilizada para obras externas e na construção civil (Lorenzi 1992).

Habitat: Espécie freqüente em restingas arbustivo-arbóreas e ocasional na Floresta Pluvial Atlântica, principalmente em áreas alteradas e beiras de estradas.

Distribuição geográfica: Brasil: Paraíba, Pernambuco, Bahia, Minas Gerais, Espírito Santo, Rio de Janeiro, São Paulo, Paraná, Santa Catarina, Rio Grande do Sul. Argentina.

Comentários: Conhecida em outras regiões como ipê-mulato, ipê-cabeludo, ipê-tabaco, ipê-tarumã e pau-d'arco-amarelo (Lorenzi *l.c.*).

Material examinado: C.M.B.Correia 59 (RB), Goes 276 (RB), Gentry 935 (RB).

9. Tabebuia heptaphylla (Vellozo) Toledo, Arq. Bot. Estado de São Paulo, 3:33. 1952; Gentry, Fl. Neotr. 25(2). 1992.

Árvore com até 15m de altura, decídua na floração. Ramos jovens glabrescentes. Folhas digitadas, 5-7 folioladas; pecíolo com 4,5-11,5 cm comp.; peciólulos com 1,0-4,5 cm comp.; lâmina lanceolada a obovado-lanceolada, com base cuneada, margem serrada e ápice acuminado a cuspidado, com 2.0-10,0 cm comp. x 1,0-4,5 cm larg., glabrescente nas duas faces, com pilosidade nas axilas das nervuras secundárias, glanduloso-punctada. Flores dispostas em panículas terminais, cobertas por indumento ramificado; cálice cupuliforme, irregularmente 5-lobado, com 0,6-1,0 cm comp. x 0,5-0,7 cm larg., pubescente com tricomas estrelados; corola róseo-vinácea, com guia de néctar amarelo, tubuloso-campanulada, com 4,5-6,5 cm comp. x 1,5-2,0 cm larg. na extremidade superior do tubo, pubérula com pelos ramificados externamente; estames inclusos, disco cupuliforme. Fruto cápsula loculicida linear, atenuada nas extremidades, com 9,0-47,0 cm comp. x 0,7-1,7 cm larg., coriácea, glabra; sementes bialadas, com alas membranáceas, com 0,5-0,9 cm comp. x 1,8-3,2 cm larg.

Nome popular: Ipê-roxo.

Floração e frutificação: Flores observadas em setembro. Coletas de regiões próximas indicam um período de frutificação de setembro a outubro.

Utilidades: Espécie de grande valor ornamental, sendo uma das plantas mais populares no paisagismo em geral; é particularmente útil na arborização de ruas e avenidas. A casca, rica em lapachol e outros componentes, é tida como útil na cura do câncer. A madeira presta-se a diversos trabalhos de marcenaria e carpintaria (Corrêa, l.c.; Lorenzi, l.c.).

Habitat: No Brasil ocorre principalmente na Floresta Pluvial Atlântica. Sua dispersão é ampla porém esparsa, podendo ocorrer tanto em matas conservadas como em áreas alteradas. Na Reserva Ecológica de Macaé de Cima é raramente encontrada.

Distribuição geográfica: Brasil (Mato Grosso, Bahia, Espírito Santo, Minas Gerais, Rio de Janeiro, São Paulo, Paraná, Santa Catarina, Rio Grande do Sul. Bolívia, Paraguai, Argentina.

Material examinado: C.M.Vieira 535 et L.C. Gurken, O.Goes 100 (RB), s/col. (RB 82220).

10. Urbanolophium glaziovii (Bur. & K.Sch.) Melchior, Feddes Repert. Sp. Nov. Beih. 46:79-80. 1927.
(Fig. 16 b)

Liana com gavinhas trífidas, terminadas por discos aderentes. Partes vegetativas tomentosas com pelos ramificados.

Pseudoestípulas foliáceas. Folhas bi-trifolioladas; pecíolos com até 1,0 cm comp.; peciólulos com 0,8-1,0 cm comp.; lâmina largamente lanceolada a obovado-lanceolada, com a base cuneada, por vezes assimétrica, margem inteira, ápice abruptamente acuminado, com 4,0-8,0 cm comp. x 2,0-4,8 cm larg., cartácea, nas duas faces densamente flocoso-tomentosa com pelos ramificados. Flores em racemos terminais ou axilares, paucifloros, tomentosos com pelos ramificados; cálice urceolado com o ápice levemente estrangulado, 5-lobado, verde, com 1,2-1,4 cm comp. x 0,8-1,0 cm diâmetro; corola campanulada , recurvada, vinácea, com 3,5-4,0 cm comp., tubo com 1,3-1,8 cm diâmetro; estames inclusos, anteras glabras. Fruto cápsula septífraga oval, lenhosa, achatada, com o ápice prolongado e recurvado, com 9,0-12,0 cm comp. x 4,0-5,0 cm larg.; semente oblonga, alada, com 1,2 cm comp.x 4,5 cm larg.

Floração e frutificação: Encontrada florescendo em junho. Frutos maduros encontrados em fevereiro.

Habitat: Espécie característica da Floresta Pluvial Atlântica montana, freqüente sobre a cadeia organense. Também encontrada na Floresta Pluvial de Araucaria no Paraná.

Distribuição geográfica: Brasil: Rio Janeiro, Paraná.

Comentários: Planta também encontrada desenvolvendo-se como rupícola, prendendo-se às pedras por meio dos discos aderentes nas extremidades das gavinhas.

Material examinado: S.V.A.Pessoa 527 (RB), Dionísio s/n (RB 77657), Rizzini 419 (RB)

Tabela sumarizada

Gêneros	Nº de espécies
Anemopaegma	1
Callichlamys	1

Fridericia	1
Haplolophium	1
Lundia	1
Schlegelia	1
Stizophyllum	1
Tabebuia	2
Urbanolophium	1
Total	10

Referências bibliográficas

BARROSO, G.M. 1986. **Sistemática de Angiospermas do Brasil.** Viçosa, UFV, Impr. Univ. Vol. **3**. p.147.

BUREAU, E. & SCHUMANN, C. 1896-7. Bignoniaceae. *In* Martius, C./F.P. von; Eichler, A.W. & Urban, I. **Flora brasiliensis**...München, Wien, Leipizig, v. 8, part 2, p.1-452.

CORRÊA, M.P. 1984. **Dicionário das plantas úteis do Brasil** e das exóticas cultivadas. 6v. MA/Inst. Bras. de Desenv. Florestal - IBDF.

GABRIELLI, A.C. & SEMIR, J. 1988. Bignoniaceae. *In* Flora Fanerogâmica da Reserva do Parque Estadual das Fontes do Ipiranga (SP, Brasil). **Hoehnea 15**: 37-45.

LORENZI, H. 1992. **Árvores brasileiras: manual de identificação e cultivo de plantas arbóreas nativas do Brasil.** Nova Odessa, SP: Ed. Plantarum. 368 p.il.

ROOSMALEN, M.G.M. 1985. **Fruits of the Guianan Flora.** Utrecht: Inst. of Systematic Botany, Utrecht University, Netherlands. 483 p.il.

SANDWITH, N.Y. & HUNT, D.R. 1974. Bignoniáceas. *In* Reitz, **Flora Catarinense** fasc. BIGN: 1-172.

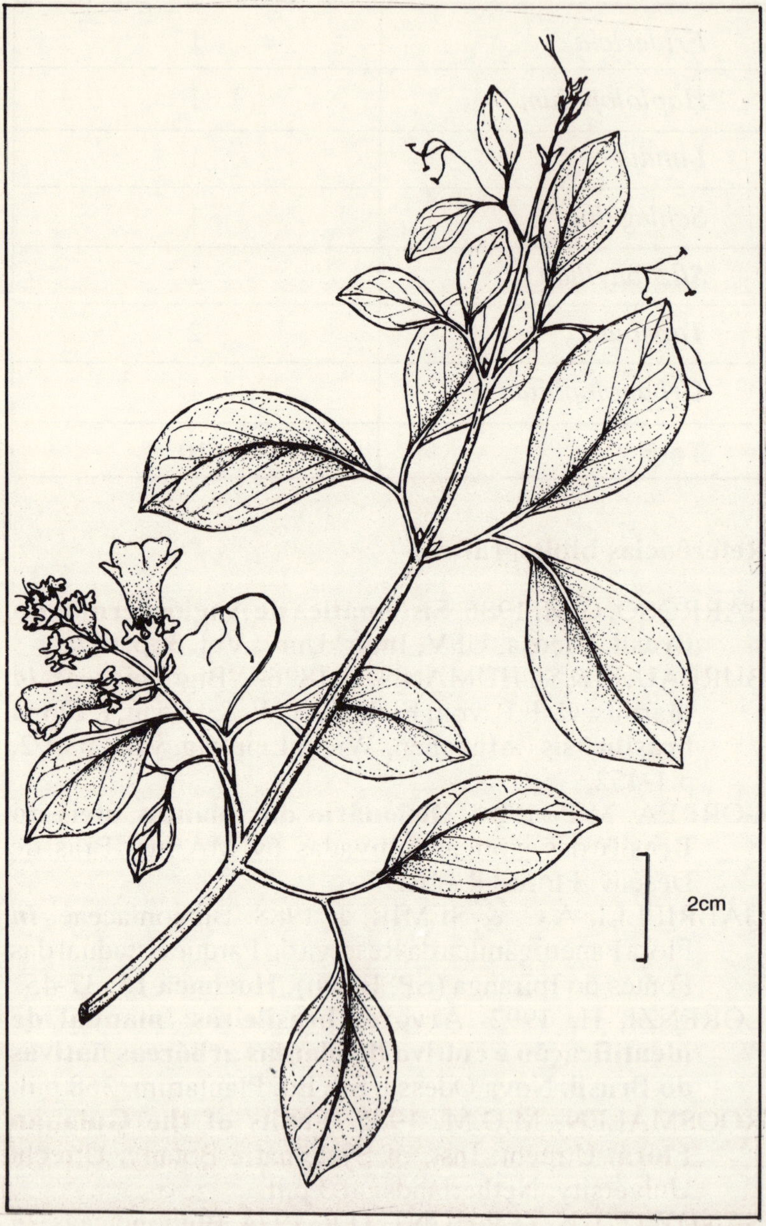

Fig. 14 - *Haplolophium bracteatum* - hábito.

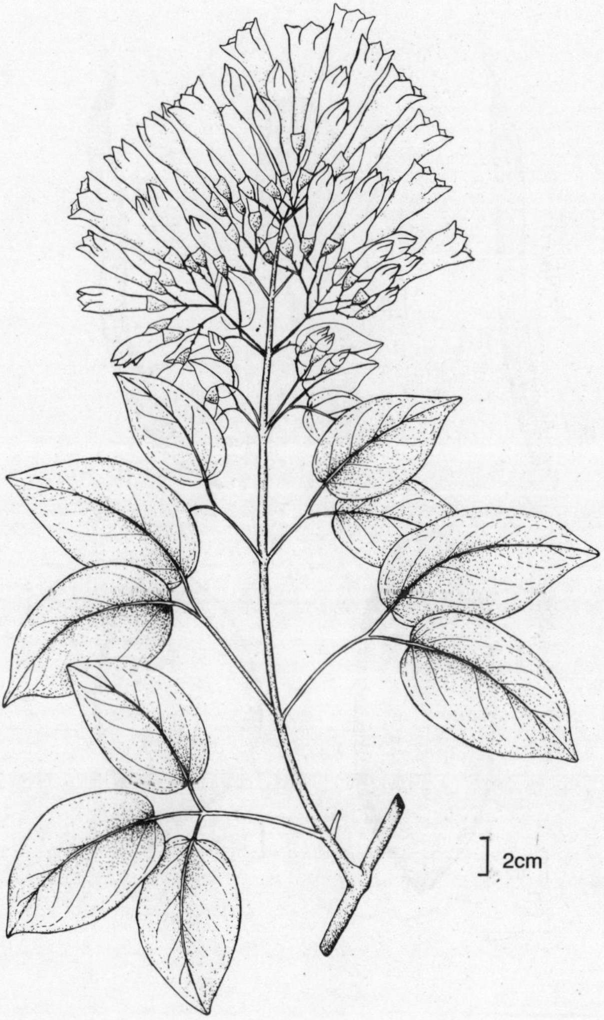

Fig. 15 - *Lundia corymbifera* - hábito.

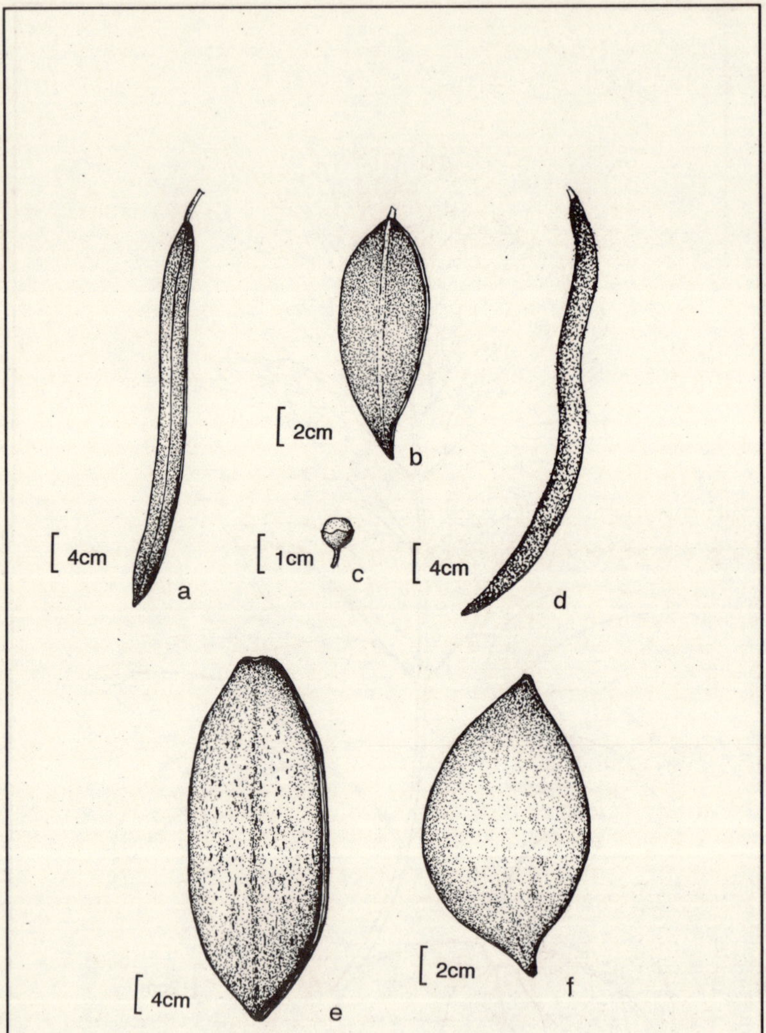

Fig. 16 - Frutos de: a- *Fridericia speciosa*; b- *Urbanolophium glaziovii;* c- *Schlegelia parviflora;* d- *Tabebuia chrysotricha;* e- *Callichlamys latifolia*; f- *Anemopaegma chamberlaynii*

CACTACEAE

Maria de Fátima Freitas[1]

A família Cactaceae compreende cerca de 36 gêneros com 300 espécies no Brasil (Hunt1992), distribuídas por todo o país nos diferentes habitats com diversos hábitos.

Na Mata Pluvial Atlântica as espécies ocorrem principalmente como epífitas ou rupícolas. O caule apresenta-se modificado em cladódios aplanados ou cilíndricos, dotados de botões meristemáticos, denominados aréolas, de onde emergem tricomas, cerdas, flores, frutos e novos ramos. Raízes aéreas podem desenvolver-se a partir de nervuras medianas do cladódio. As flores são tepalóides, com estames numerosos e ovário ínfero, sendo este recoberto por tecido caulinar constituindo o pericarpelo, imerso ou não no cladódio. Os frutos são bacóides com sementes numerosas.

Chave para identificação das espécies

1. Cladódios aplanados
   2. Plantas adultas ca. 30cm compr., cladódios 2-4cm compr., ápice truncado, margem com apêndices; flores róseas, ca. 4cm compr. 1.**Schlumbergera truncata**

---

[1] Professora Assistente, Faculdades Integradas Maria Thereza, Rua Visconde do Rio Branco, 889 Niterói, RJ.

2' Plantas adultas maiores que 30cm compr., cladódios 4-15 cm compr., ápice obtuso a agudo, margem sem apêndices; flores alvo-amareladas, menores que 2cm compr.

3. Cladódios lanceolados, margem serreada; pericarpelo angulado ....2. **Lepismium houlletianum**

3' Cladódios elípticos a ovados, margem crenada; pericarpelo não angulado ...... 3. **Rhipsalis elliptica**

1' Cladódios cilíndricos

4. Cladódios com base estreitada até 2 vezes mais estreita que o ápice; flores amarelas, terminais ....4. **Hatiora salicornioides**

4' Cladódios com base igual ao ápice ou levemente estreitada; flores alvas, laterais ou terminais

5. Cladódios angulados, trígonos ....5. **Rhipsalis trigona**

5' Cladódios não angulados

6. Cladódios não clavados; aréolas floríferas imersas no cladódio, densamente pilosas ....6. **Rhipsalis floccosa**

6' Cladódios clavados; aréolas floríferas sem essa característica ....7. **Rhipsalis clavata**

1. Schlumbergera truncata (Haw.)Moran, Gentes Herb. 8:329.1953.
(Fig. 17 a-b)

Plantas epifíticas, pendentes, ramificadas, cladódios aplanados, oblongos, 3-6(8) cm compr., 1,5-3(4) cm larg., margem denteada, ápice truncado; aréolas no ápice dos cladódios inermes, pouco pilosas. Flores solitárias, terminais, até 7cm compr., zigomorfas, perianto tubuloso, segmentos membranáceos, oblongos, reflexos, inseridos ao longo do tubo floral, cor alva a rosado; androceu excerto, estames livres, alvos; estilete excerto, cor magenta. Fruto nu, oblongo, até 2cm compr.

Nome popular: Flor-de-maio.

Floração e frutificação: Flores observadas nos meses de abril a junho, e frutos no mês de julho.

Utilidades: Ornamental.

Habitat: Floresta Pluvial Atlântica.

Distribuição geográfica: Brasil: Rio de Janeiro.

Comentários: Espécie com alto potencial ornamental, muito utilizada comercialmente. Em Macaé de Cima é encontrada com freqüência.

Material examinado: A.Amorim et al 122(RB); G. Martinelli et al 13423, 11800, 12412(RB); L.Sylvestre et al 334 (RB); .M.F.Freitas et al 246(RB);

2. Lepismium houlletianum (Lem.)Barthlott, Bradleya 5:100.1987.
(Fig. 17 c-d)

Plantas epifíticas e rupícolas, pendentes, cladódios basais cilíndricos, os terminais aplanados, 6-15 cm compr., lanceolados, margem serrada; aréolas na margem dos cladódios com 1 escama basal. Flores alvo-amareladas, 1-2 por aréola, 1,6-1,8cm compr.; segmentos do perianto 10-12cm compr., lanceolados, ápice agudo; estames numerosos, livres, anteras globosas, alvas; pericarpelo 4-5 angulado, não incluso na aréola, oblongo. Fruto globoso, não angulado, róseo na maturação.

Nome popular: Ripsális

Floração e frutificação: Floresce de maio a julho, com frutos observados em julho e agosto. Scheinvar(1985) menciona floração até o mês de novembro.

Utilidades: Ornamental.

Habitat: Floresta Pluvial Atlântica montana.

Distribuição geográfica: Brasil: Minas Gerais, Rio de Janeiro, São Paulo, Paraná, Santa Catarina.

Comentários: Espécie pouco representada em Macaé de Cima, mas com relevante freqüência no Parque Nacional da Tijuca e Parque Nacional de Itatiaia.

Anteriormente classificada como *Rhipsalis houlletiana* foi sinonimizada por Barthlott(1987) passando à denominação de *L. houlletianum* em função das características florais típicas a este gênero. Vale destacar ainda a presença de margem fortemente serreada nos cladódios como uma característica diagnóstica de fácil utilização para distingui-la das espécies de Rhipsalis que apresentam cladódios aplanados.

Material examinado: G. Martinelli 4298(RB), 9247(RB); M.F.Freitas et al 247(RB).

3. Rhipsalis elliptica G. Lindb. in Mart., Fl. Bras. 4(2):293.1890.
(Fig. 17 e-f)

Plantas epifíticas, cladódios terminais aplanados, 6-10cm compr., 3-4cm larg., os terminais elípticos, verdes, rosados ao sol, margem crenada, aréolas entre as crenas da margem, ca. 0,2cm compr. Flores solitárias ou 2-3 por aréola, ca. 1-1,3cm compr.; segmentos do perianto patentes a reflexos, albos, estigma 5-lobado. Fruto ovado, róseo, 0,7cm compr.

Nome popular: Ripsális.

Floração e frutificação: Floresce de julho a agosto e frutifica de agosto a novembro.

Utilidades: Ornamental.

Habitat: Floresta Pluvial Atlântica e Restinga.

Distribuição geográfica: Brasil: Rio de Janeiro, São Paulo, Santa Catarina.

Comentários: Espécie pouco freqüente, em Macaé de Cima onde é observada em áreas abertas, sendo comum em matas de encosta do estado do Rio de Janeiro.

Material examinado: D.Sucre 7052 (RB); G.Martinelli 4672 (RB); M.F.Freitas et al 250(RB).

4. Hatiora salicornioides (Haw.)Britton & Rose, Stand. Cycl. Hort. Bailey 3:1433.1915.
(Fig. 18 a-b)

Plantas epifíticas ou rupícolas, ramos inicialmente eretos, tornando-se pendentes, ramificados, cladódios terminais 2-3 cm compr., diâmetro do ápice 0,7-1 cm, e base fortemente estreitada; aréolas floríferas e jovens pilosas, nos ramos adultos glabras. Flores terminais, amarelas, solitárias, 1-1,5 cm compr.; segmentos do perianto lanceolados, ápice obtuso, eretos, os externos escamiformes, crassos, e os internos membranáceos; filetes amarelos, anteras alvas, globosas, inclusos, inseridos em disco nectarífero à base do perianto; estigma 4-5 lobado, excerto; pericarpelo, oblongo, nu. Fruto globoso, alvo-rosado.

Nome popular: Hatiora

Floração e frutificação: Floresce de julho a outubro e frutifica de outubro a janeiro.

Utilidades: Ornamental.

Habitat: Floresta Pluvial Atlântica.

Distribuição geográfica: Brasil: Minas Gerais, Espírito Santo, Rio de Janeiro, Paraná.

Comentários: Espécie encontrada em áreas de maior altitude na floresta, ocorrendo geralmente como rupícola. Zappi(1990) registra sua ocorrência em áreas florestais da Serra do Cipó (MG) e seu variável aspecto morfológico entre os indivíduos que habitam ambientes sombreados e com intensa luminosidade. Esta característica pode ser observada em cactáceas epífitas que ocupam ambientes diversificados. (Freitas, 1993).

Material examinado: D.Sucre 3534(RB); G.Martinelli 1552(RB); M.Nadruz et al 553(RB).

5. Rhipsalis trigona Pfeiff., Enum, diagn. Cact. 133.1837. (Fig. 18 c)

Plantas epifíticas, pendentes, ramificadas, alcançam até 2m compr.. Cladódios trígonos em secção transversal, contorcidos, 8-15cm compr., os terminais verticilados; aréolas dotadas de tricomas curtos, alvos, imersas no cladódio, 1-2cm distantes entre si. Flores laterais, semi-imersas no cladódio, 1-2cm compr., 1-3 nas aréolas; segmentos do perianto 10-11, alvos, campanulados; estigma 4-6 lobado, papiloso. Fruto vermelho.

Nome popular: Ripsális

Utilidades: Ornamental

Habitat: Floresta Pluvial Atlântica.

Distribuição geográfica: Brasil: Espírito Santo, Rio de Janeiro, São Paulo, Santa Catarina.

Comentários: Esta espécie está no presente trabalho sendo registrada pela primeira vez para o estado do Rio de Janeiro. Schumann (1849) descreve um exemplar cultivado na Europa, proveniente do Brasil, sem indicação do local dada por Glaziou, mas Loefgren (1915) sugere que tenha sido coletada no Rio de Janeiro. As informações de distribuição geográfica seguem Scheinvar (1985) e Lombardi (1992) assim como dados sobre a estrutura floral. Scheinvar (*l. c.*) menciona a presença de flores durante os meses de abril a novembro.

A presença de cladódios trígonos e contorcidos são características diagnósticas para distinguí-la, em estado estéril, das demais espécies de *Rhipsalis*.

Material examinado: T.Sampaio et B.Kurtz s.n.(RB); C.M.Vieira et al 95(RB).

6. Rhipsalis floccosa Salm-Dick ex Pfeiff., Enum. diagn. Cact. 134.1837.
(Fig. 18 d-e)

Plantas epifíticas, alcançam até 2m compr., cladódios cilíndricos, ramificados, os terminais verticilados; aréolas nos cladódios dotadas de poucos tricomas alvos, com uma escama pequena, durante a floração tornam-se abundantes e as flores emergem das aréolas escavadas com pericarpelo permanecendo parcialmente imerso. Flores laterais, 1cm compr., 1,5cm diam., segmentos do perianto 10-11, membranáceos, patentes a reflexos, estilete crasso, estigma 4-5lobado, papilosos, pericarpelo nu. Fruto globoso, alvo.

Nome popular: Ripsális

Floração e frutificação: Flores e frutos observados durante os meses de julho e agosto.

Utilidades: Ornamental.

Habitat: Floresta Pluvial Atlântica montana e alto montana.

Distribuição geográfica: Brasil: Bahia, Minas Gerais, Espírito Santo, Rio de Janeiro, São Paulo, Paraná, Santa Catarina.

Comentários: Primeira ocorrência desta espécie para o estado do Rio de Janeiro. Em Macaé de Cima é pouco freqüênte e encontrada em árvores com mais de 8 m de compr. Apresenta como característica evidente as aréolas escavadas e muito lanosas, onde as flores emergem. Em estado estéril pode ser confundida com *R. baccifera,* não encontrada na região de estudo.

Material examinado: A.L.Almeida et al 17(RB); H.Strang 1371(RB); M.F. Freitas et al 249(RB).

7. **Rhipsalis clavata** F.A.C. Weber, Rev. hort. 64:429. 1892.
(Fig. 18 f-g)

Plantas epifíticas, pendentes, ramificadas, cladódios terminais 2-3cm compr., 0,5cm diam., base mais estreita que o ápice, tornando-se levemente clavados; aréolas com 1-2 tricomas curtos. Flores terminais a sub-terminais, 1cm compr., campanuladas, segmentos do perianto 10-12, patentes a eretos, alvo-amarelados; estigma 3-lobado, pericarpelo nu. Frutos ovados, alvo-rosados.

Nome popular: Ripsális

Floração e frutificação: Floresce de março a abril, e de agosto a outubro. Frutos são observados de outubro a janeiro.

Utilidades: Ornamental.

Habitat: Floresta Pluvial Atlântica.

Distribuição geográfica: Brasil: Minas Gerais, Rio de Janeiro, São Paulo, Paraná, Santa Catarina.

Comentários: Espécie freqüentemente encontrada na Floresta Pluvial Atlântica, com ampla distribuição em ambientes que se encontram ainda em bom estado de conservação.

Material examinado: C.Farney et al 1226(RB); C.M.Vieira et al 56(RB); M.F.Freitas et al 248(RB); S.V.A. Pessoa et al 263(RB).

Tabela sumarizada:

Gêneros	Nº de espécies
Sclumbergera	1
Lepismium	1

Hatiora	1
Rhipsalis	4
Total	7

Referências bibliográficas

BARTHLOTT, W. 1987. New names in Rhipsalidinae (Cactaceae). **Bradleya 5**:97-100.

FREITAS, M.F. 1993. **Cactaceae da Área de Proteção Ambiental da Massambaba, Rio de Janeiro, Brasil.** Museu Nacional/UFRJ. Dissertação de Mestrado.

HUNT, D. 1992. **CITES. Cactaceae Checklist.** Royal Botanic Gardens, Kew, 190p.

LÖFGREN, A. 1915. O gênero *Rhipsalis*. **Arch. Jard. Bot. Rio de Janeiro 1**: 59-104.

LOMBARDI, J.A. 1991. O gênero *Rhipsalis* Gärtner (Cactaceae) no Estado de São Paulo - I. Espécies com ramos cilíndricos ou subcilíndricos. **Acta Bot. Bras. 5**(2): 53-76.

SCHEINVAR, L. 1985. **Cactáceas.** *In:* REITZ, R. (ed.). **Flora Ilustrada Catarinense**. Itajaí, PR. 383 p.

SCHUMANN, K.M. 1890. **Cactaceae.** *In:* Martius, C.F.P. von; Eichler, A.W. & Urban, I. **Flora Brasiliensis** ...München, Wien, Leipzig, v. **4**, part 2, p.266-300.

ZAPPI, D.C. 1990. Flora da Serra do Cipó, Minas Gerais: Cactaceae. **Bol. Bot. Univ. São Paulo 12**: 43-59.

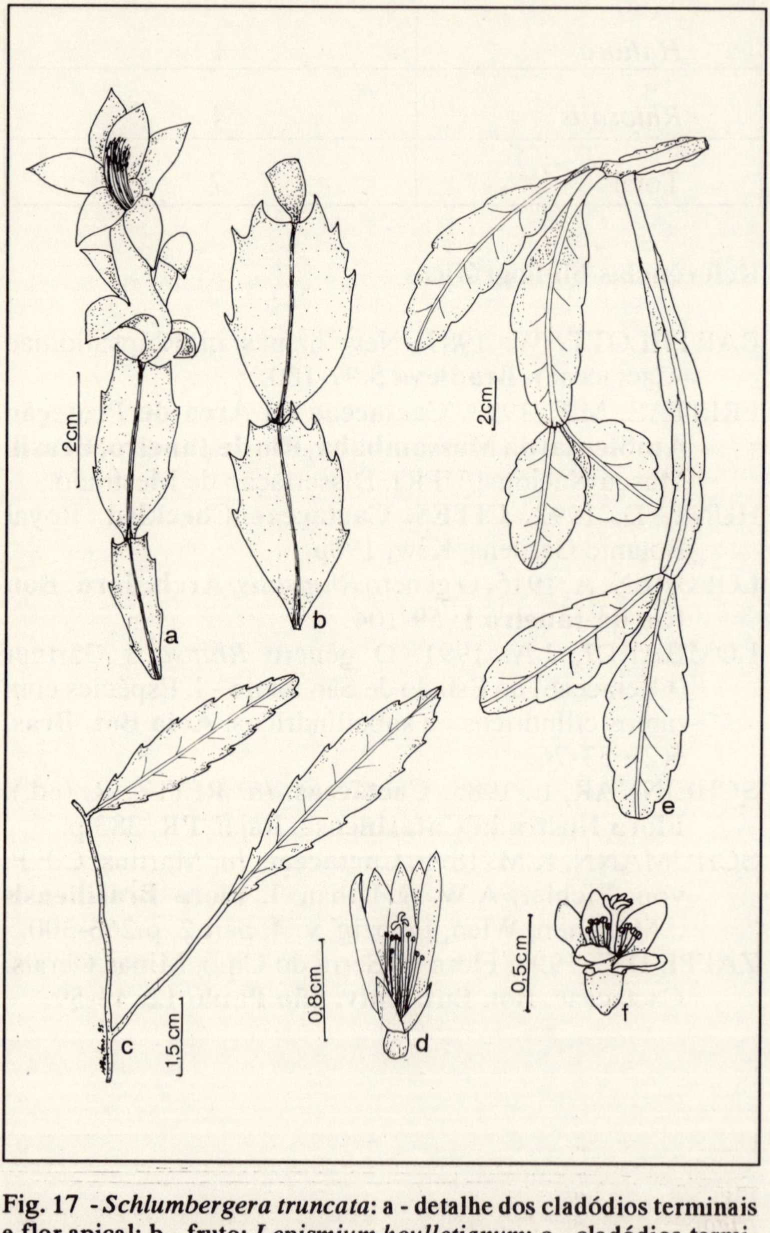

Fig. 17 - ***Schlumbergera truncata*****: a - detalhe dos cladódios terminais e flor apical; b - fruto;** ***Lepismium houlletianum*****: c - cladódios terminais; d - flor;** ***Rhipsalis elliptica*****: e - cladódios terminais; f - flor.**

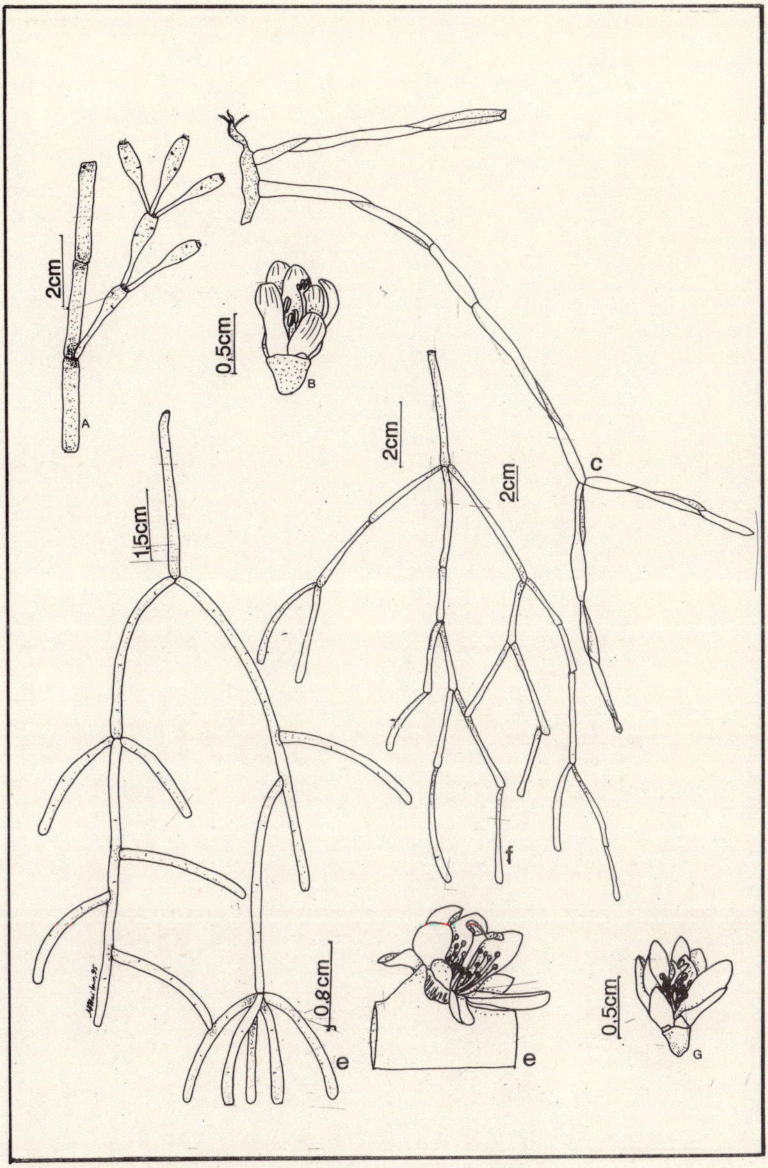

Fig. 18 - *Hatiora salicornioides*: a - cladódios; b - flor; *Rhipsalis trigona*: c - hábito; *Rhipsalis floccosa*: d - hábito; e - flor; *Rhipsalis clavata*: f - cladódios terminais; g - flor.

CANNACEAE

João Marcelo Alvarenga Braga[1]

A família Cannaceae distribui-se de maneira subespontânea em várias regiões pantropicais. Originariamente autóctone do Novo Mundo, foi inicialmente introduzida na Europa nos primórdios da colonização das Américas e, posteriormente, espalhou-se pelos outros continentes. O gênero *Canna L.* é representado na flora do estado do Rio de Janeiro por 3 espécies, das quais *Canna paniculata* Ruiz et Pavón ocorre na Reserva Ecológica de Macaé de Cima.

Canna paniculata Ruiz et Pavón, Fl. Peruv. Chil. 1:1, t.1. 1798.
(Fig. 19)

Erva robusta, 2-5 m de altura. Folhas glabras com lâmina 28-62 x 7-27 cm, rígido-papirácea, ovado-lanceolada, base cuneada, ápice acuminado. Inflorescência ramosa com ramos divaricados; bráctea primária 10-24 cm de compr., lanceolada; brácteas secundárias 2, 7-9 cm de compr., lanceoladas; brácteas florais (1)2, 2-2,5 cm de compr., triangular-lanceoladas. Flores com pedicelo 0,2-0,4 cm de

[1] Bolsista da Fundação Botânica Margaret Mee / Jardim Botânico do Rio de Janeiro; Rua Pacheco Leão, 915. Jardim Botânico. Rio de Janeiro, RJ. CEP.: 22-460-030/ E.mail: pmajb92.@ax.ibase.br

compr.; sépalas 1,2-1,7 x 0,3-0,4 cm, verdes ou raramente alvacentas, lanceoladas; pétalas inteiramente vermelhas ou com terço inferior amarelo e terço superior vermelho ou laranja, tubo 1,8-2,5 cm de compr., lacínios 3,2-5,4 x 0,3-0,9 cm, sendo o menor com ca. de 1/2 do compr. dos outros dois, lanceolados a ovado-lanceolados. Labelo 4-5,2 x 0,5-0,7 cm, laranja, lanceolado; estame fértil 4,5-5 cm de compr.; ovário 0,8-1 cm de compr., verruculoso. Cápsula-loculicida, 2,5-5,5 x 1,5-2,5 cm, oblonga, verruculosa; sementes 0,3-0,5 cm de compr., nigrescentes e globosas.

Nome popular: Albará, bananeirinha, bananeirinha-do-mato, beiri, caité, caité-conta-de-rosário-de-blumenau, caité-conta-de-rosário-denudato, caité-conta-de-rosário-de-otto, caité-imbira, coquilho, embira, imbira, muru (Richardson & Smith 1972), pacavira (Santos 1979), cana-da-índia. (Lorenzi & Souza 1995) e bananeirinha-de-jardim.

Floração e Frutificação: Na R.E. de Macaé de Cima floresce no período de junho a setembro, ocorrendo simultaneamente a formação dos frutos.

Utilidades: A fécula, obtida a partir do sistema subterrâneo, é semelhante a "farinha-de-araruta" e empregada na culinária (Corrêa 1984). Suas sementes são utilizadas na confecção de rosários (Richardson & Smith 1972), enquanto a beleza de suas folhas e flores tornam-na amplamente empregada no paisagismo. No passado suas folhas eram utilizadas pelos imigrantes alemães do sul do Brasil como fôrmas para a preparação de pães e roscas (Richardson & Smith 1972).

Habitat: Espécie dispersa em diferentes habitats neotropicais. No Brasil ocorre espontaneamente ao longo da Floresta Pluvial Atlântica, entre 20 e 1200 ms.m., vegetando preferêncialmente nas orlas das matas e clareiras. Na Reserva Ecológica de Macaé de Cima é encontrada na orla das estradas e raramente no sub-bosque.

Distribuição geográfica: Brasil: Paraíba, Bahia, Espírito Santo, Rio de Janeiro, São Paulo, Paraná, Santa Catarina e

Rio Grande do Sul. Ocorre desde o México até o norte da Argentina (Maas & Maas, 1988).

Comentários: Maas & Maas (1988) assinalam como características diagnósticas para a espécie, as folhas lanuginosas e a ausência dos estaminóides petalóides (exceto o labelo), entretanto, os exemplares examinados da Reserva Ecológica de Macaé de Cima apresentam as folhas inteiramente glabras.

Material examinado: C.M.B. Correia 152 et al. (RB, GUA,NY, SP); C.M. Vieira 28 et al. (RB); idem 99 (RB, RUSU); idem 280 (RB); H. Pugialli 190 (RB), M. Peron 846 et al. (RB); R. Guedes s/nº (RB 292300).

Referências bibliográficas

CORRÊA, M.P. 1984. **Dicionário das plantas úteis do Brasil e exóticas cultivadas**, Rio de Janeiro, Min.Agric., vol. **1.**

LORENZI, H et SOUZA, H.M. de. 1995. **Plantas ornamentais no Brasil: arbustivas, herbáceas e trepadeiras.** Ed. Plantarum Ltda, Nova Odessa, SP, 736 p.

MAAS, P.J. et MAAS, H. 1988. Cannaceae. *In:* Harling, H. et Andersson, L. **Flora of Ecuador 32**:1-9

RICHARDSON, J.W. et SMITH, L.B. 1972. Cannáceas. *In:* Reitz, P.R. **Flora Ilustrada Catarinense**. I parte, fasc. CANA.

SANTOS, N.dos. 1979. Contribuição ao estudo da flora existente no Parque Nacional da Tijuca. **Rodriguesia 31**(51): 71-126.

Fig. 19 - *Canna paniculata* - Parte de ramo florífero e frutífero.

CHRYSOBALANACEAE

Glísia Maria da Silveira Neves[1]

As Chrysobalanaceae, um grupo reconhecidamente com distribuição pantropical, encontra-se representado no Brasil por 7 gêneros aos quais estão subordinadas 180 espécies das quais cerca de 120 ocorrem na Amazônia, considerada seu centro de dispersão. A grande afinidade entre as espécies ocorrentes na Floresta Pluvial Atlântica e Floresta pluvial Amazônica, apontada por diferentes estudos, sugerem a forte ligação histórica entre estes biomas cuja distribuição de sua espécies constituem indicadores de refúgios pleistocênicos (Prance 1988).

No Rio de Janeiro registra-se a ocorrência de 20 espécies subordinadas a 4 gêneros que habitam as florestas.

Na Reserva de Macaé de Cima foram encontradas, até o momento, duas espécies de gêneros distintos, a saber, *Licania kunthiana* e *Couepia venosa*.

Espécies arbóreas ou arbustivas com ramos pubérulos a glabrescentes com estípulas persistentes ou não. Folhas

---

[1] Bolsista da Fundação Botânica Margaret Mee / Jardim Botânico do Rio de Janeiro, aluna de pós-graduação em Botânica da Universidade Federal do Rio de Janeiro (UFRJ). Rua Pacheco Leão, 915. CEP 22.460-030.

Agradecimentos: À Marli Pires M. de Lima e Rejan R. Guedes-Bruni pela orientação e leitura crítica dos trabalhos.

simples, alternas e inteiras. Brácteas aderidas à base da flor, caducas ou persistentes. Inflorescências paniculadas, terminais e axilares, com raque pubérula, flores hermafroditas com cálice gamossépalo, com 5 lacínios imbricados e corola, quando presente, com 5 pétalas livres ou imbricadas, caducas ou persistentes. Androceu com 2 a vários estames, geralmente férteis, com filetes livres, anteras globosas de deiscência longitudinal. Gineceu com ovário súpero, pubescente, unilocular com 2 óvulos ou, às vezes, bilocular por falso septo, estilete basal ou lateral. Apêndice estigmático trilobado. Fruto drupa, com a consistência do mesocarpo variável, seca ou carnosa; semente sem endosperma.

Chave para identificação das Espécies:

1. Folha oblonga oval a oblonga lanceolada; face ventral glabra e dorsal densamente pilosa; ramos pubérulos a glabrescentes; estípulas persistentes; pecíolo tomentoso; flores sem pétalas.........................2. **Licania kunthiana**

1' Folha oblonga elíptica; estípulas decíduas; pecíolo glabro; ramos glabros; flores com pétalas, entretanto caducas ....1. **Couepia venosa**

1. Couepia venosa Prance, Fl. Neotrópica, Monograph nº 09: 251.1972.
(Fig. 20 g-l)

Arvoretas e arbustos com altura variando entre 6,5 a 10,0 m de altura e 30 a 36 cm de diâmetro. Tronco liquênico, casca lisa. Ramos cilíndricos, rugosos, acizentados, glabros ou levemente pubérulos, com estrias e poucas lenticelas. Pecíolos nigrescentes, com 0,5 a 1,0 cm compr., glabros, rugosos, articulados. Estípulas decíduas. Folhas oblongo- elípticas com 5,0-22,0 cm de compr. e 2,5-9,0 cm de larg.; face ventral glabra e dorsal densa tomentosa; ápice abruptamente cuspidado, base arredondada, breve discolores, sendo em material herborizado, à face dorsal pardo-opaca e face ventral marrom pouco brilhosa; nervuras secundárias de 10 a 12 pares, conspícuas na face inferior, nervura média canaliculada até a metade da porção inferior na face ventral e promínula, breve pilosa, na face dorsal; venação evidente somente na face ventral. Inflorescência terminal. Botões florais cerca de 1cm de compr., brácteas caducas. Flores pediceladas com receptáculo campanulado, tomentoso, cálice cupuliforme, púberulo e corola com 5 pétalas, porém caducas. Estames numerosos, livres com filetes longos, extrorsos. Ovário com densos pêlos alaranjados, unilocular com 2 óvulos, estilete piloso alaranjado, saindo da base do ovário. Fruto drupa, cálice persistente, de 3,0-4,0 cm compr. e 2,0-3,0 cm larg, com epicarpo de parede rugosa recoberto por escamas caducas; glabro internamente.

Nome popular: Berré.

Época de Floração e Frutificação: Floresce em dezembro e frutifica de junho a novembro.

Utilidades: Os moradores da região utilizam a polpa como alimento, segundo a coleta de H.C. de Lima 3685(RB).

Habitat: Floresta Pluvial Atlântica baixo-montana, montana, Cerrado e vegetação alterada.

Distribuição geográfica: Brasil: Minas Gerais, Rio de Janeiro e São Paulo (Prance 1972)

Dados Fitossociológicos: Árvore rara, do dossel, com apenas um indivíduo de 10 m de altura e dois indivíduos jovens no sub-bosque.

Material examinado: C. Corrêa 212 (RB); C. Farney 1218 (RB); G. Martinelli 11935 (RB); H.C. de Lima 3685, (RB); M. Leitman 394 (RB); M. Nadruz 549 (RB); H.C. de Lima s/n, P I, ind. 1275 (RB 291434); R. Guedes s/n, P II, ind. 361 (RB 291435).

2. Licania kunthiana Hooker f., Mart. Fl. Bras. 14 (2): 16. 1867; Prance in Flora neotrópica: 144.1972. (Fig. 20 a-f)

Árvore de 5,0 a 22,0 m de altura com DAP variando entre 4,0 a 50,0 cm de diâmetro. Ramos cilíndricos, pubérulos com lenticelas esparsas. Pecíolo canaliculado, pubérulo com cerca de 1,0 cm compr.. Estípulas lanceoladas persistentes. Folhas oblongo-ovais a oblongo-lanceoladas, de 4,0 a 17,5 cm compr. e 1,5 a 7,0 cm de larg. com ápice acuminado e base aguda; face ventral glabra e dorsal pubérula, discolores, quando herborizados, a região dorsal parda e ventral amarronzada, 8 a 13 pares de nervuras secundárias conspícuas e esparsamente pubescente na face dorsal, nervura principal imersa na face ventral e conspícua e pubérula na face dorsal; venação reticulada e evidente na face dorsal. Raque da inflorescência pubérula, com cicatrizes florais patentes. Inflorescência terminal e axilar com brácteas e bractéolas presentes, triangulares; botão floral com cerca de 0,3 cm compr. Flores com receptáculo campanulado subséssil, e externamente pubérulo; cálice com 5 lacínios agudos e pubérulos; pétalas ausentes. Androceu com 5 estames, livres, filetes glabros e curtos em relação aos lacínios do cálice. Ovário tomentoso ferrugíneo, estilete lateral, tomentoso. Fruto drupa, com cerca de 1,0 cm de compr., e 0,7 cm de largura, em desenvolvimento, epicarpo densamente tomentoso, castanho ferrugíneo.

Nome vulgar: Milho torrado, bafo de boi, cariperana, ascindiuva (Prance 1972).

Floração e Frutificação: Floresce em março e frutifica na região de junho a novembro.

Habitat: Floresta Pluvial Atlântica baixo-montana, montana e vegetação alterada.

Distribuição Geográfica: Desde as Guianas até o Sul do Brasil (Prance 1972)

Material Examinado: C.M. B. Correia 33, (RB); H.C.de Lima s/n, P I, ind. 1556 (RB 291441); H.C. de Lima s/n, P I, ind. 3244 (RB 2911444); J.F. Baumgratz. s/n, P II, ind. 4822 (RB291442),

Tabela sumarizada

Gêneros	Nº de Espécies
Couepia	1
Licania	1
Total	2

Referências bibliográficas

PRANCE, G T. 1972 .Chrysobalanaceae. **Flora Neotrópica. Monograph nº 9**: 144; 251.

_________, 1988. Padrões de distribuição e especiação em Crhysobalanaceae e outras famílias de plantas amazônicas. **Acta Botânica Brasílica. 1** (2): 01-05.

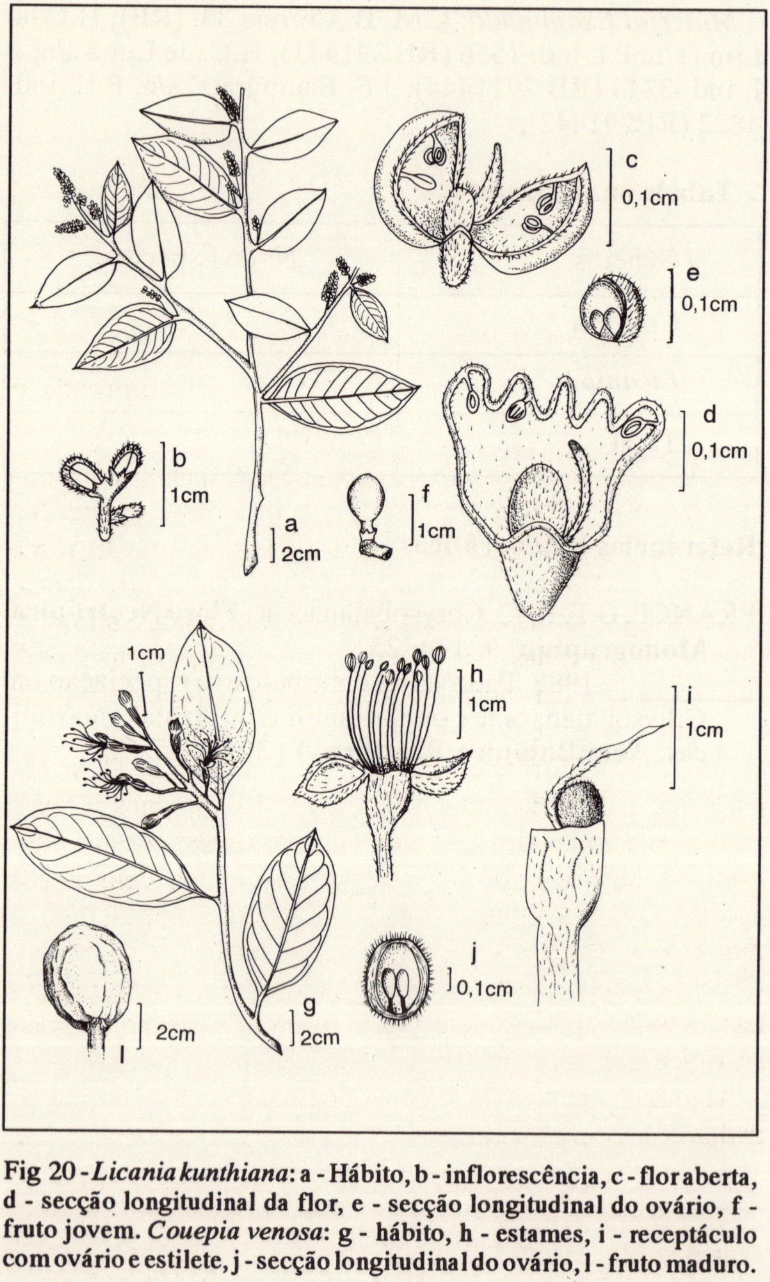

Fig 20 - *Licania kunthiana*: a - Hábito, b - inflorescência, c - flor aberta, d - secção longitudinal da flor, e - secção longitudinal do ovário, f - fruto jovem. *Couepia venosa*: g - hábito, h - estames, i - receptáculo com ovário e estilete, j - secção longitudinal do ovário, l - fruto maduro.

CLETHRACEAE

Elsie F. Guimarães[1]

Família monogenérica com cerca de 64 espécies distribuídas nas Américas, Ásia, Malásia e Ilha da Madeira. No Brasil ocorrem duas espécies, e 3 variedades; na Reserva Ecológica de Macaé de Cima, 1 espécie com 2 variedades.

Árvores, arvoretas. Folhas alterno - espiraladas, simples, inteiras ou serradas. Tronco ereto ou levemente tortuoso. Inflorescência em racemos, no ápice dos ramos, terminais dispostos nas axilas dos ramos superiores formando panículas ou fascículos. Flores hermafroditas, actinomorfas. Cálice 5-6 pétalos, livres. Estames 10-12, dispostos em duas séries a externa alternipétalo, a interna alternossépalo. Filetes aderentes à base da corola; anteras biloculares com poros apicais. Ovários súpero 3- locular, placentação axial; óvulos numerosos; estilete simples, curto ou alongado, trilobado, Cápsula loculicida, trivalvar. Sementes numerosas, pequenas, ovóides, aplanadas; testa tênue uniestratificada, impresso-reticulada, aumentada em ala circundante lacerada.

Algumas espécies de *Clethra* da Europa e Ásia são utilizadas como ornamentação.

---

[1] **Jardim Botânico do Rio de Janeiro - Rua Pacheco Leão 915 - Rio de Janeiro - RJ - CEP 22460-030**

Chave para identificação das espécies e variedades.

1. Folhas subcoriáceas ou coriáceas, fulvo - ferrugineo - tomentosas; nervuras secundárias envolvidas pela pilosidade.............................. 1. **Clethra scabra var. scabra**

1'. Folhas papiráceas, cínero-alvacento-tomentosas, glabrescentes; nervuras secundárias destacadas, não envolvidas pela pilosidade ....2. **Clethra scabra var. laevigata**

1. Clethra scabra Pers. var. **scabra** Syn.1: 483-1805. (Fig. 21 a-b)

Árvore 4-9 m de alt. Folhas com pecíolos de 14-18 mm compr.; lâmina subespatulada ou espatulada às vezes lanceolada, aguda ou atenuada na base, obtusa subaguda no ápice, densamente provida de pêlos rufo-ferrugíneos, estrelados e simples, hirsutos, dispostos também ao longo das nervuras dorsais; face ventral pilosa nervuras impressas na face ventral, salientes na dorsal; 8,5-18 cm de compr., 3,5-6,5 cm de larg. Racemo terminal e axilar, com 6-11 cm de compr. Flores 1,5-2 mm de compr. Cálice 1,9-2 mm de compr., 1-1,5 mm de larg.. Corola alva, lobos obovados, fimbriados na margem, internamente esparso pilosos 2-2,2 mm de compr., 1,9-2,1 mm de larg. Estames aplanados, 1,7-2 mm de compr; anteras dorsífixas. Ovário tomentoso, estilete glabro, Cápsula triglobosa, 5-6 mm de diâmetro. Sementes ovaes, planas, com ala circundante lacerada na margem.

Nome popular: No Paraná, guarapere do branco, canjuja (Sleumer 1967). Em Santa Catarina caujuba, cangalheira-falsa, carne-de-vaca guapere (Ichaso & Guimarães 1975); pau-de-cinzas, Rio de Janeiro, M.Gerais, São Paulo e Vassourão em São Paulo - (Corrêa 1984).

Floração e frutificação: Não foi ainda observada a floração, encontrada frutificando em abril, maio e junho.

Utilidades: Excelente madeira para taboada, às vezes usada como lenha.

Habitat: Espécie encontrada na Floresta Pluvial Atlântica em altitudes variáveis de 600-2.100 m s.m, ocorrendo em Floresta Pluvial Ripária, Campos rupestres e vegetação alterada.

Distribuição geográfica: Brasil: Minas Gerais, Rio de Janeiro, São Paulo, Paraná, Santa Catarina. Perú. Bolívia. Argentina.

Comentários: Sleumer (1967), cita o material coletado por Glaziou sob o nº 16226 (p.p) para "Alto Macahé"; no presente trabalho não houve citação do mesmo por não se possuir para análise a referida exsicata.

Material examinado: I.A. Araújo 27 et al. (RB); G. Martinelli 13436 et al. (RB). Gurgel 111, (RB).

2. Clethra scabra var. **laevigata** (Meissn.) Sleumer. Bot Jahrb. 87 (2): 142.1967.
(Fig. 21 c-d)

Esta variedade difere da típica, principalmente pelo tomento cinéreo, compactado, sub-lanuginoso e pelas nervuras castanhas destacadas não envolvidas pela esparsa pilosidade.

Nome popular: Caujuja, carne-de-vaca, guaperê (Ichaso et al. 1975); guapicira branca (RB), peroba-brava, peroba-café (Corrêa 1926-1978)

Floração e frutificação: Não foi observada floração e frutificação na área assinalada.

Habitat: Ocorre na da Floresta Pluvial Atlantica em altitudes de 20-1760m s.m encontrada na orla das matas dos pinhais, margem de regatos e submatas de pinhais devastados; é ainda assinalada, nas Restingas arbustivas densas e Campos altimontanos.

Distribuição geográfica: Brasil: Rio de Janeiro, São Paulo, Paraná, Santa Catarina, Rio Grande do Sul.

Comentários: Sleumer (1967) cita em monografia o material Ule a. 1900 da Serra de Macaé, não mencionado neste texto, por não existir esta exsicata nos Herbários consultados.

Material examinado: T. Fontoura s.n. et al., P.II, ind. 2854 (RB 291505). T. Fontoura s.n. et al., P.II, ind. 2875 (RB 291506). Farney 580 et al (RB); H.C. de Lima 3763 et al. (RB);

Tabela sumarizada

Gêneros	Nº de espécies	Nº de variedades
Clethra	1	2
Total	1	2

Referências bibliográficas

ICHASO, C.L.F et GUIMARÃES, E.F. 1975 Cletráceas. *In:* Reitz, R. **Flora Ilustrada Catarinense** 19 p.

CORREA, M.P e PENNA, L. DE A. 1926-1978 **Dicionário das plantas úteis do Brasil e das exóticas cultivadas,** vol.**5**. Rio de Janeiro - Instituto Brasileiro de Desenvolvimento Florestal, 687 p.

SLEUMER, H. 1967. Monographia Clethracearum Part. II. **Botanische Jahrbucher 87** (2): 117-175.

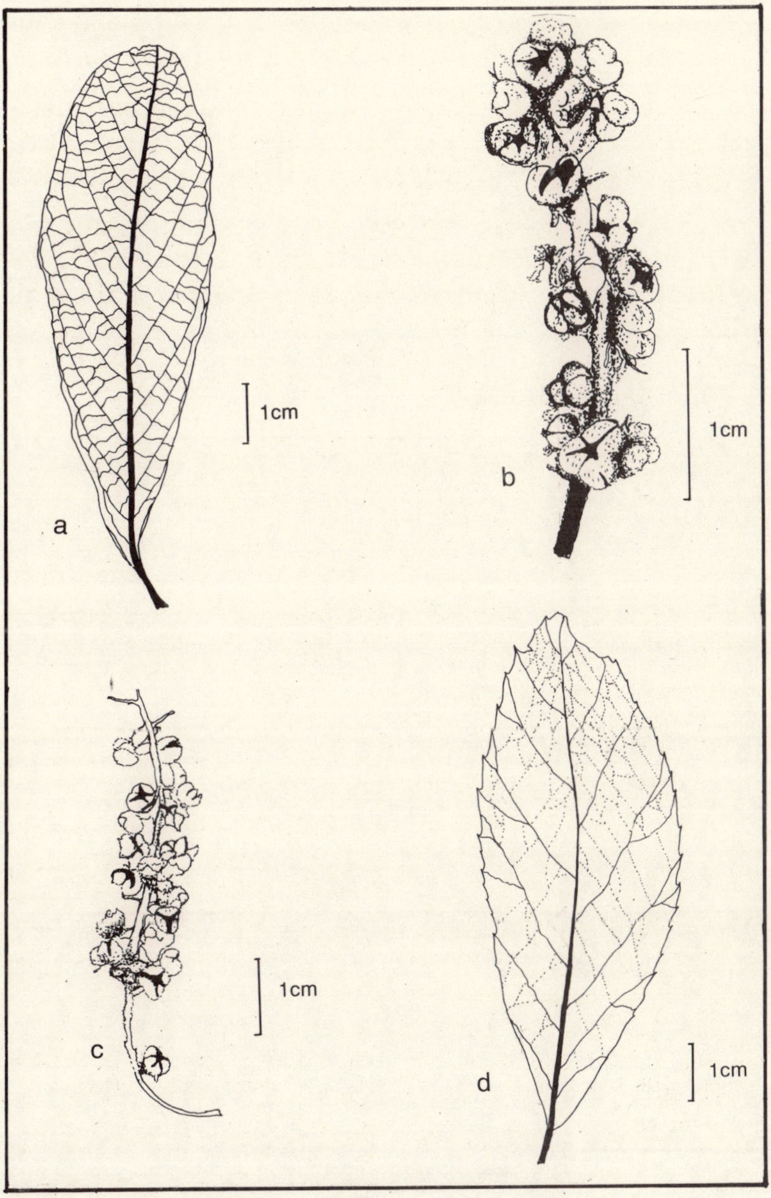

Fig. 21 - *Clethra scabra* var. *scabra*: a - folha, b - parte inflorescência. *Clethra scabra* var. *laevigata*: c - parte inflorescência, d - folha.

COMMELINACEAE

José Anselmo de Lira Neto[1]

A família abrange 38 gêneros (Brummit 1992) e cerca de 700 espécies (Dokkedal 1988), as quais ocorrem em regiões tropicais e subtropicais das Américas, África e Austrália (Barroso 1974).

De acordo com os levantamentos bibliográficos realizados, os gêneros *Dichorisandra* e *Tradescantia* estão representados no estado do Rio do de Janeiro por cerca de 6 e 8 espécies, respectivamente.

São ervas anuais ou perenes, geralmente com caules suculentos, eretos ou rastejantes, radicantes nos nós. Na R.E. de Macaé de Cima ocorrem duas espécies. Tais plantas apresentam-se com folhas membranáceas, simples, alternas, raro verticiladas com bainha fechada, tendo ou não pecíolo. Inflorescências terminais ou axilares, bracteadas; flores andróginas, zigomorfas ou actinomorfas, trímeras de coloração alva, rósea, roxa ou azul; estames em geral 6, raro 5, podendo apresentar estaminódios entre estes, anteras

---

[1] Bolsista do Programa Institucional de Bolsas de Iniciação Científica (PIBIC-CNPq) - Jardim Botânico do Rio de Janeiro - Rua Pacheco Leão, 915. - Jardim Botânico - 22460-030

Agradecimentos: À orientação concedida por Rejan Guedes-Bruni e Marli Pires Morim de Lima; Regina Helena P. Andreata e aos colegas de trabalho do Jardim Botânico do Rio de Janeiro.

dorsifixas ou basifixas, bitecas, rimosas (podendo apresentar o conectivo largo) ou poricidas; gineceu com ovário súpero, tricarpelar, de 1-6 óvulos por lóculo, placentação axilar, estilete com estigma capitado ou peniciliforme. Fruto cápsula loculicida, sementes com endosperma abundante, farináceo, embrião pequeno.

Chave para identificação das espécies:

1. Erva ereta podendo atingir 2 m de altura; inflorescência em panícula terminal; flores violáceas; anteras marcadas por fendas longitudinais, porém deiscentes por poros apicais ....1. **Dichorisandra thyrsiflora**

1'. Erva ereta com ca. de 30 cm de altura; inflorescência em cimas umbeliformes terminais; flores alvas; anteras com deiscência tipicamente rimosa ....2. **Tradescantia sp.**

1. Dichorisandra thyrsiflora Mikan, Del. Fl. Faun. bras., t.3.1820; Seubert in Martius, Fl. Bras. 3(1):236.1855.
(Fig. 22 a-g)

Erva perene com caule suculento. Folhas com 23-33 cm compr. x 5-9 cm larg., glabras na face adaxial e pilosas na face abaxial, oblongo-lanceoladas, com ápice longamente acuminado, sendo a margem da bainha levemente pilosa. Inflorescência em panícula terminal com raque pilosa, brácteas linear-triangulares com 1-2 cm de compr.; flores violáceas com bractéolas ovado-triangulares com cerca de 2 mm compr., sépalas livres, uma maior do que as demais, ovado-lanceoladas, com 0,8-1,0 cm de compr. x 0,4-0,5 cm de larg.; pétalas livres, obovadas, com cerca de 1 cm compr. x 1 cm de larg. Androceu formado por 6 estames férteis; filetes com cerca de 3 mm compr. e anteras com cerca de 5 mm compr., basifixas, introrsas, marcadas por fendas longitudinais, porém deiscentes por poros apicais. Gineceu com ovário portando 6-8 óvulos por lóculo, estilete com cerca de 5 mm compr., estigma capitado. Fruto cápsula loculicida, subgloboso-trígona, coloração verde no terço inferior e vinho-nigrescente no terço superior; em geral com 1 ou mais sementes.

Nomes populares: Marianinha na Bahia, cana-de-macaco, cana-santa, trapoeraba-azul (Corrêa 1984). Cajuinha, canela-de-ema e capueraba no Rio de Janeiro (Araujo & Vilaça *apud* Lopes, 1992).

Floração e Frutificação: Floresce na R.E. de Macaé de Cima no mês de janeiro.

Utilidades: O suco extraído da masseração do caule é usado medicinalmente no tratamento da tosse e contra a prisão de ventre. Em jardins, seu uso como planta ornamental é bastante freqüente (Araújo & Vilaça *apud* Lopes 1992).

Habitat: Espécie abundante em formações secundárias ocorrendo, preferencialmente, em locais sombrios e úmidos da Floresta Pluvial Atlântica e Restingas.

Distribuição geográfica: Brasil: Bahia, Rio de Janeiro e São Paulo.

Comentários: A espécie foi acompanhada em cultivo, no Jardim Botânico do Rio de Janeiro, tendo-se oportunidade de observar seus frutos, os quais, quando maduros, apresentam uma coloração amarelada no terço inferior e vinho nigrescente no terço superior. A floração em outras áreas, ocorre de janeiro a março e de outubro a dezembro. As observações de campo em diferentes localidades do Rio de Janeiro têm indicado que a espécie é restritiva ao fator luz o que faz com que a mesma, até o momento, não tenha sido encontrada em pastos e margens de floresta como verificado para outras espécies de Commelinaceae. O exame de diferentes coleções tem apontado uma grande variação morfológica nas folhas, especialmente nas dimensões, em função dos ambientes em que habitam. Este táxon é facilmente reconhecido no campo devido à coloração chamativa das flores; quando muito jovens, as folhas apresentam frisos alvos na face adaxial, sendo este um caráter que pode confundir uma provável identificação deste material, quando coletado estéril, com as espécies do gênero *Zebrina*, que foi transformado recentemente em uma seção do gênero *Tradescantia*.

Material examinado: A. Amorim et al, 303(RB); M. Nadruz et al, 384 (RB).

2. Tradescantia sp.
(Fig. 23 a-g)

Erva perene, ereta, semi-umbrófila com ca. de 30 cm de altura. Folhas com 5-7 cm compr. x 2-3,5 cm larg., obovado-lanceoladas, membranáceas, glabras com a margem ciliada, bainha frouxa de margem pilosa; base assimétrica e ápice longamente acuminado. Inflorescência em cimas umbeliformes terminais; brácteas basais foliáceas; botões ovalados; sépalas verdes cocleares, com a nervura central bem marcada pela coloração mais escura e pela presença de pelos com 0,5 cm de compr. x 0,2 cm larg.; pétalas alvas e delicadas, ovado-lanceoladas com ápice acuminado com 0,6 cm compr. x 0,3 cm larg. Androceu formado por 6 estames férteis; filetes com inúmeros pelos moniliformes na base, com ca. de 0,3 cm de compr., anteras arredondadas, rimosas, amareladas, conectivo evidente, sub-triangular. Gineceu com ovário contendo, geralmente, 2 óvulos por lóculo. Fruto não observado.

Floração e Frutificação: Floresce na R.E. de Macaé de Cima no mês de julho.

Comentários: A identificação de *Tradescantia*, particularmente no tocante às espécies brasileiras, é dificultada devido ao pouco conhecimento taxonômico do grupo e conseqüentemente à escassez de bibliografia, sendo necessário um estudo mais detalhado que possibilitará a determinação precisa do material aqui tratado. A grande maioria dos trabalhos recentemente publicados em relação a este gênero são, geralmente, referentes à anatomia, mecanismos de deposição de pigmentos, fenologia, onde as espécies analisadas não são nativas de nossa flora. No que tange ao estudo taxonômico a grande maioria das obras são de épocas remotas, não se tendo ainda uma visão global do gênero, pelo menos a nível da flora brasileira. Associado a isto verifica-se a baixa representatividade da família nos herbários. Assim, torna-se evidente a necessidade de uma revisão taxonômica a nível de Brasil e, em uma primeira etapa, um estudo do gênero *Tradescantia* para o estado do Rio de Janeiro.

Material examinado: C.M. Vieira, 610 (RB).

Tabela sumarizada

Gêneros	Nº de espécies
Dichorisandra	1
Tradescantia	1
Total	2

Referências bibliográficas

BARROSO, G.M., 1974. - **Organografia e Sistemática de Monocotiledôneas.** Jardim Botânico do Rio de Janeiro, 149 p (mimeografado).

BRUMMIT, R.K., 1992. - **Vascular Plants Families and Genera.** Printed & Bound in Great Britain by Whitstable Litho Ltd., Whitstable, Kent Kew, Royal Botanic Gardens. 804 p.

CORRÊA, M.P., 1984. - **Dicionário das plantas úteis do Brasil e das exóticas cultivadas,** Vol. 6 MA/ Inst. Bras. de Desenv. Florestal-IBDF, 267-272 p.

DOKKEDAL, A.L., 1988. - **Commelinales, Taxonomia e Evolução.** Universidade de São Paulo, 11 p (mimeografado).

LOPES, R.C., 1992. - **Plantas Medicinais e de outras utilidades do Morro Alto Moirão,** Itaipuaçu, Rio de Janeiro; Universidade Santa Úrsula, 43-44 p (mimeografado).

MIKAN, J.C., 1820. - **Delectus florae et faunae brasiliensis.** Austriae imperatoris investigatae, 3 p.

SEUBERT, M., 1855. - Commelinaceae. *In*: Martius, C.F.P. von; Eichler, A.W. & Urban, I. **Flora Brasiliensis...** München, Wien, Leipzig, v. **3**, part 1, p. 33-270.

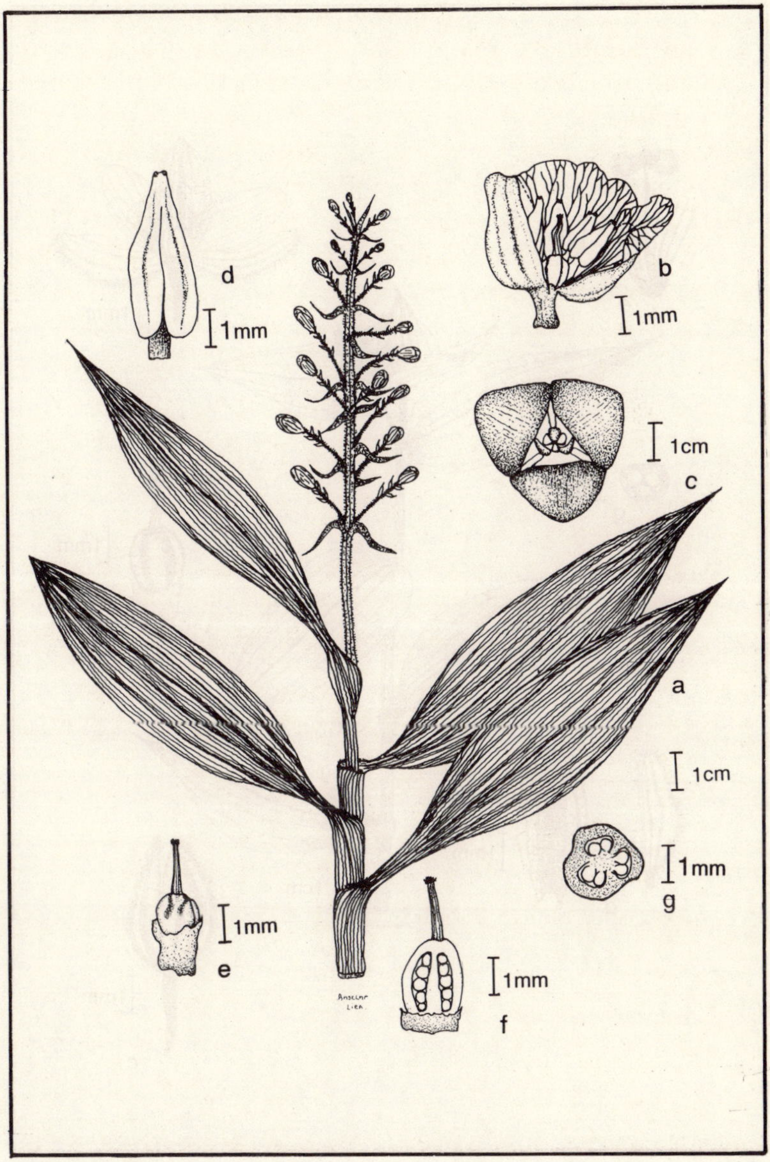

Fig. 22 - *Dichorisandra thyrsiflora*: a - hábito; b - flor em vista lateral, c - flor em vista polar; d - estame; e - gineceu, f-g - ovário em corte longitudinal e transversal.

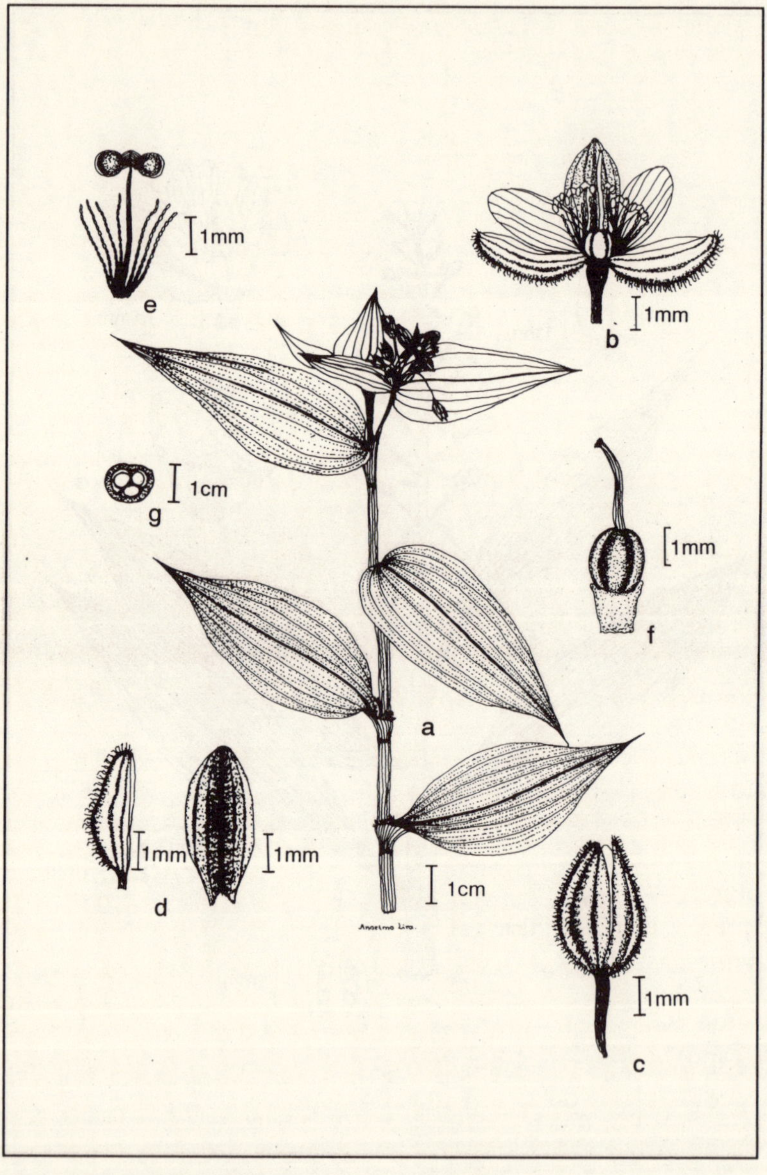

Fig. 23 - *Tradescantia* sp.: a - hábito; b - flor em vista lateral, c - botão; d - sépalas em vista lateral e frontal; e - estame com pêlos moniliformes; f - gineceu, g - corte transversal do ovário.

COMPOSITAE

Roberto Lourenço Esteves[1]
Graziela Maciel Barroso[2]

As Compositae ou Asteraceae compreendem cerca de 1.100 gêneros, com aproximadamente 25.000 espécies, estando bem representada em regiões tropicais, subtropicais e temperadas. A característica principal da família é a disposição das flores em capítulos, isto é, se inserem em receptáculo comum, de forma variada, circundadas por um invólucro, formado de poucas ou muitas filárias (=brácteas involucrais), uni ou multisseriadas. O invólucro pode apresentar ainda, na sua base, uma estrutura denominada calículo, constituída por uma série de bractéolas reduzidas. São plantas heliófitas por excelência, sendo comumente encontradas ocupando encostas ensolaradas, orlas de trilhas, margens de cursos d'água e clareiras de matas. As poucas espécies que vicejam no interior de matas fechadas (*Mikania* spp, *Piptocarpha* spp, *Mutisia* spp., etc.) conseguem, pelo recurso do hábito volúvel ou sarmentoso, receber luz solar direta.

Na Reserva Ecológica de Macaé de Cima a família está representada por 12 gêneros e 42 táxons que podem ser reconhecidos pelas seguintes características: Subarbustos,

---

[1] Professor Assistente - UERJ. Rua São Francisco Xavier, 524 - Pavilhão Haroldo Lisboa da Cunha (DBAV). Maracanã, CEP 20550-013, Rio de Janeiro, RJ.
[2] Jardim Botânico do Rio de Janeiro, Rua Pacheco Leão 915, CEP 22460-030, Rio de Janeiro, RJ. Bolsista do CNPq.

arbustos, árvores ou trepadeiras, com folhas opostas ou alternas, sem estípulas. Indumento de pêlos simples ou de escamas. Capítulos homomorfos (com um só tipo de flor) ou heteromorfos (com flores de dois tipos). O cálice é substituído pelo pápus, uma formação aneliforme que circunda a base da corola e desempenha uma função importante na disseminação do fruto. O pápus pode ser constituído por cerdas muito finas (pápus capilar), cerdas largas e achatadas (pápus paleáceo) ou, ainda, por cerdas compostas, à semelhança de uma pena (pápus plumoso). As cerdas podem estar dispostas numa única série (de comprimento aproximadamente igual ao da corola) ou em duas séries distintas, sendo, então, a série externa bem mais curta. Corola gamopétala, tubulosa, filiforme, bilabiada ou ligulada. Androceu formado por cinco estames epipétalos, com filetes livres e anteras concrescidas entre si, formando um tubo através do qual passa o estilete. Gineceu constituído por ovário ínfero, bicarpelar, com um só óvulo basal; estilete dividido em dois ramos, curtos ou longos; fruto aquênio, com formato variado.

Chave para a identificação das espécies:

1. Plantas de hábito subarbustivo, arbustivo ou arbóreo
   2. Folhas opostas; capítulos homomorfos; corola tubulosa, pentâmera, com limbo profundamente dividido em lacínios longos ou com limbo dividido em lacínios curtos; pápus cerdoso
      3. Corola com limbo profundamente dividido em lacínios longos; ramos do estilete cilíndricos, agudos com pilosidade se prolongando abaixo do ponto de bifurcação........................41. **Vernonia stellata**
      3'. Corola com limbo dividido em lacínios curtos; ramos do estilete subcilíndricos, clavados ou espatulados, sem pilosidade abaixo do ponto de bifurcação

4. Plantas vernicosas; capítulos com 5 flores; pápus com a base concrescida em anel........................ ....34. **Symphyopappus itatiayensis**

4'. Planta não vernicosa; capítulos com mais de 5 flores; pápus com a base não concrescida em anel

5 . Plantas glabras; folhas com lâmina decurrente ao longo do pecíolo................................. ....11. **Eupatorium vauthierianum**

5'. Plantas pilosas; folhas com lâmina não decurrente ao longo do pecíolo

6 . Folhas oblongas, margem íntegra; invólucro com filárias dispostas numa única série .... 8. **Eupatorium adamantium**

6'. Folhas largamente ovadas, margem serreada; invólucro com filárias em 2-3 séries .... 10. **Eupatorium rufescens**

2'. Folhas alternas; capítulos homomorfos ou heteromorfos; invólucro com ou sem calículo; corola tubulosa, ligulada ou filiforme; pápus cerdoso, paleáceo, capilar ou plumoso

7. Invólucro sem calículo; capítulos homomorfos com corola tubulosa ou filiforme; pápus cerdoso, paleáceo ou plumoso

8. Plantas dióicas; capítulos homomorfos, os femininos com corola filiforme, os masculinos com corola tubulosa; pápus cerdoso

9. Subarbustos com ramos alados ....4. **Baccharis trimera**

9'. Arbustos com ramos não alados

10 . Folhas sésseis, lanceoladas, acuminadas, com 8-15cm compr.; receptáculo feminino paleáceo; capítulos em panícula ampla terminal... ....1. **Baccharis brachylaenoides** var. **brachylaenoides**

10'. Sem o conjunto dos caracteres

11 . Capítulos assentados um a um na axila de bractéola foliácea, agrupados de modo espiciforme, formando o conjunto panícula ampla; receptáculo laciniado; flores femininas 6-8...........2. **Baccharis intermixta**

11'. Capítulos dispostos em ramos curtos distribuidos difusamente, formando o conjunto panícula densa; receptáculo não laciniado; flores 20-30 ....3. **Baccharis semiserrata** var. **semiserrata**

8'. Plantas monóicas; capítulos homomorfos; corola tubulosa; pápus cerdoso, paleáceo ou plumoso

12. Ramos do estilete longos, cilíndricos, agudos, com pilosidade se prolongando abaixo do ponto de bifurcação; pápus cerdoso em 1-2 séries, quando em 2 séries, a série externa é curta, com cerdas aplanadas e a interna é longa, com cerdas filamentosas, barbeladas

13. Capítulos concrescidos entre si; pápus unisseriado, avermelhado ....35. **Vanillosmopsis erythropappa**

13'. Capítulos não concrescidos entre si; pápus bisseriado, não avermelhado

14. Capítulos sésseis em glomérulos axilares; filárias facilmente caducas; indumento constituido de pêlos ou escamas estreladas; anteras largamente sagitadas na base; pêlos coletores do estilete obtusos formados por 2-3 células........26. **Piptocarpha macropoda**

14'. Capítulos subsésseis ou pedunculados, subtendidos ou não por bráctea foliácea, não dispostos em glomérulos axilares; filárias persistentes; indumento constituido de pêlos simples; anteras obtusas ou apenas auriculadas na base; pêlos coletores do estilete agudos, unicelulares

15. Capítulos dispostos em cimas corimbiformes terminais............................38. **Vernonia macahensis**
15'. Capítulos dispostos em panículas de cincínios
16. Subarbustos; capítulos subtendidos por bráctea foliácea ....39. **Vernonia macrophylla**
16'. Árvores; capítulos não subtendidos por bráctea foliácea
17. Invólucro com 5-7 séries de filárias tomentosas no dorso, as mais externas diminutas continuando ao longo do pedúnculo ....36. **Vernonia diffusa**
17'. Invólucro com 4-5 séries de filárias não tomentosas nem continuando ao longo do pedúnculo
18. Árvores com até 20m alt.; folhas com a face dorsal acinzentada, com tomento denso ....37. **Vernonia discolor**
18'. Árvores com até 8m alt.; folhas oblanceoladas; face dorsal verde clara, pubescente...40. **Vernonia puberula**
12'. Estilete colunar, curtamente bilobado no ápice, sem pilosidade abaixo do ponto de bifurcação; pápus unisseriado, cerdoso, paleáceo ou plumoso
19. Capítulos pedunculados, com 4-5cm de compr., dispostos em cimas laxas, corola com lacínios longos e glabros, revolutos no ápice; pápus paleáceo ....42. **Wunderlichia insignis**
19'. Sem o conjunto de caracteres
20. Plantas inermes; capítulo séssil, solitário no extremo dos ramos; corola profundamente pentassecta fendida por igual; pápus cerdoso ....12. **Gochnatia rotundifolia**
20'. Plantas armadas; capítulos pedunculados, não solitários; corola profundamente pentasecta com uma das incisões mais profunda que as demais; lacínios da corola hirsutos no ápice; pápus plumoso

21. Folhas com espinho no ápice............................
.............................6. **Dasyphyllum spinescens**
21'. Folhas sem espinho no ápice............................
7. **Dasyphyllum tomentosum** var. **multiflorum**
7'. Invólucro com calículo; capítulos heteromorfos: - flores marginais femininas, liguladas, flores do disco hermafroditas, tubulosas; pápus capilar (cerdas finas, indistintamente barbeladas)
22. Folhas sésseis, pinatissectas..............................
....30. **Senecio brasiliensis**
22'. Folhas não pinatissectas
23. Subarbusto até 1,5m alt.; folhas coriáceas, glabras; estilete com pincel de pêlos no ápice......................33. **Senecio organensis**
23'. Árvore até 10m alt.; folhas papiráceas com tomento acinzentado; estilete curtamente penicilado no ápice ....
................................32. **Senecio glaziovii**
1'. Plantas de hábito trepador ou escandente
24. Folhas opostas
25. Invólucro com 4 filárias numa única série, opostas 2 a 2; flores sempre 4; corola com tubo e limbo bem delimitados
26. Capítulos em racemos............................
.............................13. **Mikania acuminata**
26'. Capítulos não dispostos em racemos
27. Capítulos dispostos em corimbos laterais....................22. **Mikania rufescens**
27'. Capítulos dispostos em tirsos ou panículas, laterais e terminais
28. Folhas glabras
29. Folhas lanceolada-hastadas...........
..............16. **Mikania chlorolepis**
29'. Folhas não lanceolada-hastadas

30. Folhas triplinervadas; subcoriáceas ou coriáceas; corola com o tubo menor do que o limbo; aquênio glabro............. 18. **Mikania lindbergii** var. **lindbergii**, ...19. **Mikania lindbergii** var. **collina**

30'. Folhas trinervadas; membranáceas; corola com tubo e limbo de comprimento quase igual; aquênio piloso.................... ....23. **Mikania trinervis**

28'. Folhas pilosas

31. Ramos hirsutos

32. Folhas membranáceas

33. Folhas lobadas com lobos acuminados; bractéola linear............ ....24. **Mikania vitifolia**

33'. Folhas não lobadas; bractéola ovada......20. **Mikania hirsutissima**

32'. Folhas coriáceas.......................... ....17. **Mikania conferta**

31'. Ramos não hirsutos

34. Folhas com margem denteada ....21. **Mikania microdonta**

34'. Folhas com margem íntegra

35. Folhas cordiformes, membranáceas, face ventral da folha glabrescente, face dorsalto mentososerícea........14. **Mikania argyriae**

35'. Folhas ovadas ou ovada-lanceoladas, subcoriáceas, face ventral glabra, face dorsal glabrescente .....15. **Mikania buddleiaefolia**

25'. Invólucro com 15-20 filárias em 3-4 séries, flores sempre 5; corola sem delimitação de tubo e limbo ....9. **Eupatorium pyrifolium**

24'. Folhas alternas

36. Capítulo heteromorfos, pedunculados, solitários ou dispostos em panículas; invólucro com ou sem

calículo; flores marginaisfemininas, liguladas, flores dodisco hermafroditas, tubulosas ou bilabiadas; pápus plumoso ou capilar

37. Ramos tetra-angulosos; folhas pinatífidas terminando em gavinha trífida; invólucro sem calículo; capítulos solitários, pedunculados; flores 40-50: – as marginais, femininas, liguladas; as do disco hermafroditas bilabiadas; pápus plumoso .... 25. **Mutisia speciosa**

37'. Ramos cilíndricos; folhas de margem íntegra; invólucro com calículo; capítulos em panículas; flores 16-20: – as marginais femininas, liguladas; as do disco hermafroditas, tubulosas; pápus capilar......31. **Senecio desiderabilis**

36'. Capítulos homomorfos, pedunculados, dispostos em panícula ou capítulos sésseis dispostos em glomérulos axilares; invólucro sem calículo; corola tubulosa; pápus plumoso ou cerdoso

38. Plantas armadas, ginodióicas; capítulos pedunculados, dispostos em panícula; flores profundamente pentasectas, com uma das incisões mais profunda que as demais; capítulos geralmente com todas as flores hermafroditas ou capítulos com todas as flores femininas por atrofia do androceu; pápus plumoso................ ....5. **Dasyphyllum brasiliense**

38'. Plantas inermes, monóicas; capítulos sésseis, dispostos em glomérulos axilares; flores hermafroditas, actinomorfas, pentasectas com limbo dividido em lacínios longos; pápus cerdoso

39. Ramos ondulados, pubescentes; folhas elípticas ou oblongas.............................. ....27. **Piptocarpha oblonga**

39'. Sem o conjunto dos caracteres
40. Ramos tetra-angulosos, tomentosos; lâmina coriácea, ovada ou oblonga ....28. **Piptocarpha quadrangularis**
40'. Ramos cilíndricos, revestidos por tomento de escamas adpressas; lâmina papirácea, lanceolada ou oblanceolada ....29. **Piptocarpha reitziana**

1. Baccharis brachylaenoides DC. var. **brachylaenoides**, Prodr. 5:421. 1836; G.M. Barroso, Rodriguésia 40: 69. 1976.
(Fig. 26 d)

Arbusto 2-7m alt.; ramos sulcados, glabros. Folhas sésseis; lâmina papirácea, glabra, luzidia, 8-15cm compr. x 1,5-2,5cm larg., lanceolada, ápice acuminado, base atenuada, margem inteira ou serreada na metade superior da lâmina. Capítulos pedunculados dispostos em ampla panícula terminal. Invólucro feminino 4-6mm compr.; filárias hialinas, vernicosas, ciliadas, caducas; receptáculo paleáceo. Flores 18-20; aquênio glabro com 5 estrias. Invólucro masculino 3mm compr. Flores masculinas com o tubo da corola papiloso e lacínios retos.

Floração e frutificação: Floresce de abril a setembro.

Habitat: Frequente em Floresta Pluvial Atlântica alto-montana, montana e Campo altimontano. Comum também nas áreas de vegetação alterada.

Distribuição geográfica: Brasil: Minas Gerais, Rio de Janeiro, São Paulo, Paraná, Santa Catarina e Rio Grande do Sul. Venezuela, Colômbia, Peru, Guiana, Suriname e Guiana Francesa.

Material examinado: I.A. Araujo, 43 *et al.* (RB); M. Leitman 414 *et al* (RB); G. Martinelli 12441 *et al.* (RB); S.V.A. Pessoa 314 *et al.* (RB); C.M. Vieira 48 *et al.* (RB).

2. Baccharis intermixta Gardner, Hook. Lond. Journ. 7:84. 1848; G.M. Barroso, Rodriguésia 40: 148. 1976. (Fig. 26 c; 29 j)

Arbusto 2-4m alt.; ramos glabros, viscosos. Folhas com pecíolo 1-2cm compr.; lâmina subcoriácea, trinervada, glabra, 5-8cm compr. x 1-2,5(3)cm larg., de oblongas a lanceoladas, ápice e base agudos, margem denteada na metade superior da lâmina, nervuras em retículo saliente na face dorsal. Capítulos assentados um a um na axila de bractéola foliácea, agrupado de modo espiciforme, formando o conjunto panículas multifloras; bractéola 1-1,5cm compr. x 5-6mm larg., com nervação, forma e textura semelhante às folhas caulinares. Invólucro feminino 10-12mm compr. com receptáculo laciniado, sendo um dos lacínios mais longo que os demais; flores 6-8, com corola filiforme e pilosidade esparsa; aquênio glabro com 8-10 estrias salientes. Invólucro masculino 5-6mm compr.; flores masculinas com o limbo dividido em lacínios lineares longos, enrolados em espiral.

Nome popular: Vassoura, vassourinha.

Floração e frutificação: Floresce em agosto e setembro.

Habitat: Floresta Pluvial Atlântica montana. Comum em áreas de vegetação alterada.

Distribuição geográfica: Brasil: Minas Gerais, Rio de Janeiro, São Paulo, Paraná, Santa Catarina e Rio Grande do Sul.

Material examinado: C.M.B. Correia 178 *et al.* (RB); C.M. Vieira 68 *et al.* (RB).

3. Baccharis semiserrata DC. var. **semiserrata**, Prodr. 5:404. 1836; G.M. Barroso, Rodriguésia 40:117. 1976. (Fig. 26 e)

Arbusto ramoso 1-3m alt. Folhas subsésseis; lâmina membranácea, glabra, 3-7cm compr. x 1-1,5cm larg., lanceolada, ápice agudo, base longamente atenuada, margem denteada na metade superior da lâmina. Capítulos dispostos em ramos curtos, subtendidos por bráctea foliácea, distribuídos difusamente, formando o conjunto uma panícula densa. Invólucro feminino e masculino 5-6mm compr.; filárias em 3-4 séries. Flores 20-30; corola da flor feminina de base alargada, estreitada em direção ao ápice; pápus alvacento; aquênio com 8-10 estrias; corola da flor masculina com lacínios lineares, enrolados em espiral.

Nome popular: Vassoura, vassourinha.

Floração e frutificação: Floresce em setembro.

Habitat: Floresta Pluvial Atlântica montana e Campo altimontano.

Distribuição geográfica: Brasil: Rio de Janeiro, São Paulo, Paraná, Santa Catarina e Rio Grande do Sul.

Comentários: Trata-se do primeiro registro da variedade típica para o estado do Rio de Janeiro. Já *B. semiserrata* var. *elaegnoides* (Stendel.) G. M. Barroso é muito comum nas vertentes da mata costeira atlântica do estado do Rio de Janciro, distinguindo-sc da var. típica apenas pelo tomento alvacento que reveste o dorso das folhas.

Material examinado: R. Guedes s/n PII ind. 434 (RB 291726); Klein 4224 (RB); Tessmann 273 (RB).

4. Baccharis trimera (Less.) DC., Prodr. 5:425. 1836; G.M. Barroso, Rodriguésia 40:186. 1976.

Subarbusto ramificado; ramos glabros, glutinosos, alados; alas 0,5-1,5cm larg. Folhas muito reduzidas, ovadas. Capítulos geralmente aglomerados formando espigas interrompidas. Invólucro do capítulo feminino 5-6mm compr.; filárias em 3-4 séries, glabras, vernicosas; flores 30-40; aquênio glabro, com 10 estrias. Invólucro do capítulo masculino 4-4,5mm compr.; flores 20-25 com o limbo dividido em lacínios longos, enrolados em espiral.

Nome popular: Carqueja.

Floração e frutificação: Floresce em julho.

Habitat: Ocorre em áreas de vegetação alterada, geralmente nas margens das trilhas, córregos, etc. É planta invasora, sendo comum em pastagens e em culturas abandonadas, destacando-se sua elevada competitividade naqueles ambientes submetidos a ações antrópicas. Em Macaé de Cima foi coletada a 1.500msm.

Distribuição geográfica: Brasil: Minas Gerais, Rio de Janeiro, São Paulo, Paraná, Santa Catarina e Rio Grande do Sul. Bolívia, Uruguai, Paraguai e Argentina.

Material examinado: S.V.A. Pessoa 189 *et al.* (RB).

5. Dasyphyllum brasiliense (Spreng.) Cabrera, Rev. Mus. La Plata, n.s. Bot. 9:72. 1959.
(Fig. 26 h; 30 e-f)

Arbusto sarmentoso, ginodióico; ramos jovens cilíndricos, estriados, lenticelados, tomentosos, depois glabrescentes, com espinhos geminados, uncinados ou retos. Folhas com pecíolo 0,4-0,6(1)cm compr.; lâmina subcoriácea, luzidia, trinervada, glabra, 9-11cm compr. x 3-3,3cm larg., elípticas ou obovadas, ápice apiculado, base atenuada; retículo das nervuras nítido em ambas as faces. Capítulos curtamente pedunculados dispostos em panícula estreita e longa de cimas corimbiformes. Invólucro 12mm compr.; filárias em 7-8 séries, as externas e médias glabrescentes, as da série mais interna áureo-seríceas, todas distintamente mucronadas. Flores 10-12, hermafroditas ou femininas por atrofia do androceu; corola pentasecta com uma das incisões mais profunda que as demais, alvacenta; pápus plumoso, pálido-ferrugíneo; aquênio viloso.

Nome popular: Guaiapá-parreira, cipó-agulha (Cabrera & Klein 1973).

Floração e frutificação: Floresce de junho a outubro.

Habitat: Floresta Pluvial Atlântica montana e baixo-montana, Floresta Pluvial de Araucária, Campo rupestre e Cerrado.

Distribuição geográfica: Brasil: Mato Grosso, Goiás, Distrito Federal, Minas Gerais, Rio de Janeiro, São Paulo, Paraná, Santa Catarina e Rio Grande do Sul. Peru, Argentina, Bolívia, Paraguai.

Comentários: *D. brasiliense* possui ampla distribuição geográfica apresentando variações quanto a algumas de suas características. Cabrera (1959) reconheceu 5 variedades para esse táxon (apenas 3 ocorrem no Brasil), distintas entre si pelo formato foliar, pilosidade no ápice da corola e número de flores por capítulo. Embora Cabrera (*loc. cit.*) só registre para o estado do Rio de Janeiro a variedade típica de *D. brasiliense*, preferiu-se identificar o material examinado apenas a nível específico face à superposição dos vários atributos diagnósticos usados por Cabrera para separar os táxons infra-específicos.

Material examinado: Dusén 3525 (R); H.C. Lima 3445 *et al.* (RB); H.C. Lima 3762 *et al.* (RB); Ule 4445 (R).

6. Dasyphyllum spinescens (Less.) Cabrera, Rev. Mus. La Plata, n.s. Bot. 9:57. 1959.
(Fig. 26 g)

Árvore 5-10m alt.; ramos jovens pubescentes, com espinhos axilares retos, geminados. Folhas com pecíolo 0,5cm compr.; lâmina cartácea, trinervada, glabra, luzidia, 9-11cm compr. x 2,4-2,6cm larg., elíptico-lanceolada, ápice agudo com espinho 1-3cm, base atenuada, margem íntegra. Capítulos poucos, pedunculados, reunidos em corimbos de 4-6 capítulos, formando o conjunto uma panícula laxa. Invólucro 12-16mm compr.; filárias em 6-7 séries, glabrescentes, ciliadas, mucronadas. Flores 20-22; corola pentasecta com uma das incisões mais profunda que as demais, alvacenta; pápus plumoso, alvacento; aquênio viloso.

Nome popular: Açucará, sucará, espinho-de-agulha, espinho-de-santo-antônio, não-me-toque (Cabrera & Klein, 1973).

Floração e frutificação: Floresce em junho e julho.

Habitat: Floresta Pluvial Atlântica montana, Floresta Pluvial de Araucária. Ocorre também em áreas de vegetação alterada.

Distribuição geográfica: Brasil: Rio de Janeiro, São Paulo, Paraná, Santa Catarina e Rio Grande do Sul.

Comentários: Segundo Cabrera & Klein (1973), *D. spinescens* é prontamente identificado no campo pelo tronco curto, geralmente provido de abundantes espinhos, a casca rugosa de cor parda, a ramificação densa ascendente-pendente e pelos ramos finos e flexíveis, formando copa arredondada. Em material herborizado os espinhos foliares conspícuos ajudam na identificação deste táxon.

Material examinado: T. Fontoura s/n *et al.* PII ind. 2674 (RB 291722); T. Fontoura 189 *et al.* (RB); H.C. Lima s/n *et al.* PII ind. 2758 (RB 291725), S.V.A. Pessoa 522 *et al.* (RB).

7. Dasyphyllum tomentosum var. **multiflorum** (Baker) Cabrera, Rev. Mus. La Plata, n.s. Bot. 9:71. 1959; Cabrera & R.M. Klein, Fl. Ilust. Catarinense, parte I, fasc. Comp.:16. 1973.

Árvore até 15m alt.; ramos jovens glabrescentes, lenticelados, com espinhos axilares geminados. Folhas com pecíolo 1-2cm compr.; lâmina subcoriácea, trinervada, glabra, 8-10cm compr. x 3-3,5cm larg., elíptica ou elíptico-lanceolada, ápice agudo, base atenuada, margem íntegra; face dorsal com retículo das nervuras conspícuo. Capítulos pedunculados dispostos em panícula estreita e longa de cimas corimbiformes. Invólucro 1,2-1,5cm compr.; filárias em 5-6 séries densamente áureo-seríceas e curtamente mucronadas ou múcron ausente. Flores 11-12; corola pentasecta com uma das incisões mais profunda que as demais, alvacenta; pápus plumoso, amarelado; aquênio viloso.

Nome popular: Açucará, sucará, cambará-de-espinho, espinho-de-judeu, lava-mão, espinho-de-agulha (Cabrera. & Klein *l.c.*).

Floração e frutificação: Floresce em fevereiro.

Habitat: Floresta Pluvial Atlântica montana e baixo-montana, Floresta Pluvial de Araucária. Ocorre também em áreas de vegetação alterada.

Distribuição geográfica: Brasil: Minas Gerais, Rio de Janeiro, São Paulo, Paraná, Santa Catarina e Rio Grande do Sul.

Comentários: Difere da variedade típica pelas folhas glabras. A ausência de pilosidade em *D. tomentosum* var. *multiflorum* faz com que este táxon seja com frequência identificado como *Dasyphyllum brasiliense* (Spreng.) Cabr. Além da diferença óbvia do hábito (árvore x arbusto sarmentoso) um exame mais detalhado das filárias do invólucro (grau de pilosidade e tamanho do múcron) de ambos os táxons permite diferenciá-los com segurança.

Material examinado: G. Hatschbach 978 (RB); B.C. Kurtz 94 *et al.* (RB); L.E. Paes 115 (RB).

8. Eupatorium adamantium Gardner, Hook. Lond. Journ. 5:477.1846; Baker *in* Mart. Fl. Bras. 6(2):352, tab. 94. 1873. = *Koanophyllon adamantium* (Gardner) R. M. King. & H. Robins., Phytologia 32:254. 1975.

Arbusto ca. 2m alt., folioso até a inflorescência; ramos castanho-tomentosos. Folhas com pecíolos 1,5-2cm compr.; lâmina membranácea, discolor, 6-8cm compr. x 2,5-3,5cm larg., oblonga, ápice agudo, base atenuada, margem revoluta, face ventral glabrescente, glandulosa, verde-escura, face dorsal tomentosa, verde-clara ou acinzentada, com retículo das nervuras destacando-se do tomento. Capítulos pedunculados dispostos em panícula estreita de cimas corimbiformes. Invólucro 1-1,2cm compr.; filárias espessas, subuladas, tomentosas, dispostas numa única série. Flores 18-20; corola infundibuliforme, glandulosa, lilás; pápus amarelado; aquênio esparsamente piloso e glanduloso com carpopódio pouco nítido.

Floração e frutificação: Floresce em agosto.

Habitat: Floresta Pluvial Atlântica montana e Campo altimontano.

Distribuição geográfica: Minas Gerais, Espírito Santo, Rio de Janeiro e São Paulo.

Comentários: Nos últimos 25 anos os botânicos norte-americanos Robert M. King e Harold Robinson realizaram um exaustivo estudo da tribo Eupatorieae. *Eupatorium* L., em particular, foi dividido em mais de 100 gêneros diferentes, alguns já reconhecidos por Cassini, por De Candolle e outros autores do passado, porém a maior parte novos para a ciência. No Brasil, *Eupatorium* foi fragmentado em 48 novos táxons. Nesse trabalho, face o objetivo do mesmo, preferiu-se o emprego do nome *Eupatorium*, colocando-se na sinonimia os binômios dos autores supracitados. Para informações adicionais sobre o conjunto das alterações realizadas pelos autores norte-americanos recomenda-se consultar King & Robinson (1987).

Material examinado: C.M. Vieira 61 *et al* (RB).

9. Eupatorium pyrifolium DC., Prodr. 5:153. 1836; G.M. Barroso, Rodriguésia, 33-34:99. 1959.
= *Steyermarkina pyrifolia* (DC.) R.M. King & H. Robins., Phytologia 22:44. 1971.
(Fig. 27 d)

Arbusto volúvel; ramos delgados, glabros. Folhas com pecíolo 0,5-1cm; lâmina subcoriácea, trinervada, glabra, luzidia, castanho-escura, 5,7cm compr. x 3,2-4cm larg., ovada ou ovado-elíptica, ápice obtuso, base subarredondada ou atenuada, margem íntegra. Capítulos subsésseis, congestamente agrupados na extremidade de raminhos divaricados, formando o conjunto uma panícula ampla. Invólucro 5-6mm compr.; filárias em 3-4 séries, as da série mais interna facilmente caducas, ovadas, obtusas, glabras, castanhas. Flores 5; corola alvacenta, externamente glabra, internamente pilosa na altura da inserção dos filetes; pápus amarelado; aquênio com carpopódio pouco nítido.

Floração e frutificação: Floresce de agosto a outubro.

Habitat: Floresta Pluvial Atlântica montana.Comum em áreas de vegetação alterada.

Distribuição geográfica: Brasil: Mato Grosso, Goiás, Distrito Federal, Minas Gerais, Espírito Santo, Rio de Janeiro, São Paulo, Paraná e Santa Catarina.

Comentários: O fato de ser escandente (hábito pouco comum ao gênero), a disposição dos capítulos em panícula ampla e a pilosidade interna da corola (caráter raro no gênero) são atributos que facilmente distinguem esta espécie das demais espécies de *Eupatorium.*

Material examinado: Glaziou 2846 (R); M.P. M. Lima 175 *et al.* (RB); Regnel III-712 (R).

10. Eupatorium rufescens P.W. Lund. *ex* DC., Prodr. 5:168. 1836.
= *Kaunia rufescens* (P.W. Lund. *ex* DC.) R.M. King & H. Robins., Phytologia 47:260. 1980.

Arbusto ramificado 2-4m alt.; ramos ascendentes ferrugíneo-pubescentes. Folhas com pecíolo 2-3,5cm compr.; lâmina membranácea, 8-15cm compr. x 6-9cm larg., largamente ovada, ápice acuminado, base de atenuada a subarredondada, margem serreada, glabrescente na face ventral e ferrugíneo-pubescente na face dorsal, mais acentuadamente sobre as nervuras. Capítulos pedunculados, dispostos em ampla panícula de cimas corimbiformes. Invólucro 4-5mm compr., bem mais curto do que as flores; filárias em 2-3 séries de comprimento aproximado, pubescentes, ápice agudo com pontuações glandulosas. Flores 20-23; corola alva ou lilás, esparsamente glandulosa; pápus amarelado; aquênio pubescente, carpopódio diminuto.

Nome popular: Mangerona.

Floração e frutificação: Floresce em agosto e setembro.

Habitat: Floresta Pluvial Atlântica montana e Campo altimontano, Floresta Pluvial Ripária. Comum em áreas de vegetação alterada.

Distribuição geográfica: Brasil: Minas Gerais, Rio de Janeiro, São Paulo, Paraná, Santa Catarina e Rio Grande do Sul. Segundo Cabrera & Klein (1980) também ocorre na Bolívia.

Comentários: *E. rufescens* foi coletado por Glaziou em 1881, em Nova Friburgo, na região de "Alto Macaé", um antigo topônimo para Macaé de Cima. Esta espécie não foi coletada nas diversas expedições realizadas por esse projeto, embora seja um arbusto ramificado e vistoso que normalmente se destaca da vegetação circunvizinha. Entende-se, entretanto, que a região em tela deverá ser melhor investigada antes de se considerar este táxon extinto na mesma.

Material examinado: Glaziou 12848 (R); Widgren 6179 (R).

11. Eupatorium vauthierianum DC., Prodr. 5:159. 1836.
= *Heterocondylus vauthierianus* (DC.) R.M. King & H. Robins., Phytologia 24(5):391. 1972.
(Fig. 27 e; 30 c-d)

Arbusto ramoso 4-6m alt.; ramos cilíndricos, glabros, castanhos. Folhas com pecíolos 2-4cm compr.; lâmina membranácea, trinervada, decurrente ao longo do pecíolo, 15-20cm compr. x 5-9cm larg., ovada ou ovado-lanceolada, ápice acuminado, base arredondada ou subtriangular, margem serreada, glabrescente em ambas as faces. Capítulos com pedúnculos longos, dispostos em panícula de corimbos laxos. Invólucro 8-11mm compr.; filárias glabras, estriadas, castanho-escuras, dispostas em 3-4 séries gradualmente menores. Flores 15-20; corola cilíndrica sem delimitação de tubo e limbo; pápus alvacento, fino; aquênio glanduloso, escabro nos ângulos, carpopódio espesso.

Floração e frutificação: Floresce em setembro.

Habitat: Floresta Pluvial Atlântica montana e Campo altimontano. Comum nas áreas de vegetação alterada.

Distribuição geográfica: Brasil: Minas Gerais, Espírito Santo, Rio de Janeiro, São Paulo, Paraná, Santa Catarina.

Material examinado: C.M.B. Correia 124 *et al.* (RB); R. Guedes s/n PI ind. 680 (RB 291645).

12. Gochnatia rotundifolia Less., Syn. Gen. Compos.:102. 1832; Cabrera, Rev. Mus. La Plata n. s. Bot. 12:13. 1971. (Fig. 26 f)

Subarbusto ramoso, 30-40cm alt.; ramos eretos, glabros. Folhas alternas, subsésseis; lâmina coriácea, glabra, castanho-avermelhada, 3,5-4,5cm compr. x 2,5-3,5cm larg., suborbicular, denticulada na parte superior do limbo; retículo das nervuras saliente em ambas as faces. Capítulo séssil, solitário no extremo dos ramos. Invólucro 1,5-1,8cm compr.; filárias em 5-6 séries, glabras no dorso, apenas ciliadas no ápice receptáculo alveolado, glabro. Flores 30-50, hermafroditas; corola alvacenta, profundamente pentassecta; pápus cerdoso, ferrugíneo; aquênio alvo-pubescente.

Nome popular: Cambará.

Floração e frutificação: Floresce em junho.

Habitat: Floresta Pluvial Atlântica montana e Campo altimontano.

Distribuição geográfica: Rio de Janeiro e São Paulo.

Comentários: *Gochnatia rotundifolia* foi coletada por Glaziou há mais de 100 anos em Nova Friburgo, sendo muito característica por suas folhas glabras, conspicuamente reticuladas e pelos grandes capítulos solitários. Além de apresentar um padrão de distribuição geográfica restrito, esta espécie não voltou a ser registrada para Nova Friburgo nem para qualquer outra localidade do estado do Rio de Janeiro, tendo sido coletada nas últimas décadas apenas no estado de São Paulo. Futuras expedições de coleta deverão ser realizadas em Macaé de Cima e em outras regiões serranas do estado do Rio de Janeiro buscando-se verificar a ocorrência deste táxon. É provável, entretanto, que *G. rotundifolia* esteja efetivamente extinta neste estado.

Material examinado: A.C. Brade 5346 (R); Brade 10964 (R); Glaziou 12061 (R).

13. Mikania acuminata DC., Prodr. 7:270. 1836; G.M. Barroso, Arquiv. Jard. Bot. Rio de Janeiro 16:255. 1959. (Figs. 24 e; 28 a-c)

Liana; ramos delgados, nitidamente angulados, pubescentes, pardacentos ou acinzentados. Folhas com pecíolo 1-1,5cm compr.; lâmina subcoriácea, glabra, triplinervada, 7-8cm compr. x 2-2,7cm larg., lanceolada, ápice acuminado, base atenuada, margem íntegra. Capítulos em racemos curtos dispostos em panículas. Invólucro3-3,2mm compr.; bractéola 1mm compr., elíptica, pilosa, mucronada; filárias 3mm compr., obtusas, glabras. Corola com tubo e limbo 2mm compr., lacínio 0,5mm compr.; pápus amarelado; aquênio glabro.

Floração e frutificação: Floresce em junho e julho.

Habitat: Floresta Pluvial Atlântica. Ocorre, também, nas formações de Cerrado, de Campo rupestre e nas Florestas Pluviais Ripárias do Distrito Federal e dos estados de Goiás e Minas Gerais.

Distribuição geográfica: Brasil: Goiás, Distrito Federal, Minas Gerais, Rio de Janeiro, São Paulo.

Material examinado: M. Peron 820 *et al.* (RB); S.V.A. Pessoa 509 *et al.* (RB).

14. Mikania argyriae DC., Prodr. 5:93. 1836; G.M. Barroso, Arquiv. Jard. Bot. Rio de Janeiro 16:300. 1959. (Figs. 24 d; 28 d-f)

Liana; ramos seríceo-tomentosos, pardacentos. Folhas com pecíolos 2,5-3cm; lâmina membranácea, qüinqüinérvea, 8-11cm compr. x 6-8cm larg., cordiforme, de ápice acuminado, margem inteira, face ventral glabrescente, face dorsal com tomento seríceo, acinzentado ou, mais raramente, amarelado; retículo das nervuras saliente em ambas as faces. Capítulos aglomerados no ápice de raminhos em panícula ampla. Invólucro 6mm compr.; bractéola 3-4mm compr., membranácea, estriada, pilosa no ápice; filárias 5mm compr., pilosas no ápice. Corola com pêlos esparsos, tubo 2mm compr. e limbo 2,4-2,5mm, com lacínios 1,2mm compr.; pápus alvacento; aquênio piloso.

Floração e frutificação: Floresce de julho a setembro.

Habitat: Floresta Pluvial Atlântica montana e Campo altimontano. Encontrada também em áreas de vegetação alterada.

Distribuição geográfica: Brasil: Minas Gerais, Rio de Janeiro, São Paulo e Paraná.

Material examinado: T. Fontoura s/n *et al.* PII ind. 2348 (RB 291729); T. Fontoura s/n *et al.* PII ind. 3012 (RB 291730); Glaziou 1413 (R); Schwacke s/n (R 38260).

15. Mikania buddleiaefolia DC., Prodr. 5:192. 1836; G.M. Barroso, Arquiv. Jard. Bot. Rio de Janeiro 16:274. 1959; Cabrera & R.M. Klein, Fl. Ilust. Catarinense, parte I, fasc. Comp.:701. 1989.
(Fig. 24 a)

Liana robusta; ramos estriados, pubescentes, alvacentos. Folhas com pecíolo 1,5-3cm compr.; lâmina subcoriácea, 10-15cm compr. x 5-8cm larg., de ovada a ovado-lanceolada, ápice acuminado, base de obtusa a arredondada, margem íntegra, face ventral glabra, face dorsal glabrescente ou com pêlos amarelados e curtos, com nervuras em retículo saliente. Capítulos dispostos em panícula longa, multiflora. Invólucro 3,5-4mm compr.; bractéola 1,5-2mm compr., ovada, aguda, pilosa; filárias 3-3,5mm compr., obtusas, pilosas no ápice. Corola com tubo 1mm compr. e limbo 2mm dividido em lacínios 1mm compr.; pápus alvacento; aquênio piloso no ápice.

Nome popular: Cundurango (Cabrera & Klein *loc. cit.*).

Floração e frutificação: Floresce de setembro a novembro.

Habitat: Floresta Pluvial Atlântica montana e Campo altimontano. Ocorre também em áreas de vegetação alterada.

Distribuição geográfica: Brasil: Minas Gerais, Rio de Janeiro, São Paulo, Paraná e Santa Catarina.

Material examinado: C.M.B. Correia s/n PII ind. 3996 (RB 291655); Gardner 4877 (R); Glaziou 13976 (R); H.C. Lima s/n *et al.*PI ind. 1586 (RB 291656).

16. Mikania chlorolepis Baker *in* Mart. Fl. Bras. 6(2):247, tab. 68. 1873; G.M. Barroso, Arquiv. Jard. Bot. Rio de Janeiro 16:300. 1959.
(Fig. 24 c)

Volúvel; ramos estriados, glabrescentes. Folhas com pecíolo 0,5-1,5cm compr., hirsuto; lâmina membranácea, trinervada, 10-13cm compr. x 4-7cm larg., lanceolado-hastada, ápice acuminado, base aguda, margem com dentes esparsos, face ventral e dorsal glabras, mas com pilosidade hirsuta ao longo das nervuras. Capítulos pedunculados dispostos em panículas terminais e axilares. Invólucro 5mm compr.; bractéola membranácea, esverdeada, aguda, ápice piloso; filárias obtusas, calosas na base, glabras, ápice piloso. Corola glandulosa, com tubo 0,7-1mm compr., limbo 3mm dividido em lacínios 0,5mm compr.; pápus rosado; aquênio glabro, glanduloso.

Floração e frutificação: Floresce em abril e maio.

Habitat: Floresta Pluvial Atlântica montana, Floresta Pluvial Ripária e Floresta Pluvial de Araucária.

Distribuição geográfica: Brasil: Espírito Santo, Minas Gerais, Rio de Janeiro, São Paulo, Paraná, Santa Catarina e Rio Grande do Sul.

Comentários: *M. chlorolepis* foi herborizada por Glaziou no município de Nova Friburgo em 1881, sendo encontrada, nas últimas décadas, com relativa frequência nos municípios vizinhos. Embora não coletada durante os três anos de pesquisas em Macaé de Cima, tudo leva a crer que ainda ocorra na área em estudo.

Material examinado: Glaziou 12869 (R); Schwacke 169 (R).

17. Mikania conferta Gardner, Hook. Lond. Journ. Bot. 4:119. 1845; G.M. Barroso, Arquiv. Jard. Bot. Rio de Janeiro 16:282. 1959.
(Figs. 26 b; 28 g-i)

Liana; ramos densamente castanho-hirsutos. Folhas com pecíolos 1-2cm compr.; lâmina coriácea, híspida nas duas faces, 14-18cm compr. x 6-7cm larg., ovado-lanceolada, ápice longamente acuminado, base arredondada ou cordiforme, margem íntegra com ou sem dois pequenos lobos laterais. Capítulos pedunculados, dispostos em panícula densa. Invólucro 5-7cm compr.; bractéola 3-6cm compr., ovada, híspida; filárias obtusas, esparsamente pilosas, com bordo membranáceo. Corola com tubo 2mm compr. e limbo 2,5mm dividido em lacínios 1,5mm compr.; pápus alvacento; aquênio glabro.

Floração e frutificação: Floresce de maio a julho.

Habitat: Floresta Pluvial Atlântica montana e Campo altimontano.

Distribuição geográfica: Brasil: Minas Gerais e Rio de Janeiro.

Comentários: Às vezes determinada como *Mikania hirsutissima* DC., *M conferta* se distingue da primeira pela textura e indumento das folhas, bractéolas e filárias (mais espessas e com pêlos mais rígidos). As corolas de ambas as espécies são, também, distintissimas.

Material examinado: I.A. Araujo 33 *et al.* (RB); Gardner 4874 (Isotipo - R); Glaziou 12868 (R); H.C. Lima 3596 *et al.* (RB).

18. Mikania lindbergii Baker var. ***lindbergii*** *in* Mart. Fl. Bras. 6(2):232. 1873; G.M. Barroso, Arquiv. Jard. Bot. Rio de Janeiro 16:286. 1959.
(Figs. 26 a; 28 j-l)

Volúvel; ramos glabros, pardacentos. Folhas com pecíolos 1-1,5(2)cm compr.; lâmina luzidia, subcoriácea, glabra, triplinervada, 6-8(10)cm compr. x 2,5-4cm larg. ovadas ou elípticas, ápice acuminado, base arredondada ou atenuada, margem inteira. Capítulos pedunculados dispostos em panícula. Invólucro 4-5mm compr.; bractéola 3-5mm compr., estriada, ápice ciliado; filárias 4-5mm compr., obtusas, esparsamente pilosas, ápice ciliado, esverdeada. Corola com tubo 1-1,5mm compr. e limbo 3-4mm dividido em lacínios

1-1,5mm compr.; pápus rosado ou alvacento; aquênio glanduloso glabro ou com pêlos esparsos.

Floração e frutificação: Floresce em agosto.

Habitat: Floresta Pluvial Atlântica montana, Campo altimontano e Restinga arbórea. Ocorre também em áreas de vegetação alterada.

Distribuição geográfica: Brasil: Bahia, Espírito Santo, Minas Gerais, Rio de Janeiro, São Paulo, Paraná, Santa Catarina.

Comentários: Com frequência confundida com *Mikania trinervis, M. lindbergii* var. *lindbergii* se distingue da primeira pelas folhas subcoriáceas com nervação secundária característica (as duas nervuras laterais partem acima da base), pelas filárias maiores e mais robustas e pela inflorescência mais congesta. A forma da corola (relação comprimento do tubo x comprimento do limbo) é também um bom caráter para separar os dois táxons.

Material examinado: C.M.B. Correia 77 *et al.* (RB); Glaziou 6110 (R); Glaziou 7721 (R); M. Leitman 404 *et al.* (RB); M.P.M. Lima 176 *et al* (RB); S.V.A. Pessoa 486 *et al.* (RB).

19. Mikania lindbergii var. **collina** Baker *in* Mart. Fl. Bras. 6(2):233. 1873; G.M. Barroso, Arquiv. Jard. Bot. Rio de Janeiro 16:286. 1959.
(Fig. 24 b)

Difere da var. típica pelas folhas coriáceas com pecíolos de 1-1,2cm compr.; pela lâmina de 4-5cm compr. x 1,5-2cm larg., elíptica, com ápice e base obtusos.

Floração e frutificação: Floresce em agosto.

Habitat: O mesmo da var. típica, exceto por não ter sido ainda registrada em mata de Restinga.

Distribuição geográfica: A mesma da var. típica.

Material examinado: Glaziou 11048 (R); M. Leitman 373 *et al* (RB); G. Martinelli 13426 *et al.* (RB).

20. Mikania hirsutissima DC., Prodr. 5:200. 1836; G.M. Barroso, Arquiv. Jard. Bot. Rio de Janeiro 16:301. 1959; Ritter, Baptista & Matzenbacher, Bol. Inst. Bioc.: Bot. 50:42. 1992.
(Figs. 25 a; 28 m-o)

Volúvel; ramos jovens, pecíolos e pedúnculos ferrugíneo-hirsutos. Folhas com pecíolos 3-5cm compr.; lâmina membranácea ou papirácea, qüinqüinérvea, 10-18cm compr. x 6-10cm larg., ovada, cordiforme, acuminada no ápice, margem inteira ou denticulada, face ventral com pêlos esparsos, face dorsal hirsuta. Capítulos numerosos dispostos em panícula ampla. Invólucro 5-6mm compr.; bractéola 4-5mm compr., membranácea, ovada, pilosa, filárias 5mm compr., agudas, estriadas. Corola com tubo 1,7-1,9mm compr. e limbo 1,5mm dividido em lacínios 1mm compr.; pápus amarelado ou alvacento; aquênio glabro, com estrias nítidas.

Nome popular: cipó-cabeludo.

Floração e frutificação: Floresce de abril a agosto.

Habitat: Frequente na Floresta Pluvial Atlântica montana, baixo-montana e Campo altimontano. Ocorre também na Floresta Pluvial de Araucária (Cabrera & Klein 1980) e mata de restinga. Comunissima em matas de vegetação alterada.

Distribuição geográfica: Brasil: Bahia, Minas Gerais, Espírito Santo, Rio de Janeiro, São Paulo, Paraná, Santa Catarina e Rio Grande do Sul. Segundo Ritter *et al.* (1992) ocorre também na Argentina e no Paraguai.

Material examinado: Dusén 754 (R); T. Fontoura s/n *et al.* PII ind. 2857 (RB 291739); T. Fontoura s/n *et al* PII ind. 2876 (RB 291740); Glaziou 6608 (R); Glaziou 11093 (R);

B.C. Kurtz 64 *et al* (RB); H.C. Lima 3522 *et al.* (RB); H.C. Lima 3783 *et al.* (RB); S.V.A. Pessoa 187 *et al* (RB).

21. Mikania microdonta DC., Prodr. 5:200. 1836; Baker *in* Mart. Fl. Bras. 6(2):255. 1873; G.M. Barroso, Arquiv. Jard. Bot. Rio de Janeiro 16:298. 1959.
(Fig. 25 c; 29 d-f)

Volúvel; ramos delgados, castanhos, pilosos. Folhas com pecíolos 2cm compr.; lâmina papirácea, discolor, trinervada, 4-5,5cm compr. x 2-2,5cm larg., ovada, ápice acuminado, base arredondada, margem denticulada, face ventral verde-escura, glabrescente, face dorsal verde-clara, com pilosidade densa. Capítulos pedicelados, dispostos no ápice dos raminhos. Invólucro 3,5-4,5mm; bractéola 1mm compr., pilosa; filárias obtusas, pilosas no ápice. Corola com tubo 1mm compr. e limbo 4mm dividido em lacínios 1mm compr.; pápus rosado; aquênio glabro.

Floração e frutificação: Floresce em maio.

Habitat: Floresta Pluvial Atlântica montana e Floresta Pluvial Ripária dos cerrados.

Distribuição geográfica: Brasil: Goiás, Distrito Federal, Minas Gerais, Rio de Janeiro e São Paulo.

Material examinado: Glaziou 8147 (R); H.C. Lima 3519 *et al* (RB); Regnell II-158 (R).

22. Mikania rufescens Sch. Bip. *ex* Baker *in* Mart. Fl. Bras. 6(2):238. 1873; G.M. Barroso, Arquiv. Jard. Bot. Rio de Janeiro 16:314. 1959; Cabrera & R.M. Klein, Fl. Ilust. Catarinense, parte I, fasc. Comp.:734. 1989.
= *M. pachylepis* Sch. Bip. *ex* Baker *in* Mart. Fl. Bras. 6(2):239. 1873.
(Fig. 25 b; 29 a-c)

Liana; ramos, folhas, bractéolas e filárias glabras, castanho-avermelhadas. Folhas com pecíolo 1,5-3cm compr.;

lâmina subcoriácea, 11-15cm compr x 7-12cm larg., de largamente ovada a subarredondada, ápice acuminado, margem íntegra. Capítulos dispostos em corimbos laterais. Invólucro 0,8-1cm compr.; bractéola conspícua, membranácea, 4-6mm, ovada; filárias espessas, com margens membranáceas. Corola distinta, com tubo 5mm compr. revestido com pêlos esparsos, e limbo dividido em lacínios 3mm compr.; pápus rosado; aquênio piloso.

Floração e frutificação: Floresce de setembro a dezembro.

Habitat: Floresta Pluvial Atlântica montana, Floresta Pluvial Ripária. Ocorre também em áreas de vegetação alterada.

Distribuição geográfica: Brasil: Rio de Janeiro, São Paulo, Paraná e Santa Catarina. Segundo Cabrera & Klein (1989) é muito provável que esta espécie ocorra também no Rio Grande do Sul.

Comentários: Barroso (1958) seguindo Baker (1873) considerou *M. rufescens* e *M. pachylepis* como entidades distintas, principalmente pela segunda espécie apresentar folha, filária, bractéola e corola de dimensões maiores. Cabrera (1963) deu um novo *status* a *M. pachylepis* considerando-a uma variedade de *M. rufescens*. Cabrera & Klein (1989) retornaram à posição taxonômica tradicional, tratando-as como espécies distintas.

Após o exame de numerosas exsicatas, seguiu-se a opinião de King. & Robinson (1987) que sinonimizaram *M. pachylepis a M. rufescens*. Efetivamente, ambos os táxons são simpátricos, ocupam o mesmo *habitat* e, após o exame de numerosas exsicatas, concluiu-se que os poucos caracteres diagnósticos utilizados tradicionalmente para delimitá-los apresentam variações contínuas e sem valor taxonômico.

Material examinado: Brade 10424 (R); C.M.B. Correia 167 *et al* (RB); Dusén 4476 (R); Glaziou 13978 (R); P. Occhioni 580 (RB); Rizzini 211 (RB).

23. Mikania trinervis Hook. & Arn., Comp. Bot. Mag. 1:244. 1835; Mart. *in* Fl. Bras. 6(2):231, tab. 65 (sub. *M. Estrellensis* Bak.). 1873; G.M. Barroso, Arquiv. Jard. Bot. Rio de Janeiro 16:287. 1959; Ritter, Baptista & Matzenbacher, Bol. Inst. Bioc.: Bot. 50:47. 1992.
(Fig. 25 e; 29 g-i)

Liana; ramos cilíndricos, estriados, glabros. Folhas com pecíolos 1-1,5cm compr.; lâmina membranácea, glabra, luzidia, trinervada, 7-8(15)cm compr. x 4-5,5(9)cm larg., ovada, ápice agudo ou acuminado, base arredondada, margem inteira. Capítulos pedunculados dispostos em panícula laxa. Invólucro 4-5mm compr.; bractéola 1,5-2,5mm compr., linear, pilosa; filárias 4-5mm compr., subagudas ou obtusas, ciliadas. Corola com tubo 1-1,5cm, às vezes glanduloso e o limbo com 2-2,5mm dividido em lacínios de 1mm compr.; pápus rosado ou branco; aquênio piloso e glanduloso.

Floração e frutificação: Floresce de julho a setembro.

Habitat: Floresta Pluvial Atlântica montana e Floresta Pluvial Ripária. Comum em áreas de vegetação alterada.

Distribuição geográfica: Brasil: Rio de Janeiro, São Paulo, Paraná, Santa Catarina e Rio Grande do Sul.

Material examinado: C.M.B. Correia s/n *et al.* PII ind. 4351 (RB 291733); C.M.B. Correia 83 *et al.* (RB); C.M.B. Correia 103 *et al.* (RB); T. Fontoura 189 *et al.* (RB); H. C. Lima s/n *et al.* PI ind. 1771 (RB 291671); H. C. Lima s/n *et al.* PI ind. 2913 (RB 291669); G. Martinelli 12898 *et al.* (RB); M. Peron 782 *et al.* (RB); S.V.A. Pessoa s/n *et al.* PI ind. 467 (RB 291670); C.M. Vieira 101 *et al.* (RB).

24. Mikania vitifolia DC., Prodr. 5:202. 1836; G.M. Barroso, Arquiv. Jard. Bot. Rio de Janeiro 16:289. 1959; Ritter, Baptista & Matzenbacher, Bol. Inst. Bioc.: Bot. 50:39. 1992. = *M. punctata* Klatt, Bull. Soc. Bot. Belgique 31:195. 1893.
(Fig. 25 d)

Volúvel; ramos estriados, hirsutos, castanhos. Folhas com pecíolo 8-9cm compr.; lâmina membranácea, qüinqüinérvea, glandulosa, com pêlos castanhos, esparsos e flexíveis nas duas faces, 8-16cm compr. x 6-14cm larg., triangular-deltóide, lobada, com lobos e ápice acuminados, base cordada, margem dentada. Capítulos pedunculados dispostos em panícula densa. Invólucro 5-7mm compr.; bractéola 5mm compr., linear, hirsuta no dorso; filárias 6-7mm compr., obtusas, rijas, estriadas com pêlos esparsos. Corola com tubo 2,5mm, glanduloso e limbo 3mm dividido em lacínios 2mm compr., glandulosos no ápice; pápus rosado ou amarelado; aquênio glabro com glândulas esparsas.

Floração e frutificação: Floresce em maio e junho.

Habitat: Floresta Pluvial Atlântica montana e Campo altimontano, Floresta Pluvial Ripária de Cerrado.

Distribuição geográfica: Região neotropical.

Comentários: No presente trabalho aceita-se a subordinação de *Mikania punctata* Klatt a *M. vitifolia*. A relação atualizada das várias espécies sinonimizadas sob *M. vitifolia* é fornecida em Ritter *et al* (*l. c.*).

Material examinado: Glaziou 13979 (R); Glaziou s/n (R 85897); R. Guedes *et al.* PII ind. 85 (RB 291736); R. Guedes s/n *et al.* PII ind. 194 (RB 291737); S.V.A. Pessoa s/n *et al.* PI ind. 3624 (RB 291738).

25. Mutisia speciosa Aiton *ex* Hook., Bot. Mag. 54: tab. 2705. 1827; Cabrera, Op. Lill. 13:50. 1965.

Planta volúvel; ramos tetra-angulados, às vezes, curtamente alados. Folhas alternas, pinatífidas, com 8-12 segmentos, com raque 12-15cm compr., linear, revestida de indumento alvo-pubescente, prolongada em gavinha trífida; folíolos 4cm compr. x 1,5-1,7cm larg., elípticos, ápice agudo ou obtuso, base atenuada, margem íntegra, face ventral glabra, face dorsal com pêlos finos, longos, alvos. Capítulos grandes, solitários, com pedúnculos 12-15cm compr., glabros. Invólucro campanulado, 4-5cm compr.; filárias em 5-7 séries, as mais externas revolutas, glabras, as mais internas alvo-tomentosas no ápice. Flores 40-50 dimorfas, as marginais femininas, liguladas, purpúreas, as do disco hermafroditas, bilabiadas; pápus plumoso, alvacento; aquênio glabro.

Nome popular: Cravo-divino-formoso (Cabrera & Klein 1973).

Floração e frutificação: Floresce em setembro.

Habitat: Floresta Pluvial Atlântica montana e Campo altimontano, Floresta Estacional, Floresta Pluvial de Araucária (Cabrera & Klein *l.c.*) e Restinga arbórea. Comum em áreas de vegetação alterada.

Distribuição geográfica: Brasil: Espírito Santo, Minas Gerais, Rio de Janeiro, São Paulo, Paraná, Santa Catarina e Rio Grande do Sul. Paraguai e Argentina (Cabrera & Klein *l.c.*).

Material examinado: L. Sylvestre 383 *et al.* (RB).

26. Piptocarpha macropoda (DC.) Baker, Mart. *in* Fl. Bras. 6(2):123. 1873.
(Fig. 27 a)

Árvore 10-23m alt., tronco liso e acinzentado; ramos novos castanho-escuros, sulcados, com tomento adpresso. Folhas com pecíolos 2-3,5cm compr., canaliculados; lâmina coriácea, discolor, 11-15cm compr. x 5-9cm larg., de oblonga a suborbicular, ápice agudo, base assimétrica, obtusa ou arredondada, face ventral glabrescente, verde-escura, face dorsal acinzentada, com tomento de pêlos simples e de pêlos estrelados pediculados, retículo das nervuras saliente. Capítulos 5-8, sésseis, em glomérulos axilares. Invólucro 8-10mm, com 8-9 séries de filárias, as externas tomentosas, as internas glabras. Flores 12-15 por capítulo; corola lilás; pápus alvacento; aquênio glabro.

Nome popular: Canela-branca, mololô.

Floração e frutificação: Floresce de julho a setembro.

Habitat: Floresta Pluvial Atlântica montana e Campo altimontano. Comum também nas áreas de vegetação alterada.

Distribuição geográfica: Brasil: Minas Gerais, Rio de Janeiro e São Paulo.

Comentários: Na região de Macaé de Cima *P. macropoda* é a única espécie do gênero de hábito arbóreo. Além disso, o tamanho e o número de flores dos capítulos são características marcantes desta espécie.

Material examinado: C.M.B. Correia s/n *et al.* PII ind. 3945 (RB 291630); C.M.B. Correia s/n *et al.* PII ind. 3689 (RB 291631); C.M.B. Correia s/n *et al.* PII ind. 3471 (RB 291634); T. Fontoura s/n *et al.* PII ind. 3094 (RB 291629); B.C. Kurtz 65 *et al.* (RB); H.C. Lima 3706 *et al* (RB); H.C. Lima 3775 *et al.* (RB).

27. Piptocarpha oblonga (Gardner) Baker *in* Mart. Fl. Bras. 6(2):121. 1873; Cabrera & R.M. Klein, Fl. Ilust. Catarinense, parte I, fasc. Comp.:249. 1980.

Liana robusta, ramos mais espessos regularmente ondulados, pubescentes, castanho-escuros. Folhas com pecíolos 1-1,5cm compr.; lâmina subcoriácea, elíptica ou oblonga, 8-10cm compr. x 3-3,5cm larg., ápice acuminado, base atenuada ou subarredondada, margem íntegra, face ventral glabra, face dorsal com tomento acinzentado de pêlos estrelados, sésseis, e nervuras em retículo saliente. Inflorescência axilar com 12-25 capítulos sésseis, dispostos em gloméruio denso. Invólucro 5-7cm compr.; filárias em 5-6 séries, pubescentes. Flores 3; corola alvacenta; pápus amarelado; aquênio glabro.

Nome popular: Cambará, braço-do-rei, cipó-cambará, guaxima-de-mangue.

Floração e frutificação: Floresce de julho a novembro.

Habitat: Floresta Pluvial Atlântica montana e áreas de vegetação alterada.

Distribuição geográfica: Brasil: Minas Gerais, Rio de Janeiro, São Paulo, Paraná, Santa Catarina e Rio Grande do Sul.

Material examinado: G. Martinelli 11918 *et al* (RB); M. Peron 808 *et al* (RB); S.V.A. Pessoa 507 *et al.* (RB); A.F. Vaz 684 (RB); C.M. Vieira 60 *et al* (RB).

28. Piptocarpha quadrangularis (Vell.) Baker *in* Mart. Fl. Bras. 6(2):128. 1873; Cabrera & R.M. Klein, Fl. Ilust. Catarinense, parte I, fasc. Comp.:242. 1980.

Liana robusta; ramos nitidamente tetrangulados, com tomento pardacento ou acinzentado. Folhas com pecíolos 1-2,5cm compr.; lâmina coriácea, discolor, 10-15cm compr. x 5-8cm larg., ovadas ou oblongas, ápice agudo, base arredondada, margem íntegra, face ventral glabra, luzidia, com nervuras impressas, face dorsal com tomento áureo (folhas mais jovens) ou acinzentado, com as nervuras em retículo saliente. Inflorescência de 20-40 capítulos sésseis ou subsésseis, dispostos em cimas glomeruliformes, axilares. Invólucro 4-5mm compr.; filárias em 4-5 séries, glabras, pubescentes no ápice. Flores 3; corola branca; pápus amarelado; aquênio glabro, comprimido.

Nome popular: Cambará, braço-forte-de-quatro-quinas (Cabrera & Klein 1980).

Floração e frutificação: Floresce em agosto e setembro.

Habitat: Floresta Pluvial Atlântica montana, Floresta Pluvial de Araucária. Comum nas áreas de vegetação alterada.

Distribuição geográfica: Brasil: Rio de Janeiro, São Paulo, Paraná e Santa Catarina.

Comentários: Espécie facilmente identificada pelos ramos conspicuamente 4-angulados, pelo tamanho das folhas e pelo grande número de capítulos.

Material examinado: C.M.B. Correia s/n *et al.* PII ind. 4498 (RB291755); M. Leitman 369 *et al* (RB); H.C. Lima 3438 *et al* (RB); H.C. Lima 3769 *et al* (RB); H.C. Lima s/n *et al.* PII ind. 3108 (RB 291756); S.V.A. Pessoa s/n *et al.* PII ind. 1149 (RB291754); A.F. Vaz 682 (RB).

29. Piptocarpha reitziana Cabrera, Arquiv. Jard. Bot. Rio de Janeiro 15:73. 1957.
(Fig. 27 b)

Liana com os ramos jovens delgados, revestidos por tomento de escamas adpressas. Folhas com pecíolo 4-6mm compr.; lâmina papirácea, discolor, 5-7(9)cm compr. x 1,5-2,0cm larg., de lanceolada a oblanceolada, ápice acuminado, base atenuada ou subarredondada, margem íntegra, face ventral glabra, verde-escura, face dorsal com tomento adpresso, pálido-ferrugíneo, nervura em retículo saliente. Capítulos sésseis em glomérulos axilares. Invólucro 5mm compr.; filárias 4-5 séries, glabrescentes, tomentosas no ápice. Flores 3; corola e pápus alvacentos; aquênio glabro, glanduloso.

Nome popular: Braço-forte-branco (Cabrera & Klein 1980).

Floração e frutificação: Floresce em agosto e setembro.

Habitat: Floresta Pluvial Atlântica montana e Floresta Pluvial Ripária. Segundo Cabrera & Klein (*loc. cit.*) no estado de Santa Catarina vegeta exclusivamente na Mata Pluvial da encosta atlântica onde apresenta vasta e expressiva dispersão, ocorrendo principalmente no interior das florestas primárias das encostas, até altitudes compreendidas entre 20 a 400-500msm. Em Macaé de Cima, entretanto, foi coletada numa altitude de 1.400msm.

Distribuição geográfica: Brasil: Santa Catarina (localidade do *typus*) e Rio de Janeiro.

Comentários: Espécie afim a *Piptocarpha oblonga*, da qual se distingue principalmente pelas folhas lanceoladas e não elípticas, pelo tipo e cor de indumento e pelos aquênios conspicuamente glandulosos. Este é o primeiro registro desta espécie para o estado do Rio de Janeiro.

Material examinado: C.M.B. Correia 165 *et al.* (RB); M.P.M. Lima 174 *et al.* (RB); S.V.A. Pessoa 260 *et al.* (RB); C.M. Vieira 29 *et al.* (RB).

30. Senecio brasiliensis (Spreng.) Less., Linnaea 6:246. 1831; Cabrera, Arquiv. Jard. Bot. Rio de Janeiro 15:227. 1957.
(Fig. 30 a-b)

Subarbusto 1-2,5m alt.; ramos glabros. Folhas sésseis, pinatissectas; lâmina com segmentos glabros na face ventral e alvo-tomentosos na face dorsal. Capítulos pedunculados, heteromorfos, dispostos em panícula de corimbos. Invólucro 6-7mm. compr.; filárias 18-20, glabras. Flores amarelas, dimorfas: - as marginais 8, femininas, liguladas; as do disco 30-40, hermafroditas, tubulosas; pápus alvacento; aquênio pubescente.

Nome popular: Maria-mole, catião, flor-das-almas, craveiro-do-campo.

Floração e frutificação: Floresce de agosto a outubro

Habitat: Floresta Pluvial Atlântica montana, baixo-montana e Campo altimontano. Comum em áreas de vegetação degradada, ao longo das trilhas, na margem de rios, brejos, etc.

Distribuição geográfica: Brasil: Minas Gerais, Espírito Santo, Rio de Janeiro, São Paulo, Paraná, Santa Catarina e

Rio Grande do Sul. Paraguai, Uruguai, Argentina (Cabrera, *loc. cit.*).

Material examinado: I.A. Araujo 106 *et al.* (RB); J.F.A. Baumgratz 468 *et al* (RB); C.M.B. Correia 195 *et al.* (RB); Glaziou 1620 (R).

31. Senecio desiderabilis Vell., Fl. Flum. Icon. 8: tab 108. 1827 (1831).
= *Pentacalia desiderabilis* (Vell.) Cuatrec., Phytologia 52:164. 1992.

Arbusto apoiante ou liana; ramos sulcados, glabros. Folhas com pecíolos 2-2,5cm; lâmina glabra, 5-10cm compr. x 2,5-5cm larg., elíptica, ápice agudo, base obtusa, margem inteira. Capítulos pedunculados, heteromorfos, dispostos em panículas. Invólucro 6-7mm compr.; filárias 8, agudas, glabras. Flores dimorfas: - as marginais 6-8, femininas, liguladas; as do disco 10-12, hermafroditas, tubulosas; pápus alvo; aquênio glabro.

Floração e frutificação: Floresce em junho e julho.

Habitat: Floresta Pluvial Atlântica montana e Campo altimontano, Floresta Pluvial Ripária, Floresta Pluvial de Araucária. Ocorre também em áreas de vegetação alterada.

Distribuição geográfica: Brasil: Minas Gerais, Rio de Janeiro, São Paulo, Paraná, Santa Catarina e Rio Grande do Sul.

Comentários: *Senecio* no seu conceito tradicional é um gênero sustentado por uma correlação múltipla de caracteres diagnósticos. Tal fato permite um ótimo padrão de reconhecimento para este táxon, favorecendo que o mesmo seja facilmente identificado em trabalhos de campo. Nos últimos anos, entretanto, *Senecio* teve seus limites alterados com algumas de suas secções elevadas a *status* genérico, levando-se em conta caracteres tais como: formato e pilosidade do ápice do estilete, número de estrias do aquênio, hábito, etc.

Neste trabalho adotou-se para *Senecio* o tratamento taxonômico tradicional (Baker, 1884; Cabrera, 1957). Para o conhecimento dos novos nomes ligados a *Senecio s. l.*, recomenda-se consultar o trabalho de D.J.N. Hind (1993).

Material examinado: Dusén 659 (R); Dusén 668 (R); H.C. Lima s/n *et al.* PI ind. 1066 (RB 291641); H.C.Lima 3590 *et al.* (RB); M. Peron 802 *et al.* (RB); S.V.A. Pessoa 196 *et al.* (RB).

32. Senecio glaziovii Baker *in* Mart., Fl. Bras. 6(3):305. 1884; Cabrera, Arquiv. Jard. Bot. Rio de Janeiro 15:201. 1957.
= *Dendrophorbium glaziovii* (Baker) C. Jeffrey, Kew Bull. 47:67. 1992.

Árvore 4-10m alt.; ramos jovens densamente folhosos, com tomento áureo ou acinzentado. Folhas com pecíolos 2-5cm compr.; lâmina discolor, papirácea, 7-12cm compr. x 3,5-5cm larg., elíptica ou obovado-lanceolada, ápice obtuso, base atenuada ou subarredondada, margem com dentes esparsos, face ventral glabra, face dorsal cinza-tomentosa. Capítulos pedunculados, heteromorfos, dispostos em panículas. Invólucro 4,5-5mm compr.; filárias 8, agudas, glabras. Flores dimorfas, amarelas: - as marginais 4-5 femininas com corola ligulada muito reduzida, às vezes ausente; as do disco 15-20, hermafroditas, tubulosa; pápus alvo; aquênio glabro.

Floração e frutificação: Floresce em julho.

Habitat: Floresta Pluvial Atlântica alto-montana e Campo altimontano.

Distribuição geográfica: Minas Gerais e Rio de Janeiro.

Comentários: Espécie endêmica da Floresta Pluvial Atlântica.

Material examinado: Brade 12663 (RB); S.V.A. Pessoa 236 (RB).

33. Senecio organensis Casar., Nov. Stirp. Brasil. Decad. 9:77. 1845; Cabrera, Arquiv. Jard. Bot. Rio de Janeiro 15:174. 1957.
= *Graphistylis organensis* (Casar.) B. Nord., Opera Bot. 44:58. 1978.

Subarbusto 0,80-1,5m alt.; ramos glabros, eretos, fistulosos, angulados, folhosos até a inflorescência. Folhas com pecíolos 1-3cm compr.; lâmina coriácea, discolor, glabra, 13-16(20)cm compr. x 4-6(7)cm larg. de obovada a oblanceolada, ápice agudo, base atenuada, margem dentada, face ventral verde-escura, face dorsal verde-clara ou pardacenta, com retículo das nervuras nítido. Capítulos pedunculados, numerosos, heteromorfos, dispostos em panícula ampla de cimas corimbiformes. Invólucro com calículo, 1-1,2cm compr.; filárias 8, agudas, glabras. Flores dimorfas, amarelas: - as marginais 5, femininas, corola ligulada; as do disco 20-25, hermafroditas, corola tubulosa; pápus alvo; aquênio glabro.

Floração e frutificação: Floresce em de maio a agosto.

Habitat: Floresta Pluvial Atlântica alto-montana e Campo altimontano.

Distribuição geográfica: Brasil: Espírito Santo, Minas Gerais e Rio de Janeiro.

Comentários: Espécie endêmica da Floresta Pluvial Atlântica.

Material examinado: Glaziou 3684 (R); M. Leitman 408 *et al.* (RB); S.V.A. Pessoa 238 *et al.* (RB); Schwacke s/n (R44283).

34. Symphyopappus itatiayensis (Hieron.) R.M. King & H. Robins., Phytologia 22 (2):116. 1971.

Árvore pequena, ramosa, até 7m alt.; ramos jovens glabros, vernicosos, sulcados, castanho-escuros, folhados até a inflorescência. Folhas com pecíolo 1-1,5cm compr.; lâmina papirácea, trinervada, viscosa, glabra, luzidia, 8-16(22)cm compr. x 2,5-5(6)cm larg., ovado-lanceolada, ápice acuminado, base atenuada, margem serreada. Capítulos com pedúnculos conspicuamente sulcados, dispostos em cimas corimbiformes, densas no extremo dos ramos. Invólucro 5-6mm compr.; filárias glabras, castanho-claras, dispostas em 4-5 séries gradualmente menores. Flores 5; corola lilás; pápus alvacento com as cerdas concrescidas na base; aquênio glabro, glanduloso na parte superior.

Nome popular: Vassoura-braba, chilca, erva-de-bicha (Cabrera & Klein 1980).

Floração e frutificação: Floresce em janeiro.

Habitat: Floresta Pluvial Atlântica montana, Campo altimontano e na Floresta Pluvial de Araucária (Cabrera & Klein *l.c.*). Frequente nas áreas de vegetação alterada. Nos municípios serranos limítrofes à cidade do Rio de Janeiro é comum a presença de grandes populações de *S. itatiayensis* que se instalam em áreas degradadas, formando densos agrupamentos quase puros, dando um aspecto fisionômico próprio a estas áreas.

Distribuição geográfica: Brasil: Minas Gerais, Rio de Janeiro, São Paulo, Paraná, Santa Catarina.

Material examinado: Brade 17280 (R); B.C. Kurtz s/n *et al.* PII ind. 1786 (RB291643); R. Guedes s/n *et al.* PII ind. 665 (RB 291642); H.C. Lima s/n *et al.* PI ind. 2687 (RB 291644); C. Porto 2789 (RB).

35. Vanillosmopsis erythropappa Sch. Bip., Pollichia:166. 1861.
(Fig. 27 c)

Árvore 2-5m alt.; ramos sulcados, revestidos por indumento escamoso denso. Folhas alternas com pecíolos 0,5-1cm compr.; lâmina papirácea, discolor, 5-7cm compr. x 1-2cm larg., lanceolada, aguda nas duas extremidades, margem íntegra, face ventral verde-escura, glabra, face dorsal alvo-acinzentada, com tomento adpresso de pêlos estrelados. Capítulos concrescidos entre si, constituindo um glomérulo denso; glomérulos dispostos em panículas corimbosas. Invólucro 4-5mm compr.; filárias externas lanosas e internas glabras, lineares, não concrescidas entre si. Flores 3-4; corola lilás; pápus avermelhado, caduco; aquênio glanduloso.

Nome popular: Pau-candeia, candeia.

Floração e frutificação: Floresce em setembro e outubro.

Habitat: Ocorre na Floresta Pluvial Atlântica montana, Campo altimontano e Floresta Pluvial Ripária.

Distribuição geográfica: Brasil: Bahia, Espírito Santo, Minas Gerais, Rio de Janeiro, São Paulo.

Comentários: Espécie facilmente distinta pelo conjunto dos seguintes atributos: capítulos concrescidos entre si, hábito arbóreo, folhas discolores com o dorso acinzentado e pápus rosado. A espécie é frequente nas encostas das serras dos Órgãos e da Mantiqueira.

Material examinado: M. Leitman 374 *et al.* (RB); H.C.Lima 3537 (RB).

36. Vernonia diffusa Less., Linnaea 4:272. 1829.
(Fig. 30 j)

Árvore 7-25m alt.; ramos novos acinzentados, densamente pubescentes. Folhas com pecíolo 1-3cm compr.; lâmina papirácea, discolor, (7)12-18cm compr. x 5-6(9)cm larg., de elíptico-lanceolada a ovada, ápice agudo, base obtusa, arredondada ou, às vezes, subcordada, margem íntegra, face ventral esparsamente pilosa, verde-escura, face dorsal alvo-tomentosa, glandulosa, com nervura primária e secundárias nítidas. Capítulos subsésseis dispostos em cincínios longos, formando, o conjunto, panícula ampla. Invólucro com 5-7 séries de filárias com tomento acinzentado no dorso, as mais internas lanceoladas, as mais externas ovadas, diminutas, extendendo-se ao longo do pedúnculo. Flores 16-20; corola lilás, glandulosa; pápus alvacento; aquênios com pilosidade esparsa e carpopódio nítido.

Nome popular: Pau-toucinho, mololô.

Floração e frutificação: Floresce de agosto a outubro.

Habitat: Ocorre na Floresta Pluvial Atlântica montana e Campo altimontano. Comum em áreas de vegetação alterada.

Distribuição geográfica: Brasil: Bahia, Espírito Santo, Minas Gerais, Rio de Janeiro e São Paulo.

Comentários: Espécie muito comum na região de Macaé de Cima, ocorrendo principalmente nas formações secundárias. Foi a composta arbórea, com fuste superior a 10m, coletada em maior altitude (1.200msm).

Material examinado: C.M.B. Correia 11 *et al.* (RB); C.M.B. Correia s/n *et al.* PII ind. 3864 (RB 291625); C.M.B. Correia 47 *et al.* (RB); Glaziou 2840 (R); R. Guedes s/n *et al.* PII ind. 559 (RB 291687); B.C. Kurtz s/n *et al.* PII ind. 2115 (RB 291626); B.C. Kurtz s/n *et al.* PII ind. 2119 (RB 291685); M. Leitman 417 *et al.* (RB); H.C. Lima s/n *et al.* PI ind. 3206 (RB 291686); G. Martinelli 12961 *et al.* (RB); A.F. Vaz 746 *et al.* (RB); C.M. Vieira 11 *et al.* (RB).

37. Vernonia discolor (Spreng.) Less., Linnaea 4:274. 1829; Matzenbacher & Mafioleti, Comun. Mus. Ciênc. Tecnol. - PUCRS, sér. Bot. 1(1):17. 1994.
(Fig. 29 k)

Árvore 10-20m alt. com tronco liso, alvo-acinzentado; ramos da inflorescência, pecíolos e pedúnculos revestidos de tomento alvacento. Folhas com pecíolos 2-5cm compr.; lâmina papirácea, discolor, 10-14(18)cm compr. x (3)4-6cm larg., ovado-lanceolada, ápice agudo, base atenuada, margem íntegra, face ventral glabra, verde-escura, face dorsal com denso tomento acinzentado, nervuras com retículo saliente. Capítulos numerosos, pedunculados, dispostos em cincínios curtos, reunidos em panícula densa. Invólucro 4-5mm compr.; filárias em 4-5 séries, castanho-claras, pubescentes, as da série mais interna facilmente caducas; receptáculo plano. Flores 9-11; corola lilás; pápus brancacento ou amarelado; aquênio pubescente com carpopódio nítido.

Nome popular: Capichingui-de-bicho, vassourão-preto, pau-toucinho, mololô, pau-candeia (Matzenbacher & Mafioleti *l.c.*).

Floração e frutificação: Floresce de julho a novembro.

Habitat: Floresta Pluvial Atlântica baixo-montana e Campo-altimontano, Floresta Pluvial de Araucária. Comum em vegetação alterada.

Distribuição geográfica: Brasil: Minas Gerais, Rio de Janeiro, São Paulo, Paraná, Santa Catarina e Rio Grande do Sul.

Comentários: Em material herborizado esta espécie é, com frequência, confundida com *Vernonia diffusa*, espécie também arbórea. Em *V. discolor*, a face dorsal das folhas apresenta o retículo das nervuras nítido, destacando-se do espesso tomento acinzentado. Outras características que também ajudam na identificação de *V. discolor* são: capítulos dispostos em cincínios mais curtos e invólucro constituído por menor número de filárias, apresentando, estas, indumento bem menos espesso.

Material examinado: Correia 215 *et al.* (RB); H.C. Lima 3786 *et al.* (RB); H.C. Lima 4028 (RB); H.C. Lima s/n *et al.* PI ind. 1593 (RB 291690).

38. Vernonia macahensis Glaz. *ex* G.M. Barroso, Arquiv. Jard. Bot. Rio de Janeiro 17:21. 1963.

Arbusto 1,5-2m alt.; ramos pubescentes, estriados, cicatricosos. Folhas com pecíolos 0,4-1cm compr.; lâmina papirácea, glabra, discolor, 6-10(12)cm compr. x 1-1,5(2)cm larg., de lanceolada a ovada-lanceolada, ápice agudo, base longamente atenuada, margem dentada, face ventral verde-escura, face dorsal castanho-avermelhada, densamente glandulosa. Capítulos subsésseis em cimas corimbosas terminais. Invólucro 5mm compr.; filárias em 5 séries, alvo-pubescentes, glandulosas. Flores 10-11; corola com tubo alvo e lacínios lilases, glandulosos; pápus alvacento; aquênio revestido de pontuações glandulares, luzidias.

Floração e frutificação: Floresce de julho a agosto.

Habitat: Floresta Pluvial Atlântica alto-montana, Campo altimontano e Restinga.

Distribuição geográfica: Brasil: Espírito Santo e Rio de Janeiro.

Comentários: O material *typus* foi coletado por Glaziou em Macaé de Cima (então denominado Alto Macaé). *Vernonia macahensis* ocorre com relativa abundância tanto a nível do mar (como por exemplo nos alagados e brejos das restingas de Itaipuaçu e Maricá) como também sobre o solo turfoso, mesclado às rochas decompostas, nas Matas Nebulares dos Campos de altitude (ex. Macaé de Cima e Pedra do Desengano).

Material examinado: I. A. Araujo 50 *et al* (RB); Glaziou 17098 (fototipo RB); M. Leitman 412 *et al.* (RB); S.V.A. Pessoa 237 *et al.* (RB).

39. Vernonia macrophylla Less., Linnaea 6:668. 1831. (Fig. 30 g)

Arbusto 2-5m alt.; ramos nitidamente estriados, seríceos. Folhas com pecíolos 3-5cm compr.; lâmina membranácea, 25-30(40)cm compr. 15-20(25)cm larg., ovalada a lanceolada, ápice agudo, base atenuada, margem denteada; face ventral glabrescente, face dorsal alvo-serícea. Capítulos subsésseis, subtendidos por bráctea foliácea, dispostos em cincínios de até 25cm compr., ordenados em panículas terminais; brácteas foliáceas membranáceas, lanceoladas, agudas, de comprimento que ultrapassa a altura dos capítulos. Invólucro campanulado 1,2 cm compr. e larg. Filárias pubescentes em 4-5 séries. Flores 40-50; corola lilás; pápus ferrugíneo; aquênio viloso, carpopódio nítido.

Nome popular: Folha-de-santana.

Floração e frutificação: Floresce em junho.

Habitat: Floresta Pluvial Atlântica baixo-montana, montana e Campo altimontano. Ocorre também em áreas de vegetação alterada.

Distribuição Geográfica: Brasil: Bahia, Espírito Santo, Minas Gerais, Rio de Janeiro e São Paulo.

Material examinado: H.C. Lima 3610 *et al.* (RB); P.P. Laclette v - 970 (R).

40. Vernonia puberula Less., Linnaea 6:649. 1831; Matzenbacher & Mafioleti, Comun. Mus. Ciênc. Tecnol. - PUCRS, sér. Bot. 1(1):17. 1994.

Árvore 5-8m alt.; ramos novos, pecíolos e pedúnculos densamente ferrugíneo-pubescentes. Folhas com pecíolo de 1-2cm compr.; lâmina discolor, papirácea, 7-10cm compr. x 1,5-2,5 cm larg., oblanceolada, ápice acuminado, base atenuada, margem íntegra, face ventral verde-escura, glabra, face dorsal verde-clara, pubescente. Capítulos pedunculados reunidos em panículas de cincínios curtos. Invólucro 5mm compr.; filárias pubescentes em 4-5 séries, sendo facilmente caducas as da série mais interna; receptáculo plano. Flores 10-11; corola alvacenta, glandulosa; pápus alvacento; aquênio pubescente, carpopódio nítido.

Nome popular: Cambará-bravo, vassourão-do-brejo, sabugueiro-do-brejo, pau-toucinho (Matzenbacher & Mafioleti *l.c.*).

Floração e frutificação: Floresce em outubro.

Habitat: Floresta Pluvial Atlântica baixo-montana, montana e Campo altimontano.

Distribuição Geográfica: Brasil: Minas Gerais, Rio de Janeiro, São Paulo, Paraná, Santa Catarina e Rio Grande do Sul.

Comentários: Espécie pouco comum na região Sudeste, sendo bem mais frequente nos estados do Sul.

Material examinado: I.A. Araujo 89 *et al.* (RB).

41. Vernonia stellata (Spreng.) S.F. Blake, Contr. U.S. Nat. Herb. 22:587. 1924.
= *Vernonia oppositifolia* Less., Linnaea 4:273. 1829.

Árvore 3-17m alt., com tronco acinzentado; ramos, pecíolos e pedúnculos ferrugíneo-tomentosos. Folhas opostas com pecíolos 2-4cm. compr.; lâmina membranácea, discolor, (11)15-20(30)cm compr. x (4)7-9(11)cm larg., de oblonga a ovado-lanceolada, ápice acuminado, base atenuada ou arredondada, margem íntegra, face ventral glabrescente, verde-escura, face dorsal serícea, acinzentada ou pardacenta, densamente glandulosa, nervuras primária e secundárias salientes. Capítulos pedunculados, dispostos em cincínios reunidos em panícula ampla. Invólucro 5mm compr.; filárias pubescentes em 4-5 séries, as da série mais interna facilmente caducas. Flores 9-11; corola lilás; pápus alvacento; aquênio com pêlos esparsos e carpopódio nítido.

Nome popular: Assa-peixe.

Floração e frutificação: Floresce de julho a outubro.

Habitat: Floresta Pluvial Atlântica baixo-montana e montana.

Distribuição geográfica: Brasil: Rio de Janeiro e São Paulo.

Comentários: Em muitos herbários as exsicatas de *V. stellata* ainda se encontram determinadas como *V. oppositifolia*. As folhas opostas é um caráter que prontamente distingue *V. stellata* das demais espécies brasileiras (ca. 250) do gênero. *V. stellata* é endêmica da mata Atlântica.

Material examinado: C.M.B. Correia 74 *et al.*; C.M.B. Correia 168 *et al.*(RB); T. Fontoura s/n *et al.* PII ind. 3200 (RB 291673); H.C. Lima 3408 *et al.* (RB); G. Martinelli 11922 *et al.* (RB); M. Peron 780 *et al.* (RB); S.V.A. Pessoa 342 *et al.* (RB); Vieira 05 *et al.* (RB).

42. Wunderlichia insignis Baill., Bull. Soc. Linn. Par. 1:285. 1881; G.M. Barroso & Maguire, Rev. bras. Biol. 33(3): 404. 1973.
= *Wunderlichia glaziouii* Baker, Journ. Bot. 20:225. 1882.

Arbusto 2-6m alt.; ramos glabros, suculentos. Folhas alternas, decíduas, com pecíolos 1,5-2,5cm, tomentosos, espessos; lâmina papirácea, de largamente elíptica a suborbicular, ápice arredondado, base de cuneada a subarredondada, margem íntegra, face ventral hirsuta, face dorsal com tomento denso, alvacento. Capítulos longamente pedunculados, geralmente 3-5, dispostos em racemos laxos. Invólucro 4-5cm compr.; filárias avermelhadas, com a margem lacerada, em 5-7 séries, as das séries mais externas revestidas de tomento alvo, as das séries mais internas, gradualmente menos pilosas. Flores isomorfas; corolas com lacínios longos, glabros, revolutos no ápice; pápus ferrugíneo, com cerdas paleáceas (= largas e achatadas) concrescidas na base em anel; aquênio com ápice hirsuto.

Floração e frutificação: Floresce de abril a outubro.

Habitat: Floresta Pluvial Atlântica alto-montana e Campo altimontano, nos cumes dos morros, sobre solo pouco profundo e pedregoso, de sedimentos.

Distribuição geográfica: Espécie endêmica do estado do Rio de Janeiro.

Comentários: Devido a sua ocorrência em Nova Friburgo, onde o tipo de *W. glazioui* foi coletado, esta espécie foi incluída neste trabalho. *Wunderlichia* abriga seis espécies (Barroso & Maguire *l.c.*), cinco delas ocorrendo nos ambientes xerofíticos e rupestres dos estados da Bahia, de Goiás, de Minas Gerais e do Espírito Santo, sendo apenas *W. insignis* endêmica dos Campos de altitudes e das Matas Nebulares do estado do Rio de Janeiro. Após levantamento realizado nos herbários R, RB e UEC constatou-se que esta espécie foi coletada apenas quatro vezes neste século, datando a última coleta de 1964. Antes de caracterizar *W. insignis* como espécie extinta, entende-se, entretanto, que se deva consultar outros herbários, bem como promover novas buscas em áreas de formações vegetacionais semelhantes àquelas onde esta espécie foi coletada no passado.

Material examinado: Brade 13195 *et al* (RB); Glaziou 12060 (*typus* R); Glaziou s/n (R115407); E. Leite 4300 (RB); Ule 3915 (R); Vianna-Freire 253 (R).

Considerações gerais sobre a distribuição geográfica:

1. Táxon endêmico da flora do estado do Rio de Janeiro: *Wunderlichia insignis.*
2. Táxons endêmicos da região Sudeste: *Eupatorium adamantium, Gochnatia rotundifolia, Mikania conferta, Piptocarpha macropoda, Senecio glaziovii, S. organensis, Vernonia macahensis, V. stellata.*
3. Táxons das regiões Nordeste (Bahia) e Sudeste: *Vanillosmopsis erythropappa, Vernonia diffusa, V. macrophylla.*
4. Táxons das regiões Centro-Oeste e Sudeste: *Mikania acuminata, M. microdonta.*
5. Táxon das regiões Centro-Oeste, Sudeste e Sul: *Eupatorium pyrifolium.*

6. Táxons das regiões Sudeste e Sul: *Baccharis intermixta, B. semiserrata* var. *semiserrata; Dasyphyllum spinescens, D. tomentosum* var. *multiflora, Eupatorium vauthierianum, Mikania argyriae, M. buddleiaefolia, M. chlorolepis, M. lindbergii* var. *lindbergii, M. lindbergii* var. *collina, M. rufescens, M. trinervis, Piptocarpha oblonga, P. quadrangularis, P. reitziana, Senecio desiderabilis, Symphyopappus itatiayensis, Vernonia discolor, V. puberula.*
7. Táxons com ampla distribuição:
   7.1. América do Sul: *Baccharis brachylaenoides* var. *brachylaenoides, B. trimera, Dasyphyllum brasiliense, Eupatorium rufescens, Mikania hirsutissima, Mutisia speciosa, Senecio brasiliensis.*
   7.2. América do Norte (sul do México), América Central e América do Sul: *Mikania vitifolia.*

Tabela Sumariada:

Gêneros	Nº de táxons
Baccharis	04
Dasyphyllum	03
Eupatorium	04
Gochnatia	01
Mikania	10 + 2 var.
Mutisia	01
Piptocarpha	04
Senecio	04

Symphyopappus	01
Vanillosmopsis	01
Vernonia	06
Wunderlichia	01
Total	42

Referências bibliográficas

BAKER, J.G. 1873. Compositae. *In:* **Mart. Flora Brasiliensis 6**(2): 1-398.

_________. 1884. Compositae. *In*: **Mart. Flora Brasiliensis 6**(3): 1-442.

BARROSO, G.M. 1959. Mikaniae do Brasil. **Arq. Jard. Bot. Rio de Janeiro 16**: 239-333.

BARROSO, G.M. 1976. Compositae - subtribo Baccharidinae Hoffmann. Estudo das espécies ocorrentes no Brasil. **Rodriguesia 40**: 1-273.

CABRERA, A.L. 1957. El genero *Senecio* (Compositae) in Brasil, Paraguay y Uruguay. **Arq. Jard. Bot. Rio de Janeiro 15**: 163-326.

CABRERA, A.L. & VITTET, N. 1963. Compositae Catharinenses II. Eupatorieae. **Sellowia 15**: 149-258.

CABRERA, A.L. & KLEIN, R.M. 1973. *In:* Reitz, P. **Fl. Ilust. Catarinense, parte I, fasc. Comp. - tribo Mutisieae**: 1-124.

_____ &_____. 1980. *In:* Reitz, P. **Fl. Ilust. Catarinense, parte I, fasc. Comp. - tribo Vernonieae**: 225-408.

_____ &_____. 1989. *In:* Reitz, P. **Fl. Ilust. Catarinense, parte I, fasc. Comp. - tribo Eupatorieae**: 415-760.

HIND, D.J.N. 1993. A checklist of the brazilian Senecioneae (Compositae). **Kew Bull. 48**(2): 279-296.

KING, R.M. & ROBINSON, H. 1987. **The genera of the Eupatorieae (Asteraceae)**. St. Louis: Missouri Botanical Garden. 581p. (Monographs Systematic Botany, v. 22).

MATZENBACHER, N.I. & MAFIOLETI, S.I. 1994. Estudo taxonômico do gênero *Vernonia* Schreb. (Asteraceae) no Rio Grande do Sul - Brasil. **Comun. Mus. Ciênc. Tecnol. - PUCRS, Sér. Bot. 1**(1): 1-133.

RITTER, B.; BAPTISTA, L.R. de M. & MATZENBACHER, N.I. 1992. Asteraceae, gênero *Mikania* Willd. Secções Globosae e Thyrsigerae. **Bol. Inst. Bioc. 50**: 1-90.

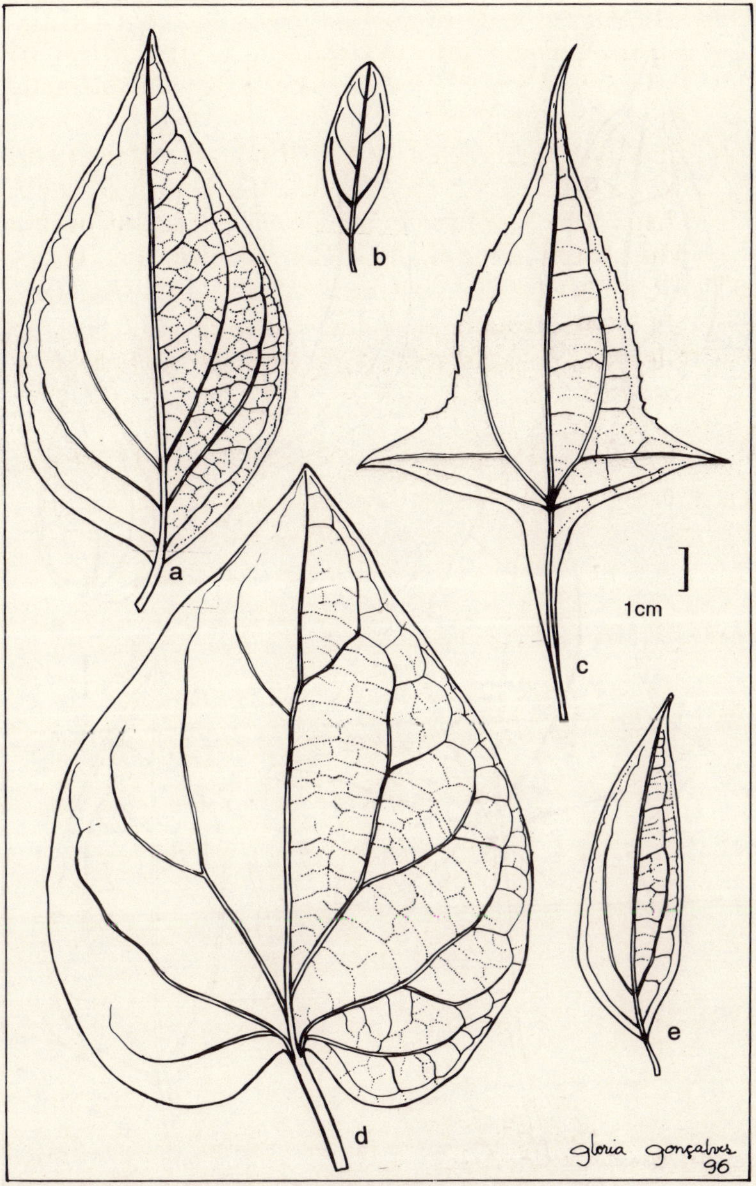

Fig. 24 - Folhas de *Mikania*: a - *M. buddleiaefolia*; b - *M. lindbergii* var. *collina*; c - *M. chlorolepis*; d - *M. argyriae;* e - *M. acuminata.*

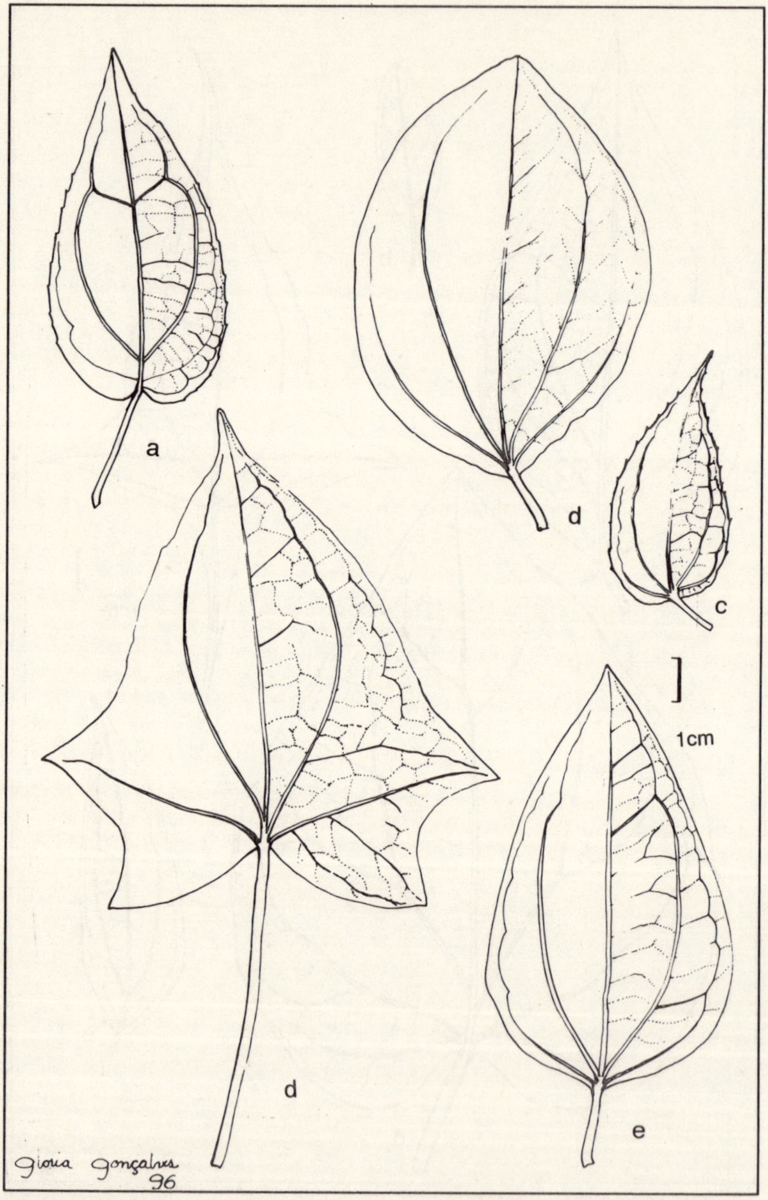

Fig. 25 - Folhas de *Mikania:* a - *M. hirsutissima;* b - *M. rufescens;* c - *M. microdonta;* d - *M. vitifolia*; e - *M. trinervis.*

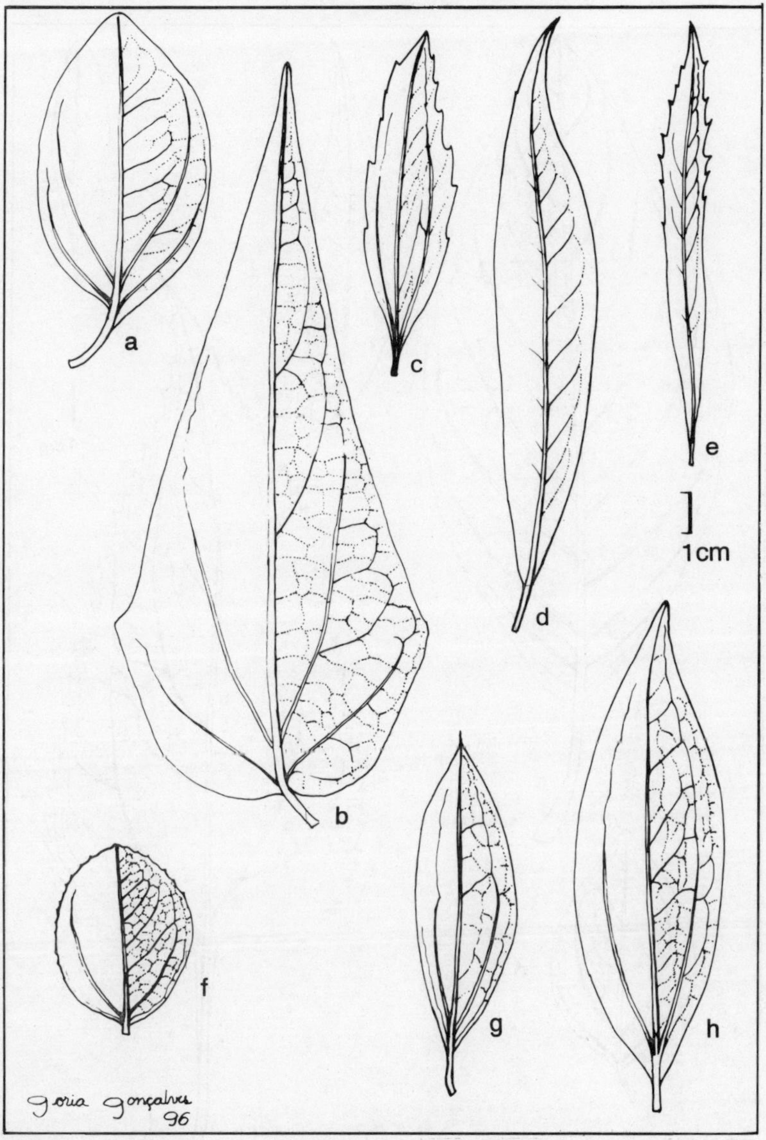

Fig. 26 - Folhas de: a - *Mikania lindbergii* var. *lindbergii;* b - *Mikania conferta*; c - *Baccharis intermixta*; d - *Baccharis brachylaenoides* var. *brachylaenoides*; e - *Baccharis semiserrata* var. *semiserrata;* f - *Gochnatia rotundifolia*; g - *Dasyphyllum spinescens*; h - *Dasyphyllum brasiliense.*

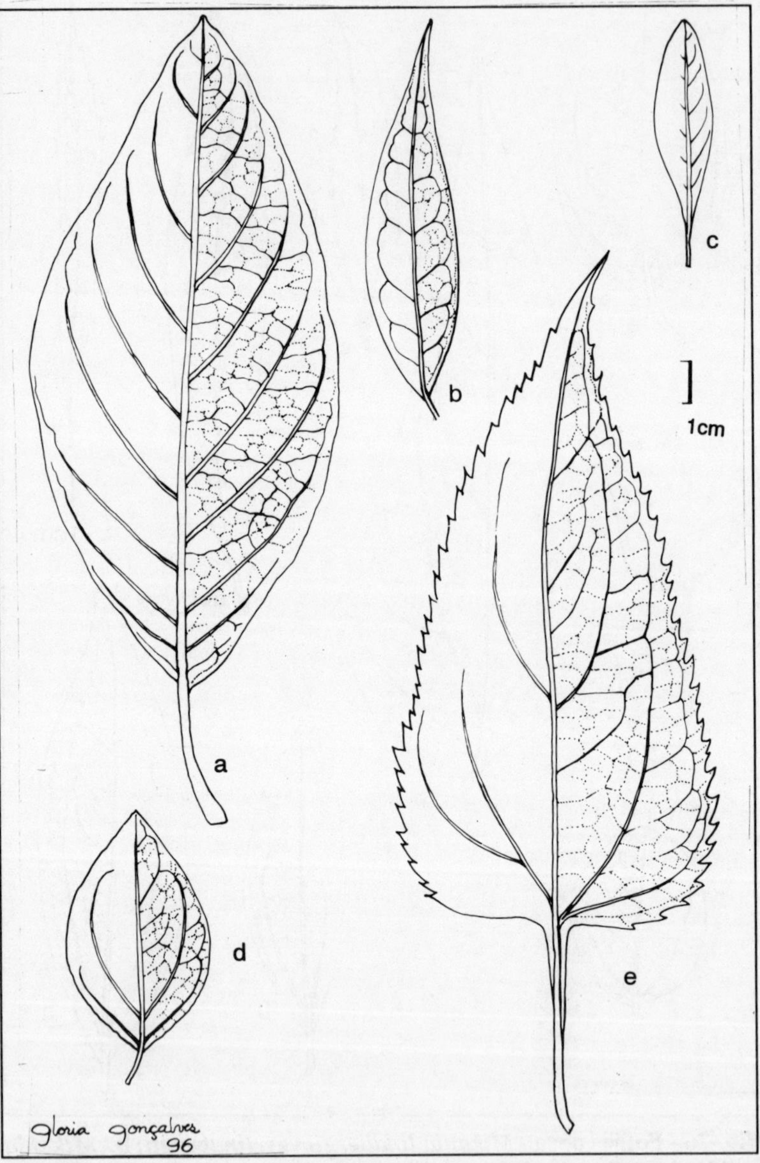

Fig. 27 - Folhas de: a - *Piptocarpha macropoda*; b - *Piptocarpha reitziana*; c - *Vanillosmopsis erythropappa;* d - *Eupatorium pyrifolium;* e - *Eupatorium vauthierianum.*

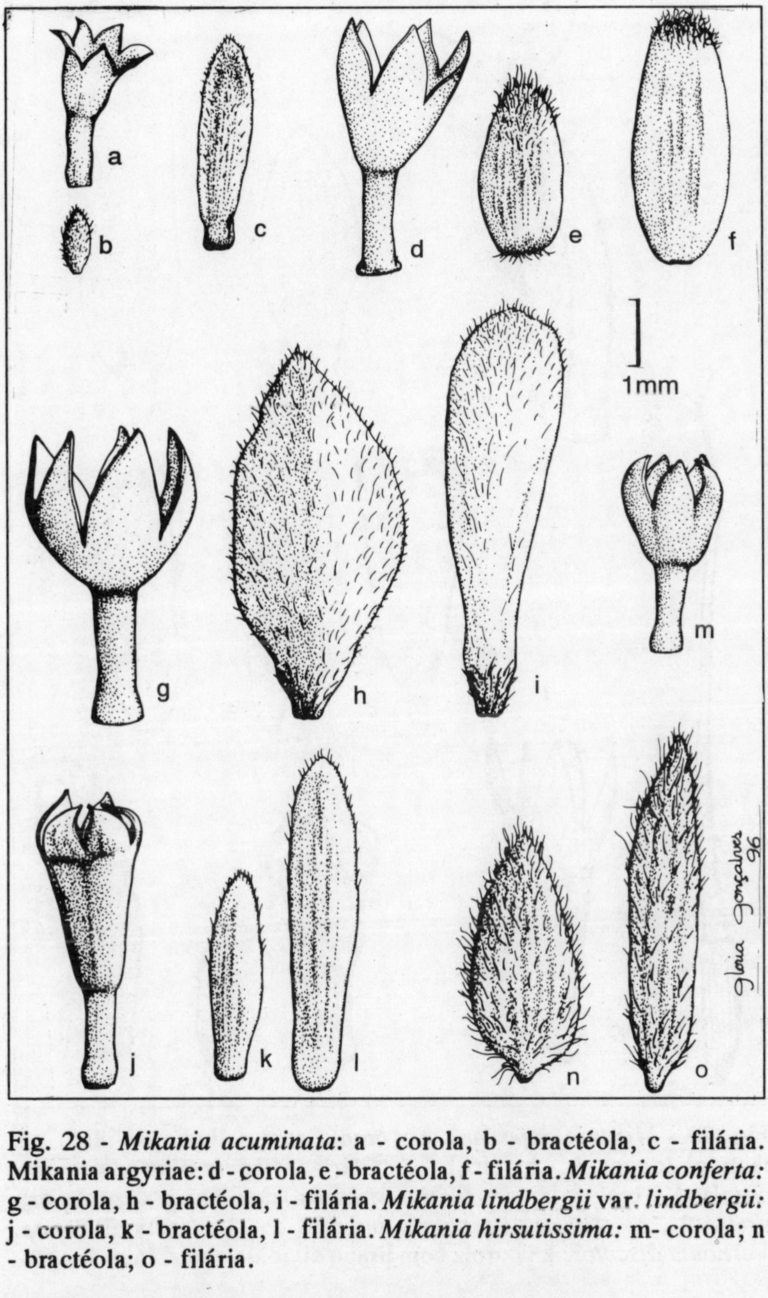

Fig. 28 - *Mikania acuminata*: a - corola, b - bractéola, c - filária. Mikania argyriae: d - corola, e - bractéola, f - filária. *Mikania conferta:* g - corola, h - bractéola, i - filária. *Mikania lindbergii* var. *lindbergii:* j - corola, k - bractéola, l - filária. *Mikania hirsutissima:* m- corola; n - bractéola; o - filária.

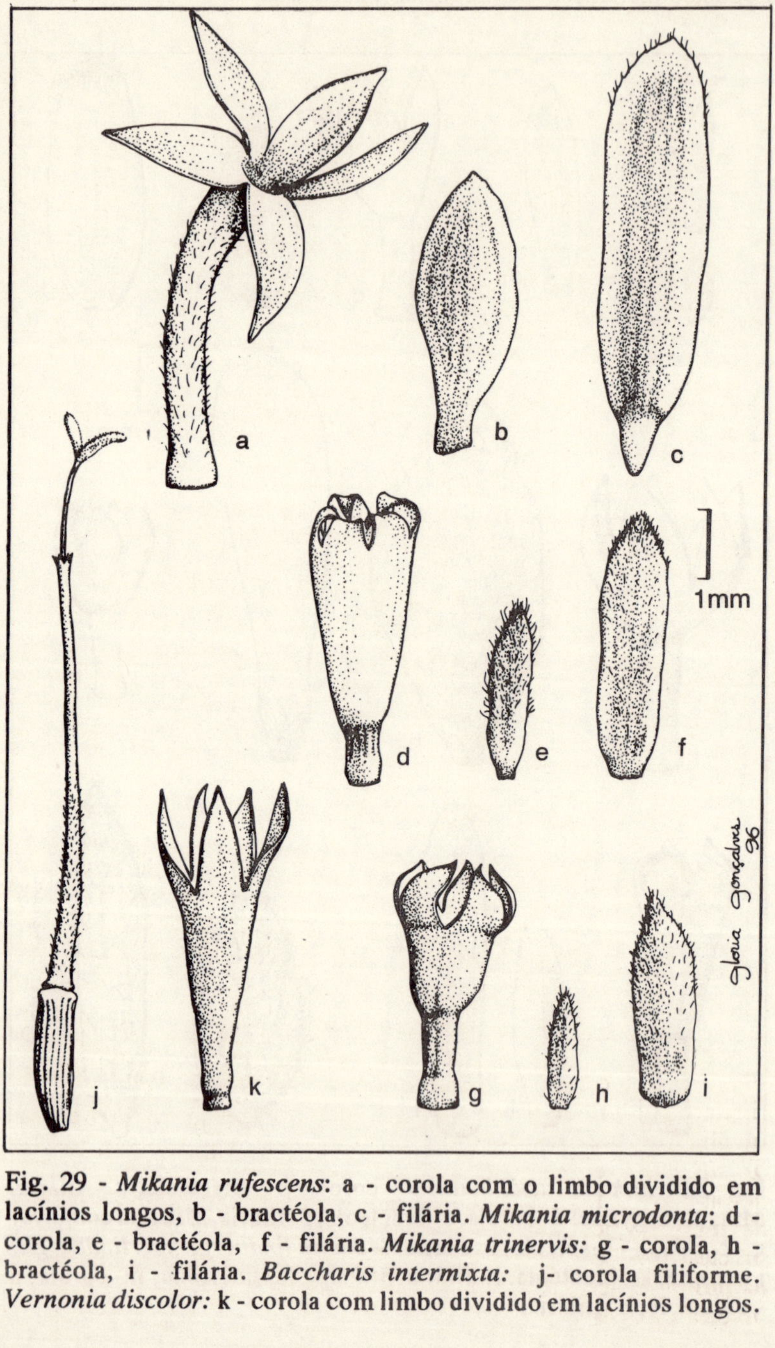

Fig. 29 - *Mikania rufescens*: a - corola com o limbo dividido em lacínios longos, b - bractéola, c - filária. *Mikania microdonta*: d - corola, e - bractéola, f - filária. *Mikania trinervis:* g - corola, h - bractéola, i - filária. *Baccharis intermixta:* j- corola filiforme. *Vernonia discolor:* k - corola com limbo dividido em lacínios longos.

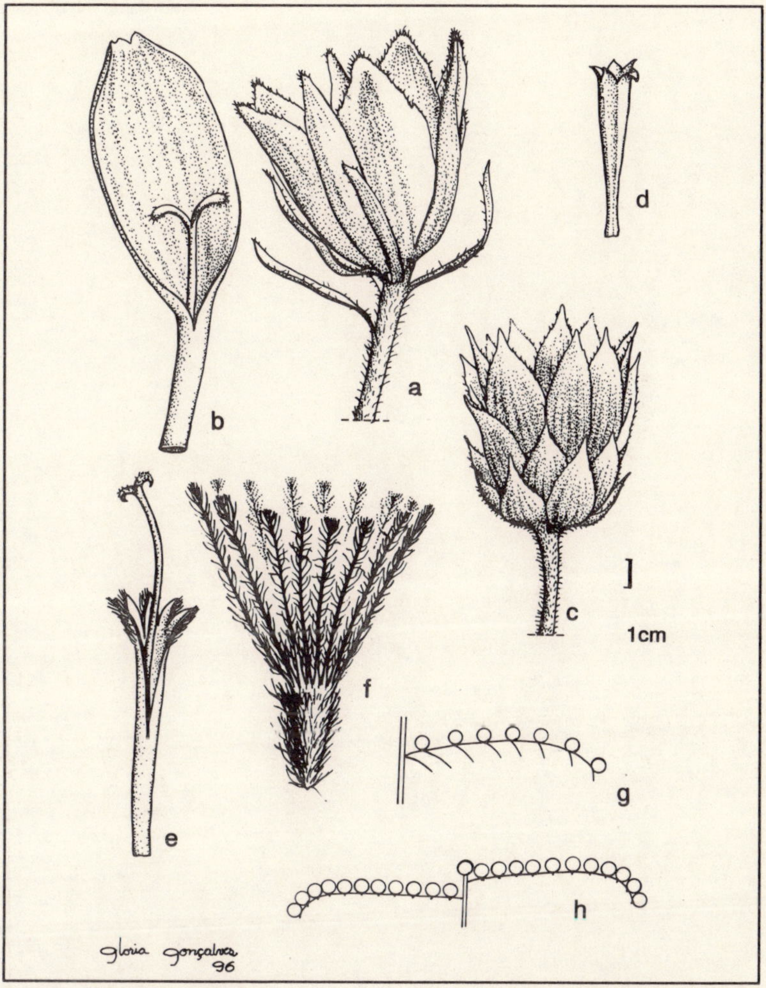

Fig. 30 - *Senecio brasiliensis:* a - invólucro com calículo, b - corola ligulada da flor marginal do capítulo. *Eupatorium vauthierianum:* c - invólucro, d - corola tubulosa, com lacínios curtos. *Dasyphyllum brasiliense*: e - corola pentassecta com uma das incisões mais profunda que as demais, f - pápus plumoso. *Vernonia macrophylla*: g - esquema da inflorescência em cincínio, com os capítulos subtendidos por brácteas foliáceas bem desenvolvidas. *Vernonia diffusa:* j - esquema da inflorescência em cincínio, com os capítulos não subtendidos por bráctea foliácea.

CONVOLVULACEAE

Mariana Lima Vilela[1]

A família apresenta ampla distribuição nos trópicos e subtrópicos de todo o mundo e está representada no Brasil por 50 gêneros e 1800 espécies (Barroso 1986). No Estado do Rio de Janeiro conta com aproximadamente 9 gêneros e 45 espécies. São Trepadeiras não estranguladoras, lenhosas, folhas simples, alternas, sem gavinhas, inermes, lâmina com base cordada não dimórfica, venação com uma nervura primária mediana e secundárias menores formando arcos nas proximidades dos bordos (Vaz & Vieira 1994). Apresentam flores grandes, corola colorida com manchas epissepálicas conspícuas.

Na Reserva Ecológica de Macaé de Cima, está representada apenas por *Ipomoea phyllomega.*

Ipomoea phyllomega (Vell.) House, in. Ann. N.Y. Acad. Sci.xviii 246 (1908)
Fig. (31 a-i)

---

[1] Bolsista do Programa Institucional de Bolsas de Iniciação Científica (PIBIC-CNPq) - Jardim Botânico do Rio de Janeiro - Rua Pacheco Leão, 915 - Jardim Botânico - 22460-030

Agradecimentos: A Marli P.M.de Lima e Rejan R.Guedes-Bruni pela orientação e comentários construtivos.

Liana de caule volúvel, achatado, de casca verrucosa, com estrias longitudinais irregulares. Feixes vasculares dispostos em círculos concêntricos. Pecíolo com estrias longitudinais irregulares, variando entre 4,0 cm e 10,0 cm de comprimento. Folhas cordiformes, discolores, membranáceas a subcoriáceas, glabrescentes, sendo as mais jovens menos pilosas e as mais velhas mais densamente pilosas com 5,5 cm a 16,0 cm de comprimento x 7,0 cm a 11,5 cm de largura; nervuras secundárias em 7 a 8 pares, partindo da nervura principal em direção ao ápice, ramificando-se de modo a formar delgados arcos nas proximidades dos bordos, proeminentes em ambas as faces; nervuras terciárias paralelas entre si conspícuas na face inferior e quase inconspícuas na face superior. Flores andróginas dispostas em cimeiras, sépalas de tamanhos desiguais, ovais cobertas por indumento de pêlos simples concentrados nas margens. Corola funiliforme com delgadas nervuras longitudinais, formando manchas epissepálicas, de cores variadas: rósea, lilás e roxa com fauce normalmente mais escura. Estames epipétalos inclusos. Gineceu com disco anular carnoso conspícuo, estilete longo, 2 estigmas globosos, bicarpelar, bilocular com 2 óvulos por lóculo. Fruto tipo cápsula, esférico de deiscência 4-valvar (septifraga), alado por acrescência do cálice, 4 sementes por fruto. Sementes pardas ovais achatadas com cerca de 6 mm de comprimento, dotadas de pêlos castanhos hirsutos em uma das faces. Embrião com cotilédones dobrados.

Floração e frutificação: Flores de dezembro a abril. Frutos maduros em abril.

Utilidades: Ornamenal

Habitat: Floresta Pluvial Atlântica montana, baixo-montana e alto-montana, Restinga, Floresta Pluvial Amazônica (Mata de Terra Firme, Mata de Várzea), Vegetações alteradas.

Distribuição geográfica: Brasil: Acre, Roraima, Amazonas, Amapá, Piauí, Pernambuco, Minas Gerais, Rio de Janeiro e Paraná. Ocorre também na América Central, Índias Ocidentais e América do Sul até a Argentina (Austin & Cavalcante 1982).

Comentários: Espécie heliófila invasora de locais perturbados, ocorrente em brejos, beiras de estradas e beiras de rios. Suspeita de ser tóxica para o gado.

Material examinado: S.P.S. s/n (RB 146315); G.Martinelli 4201 (RB 191524); M.P.M.de Lima 189 (RB 288366); H.C.de Lima 3509 (RB 291763); ind: 3801 (RB 291764); A.Piratininga 43 (RB 310147)

Referências bibliográficas

AUSTIN, D.F. & CAVALCANTE, P.B. 1982. **Convolvuláceas da Amazônia.** Publicações avulsas do Museu Goeldi: 40-93.

BARROSO, G.M. 1986. **Sistemática de Angiospermas do Brasil.**.3. Viçosa, Impr. Univ. UFV. v.**3**: 74-77

VAZ, A.M.S.F. & VIEIRA, C.M. 1994. Identificação das famílias com espécies trepadeiras. *In:* LIMA, M.P.M. de & GUEDES-BRUNI, R.R.1994. **Reserva Ecológica de Macaé de Cima. Nova Friburgo-RJ. Aspectos Florísticos das Espécies Vasculares.** vol.**1**. Rio de Janeiro: Jardim Botânico: 75-81.

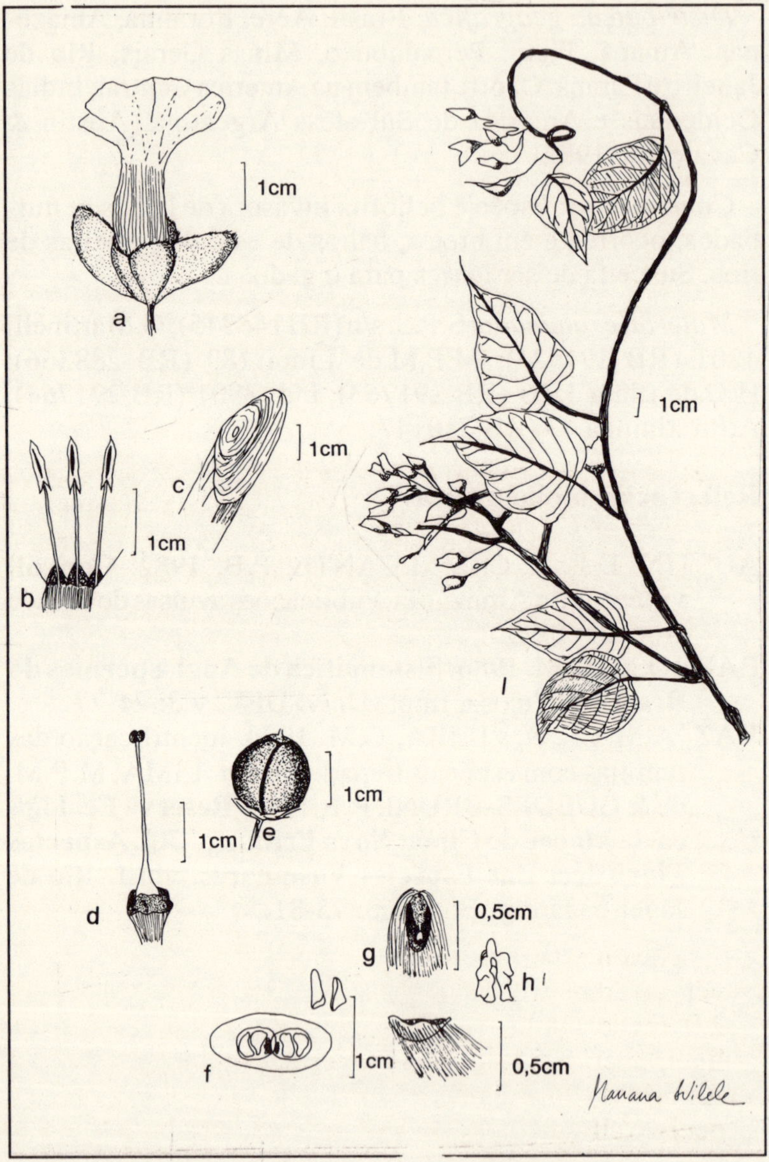

Fig. 31 - *Ipomoea phyllomega*: a - flor; b - estames; c - corte transversal do caule; d - gineceu; e - fruto; f - ovário e óvulos; g - sementes em vista frontal e lateral; h - embrião; i - hábito.

CORNACEAE

Sebastião José da Silva Neto[1]

A família Cornaceae é constituída por cerca de 14 gêneros e 90 espécies com ampla distribuição nos dois hemisférios, sendo rara na África e América do Sul. No Brasil apenas a espécie *Griselinia ruscifolia* está representada nas regiões montanhosas (acima de 800 m.s.m.) do sudeste e sul (Barroso, 1986), incluindo-se a Reserva Ecológica de Macaé de Cima.

Griselinia ruscifolia (Clos) Taub. in: Engler, Bot. Jahrb. 16: 391. 1893; Schumann in Martius, Fl. Bras. 3 (3): 779, t. 128. 1894; Reiche, Fl. Chile 3 (1): 125. 1900; Wangerin in Engler, Pflanzenr. 41 (IV. 229): 98. 1910.
(Fig. 32 a-g)

O taxon está represesentado na área por lianas não volúveis ou arbusto escandentes, dióico, com aproximadamente 2,0 m de altura; os ramos são divaricados, cilíndricos, ligeiramente estriados, glabros e de coloração acinzentada. As folhas são simples, alternas, sem estípulas, pecioladas; pecíolo cilíndrico, levemente articulado na base com até 0,9

[1] Bolsista da Fundação Botânica Margaret Mee / Jardim Botânico do Rio de Janeiro, Rua Pacheco Leão, 915, Jardim Botânico, Rio de Janeiro, RJ, CEP.: 22.460-030, E.Mail: pmajb92.@ax.ibase.br

cm de comprimento; lâmina foliar lanceolada-ovada, subcoriácea, totalmente glabra, de margem inteira, base aguda, ligeiramente decurrente, ápice agudo, ligeiramente falcado, dois a três mucrunado, de 4,5-7,5 cm de comprimento e 1,5-4,3 cm de largura; nervuras secundárias 6-9 pares, ligeiramente curvinérveas; veias terciárias imersas. Inflorescências com flores unissexuais, esverdeadas, alvas ou amareladas, pediceladas, diclamídeas, pentâmeras, geralmente actinomorfas em panículas racemosas axilares multifloras, com indumento simples ferrugíneo, distribuído uniformemente pela raque; inflorescências masculinas com até 5,5 cm e as femininas com 4,0 cm de comprimento; flores masculinas com disco pentagonal em forma de prato carnoso, pedicelos de 0,1 cm de comprimento com indumento simples uniformemente distribuído; cálice globoso, ligeiramente campanulado, glabro, sépalas com 0,1 cm de comprimento, ciliadas; androceu com 5 estames livres, alternipétalos; filetes curtos e anteras rimosas; flores femininas com gineceu de ovário ínfero, unicarpelar, unilocular, uniovulado, glabro; 3 estiletes curtos, filiformes. O fruto é uma baga ovóide, com ca. 0,4 cm de comprimento e 0,25 cm de largura.

Nomes populares: Erva-de-passarinho-dos-andes.

Habitat: Espécie endêmica da Floresta Pluvial Atlântica montana e alto-montana.

Floração e frutificação: Coletada com flor nos meses de julho e setembro em Macaé de Cima. Blaster (1971) cita que a planta masculina floresce em janeiro, fevereiro, e de maio a dezembro e a planta feminina frutifica em março, agosto, e de outubro a dezembro.

Distribuição geográfica: Brasil: Minas Gerais, Rio de Janeiro, Paraná, Santa Catarina e Rio Grande do Sul.

Comentários: A espécie, quando estéril, é facilmente identificada, principalmente, por suas características foliares: face ventral verde oliva, muito nítida, a dorsal opaca e o ápice com dois a três dentes. Taubert (1893) estabeleceu duas variedades para a espécie, ruscifolia e itatiaiae, porém Blaster (1971) concluiu que os caracteres estabelecidos por Taubert (l. c.), como p. ex. a pilosidade, é uma variação, condicionada talvez a fatores climáticos. As informações quanto à forma de vida encontradas nas etiquetas das coleções de herbários são bastante diversificadas: lianas, trepadeiras, hemiepífitas, arbustos e arbustos escandentes. Em Macaé de Cima a espécie apresenta-se ora como liana, ora como arbusto. Observa-se que indivíduos em ambiente umbrófilo apresentam-se como liana, ao passo que aqueles de ambiente heliófilo, em geral, são arbustos escandentes. Estudos de campo devem ser desenvolvidos para verificar a correlação entre o hábito e o ambiente.

Material examinado: C. M. B. Correia 40 (RB); C. M. B. Correia 222 (RB); M. Peron 791 (RB); H. C. de Lima 3589 (RB); D. Sucre 4683 (RB); D. Sucre 7190 (RB) e L. Damazio s/nº (RB 88360).

Referências bibliográficas

BARROSO, G. M., 1986. **Sistemática de Angiospermas do Brasil.** Viçosa, Impr. Univ. UFV, v. **2,** p. 168.

BLASTER, B. 1971. Cornaceae *In:* Reitz, R. (ed) **Flora Ilustrada Catarinense.** Itajaí, IBDF, 16 p.

TAUBERT, P. 1893. Revision der Gattung Griselinia in Engler, **Bot. Jb. 16**: 386-392.

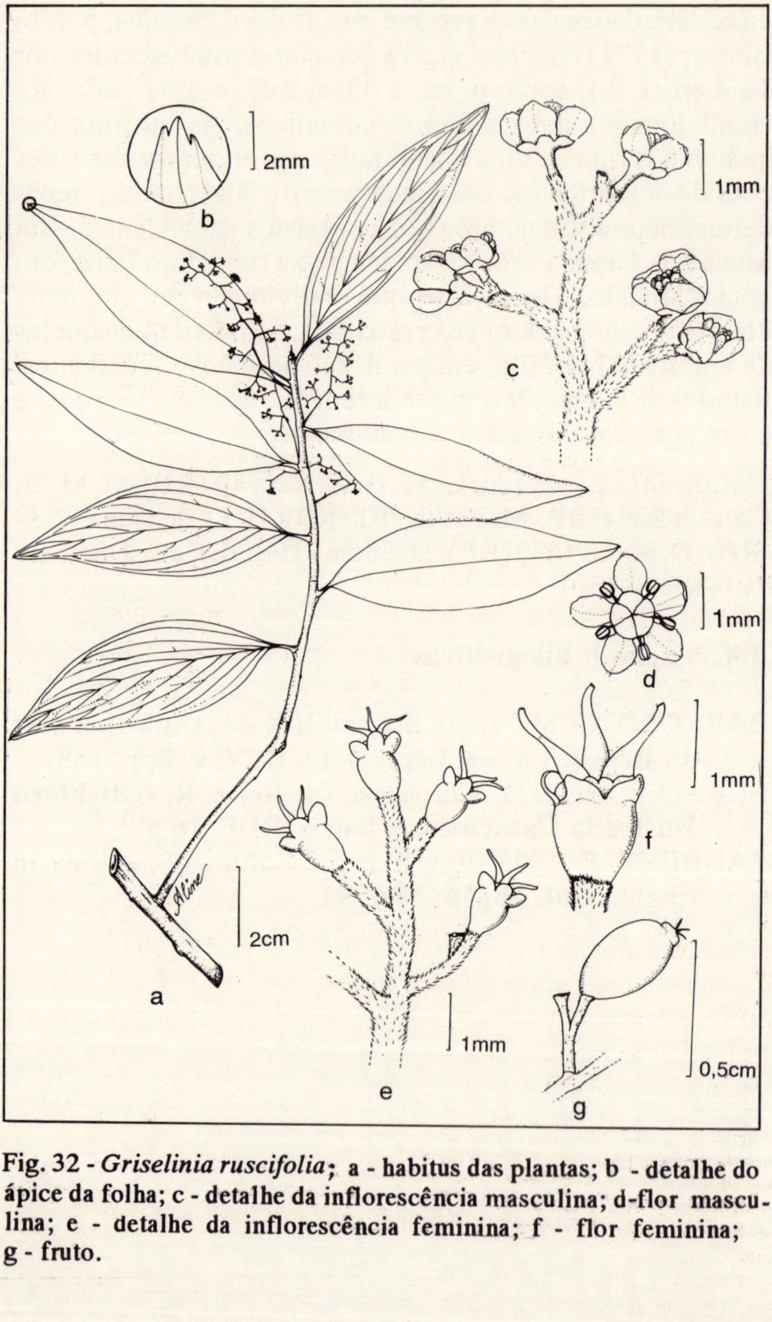

Fig. 32 - ***Griselinia ruscifolia*****; a - habitus das plantas; b - detalhe do ápice da folha; c - detalhe da inflorescência masculina; d-flor masculina; e - detalhe da inflorescência feminina; f - flor feminina; g - fruto.**

DICHAPETALACEAE

Glísia Maria da Silveira Neves[1]

Dichapetalaceae está representada no Brasil por 3 gêneros e 21 espécies. No estado do Rio de Janeiro, ocorre apenas o gênero *Stephanopodium*, que subordina 3 espécies.

Na Reserva Ecológica de Macaé de Cima, registra-se a ocorrência *Stephanopodium organense* Prance que, caracteriza-se como espécie não muito frequente na amostragem e cuja maioria dos indivíduos foram coletados próximo ao rio das Flores, em local mais preservado das ações antrópicas.

Stephanopodium organense (Rizzini) Prance in Fl. Neotrópica: 49. 1972.
(Fig. 33 a-e)

Arvoretas e arbustos com 2,0 a 8,0 m de alt. e 4,0 a 8,0 cm DAP, com ramos tomentosos a glabrescentes. Pecíolo pubérulo, levemente estriado, com cerca de 0,5 cm compr. Estípulas persistentes, com cerca 1,0-4,0 mm compr.,

---

[1] Bolsista da Fundação Botânica Margaret Mee (FBMM) / Jardim Botânico do Rio de Janeiro, aluna de pós-graduação em Botânica da Universidade Federal do Rio de Janeiro (UFRJ).

Agradecimentos: A Marli Pires M. de Lima pela orientação e auxílio na descrição do fruto de *Stephanopodium organense* e à Rejan R. Guedes-Bruni, pela leitura crítica do trabalho.

tomentosas e triangulares. Folhas alternas, inteiras, breve discolores, membranosas, oblongas a oblonga- lanceoladas com 4,0-11,0 cm compr. e 1,5-3,0 cm larg., ápice acuminado, com a base aguda; venação evidente em ambas as faces; pêlos tomentosos por toda a nervura mediana, na margem e no ponto de inserção entre o pecíolo e o limbo, na face dorsal da lâmina. Inflorescência disposta em pequenos glomérulos, com flores pequenas, subsésseis, inseridas na base do pecíolo; brácteas presentes. Flores hermafroditas, com cerca de 1,0 mm compr., actinomorfas, cálice piloso, campanulado, corola gamopétala, com 5 lacínios concrescidos em um longo tubo. Androceu com 5 estames férteis, alternando-se com os lacínios da corola, anteras sésseis inseridas na extremidade superior do tubo. Gineceu com ovário súpero, tomentoso, bilocular com dois óvulos em cada lóculo. Fruto drupa com cálice persistente, com cerca de 1,0 cm de compr., e 0,8 cm de larg., globoso, com epicarpo ferrugíneo tomentoso e pedúnculo curto e pubérulo. Mesocarpo tênue, pirênio, de consistência não muito rígida, com ápice em leve reentrância e ranhura; unilocular, monospérmico com uma semente pêndula. Semente com cerca de 1,0 cm de compr. e 0,6 cm de larg., testa rígido-membranácea, com superfície marcada por feixes vasculares, formando um reticulado castanho-avermelhado, sendo os feixes mais claros que o restante da superfície da testa, percorrida uniteralmente por uma faixa mais espessada, a rafe; endosperma ausente. Embrião globoso ocupando todo o interior da semente com cotilédones carnosos com 1,0 cm compr. e 0,6 cm de larg., eixo hipocótilo-radícula pequeno. Observou-se acamado entre os cotilédones, um tecido membranáceo de coloração mais clara, que provavelmente é um resíduo do tecido de reserva.

Floração e Frutificação: coletada em flor nos meses de março e setembro e em Fruto em outubro a dezembro.

Habitat: Encontrada em Floresta Pluvial Atlântica montana

Distribuição Geográfica: Minas Gerais e Rio de Janeiro (Prance 1972)

Comentários: A espécie em questão, como parece comum as demais ocorrentes no RJ, não é muito frequente. No herbário do Jardim Botânico do Rio de janeiro (RB) estava representada apenas pelo tipo e a coleta Rizzini s/n (RB 132051). As coletas realizadas na Reserva possibilitaram não só a ampliação da coleção do herbário do Jardim Botânico mas, também, a descrição do fruto que, até então, não constava das citações bibliográficas.

O táxon foi anteriormente descrito por Rizzini (1952) como *Stephanopodium estrellense* var. *organense*, entretanto Prance (1972) considerou tal táxon não relacionado com *Stephanopodium estrellense*, elevando então a variedade descrita por Rizzini, a categoria de tal espécie. Prance (l.c.) a diferenciou principalmente pelo tamanho e ausência de pêlos nas folhas e pela estrutura da flor.

Corrobororando a separação feita por Prance (l.c.), no que diz respeito as características vegetativas, estas duas espécies são facilmente reconhecidas, principalmente pela pilosidade: *S. estrellense* é totalmente pilosa na face dorsal da lâmina, enquanto que *S. organense* a pilosidade aparece na nervura média e na margem da face dorsal da lâmina. Quanto ao tamanho, *S. organense* tem folhas pequenas, enquanto que *S. estrellense* pode chegar até cerca de 13 cm de compr. e 4,0 cm de larg.

Material examinado: A.Barbosa 62 (!) (RB); H.C. de lima s/n, P I, ind 1279 (RB 291851); H.C. de lima s/nº, P I, ind 2731 (RB 291849); G. Martinelli 120957 (RB); R. Guedes s/nº, P I, ind 2417. (RB 241); C. Corrêa 62 & I. de Araújo s/nº (RB 291854); M. Nadruz 565 (RB); C. Rizzini s/nº (RB 132051)

Referências bibliográficas

PRANCE, G. T. 1972. Dichapetalaceae. **Flora Neotrópica, Monograph nº 11**: 3-84.

Rizzini, C. T.1952. S. estrellense var organense Rizzini. **Revista brasileira de biologia 12** (1): 97-108.

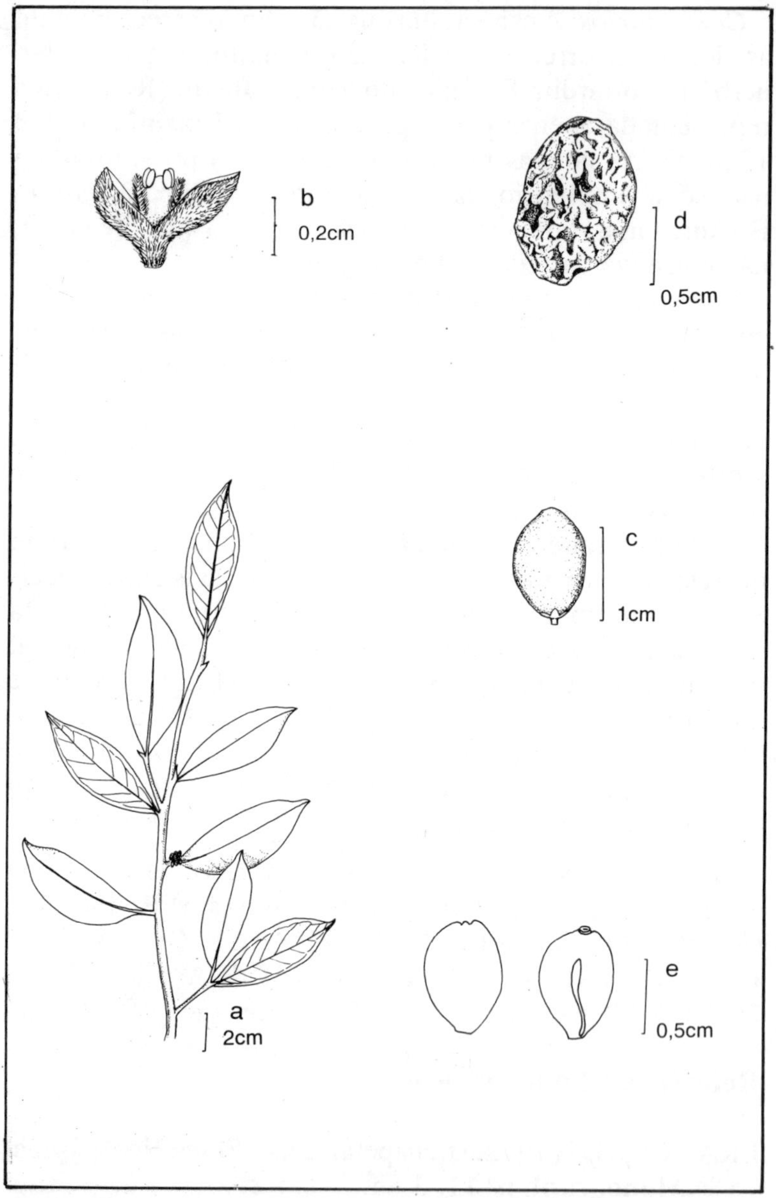

Fig 33 - ***Stephanopodium organense*****: a - hábito, b - flor, c - fruto, d - testa da semente, e - cotilédones.**

GENTIANACEAE

Elsie F. Guimarães[1]

Família amplamente distribuída no mundo nas regiões tropicais e subtropicais. No Brasil são citados 25 gêneros com cerca de 130 espécies. Na Reserva Ecológica de Macaé de Cima foi registrada apenas *Macrocarpaea glaziovii.*

Macrocarpaea glaziouvii Gilg in Bot. Jahrb. 22:335.1897 (Fig 34 a-b)

Arbusto glabro ca. de 1-5 m de altura. Caule tetragonal. Folhas superiores sésseis ou curto-pecioladas; pecíolo 0,8-1 cm de compr.; as inferiores, longo-pecioladas, pecíolo 4-4.5 cm dc compr., lâmina elíptica, obovada, atenuada ou aguda na base, aguda ou obtusa no ápice 2.5-4.5 cm de compr., 2-3.5 cm de larg. Botões verdes agudos ou obtusos 2.2-1.7 cm de compr. Cálice campanulado, lobos 5, arredondados. Corola alvo-amarelada campanulada, 2.5-3.2 cm compr., lobos ovais. Ovário glabro, estilete bi-lamelado. Cápsula coriácea ovado-aguda com resto de estilete persistente. Semetes numerosas amareladas ou castanhas.

[1] Jardim Botânico do Rio de Janeiro, Rua Pacheco Leão 915. Rio de.Janeiro - RJ. CEP 22460-030

Floração e frutificação: Floresce em julho, setembro, outubro e novembro e frutifica em fevereiro, junho, agosto e setembro.

Habitat: Floresta Pluvial Atlantica e Floresta Pluvial Ripária

Distribuição geográfica: Brasil: Espírito Santo, Rio de Janeiro.

Comentários: Coletada no Rio de Janeiro pela primeira vez por Glaziou em 1872 (Ewan 1948, Guimarães 1966); sendo bem representada na área em estudo. É reconhecida pelas magnas folhas, flores e cápsulas vistosas.

Material examinado: A. Amorim 264 et al. (RB); T.A. Araújo 85 et al. (RB); C.M.B. Correia 134 et al (RB); A. Fonseca Vaz 654 (RB); R. Guedes 2190 et al (RB); T.S. Pereira 13 et al, PI, ind. (RB); S.de V.A. Pessoa 214 et al. (RB); S. de V.A. Pessoa 249 et al. (RB) C.M. Vieira 78 et al.(RB); C.M. Vieira 32 et al. (RB); T. Wendt 185 et al. (RB).

Referências bibliográficas

EWAN, J.1948. A revision of Macrocarpaea Neotropical genus of Shurubby Gentians. **Contr. Nat. Herbarium 29** (5): 209-249.

GILG, E. Beitrage zur Kerntnisder Gentianaceae I. **Bot. Jarhb. 22** (2): 301-347. 1897.

GUIMARÃES, E.F. 1966. Gentianaceae do Estado da Guanabara. **Rodriguesia 25** (37): 29-35, 5 est.

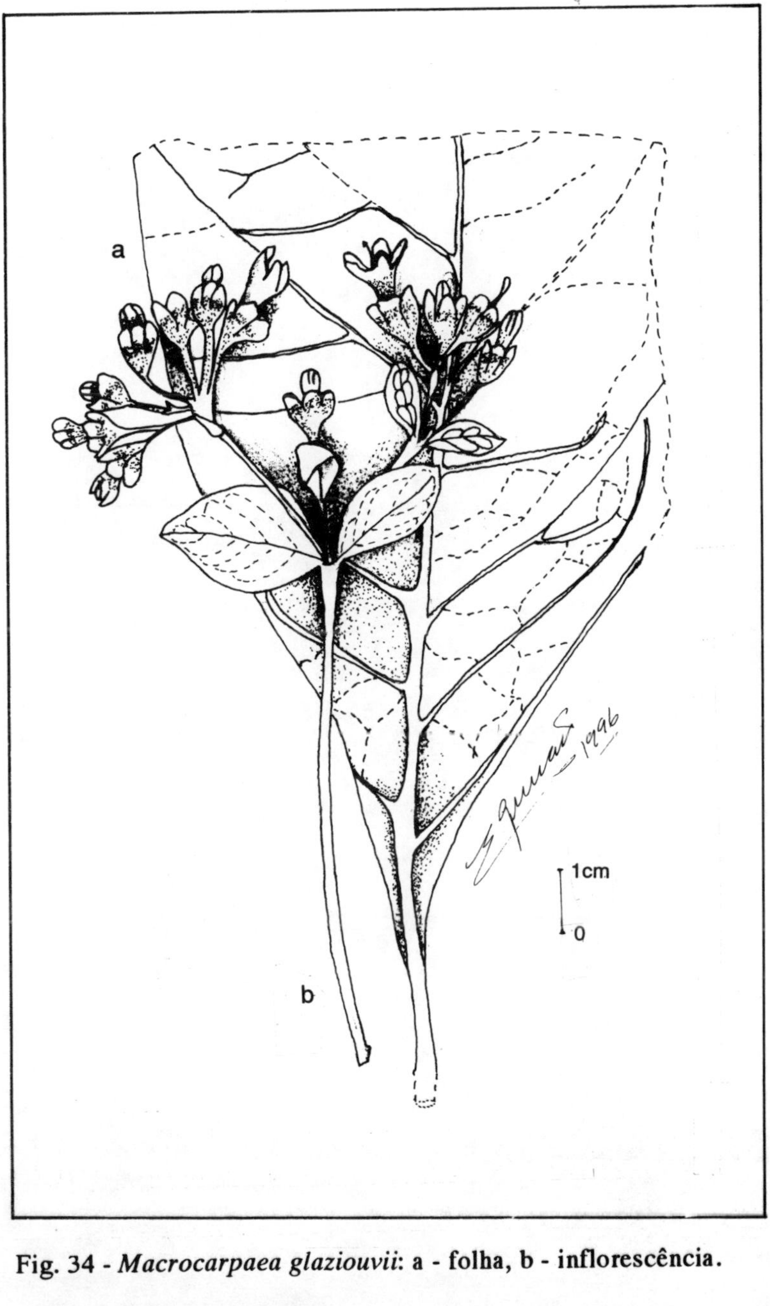

Fig. 34 - *Macrocarpaea glaziouvii*: a - folha, b - inflorescência.

ICACINACEAE

Marcia Dias Campos[1]
Angela Maria Studart da Fonseca Vaz[2]

A família Icacinaceae está representada no Brasil por cerca de oito gêneros com aproximadamente vinte e seis espécies (Howard 1942), sendo que no estado do Rio de Janeiro ocorrem dois gêneros com cerca de quatro espécies Na Reserva Ecológica de Macaé de Cima, até o momento, foi registrada apenas a ocorrência de *Citronella paniculata.*

Citronella paniculata (Mart.) R.A. Howard, Journ. Arnold Arb. 21: 473.1940; Contr. Gray Herb. 142: 70. 1942. (Fig. 35 a-g)

Árvore 6 - 17m de altura, ramos glabros, pecíolos robustos, canaliculados, glabros; folhas lanceoladas a largamente lanceoladas até oblanceoladas, ápice agudo a obtuso, base cuneada, coriáceas, margem dorsalmente elevada, nervura central sulcada na face ventral e proeminente na dorsal, algumas vezes, apresenta dorsalmente domácias em forma de cripta na axila das nervuras secundárias (7,0-) 8,1 - 18,9

[1] Jardim Botânico do Rio Janeiro. Rua Pacheco Leão 915 - Rio de Janeiro- RJ - CEP 22.460-030 - Bolsista de Aperfeiçoamento/ CNPq.
[2] Instituto Brasileiro de Geografia e Estatística (IBGE)/ Jardim Botânico do Rio de Janeiro.

x (2,3-) 3,2 - 9,8 cm. Inflorescências axilares paniculadas com ramificações de última ordem contraídas em fascículos 3-5 floros; cálice piloso externamente; corola dialipétala, cinco pétalas com apêndice inflexo no ápice e nervura mediana saliente na face interna, face externa pilosa ao longo da linha mediana; cinco estames alternando com as pétalas, filetes carnosos, anteras oblongas, ovário tomentoso, biovulado, estilete curto, estigma capitado-rugoso. Drupa oblonga com endocarpo lenhoso, lóculo incompletamente septado, semente solitária hipocrepiforme, longitudinalmente encaixada em torno do dissepmento.

Floração e frutificação: Segundo espécimes do herbário do Jardim Botânico procedentes do Rio de Janeiro: floração: março a agosto, frutificação: agosto a novembro.

Utilidades: Esta espécie é usada como adulterante da erva-mate (*Ilex paraguariensis*) no Paraguai. (Ortiz & Rojas 1994).

Habitat: Ocorre em Floresta Pluvial Atlântica Montana.

Distribuição geográfica: Brasil: Minas Gerais, Rio de Janeiro. Paraguai e Argentina.

Material examinado: S.V.A.Pessoa s/n PI-ind. 3769 (RB 291954), idem s/nº PI-ind. 3029 (RB 291951); G. Martinelli 12760(RB), idem 12862 (RB); Dionísio & Constantino s/nº (RB 12331); R.Marquete 1083 (RB).

Referências bibliográficas

HOWARD, R A. 1940. Studies of the Icacinaceae I. Preliminary Taxonomic Notes. **Journ. Arnold Arboretum 21:** 461 - 489.

________. 1942 Studies of the Icacinaceae. IV- Considerations of the New World. V- A revision of the genus Citronella D.Don. **Contr. Gray Herb. 142:** 3 92, 6pls.

ORTIZ, M. & ROJAS, G.D. de 1994. *Investigacion Micrografica de frecuentes adulterantes de yerba mate en el Paraguay* in: Resumos do VI Congresso Latinoamericano de Botânica, Mar del Plata - Argentina.

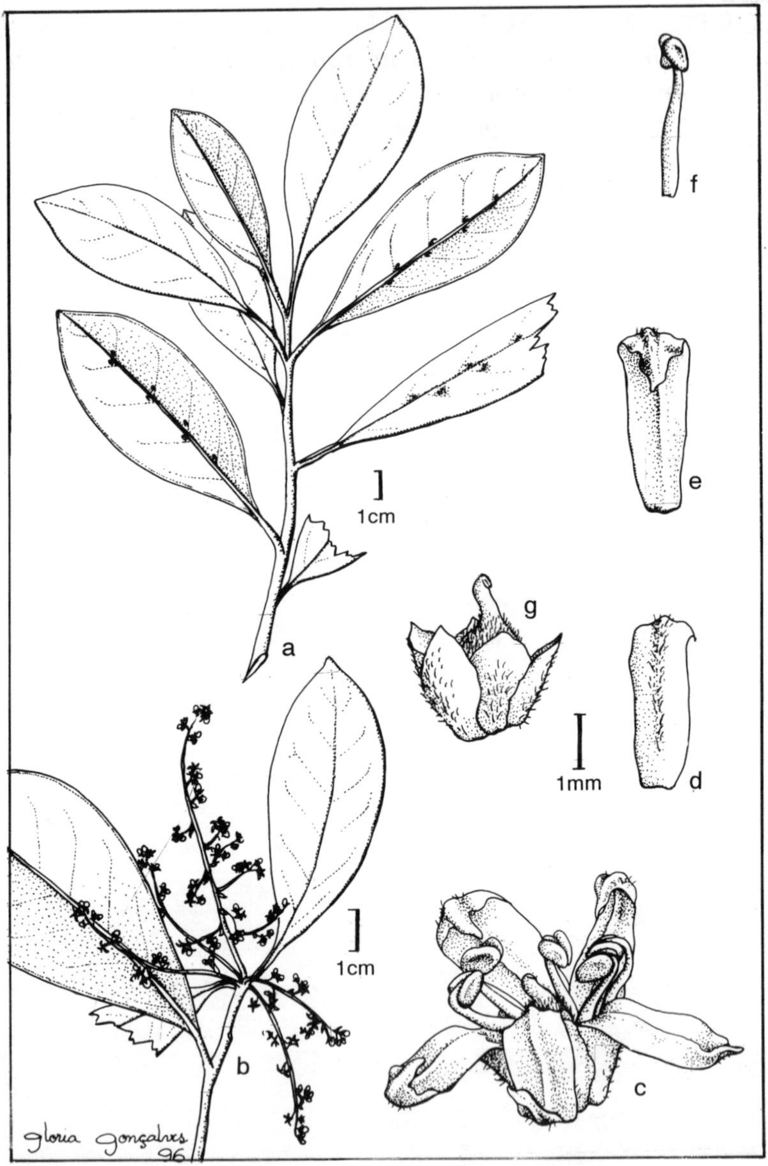

Fig. 35 - *Citronella paniculata*: a - hábito, b - detalhe da inflorescência, c - flor na antese, d - pétala face externa, e - pétala face interna, f - estame, g - detalhe do cálice com gineceu.

LECYTHIDACEAE

Jane E. Morrey-Jones[1]

A família está representada no Brasil por 11 gêneros e 106 espécies; no Rio de Janeiro são referenciados 4 gêneros e 7 espécies das quais, na Reserva Ecológica de Macaé de Cima, foi coletada até o momento somente Cariniana estrellensis. Ao longo da Floresta Pluvial Atlântica, ocorrem apenas 15 táxons, dos quais 9 são endêmicos (Prance & Mori 1979).

Cariniana estrellensis (Raddi) Kuntze, Rev. Gen.3 (2): 89.1898; Knuth, Pflanzenreich IV. 219a:39.1939; Macbride, Publ. Field Mus. Nat. Hist., Bot. Ser. 13(4):229.1941. (Fig. 36 a-e.)

Árvores de 25-30m, com copa não muito ramificada ou densa, casca bastante sulcada e acinzentada. Folhas simples, alternas, coriáceas, oblongo-elípticas, variando de 2,0-5,5 cm de comprimento e 1,3-3,9 cm de largura, ápice acuminado, base cuneada, margem denteada e pecíolo ligeiramente achatado, nervuras secundárias não atingindo a margem e unidas por arcos, com nervura principal bem pronunciada na região abaxial. Inflorescência axilar, racemosa, pêndula,

---

[1] Bolsista do Programa Institucional de Bolsas de Iniciação Científica. 1994 a 1995. (PIBIC/CNPq) - Jardim Botânico do Rio de Janeiro - Rua Pacheco Leão, 915. Rio de Janeiro, RJ. CEP 22460-030

com pedicelo longo e fino. Flores pequenas, alvo-amareladas, receptáculo campanulado, 6-sépalas triangulares pequenas e 6-pétalas oblongas. Androceu em forma de capuz, com estames férteis distribuídos por todo o interior. Ovário ínfero trilocular, pluriovulado, estilete curto. Fruto pixídio lenhoso, sendo sempre mais comprido do que largo, medindo 4,2-5,9 cm de comprimento e 2,1-2,9 cm de largura; abertura opercular denteada e columela triangular; sementes aladas unilateralmente.

Nomes populares: Jequitibá, jequitibá-branco, jequitibá-rei, estopeira (Corrêa 1926/52; Lorenzi 1992).

Floração e frutificação: Na reserva a espécie foi coletada em novembro em plena frutificação. Segundo Reitz 1981, a floração acontece após a queda e renovação das folhas, de outubro a abril, ,enquanto os frutos amadurecem nos períodos mais secos do ano quando liberam suas sementes (Prance & Mori 1979; Lorenzi 1992).

Utilidades: A madeira é pardo-rosada ligeiramente lustrosa, moderadamente pesada, macia, de boa qualidade e bastante durável.É empregada em construção civil,e na marcenaria em substituição ao cedro.A casca é usada contra diarréias, leucorréias e anginas (Barbosa 1994; Reitz 1981; Rizzini 1978).

Habitat: Árvore característica de habitats primários, muito encontrada na Floresta Pluvial Amazônica especialmente nas matas de terra firme. Ocorre também em Floresta Pluvial Atlantica Montana, sendo rara em maiores altitudes, Caatingas e Floresta Pluvial Ripária. (Prance & Mori 1979).

Distribuição geográfica: Brasil: Acre, Distrito Federal, Bahia, Minas Gerais, Rio de Janeiro, São Paulo, Paraná, Santa Catarina. Bolívia e Paraguai (Reitz 1981). A espécie tem distribuição freqüente no Norte do país, e é o único taxon do grupo que se estende ao Sul até abaixo do Trópico de Capricórnio.

Comentários: Para o município do Rio de Janeiro existem várias coletas no Horto Florestal na Floresta da Tijuca, além do Parque Nacional da Serra dos Órgãos em Teresópolis e Petrópolis. Para a região de Nova Friburgo, esta coleta representa ,a partir das coleções dos herbários do Jardim Botânico do Rio de Janeiro e Museu Nacional do Rio de Janeiro, o primeiro registro (RB;R).

As principais características que diferenciam esta espécie das demais do mesmo gênero são, a inflorescência axilar e a presença de dentes à volta do opérculo do fruto.Em relação às outras duas espécies que também ocorrem no Rio de Janeiro, *C. legalis* e *C. ianeirensis,* existem diferenças marcantes a partir das folhas. Em *C. estrellensis* as folhas são serrilhadas (recortes agudos mas com dentes pequeninos) e o pecíolo é alado em toda a sua extenção, em *C. legalis* as folhas são crenadas (recortes arredondados) e apenas a parte superior do pecíolo é alada, enquanto que em *C. ianeirensis* as folhas são crenadas e o pecíolo é cilíndrico, desprovido de ala.

Segundo informações bibliográficas referentes à biologia floral deste gênero, os polinizadores seriam as abelhas, e o pólen seu principal atrativo (Prance & Mori 1979).

Foi constatado ser uma espécie bastante rara nesta altitude, tendo sido encontrado apenas um indivíduo, atingindo 35m, emergindo do dossel juntamente com algumas Leguminosas, Lauraceas e Mirtaceas .

O estudo sobre a diversificação e conservação das Lecythidaceas neotropicais (Mori 1990), assinala que este grupo não se desenvolve satisfatoriamente em áreas que tenham sofrido algum distúrbio, principalmente se este for seguido por fogo.

Material examinado: H.C. de Lima 4027(RB); Clarindo Jorge s/nº (RB 4989); G. Machado Nunes s/nº (RB 25737); H.F. Leitão Filho & K.Yamamoto s/nº(RB 246404); Pessoal do Horto Florestal s/nº (RB 149607); Pessoal do Horto Florestal s/nº (RB 136136).

Referências bibliográficas

BARBOSA, M.R.G. 1984. **Cariniana Casar. (Lecythidaceae) do Maciço da Tijuca. Estudo dendrológico.** Tese.

CORRÊA, M.P. 1926/52. **Dicionário de Plantas Úteis do Brasil e das Exóticas Cultivadas** v. IV. 530. Ed. Ministério da Agricultura..

LORENZI, H. 1992. **Árvores Brasileiras: Manual de identificação e cultivo de plantas arbóreas nativas do Brasil,** Ed. Plantarum LTDA, Nova Odessa, SP, 352 pp.

MORI,S. A. 1990. Diversificação e Conservação das Lecythidaceas Neotropicais. **Acta. bot. bras. 4**(1): 1990.

_________. & PRANCE, G.T. 1981. Relações entre a classificação genérica de Lecythidaceae do Novo Mundo e seus polinizadores e dispersores, **Rev. bras. Bot. 4**: 31-37(1981).

PRANCE, G.T. & MORI, S.A. 1979. Lecythidaceae Part I. **Flora Neotropica, Monogr. 21**: 242-244

___________.& __________.1990. Lecythidaceae Part II. **Flora Neotropica Monogr. 21**. The New York Botanical Garden.

REITZ, R. 1981. **Lecitidáceas. Flora Ilustrada Catarinense;** Itajaí, Santa Catarina, 32 p. il.

RIZZINI, C.T. 1978. **Árvores e Madeiras Úteis do Brasil.** São Paulo, Ed. Edgard Blucher Ltda. 85.

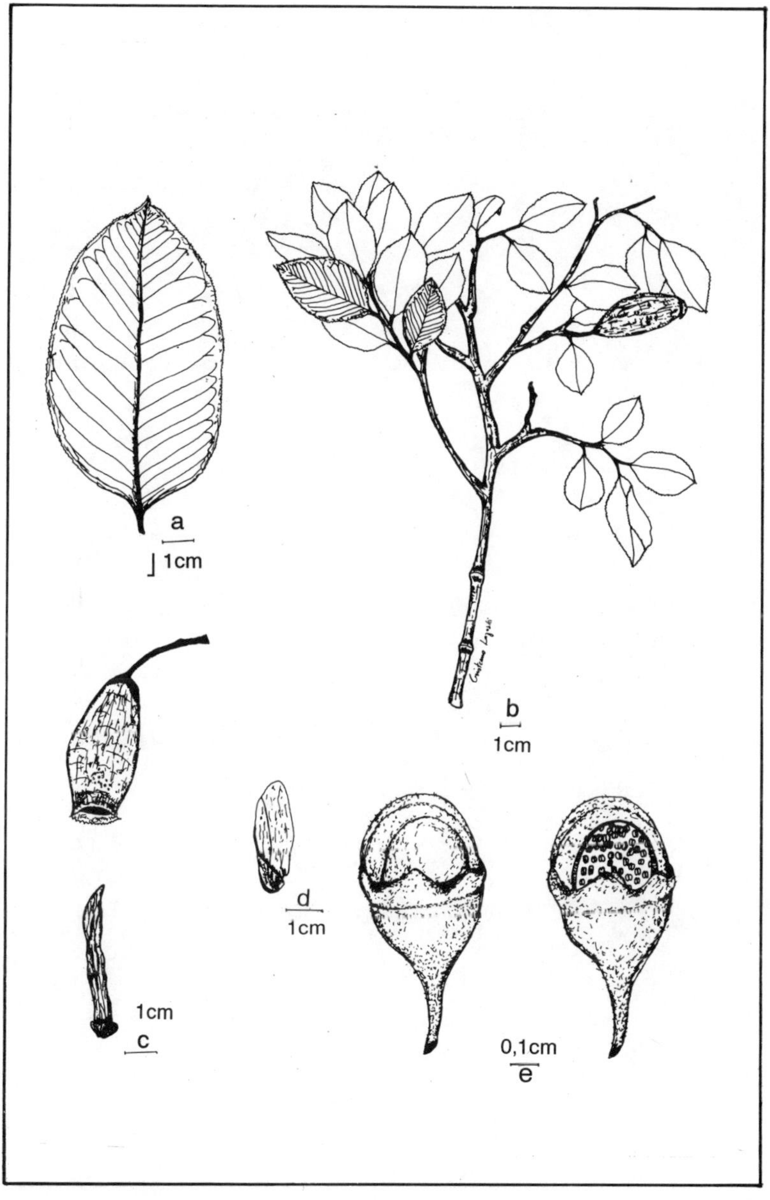

fig 36 - ***Cariniana estrelensis:*** **a- folha, b- hábito, c- fruto, d- semente, e- botão floral.**

MARATTIACEAE

Claudine M. Mynssen[1]
Lana da S. Sylvestre[2]

A família Marattiaceae está representada por cerca de 150 espécies distribuídas em 7 gêneros (Tryon & Stolze 1989). No Brasil ocorrem apenas 2 gêneros: *Danaea*, que é endêmico das Américas, e Marattia que é pantropical (Tryon & Tryon 1982). Os demais distribuem-se na região tropical da Ásia Sul oriental (Pérez-Garcia 1993). Na Reserva Ecológica de Macaé de Cima ocorre apenas o gênero *Marattia*, com 2 espécies.

Fetos com caule geralmente maciço, globoso; folhas monomórficas, pinadas a pinado-pinatífidas, geralmente com escamas na face abaxial da raque; pecíolos geralmente com estípulas basais carnosas, às vezes subarticulado; pinas com entumescimento basal; venação livre, furcada ou não; esporângios na superficie abaxial da lâmina, sobre as nervuras, formando sinângios.

---

[1] Universidade Santa Úrsula/Jardim Botânico do Rio de Janeiro. Rua Pacheco Leão, 915, Rio de Janeiro, RJ CEP: 22460-030.

[2] Universidade Federal Rural do Rio de Janeiro, Instituto de Biologia, Departamento de Botânica. Seropédica, RJ. CEP: 23851-970.

Chave para identificação das espécies:

1. Lâmina foliar 3-4 pinado-pinatífida; raque e pina-raque nitidamente aladas próximo ao ápice; segmentos com margem inciso-crenada; sinângios pedicelados .... 1. **Marattia laevis**

1'. Lâmina foliar 2 pinada; raque não alada ou com alas estreitas, alternadas; pínulas com margem serreada; sinângios sésseis .... 2. **Marattia raddii**

Descrição das espécies:

1. Marattia laevis Sm., Plantarum Icones Ineditae ... 2: t. 47. 1790.
(Fig. 37 a-b)

Lâmina foliar 3-4 pinado-pinatífida. Pecíolo ca. 1,11m comprimento e 1,1 - 1,5cm diâmetro, revestido por escamas oblongas a subuladas, castanhas. Lâmina com 1,10m comprimento, raque alada no ápice. Pina-raque de 1ª e 2ª ordens com entumescimento na base, aladas próximo ao ápice, revestidas por escamas subuladas castanhas sobre a face abaxial na inserção dos segmentos. Segmentos membranáceos, oblongos a ovados, margem inciso-crenada, revestidos por escamas sobre as nervuras nas duas faces; nervuras livres, pinadas, furcadas ou não. Soros em sinângios globosos, pedicelados, localizados sobre o dorso das nervuras.

Habitat: Floresta Pluvial Atlântica montana e alto-montana; Floresta Pluvial Ripária.

Distribuição geográfica: Brasil: Espírito Santo, Rio de Janeiro, São Paulo, Paraná, Santa Catarina, Rio Grande do Sul. Costa Rica, Cuba, Colômbia, Venezuela, Equador, Peru e Bolívia.

Comentários: Ocorre às margens de córregos na área de estudo. Tryon & Stolze (1989) consideram que esta espécie é facilmente reconhecida pelos sinâgios pedicelados e pelos penúltimos eixos alados, caracteres que são únicos dentro do gênero, ao menos entre as espécies neotropicais.

Material examinado: L. Sylvestre 332 (RB); C. M. Mynssen 62 (RUSU).

2. Marattia raddii Desv., Prod. 207. 1827.
(Fig. 37 c-d)

Erva com caule maciço, avermelhado. Pecíolo com 1,6cm comprimento, com escamas oblongo-acuminadas a subuladas, castanhas e denteadas. Lâmina 2-pinada, cartácea; pina-raque e peciólulo com escamas esparsas. Pinas oblongas e pínulas oblongo-acuminadas com a margem serreada. Nervuras livres, simples ou furcadas na base, com escamas sobre a superfície abaxial. Sinângios ovalados, sésseis sobre a vênula superior da furca.

Nome popular: Samambaia

Habitat: Floresta Pluvial Atlântica montana e alto-montana; Floresta Pluvial Ripária.

Distribuição geográfica: Brasil: Minas Gerais, Espírito Santo, Rio de Janeiro, São Paulo, Paraná, Santa Catarina e Rio Grande do Sul.

Comentários: Sehnem (1967) afirma que a ocorrência desta espécie na mata é esporádica. Em Macaé de Cima, foi encontrado apenas um indivíduo ocorrendo entre pedras às margens de um córrego.

Material examinado: L. Sylvestre 373 (RB).

Referências bibliográficas

PÉREZ-GARCIA, B. 1993. Pteridofitas: Marattiaceae. **Flora de Mexico 6** (1): 1-12.

SEHNEM, A. 1967. Maratiáceas. *In:* REITZ, R. **Flora Ilustrada Catarinense.** Itajaí, Santa Catarina, 16p. il.

TRYON, R. M. & STOLZE R.G. 1989. Pteridophyta of Peru, part II. 13. Pteridaceae - 15. Dennstaedtiaceae. **Fieldiana** (Botany), new series, **20:** 145p.

TRYON, R. M. & TRYON A. F. 1982. **Ferns and allied plants with special reference to Tropical America.** New York, Springer Verlag. 857 p. il.

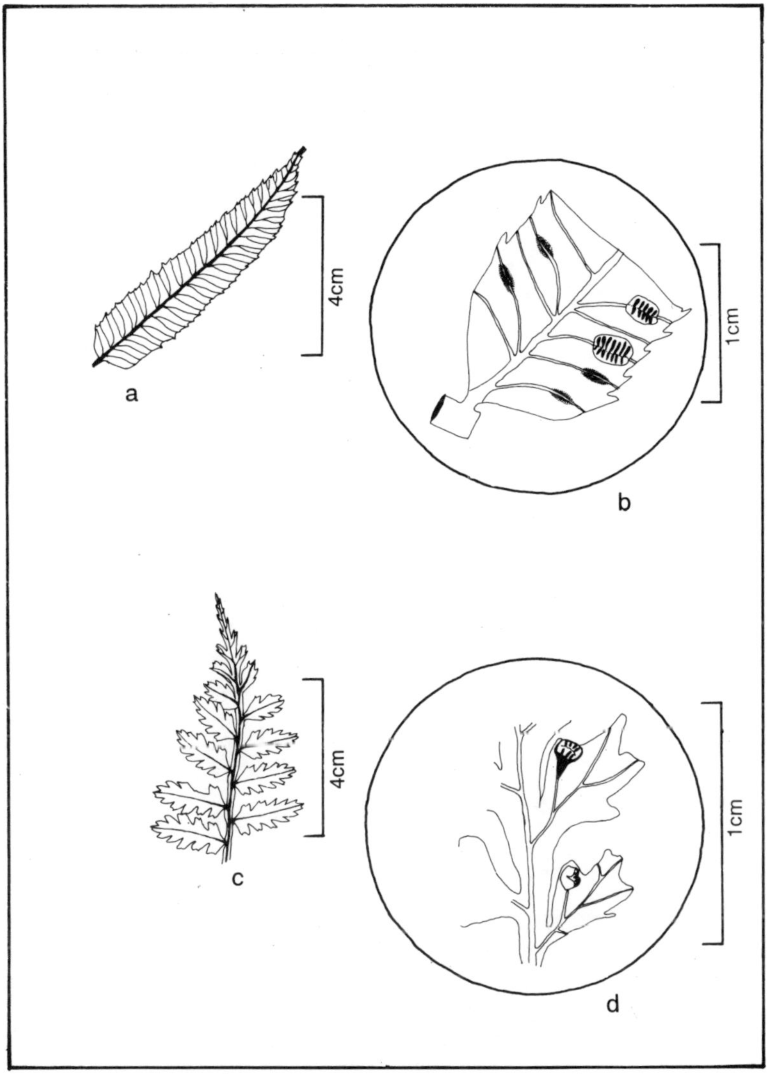

Fig 37 - a - b: *Marattia raddi* a - Detalhe de uma pínula com nervuras livres furcadas na base e a margem serreada; b - detalhe da base de uma pínula fértil, com sinângios sésseis. c - d: *Marattia laevis* c - Segmentos terminais da lâmina, mostrando os eixos nitidamente alados; d - detalhe de um segmento, evidenciando as nervuras livres e pinadas, o bordo inciso-crenado e os sinângios pedicelados.

MELIACEAE

Andrea Piratininga de Azevedo[1]

A família Meliaceae está representada no Brasil por 58 espécies subordinadas a 6 gêneros. Na Reserva Ecológica de Macaé de Cima ocorrem 4 gêneros e 5 espécies que habitam as formações Floresta Pluvial Atlântica (montana e submontana), Floresta Pluvial Amazônica, Floresta Estacional e Restinga.

Árvores com folhas compostas paripinadas ou imparipinadas, às vezes com gema terminal oposta ao último folíolo mostrando crescimento intermitente; folíolos com margem integra, indumento simples ou apenas nas nervuras ou nas axilas em qualquer das faces, preferencialmente na abaxial. Flores com cálice concrescido ou não, corola pentâmera com pétalas livres entre si ou adnatas à coluna do receptáculo. Morfologicamente as flores podem ser hermafroditas ou unissexuais. Corroborando o citado por Barroso (1991), torna-se difícil distinguir as flores hermafroditas das unissexuais já que tanto os estaminódios quanto os pistilóides da flor unissexual são muito bem desenvolvidos. Possuem de 5 a 10 estames e anteras rimosas com seus filetes livres ou unidos formando um tubo estaminal

---

[1] (PIBIC-CNPq, 1992-93) - Bolsista do Programa Institucional de Bolsas de Iniciação Científica - Jardim Botânico do Rio de Janeiro - Rua Pacheco Leão, 915 CEP - 22460-030

com o bordo ondulado ou com pequenas projeções (apêndices) e as anteras, neste caso, podem estar dispostas no bordo ou na face interna do tubo. Gineceu com ovário súpero, 4-5 lóculos variando de 1 ou 2 a muitos óvulos por lóculo, nectário, quando presente, envolve o ovário. Fruto cápsula septífraga ou loculicida. Semente alada ou não.

Chave para Identificação das Espécies:

1. Folhas paripinadas
   2. Folíolos lanceolados, geralmente densamente pilosos na face abaxial; cápsula loculicida globosa................ ....1. **Cabralea canjerana** subsp. **canjerana**
   2.' Folíolos lanceolado-ovados com pêlos esparsos nas nervuras principal e secundárias em ambas as faces; cápsula septífraga oblongo elipsóide........................ ....2. **Cedrela odorata**

1.' Folhas imparipinadas
   3. Gema terminal presente oposta ao último folíolo; folíolo oblongo lanceolado com pêlos nas nervuras principal e secundárias, na face abaxial; cápsula em forma de figo ....3. **Guarea macrophylla** subsp. **tuberculata**
   3.' Sem o conjunto de caracteres
      4. Folíolos lanceolados, às vezes pubérulos, com ápice emarginado; pecíolo e ráquis alada ....5. **Trichilia emarginata**
      4.' Folíolos largamente lanceolados, ápice agudo, com tufos de pêlos nas axilas das nervuras e pêlos esparsos ao longo da nervura central ....4. **Trichilia casaretti**

1. Cabralea canjerana subsp. **canjerana** (Vell.) Mart., Syst. Mat. Med. Bras. 38. 1843.
(Fig. 38 a-b)

Árvore até 27 m de altura com folhas paripinadas, folíolos marcadamente assimétricos, com base assimétrica e ápice agudo, 6,5-15,0 cm compr. e 2,5-4,0 cm larg., sendo os basais menores do que os apicais, geralmente, densamente pilosos na face abaxial. Flores morfologicamente hermafroditas, pelo menos em relação à presença de grãos de pólen e óvulos. Cálice com 5 sépalas livres, corola pentâmera branca a alvo-esverdeada. Estames 10, anteras dispostas na face interna do tubo estaminal levemente urceolado com as terminações arredondadas; ovário com 5 lóculos, envolvido por nectário. Cápsula loculicida globosa, laranja até vermelha.

Nome vulgar: Canjerana (Corrêa 1926/52), cangerana, cabralia (Pennington 1981).

Floração e frutificação: Flores em novembro e frutos em julho, agosto, setembro e novembro.

Utilidades: Construção civil e naval, obras hidráulicas, construção de dormentes, vigas dentre outros; pode servir também para perfumaria; casca, sobretudo, a da raiz, purgativa, anti-dispéptica, febrífuga, adstringente, emética, narcótica, abortiva e, em doses altas, pode causar morte; as folhas são também febrífugas e o suco dos frutos é inseticida (Corrêa, 1926/52). É citado por Klein (1984) como reconstituinte nos estados anêmicos, combate doenças de pele, diarréias, prisão de ventre e hidropisias.

Habitat: Floresta Pluvial Atlântica montana e submontana, Floresta Pluvial Amazônica e Floresta Estacional.

Distribuição geográfica: Brasil: Pará, Mato Grosso, Goiás, Bahia, Minas Gerais, Rio de Janeiro, São Paulo, Paraná, Santa Catarina e Rio Grande do Sul.

Material examinado: A.L.Almeida et al. 24 (RB); A. Piratininga et al. 87 (RB); C.M.B. Correia et al. 228 (RB); E.L. Jacques et al. 37 (RB); H.C. de Lima et al. s/nº, PI ind. 1182 (RB 294129); J.F.A. Baumgratz et al. 460 (RB); M. Nadruz et al. 1080 (RB); M. Peron et al. 812 (RB); R.Guedes et al. 2181 (RB); idem 2420 (RB); S.V.A. Pessoa et al. 276 (RB); idem 264 (RB); idem s/nº, PII ind. 4447 (RB 294124).

2. Cedrela odorata L., Syst. Pl. ed. 10, 940. 1759. (Fig. 38 c-d)

Árvore até 16 m de altura com folhas paripinadas, folíolos assimétricos, lanceolado-ovados, com 8,0-14,0 cm compr. e 2,0-4,0 cm larg., sendo os basais maiores do que os apicais; pêlos nas nervuras principal e secundárias em ambas as faces. Flores unissexuais com cálice concrescido e 5 pétalas aderidas à coluna do receptáculo; 5 estames com seus filetes livres presos à coluna do receptáculo até a altura da inserção do ovário, este com 5 lóculos e vários óvulos (pouco desenvolvidos nas flores masculinas). Cápsula septífraga oblongo elipsóide castanha com lenticelas, sementes aladas.

Nome vulgar: Cedro cheiroso (Corrêa 1926/52), cedro-rosa, cedro-vermelho, cedro-branco, cedro-bordado, cedro-fêmea, cedro-magro, cedro-pardo, cedro-verdadeiro, acuju (Klein 1984).

Floração e frutificação: Flores em setembro e novembro e frutos em junho e setembro.

Utilidades: Casca adstringente (Corrêa 1926/52).

Habitat: Floresta Pluvial Atlântica montana e submontana, Floresta Pluvial Amazônica e Floresta Estacional.

Distribuição geográfica: Brasil: Acre, Amazonas, Pará, Amapá, Maranhão, Ceará, Mato Grosso, Goiás, Bahia, Espírito Santo e Rio de Janeiro.

Material examinado: A.Piratininga et al. 80 (RB); B.C. Kurtz et al. s/nº, PII ind. 1944 (RB 294131); H.C. de Lima et al. 3461 (RB); idem 3823 (RB); idem s/nº, PII ind. 902 (RB 294134); T. Fontoura et al. s/nº, PII ind. 2796 (RB 294132); idem s/nº, PII ind. 2654 (RB 294133).

3. Guarea macrophylla subsp. **tuberculata** (Vell.) Penn., Fl. Neotropica 28: 285, 1981.
(Fig. 39 a-b)

Árvore c.a. 7m de altura com folhas imparipinadas com gema terminal presente oposta ao último folíolo. Folíolo oblongo lanceolado com 11,2-4,0 cm compr. e 2,5-5,0 cm larg., basais menores que apicais; pêlos nas nervuras principal e secundárias, na face abaxial. Flores unissexuais com cálice concrescido e corola alva pentâmera; 8 estames com as anteras parcialmente incluídas no tubo estaminal cilíndrico, ovário com 4 lóculos e 2 óvulos por lóculo. Cápsula loculicida em forma de figo.

Nome vulgar: Ataúba (Corrêa 1926/52).

Floração e frutificação: Flores em dezembro e frutos em junho e dezembro.

Utilidades: Marcenaria e carpintaria; casca anti-sifilítica e depurativa (Corrêa 1926/52).

Habitat: Floresta Pluvial Atlântica montana e Floresta Estacional.

Distribuição geográfica: Brasil: Distrito Federal, Mato Grosso, Minas Gerais, Rio de Janeiro, São Paulo, Paraná, Santa Catarina e Rio Grande do Sul.

Material examinado: H.C. de Lima et al. 3800 (RB); S.V.A. Pessoa et al. 429 (RB); J.P.P. Carauta 5392 (GUA; RB).

Comentários: Para o Rio de Janeiro foram examinados os materiais dos herbários do Rio de Janeiro (R, RB e GUA), sendo encontradas flores também em fevereiro, outubro e novembro e frutos também de janeiro a maio, setembro e outubro.

4. Trichilia casaretti C.DC. in Martius, Fl. Bras. **11**(1): 217. 1878.
(Fig. 39 c-d)

Árvore c.a. 7m altura com folhas imparipinadas, folíolos largamente lanceolados com ápice agudo (2,5)5,5-11,5 cm compr. e (1,0)1,7-3,4 cm larg.; tufos de pêlos nas axilas das nervuras central e secundárias e pêlos esparsos na nervura central. Flores unissexuais com cálice concrescido e corola alva pentâmera, androceu com 10 estames com as anteras dispostas no bordo do tubo estaminal, levemente urceolado, com apêndices agudos. Ausência de nectário nas flores masculinas. Ovário trilocular com 2 óvulos por lóculo segundo Pennington (1981). Cápsula loculicida elipsóide.

Nome vulgar: Baga de morcego, catiguá, murta-vermelha (Klein 1984).

Habitat: Floresta Pluvial Atlântica montana e Restinga.

Distribuição geográfica: Brasil: Bahia, Minas Gerais, Rio de Janeiro, São Paulo e Santa Catarina.

Material examinado: H.C. de Lima et al. s/nº, PII ind. 1048 (RB 294119); idem s/nº, PII ind. 1011 (RB 294120); E. Pereira 56 (RB).

Comentários: Nas análises dos herbários do Rio de Janeiro (R, RB e GUA) observamos flores em janeiro, março, junho, setembro, novembro e dezembro e frutos de fevereiro a setembro para o Estado do Rio de Janeiro. Não foram observadas flores femininas no material examinado.A espécie tem sua distribuição restrita ao Brasil.

5. Trichilia emarginata (Turcz.) C.DC. in Martius, Fl. bras. 11(1): 212. 1878.
(Fig. 39 e-f)

Árvore com 7m de altura, folhas imparipinadas, folíolos lanceolados com ápice emarginado 3,5-5,8 cm compr. e 1,2-2,0 cm larg., sendo que todos os folíolos são quase do mesmo tamanho, às vezes pubérulos. Pecíolo e ráquis alada. Segundo Pennington (1981), 'as flores são unissexuais com cálice concrescido, corola com 5 pétalas; 7-10 anteras inseridas no bordo do tubo estaminal ciatiforme; ovário com 3 lóculos, 2 óvulos por lóculo'. Fruto cápsula loculicida elipsóide.

Nome vulgar: catiguá pequeno (Pennington 1981).

Floração e frutificação: floresce e frutifica em junho.

Habitat: Floresta Pluvial Atlântica montana.

Distribuição geográfica: Brasil: Bahia, Minas Gerais, Rio de Janeiro e São Paulo.

Material examinado: H.C. de Lima et al. 3799 (RB); J.M.A. Braga et al. 1983 (RB).

Comentários: Espécie muito mal representada nos herbários analisados, sendo que coletas recentes no Parque Nacional do Itatiaia puderam fornecer mais dados.

Tabela sumarizada

Gêneros	Nº de Espécies
Cabralea	1
Cedrela	1
Guarea	1
Trichilia	2
Total	5

Referências bibliográficas

BARROSO, G.M. 1991. **Sistemática de Angiospermas do Brasil**. vol. **2:** 295, Universidade Federal de Viçosa - Imprensa Universitária - Viçosa.

Corrêa, M.Pio. 1926/52. **Dicionário das plantas úteis do Brasil e das exóticas cultivadas**. vols. **1**: 196 e 462; **2:** 178, Ed. Ministério da Agricultura.

KLEIN, R.M. 1984. Meliáceas *In:* **Reitz, P.R. Flora Catarinense**. Itajaí, Santa Catarina, 138 p., il.

PENNINGTON, T.D. 1981. Meliaceae *In:* **Flora Neotropica**. (**m. 28**): 470p.

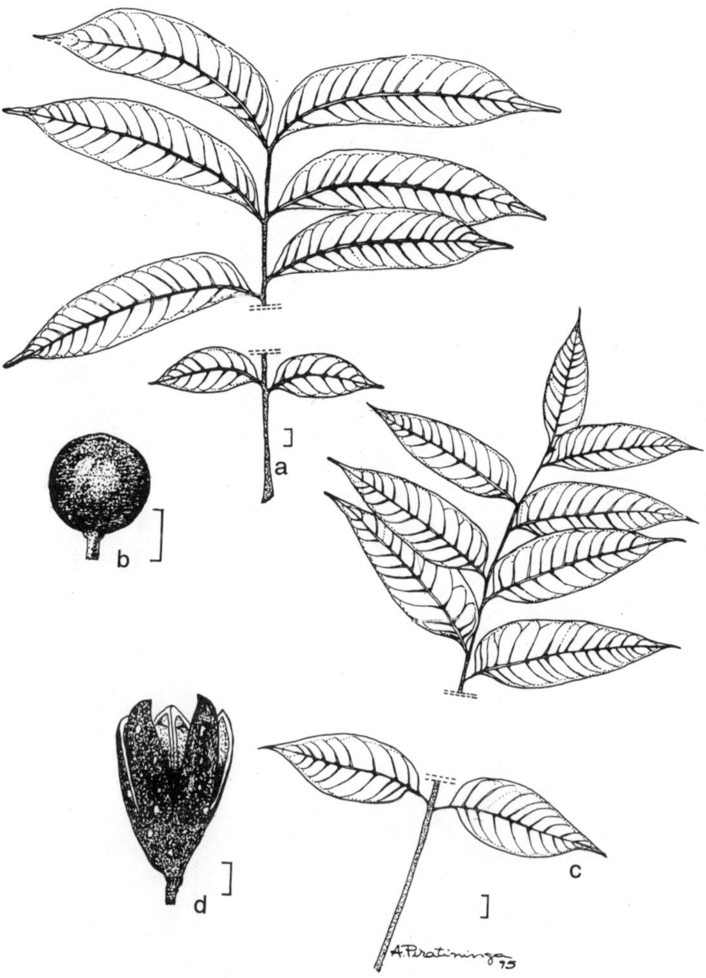

Fig.: 38- *Cabralea canjerana* ssp. canjerana: a - folha, b - fruto; *Cedrela odorata*: c - folha, d - fruto. Escala: 1 cm

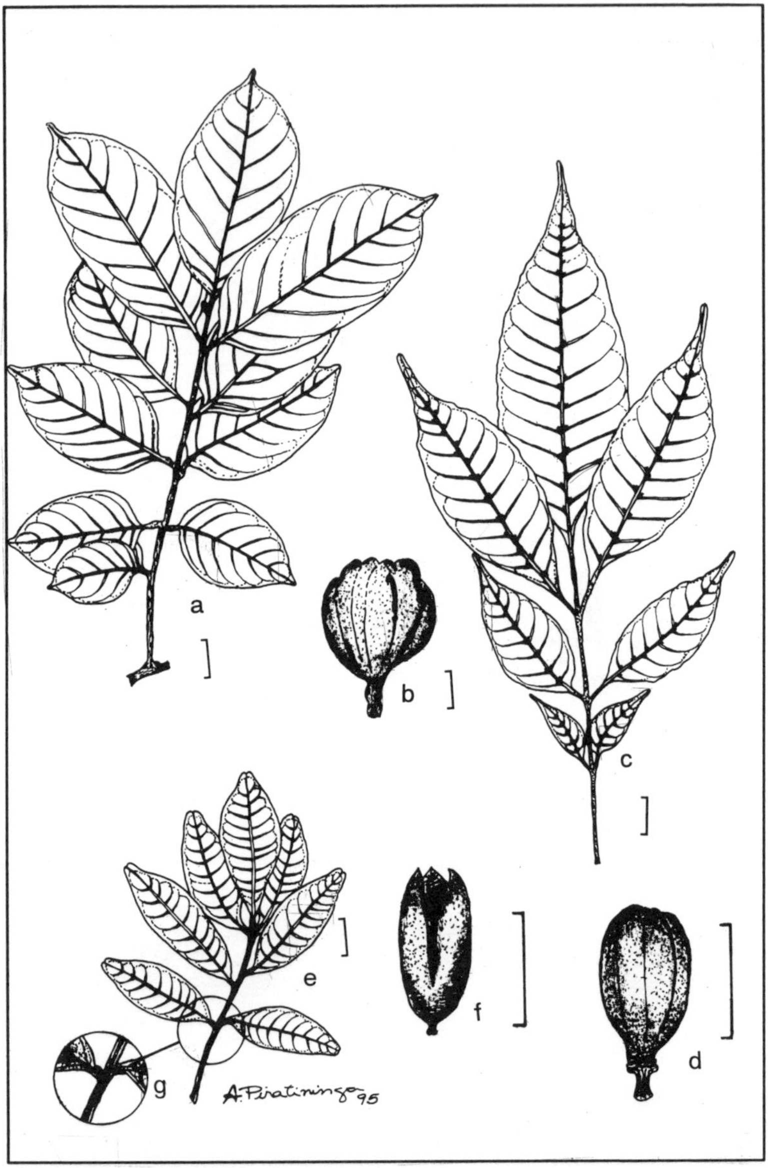

Fig.: 39 - *Guarea macrophylla* ssp. *tuberlulata*: a - folha, b - fruto; *Trichilia casaretti*: c - folha, d - fruto; *Trichilia emarginata*: e - folha, f - fruto, g - detalhe de ráquis. Escala: 1 cm

MENISPERMACEAE

João Marcelo Alvarenga Braga[1]

A família Menispermaceae apresenta cerca de 70 gêneros e 400 espécies (Rhodes 1962), com ampla distribuição pantropical, sendo representada na flora do estado do Rio de Janeiro por 9 gêneros e cerca de 16 espécies, das quais 3 espécies, subordinadas aos gêneros *Abuta* Ruiz et Pavón e *Chondodendron* Barrère ex Aublet estão representadas na Reserva Ecológica de Macaé de Cima.

As espécies na região caracterizam-se por serem lianas dióicas e robustas; caule liso ou estriado, glabro a glabrescente e ramos glabros a castanho-tomentosos; folhas com pecíolo intumescido nas extremidades, lâmina ovada a lanceolada, membranácea a rígido-cartácea, lustrosa, glabra a tomentosa na face abaxial. Inflorescências em racemo ou panícula, solitárias ou seriado-fasciculadas. Flores unissexuais monoclamídeas ou diclamídeas. Frutíolos do tipo drupa com epicarpo, quando seco, nigrescente, lustroso e rugoso, glabro a glabrescente, mesocarpo tênue, pirênio cartáceo a lenhoso com côndilo lâminar; semente hipocrepiforme, testa membranácea, endosperma, quando presente, ruminado e viscoso; embrião delgado ou crasso, linear ou hipocrepiforme.

---

[1] Bolsista da Fundação Botânica Margaret Mee / Jardim Botânico do Rio de Janeiro. Rua Pacheco Leão, 915. Jardim Botânico, Rio de Janeiro, RJ. CEP.: 22.460-030 / E.mail: pmajb92.@ax.ibase.br

Apesar das recentes revisões taxonômicas visando os gêneros neotropicais da família (Barneby 1970; Barneby & Krukoff 1971; Rhodes 1975), ainda persistem os problemas a nível específico e infra-específico dos táxons, o que pode ser consequência da escassez das coleções botânicas existentes nos herbários, ocasionada pela dificuldade de coleta para este grupo, considerando-se o hábito geralmente lianóide e a dioicía das espécies.

Neste contesto, atualmente, realizam-se estudos visando a taxonomia, representatividade e dinâmica das lianas ocorrentes nas formações vegetacionais do estado do Rio de Janeiro, sendo que, no Brasil, estudos relacionados com as lianas são mais desenvolvidos na região amazônica, sendo visível a lastimável carência de conhecimentos para a mata atlântica, no sudeste brasileiro.

Chave para identificação das espécies

1'. Liana alto-escandente; folhas rígido-cartáceas; flores monoclamídeas; semente com endosperma.
  2'. Folhas com pecíolo glabro, lâmina ovado-lanceolada e glabra em ambas as faces ....1. **Abuta selloana**
  2. Folhas com pecíolo tomentoso, lâmina ovada com face abaxial incano-tomentosa .... 2. **Abuta sp.**
1. Liana volúvel ou alto-escandente; folhas membranáceas a rígido cartáceas; flores diclamídeas; semente sem endosperma ....3. **Chondodendron platiphyllum**

1. Abuta selloana Eichler, Flora 47:389.1864.
(Fig. 40 a-b)

Liana robusta alto-escandente. Ramos lisos, lenticelados e glabros. Folhas glabras com pecíolo 3,2-6,5 cm de compr., lâmina 8,5-13,5 x 3,5-5,8 cm, lustrosa, rígido-cartácea, ovado-lanceolada, base obtusa, ápice agudo a curtamente acuminado, 3-5 nervia, 3-5 pares de nervuras secundárias, reticulado denso. Inflorescência pistilada 7,0-9,0cm de compr., racemo solitário e paucifloro, raque lenticelada. Drupa 2,9-3,6 x 1,5-20cm, pirênio lenhoso com superfície de aspecto corticoso e percorrido em toda a sua extensão por um sulco hipocrepiforme que parte da cicatriz do estilete, delimitando as duas faces simétricas, as quais, apresentam sulcos hipocrepiformes direcionados ao ápice do frutíolo, côndilo lâminar projetando-se em maior ou menor extensão no interior da semente, dando-lhe a forma hipocrepiforme. Semente com testa membranácea, adpressa ao tecido de reserva, endosperma abundante, viscoso e ruminado, constituído de porções regulares vesiculosas envolvendo o embrião linear e contínuo. Flores não observadas.

Nome popular: Baga-de-caboclo, bútua, uva-de-gentio, uva-sêcca (Corrêa 1984), butuá, cipó-abuta, cipó-buta, uva-seca (Barneby 1975), abuta, uva-do-mato e cipó-bala.

Floração e frutificação: Na R.E. de Macaé de Cima foi observado em fruto no mês de agosto.

Habitat: Espécie característica da Floresta Pluvial Atlântica, podendo ocasionalmente ser encontrada nos remanescentes de mata de baixada que outrora cobriam grandes extensões do norte do estado do Rio de Janeiro e apresentando o seu limite altitudinal na cota de 1200 m. Segundo Barneby (1975), trata-se de uma das lianas mais comuns, sendo exclusiva das matas primárias, ocorrendo esporadicamente no interior das matas secundárias e capoeirões.

Distribuição geográfica: Brasil: Ceará, Minas Gerais, Espírito Santo, Rio de Janeiro, São Paulo, Paraná e Santa Catarina (Krukoff & Moldenke 1941, 1942, 1947; Barneby & Krukoff 1971).

Utilidades: A raiz apresenta qualidades tônicas, febrífugas e diuréticas (Corrêa 1984), sendo popularmente utilizada no estado de Santa Catarina como abortiva (Barneby 1975).

Comentários: Espécie apresentando grande afinidade com *A. imene* (Mart.) Eichl., sendo esta, ocorrente desde o estado do Mato Grosso até o sul caribenho. As circunscrições entre os táxons em questão, estão basicamente relacionadas com o reticulado das folhas, organização das inflorescências estaminadas e pela distribuição geográfica, sendo os mesmos considerados alopátricos. Barneby & Krukoff (1971), coerentes com as afinidades entre os táxons desse complexo, consideraram as espécies *A. trinervis* (Rusby) Moldenke e *A. klungii* Moldenke como sinônimos de *A. imene* e restringiram a distribuição geográfica de *A. selloana*, para a costa atlântica e Minas Gerais, divergindo-se assim, de Krukoff & Moldenke (1942) que consideraram *A. selloana* como ocorrente no estado do Mato Grosso. Com isso, Barneby & Krukoff (1971) retiraram a possível condição simpátrica nesse estado e consideraram válidas as diferenças morfológicas que separam os dois táxons.

Material examinado: S.V.A.Pessoa 274 et al. (RB)

2. Abuta sp.
(Fig. 40 c-d)

Comentários: Barneby & Krukoff (1971) assinalam 3 espécies de *Abuta* ocorrentes na região extra-amazônica brasileira: *A. selloana* Eichl., *A. grandifolia* (Mart.) Sandw. e *A. convexa* (Vell.) Diels. O exemplar S.V.A. Pessoa 549 *et al.*, difere de *A. selloana* e *A. grandifolia*, pertencentes respectivamente às seções Batschia (Thunb.) Eichl. e Anelasma (Miers) Eichl., por apresentar os ramos castanho-tomentosos, lâmina foliar tipicamente ovada e pelo indumento adpresso incano-tomentoso da face abaxial. A espécie ocorrente na R.E. de Macaé de Cima apresenta afinidades com as espécies pertencentes à seção Butua Eichl., relacionando-se principalmente com o complexo *A. rufescens* Aubl. (*sensu* Barneby & Krukoff), ocorrente na região amazônica e com *A. convexa* (Vell.) Diels, sendo este taxon, exclusivo do sudeste brasileiro e provavelmente simpátrico com a espécie em questão. Entretanto *Abuta* sp. difere também de *A. rufescens* e *A. convexa* pela forma e indumento da folha, além dos frutíolos apresentarem o epicarpo glabro e pirênio espesso. O único exemplar coletado apresenta inúmeras peculiaridades, porém devido a escassez do material analisado e pela ausência de exemplares floríferos, não é ainda possível definir a posição taxonômica deste taxon, tornando-se necessário realizar futuras coletas na região do Alto-Macaé e áreas limítrofes.

Floração e frutificação: Observado em fruto no mês de janeiro.

Material examinado: S.V.A.Pessoa 549 et al. (RB)

3. Chondodendron platiphyllum (St.Hil.) Miers, Ann. Mag. Nat. Hist. III ser. 19: 122. 1867.
(Fig. 40 e-f)

Liana robusta, volúvel ou alto-escandente. Caule com até 4,0cm de diâm., estriado, lenticelado e glabrescente, ramos jovens castanho-tomentosos. Folhas com pecíolo 3,5-13,5 cm de compr., estriado, pubérulo a castanho-tomentoso; lâmina (6,5-) 9,0-20,5 x 6,0-10,5cm, membranácea a rígido cartácea, ovada a ovado-lancelada, base rotunda a obtusa ou raramente cordada, ápice agudo a curtamente acuminado, face adaxial verde-lustrosa e glabrescente, face abaxial alvacenta, pubescente a seríceo-tomentosa, 5-7 nervia, (3) 5-9 pares de nervuras secundárias, reticulado laxo. Inflorescências pistiladas em panícula, 15,0-29,0cm de compr., seriado-fasciculadas, originando-se geralmente nas regiões mais lenhificadas do caule. Flores pistiladas com 9 sépalas em 3 séries irregularmente imbricadas, 3 externas 0,9-11,0mm de compr., subrotunda a ovadas e tomentosas, 6 internas 2,0-2,7mm de compr., ovadas e glabrescentes; 6 pétalas em 2 séries imbricadas, 3 externas 2,8-3,2mm de compr., ovadas e glabras, 3 internas 1,8-2,0mm de compr., lanceoladas ou espatuladas e glabras; ovário 1,1-1,3mm de compr.. Drupa 2,5 x 1,4cm de compr., ovada e glabrescente, pirênio rígido-cartáceo e simetricamente estriado em ambas as faces, côndilo lâminar projetando-se no embrião, dando-lhe a forma hipocrepiforme. Semente com testa membranácea e hialina, aderida a parede interna do pirênio, endosperma ausente; embrião robusto, crasso e hipocrepiforme com eixo hipocótilo-radícula reduzido a uma diminuta região circular. Flor estaminada não observada.

Nome popular: Canela-batata (R.E. de Macaé de Cima), abútua-da-terra, abútua-legítima, abútua-preta, baga-da-praia, batata-brava, bútua, jaboticaba-de-cipó, orelha-de-onça, uva-do-matto (Corrêa 1984).

Floração e frutificação: Na R.E. de Macaé de Cima floresce no mês de janeiro e frutifica nos mêses de janeiro e junho.

Habitat: Ocorre ao longo da costa atlântica brasileira, desde as formações de Restinga até a Floresta Pluvial Atlântica montana, apresentando como limite altitudinal a cota de 1200 m.

Distribuição geográfica: Brasil: Ceará, Bahia, Espírito Santo, Minas Gerais, Rio de Janeiro e São Paulo. (Krukoff & Moldenke 1941, 1942, 1943, 1951, Mello-Filho 1945)

Utilidades: Na medicina popular é utilizada nos casos de atonia dos órgãos digestivos e no tratamento de anemia, cálculos renais, febre intermitente, cólicas uterinas, mestruação deficiente e em doses acentuadas pode ocasionar o aborto (Corrêa 1984). Na farmacologia , as propiedades medicinais são conhecidas e utilizadas desde o meado do século XVII, quando as plantas foram enviadas para a Europa (Corrêa 1984, Mello Filho 1945). Os fênomenos de paralizia (curarização) são produzidos a partir do cloridrato do dimetil éter da metil bebeerina obtida, principalmente, da raiz da planta (Brazil, Seba & Campos 1945; Campos & Brazil 1945). A madeira mole, amarelo-escura com veios distintos é própia para marcheteria e os frutos são comestíveis, sendo utilizados na fabricação de bebida comparável ao vinho. (Corrêa 1984, Mello-Filho 1945).

Comentários: As descrições de *C. platiphyllum* mencionam que o cálice é constituido por 12 a 15 sépalas, porém o exemplar S.V.A.Pessoa 561 et al., apresenta o cálice com 9 sépalas; tal diferença não foi considerada relevante para a identificação desta espécie como *C. platiphyllum* e sim vem reafirmar a variabilidade morfológica, comumente manifestada no grupo. Nas restingas do estado do Rio de Janeiro, vegeta nas zonas abertas e heliófilas, apresentando nessas condições, um hábito geralmente rastejante, com ramos volúveis e delgados; enquanto que no interior das matas litorâneas de restinga e de baixada, são lianas robustas, apresentando o mesmo aspecto dos exemplares que vicejam nas encostas úmidas da Floresta Pluvial Atlântica montana.

Material examinado: S.V.A.Pessoa s/nº et al. - indiv.: PI4B2654 (RB 293865); idem 526 (RB,G,NY); idem 561 (RB)

Tabela sumarizada

Gêneros	Nº de Espécies
Abuta	2
Chondodendron	1
Total	3

Referências bibliográficas

BARNEBY, R.C. 1970. Revision of neotropical Menispermaceae tribe Tinosporeae. **Mem. N.Y. Bot. Gard. 20** (2): 81-158.

__________. 1975. Menispermáceas. *In:* Reitz, P.R. **Flora Ilustrada Catarinense**, I parte, fasc.: MENI.

__________. & KRUKOFF, B.A. 1971. Supplementary notes on American Menispermaceae. VIII. A generic survey of the American Triclisieae and Anomospermeae. **Mem. N.Y. Bot. Gard. 22**(2): 1-90.

BRAZIL, O.V.; SEBA, R.A. & CAMPOS, J.S. 1945. Curare - Obtenção e farmacologia do dimetil éter da metil bebeerina. **Bol. Inst. Vital Brazil 5** (3): 79-96.

CAMPOS, J.S & BRAZIL, O.V. 1945. Curare - Sobrê o emprego do dimetil éter da metil bebeerina em clínica. **Bol. Inst. Vital Brazil 5** (3): 97-114.

CORRÊA, M.P. 1984. **Dicionário das plantas úteis do Brasil e exóticas cultivadas,** Rio de Janeiro, Min. Agric. vol. 1.

KRUKOFF, B.A. & MOLDENKE, H.N. 1941. Supplementary notes on American Menispermaceae. **Bull. Torr. Bot. Cl. 68** (4): 237-243.

__________. 1942. Supplementary notes on American Menispermaceae. II. **Bull. Torr. Bot. Cl. 69** (2): 156-161.

__________. 1943. Supplementary notes on American Menispermaceae. III. **Bull. Torr. Bot. Cl. 70** (4): 400-405.

__________. 1947. Supplementary notes on American Menispermaceae. IV. **Bull. Torr. Bot. Cl. 74** (5): 378-382.

__________. 1951. Supplementary notes on American Menispermaceae. V. **Bull. Torr. Bot. Cl. 78** (3): 258-265.

MELLO-FILHO, L.E. 1945. O gênero Chondodendron no Brasil sul-oriental. **Bol. Inst. Vital Brasil 5** (3): 133-140.

RHODES, D.G. 1962. Menispermaceae in Woodson, Schery et al., Flora of Panamá. **Ann. Miss. Bot. Gard. 49**: 469-484.

__________. 1975. A revision of the genus *Cissampelos*. **Phytologia 30** (6): 415-484.

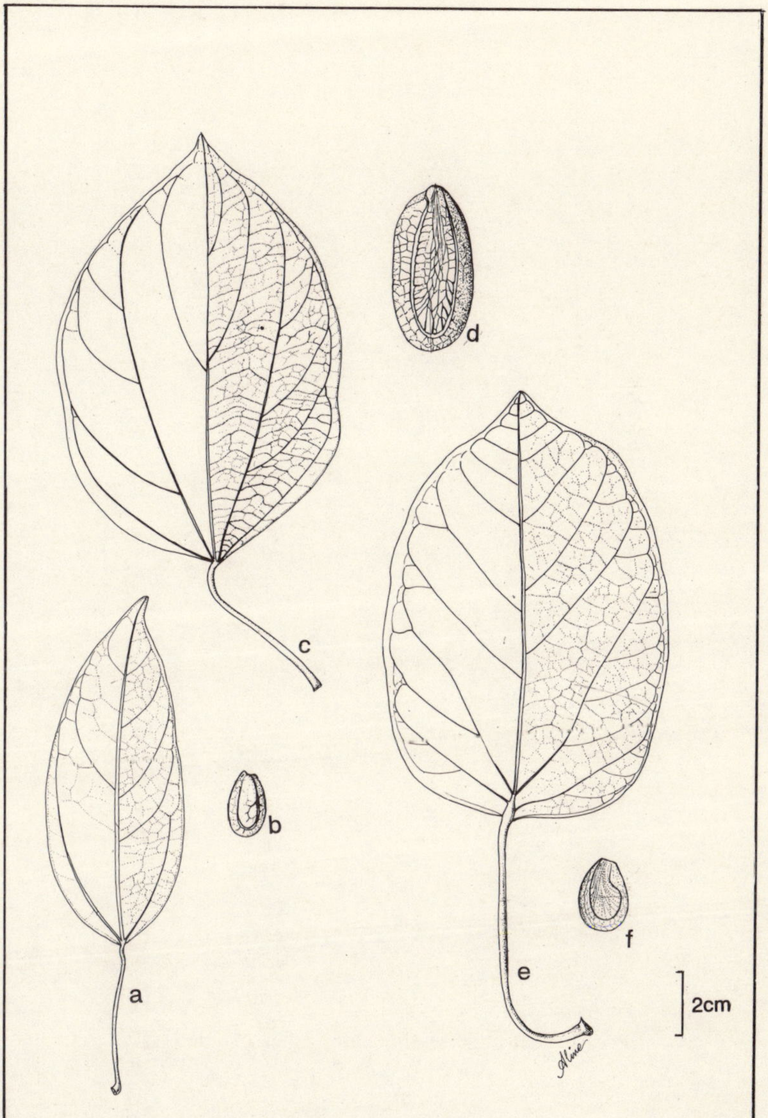

Fig.: 40 - *Abuta selloana*: a - folha, b - pirênio. *Abuta* sp.: c - folha, d - pirênio. *Chondodendron platiphyllum*: e-folha, f - pirênio.

MONIMIACEAE

Ariane Luna Peixoto[1,2]
Maria Verônica Leite Pereira[1]

A família Monimiaceae engloba 30 gêneros e aproximadamente 400 espécies distríbuidas pelas regiões tropicais e subtropicais, especialmente no hemisfério sul. No Brasil ocorrem seis gêneros, quatro dos quais são encontrados no estado do Rio de Janeiro. Na Reserva Ecológica de Macaé de Cima a família está representada por três gêneros e 17 espécies. São árvores ou arbustos geralmente aromáticos, de folhas simples, opostas, raramente subopostas ou ternadas, persistentes, inteiras ou dentadas, glabras ou pubescentes. As inflorescência são axilares, cimosa, em dicásios simples ou compostos, tirsos ou cicinos, raro flores isoladas. Flores pequenas, unissexuais (plantas monóicas ou dióicas), actinomorfas; receptáculo com 4-muitos lobos, raramente lobos obsoletos. Flores masculinas com 1-muitos estames em 1-muitas séries ou irregularmente distríbuidos na parede do receptáculo; estames com anteras biloculares, deiscentes por meio de fendas longitudinais ou transversais ou por valvas. Flores femininas com gineceu apocárpico de 1-muitos carpelos presos no fundo ou na parede do receptáculo; ovário uniovular, estilete curto ou alongado. Fruto apocárpico com carpídios

---

[1] Universidade Federal Rural do Rio de Janeiro, Departamento de Botânica, Caixa Postal 74582, Seropédica, RJ, CEP 23851-970.

[2] Bolsista do CNPq.

drupáceos livres, incluídos ou afundados no receptáculo cedo reflexo ou tardiamente abrindo-se por fendas irregulares.

Chave para identificação das espécies:

1. Plantas com forte aroma cítrico, com indumento de pêlos em tufos; flores masculinas com anteras de deiscência valvar; flores femininas com carpelos inclusos no receptáculo até a maturação do fruto, aparentando um fruto simples; fruto com superarilo carnoso; óvulos eretos........... ....17. **Siparuna chlorantha**

1'. Plantas sem odor cítrico, glabras ou com pêlos simples; flores masculinas com anteras de deiscência rimosa; flores femininas com carpelos expostos cedo, após a antese; fruto desprovido de superarilo; óvulos pêndulos

2. Plantas glabras ou glabrescentes

3. Folhas com 1 a 1,5cm de largura; flores masculinas com 13 a 15 estames, lóculos confluentes, flores femininas com 21 carpelos ....16. **Mollinedia stenophylla**

3'. Folhas com mais de 1,5cm de larg.

4. Folhas subcoriáceas a rígido-cartáceas, obovadas ou elíticas, foscas, em material herborizado verde-olivas a verde-amareladas, 9 a 14cm de compr. e 4 a 5,5cm de larg.; ráquis até 2,8cm de compr.; estames 18 a 20, lóculos confluentes; carpelos 8-10; receptáculo frutífero de 0,8 a 1cm de diâmetro ....13. **Mollinedia pachysandra**

4'. Folhas membranáceas, papiráceas ou cartáceas

5. Folhas perfeitamente glabras desde cedo, nítidas

6. Flores masculinas com lobos mais compridos do que o tubo; folhas inteiras ou marcadamente dentadas de 6 a 10,5cm de compr. e 2,5 a 4cm de larg. ....1. **Macropeplus ligustrinus** var. **friburgensis**

6'. Flores masculinas com os lobos de comprimento igual ou mais curtos que o tubo

7. Folhas com tendência à assimetria ou ligeiramente assimétricas, geralmente nigrescentes quando secas, inteiras ou com dentes inconspícuos, 5 a 10cm de compr. e 2 a 3,5cm de larg.; estames 10 a 18, confluentes; carpelos 12 a 14 com ovário amarelo-viloso; frutíolo de 1,8 a 2cm de compr. .... 4. **Mollinedia engleriana**

7'. Folhas simétricas, castanhas quando secas, marcadamente dentadas, com ápice longamente agudo ou acuminado, com pontuação diminuta na lâmina foliar, 8,6 a 11cm de compr. e 3,2 a 3,cm de largura; estames 7 a 8, lóculos confluentes; frutíolo de 0,5 a 0,6cm de compr. ....10. **Mollinedia marliae**

5'. Folhas adultas glabras a glabrescentes, foscas

8. Folhas dentadas ou denticuladas no terço ou na metade superior

9. Inflorescências com 3,5 a 4cm de compr., pedúnculo 0,4 a 1,5cm, pedicelo 0,5 a 0,8cm de compr.; estames 12 a 15, lóculos confluentes; flores femininas com receptáculo de 0,3 a 0,5cm de diâmetro; carpelos 26 a 27 .... 2. **Mollinedia acutissima**

9'. Inflorescências com 1,5 a 2,5cm de compr., pedúnculo 0.3 a 0,6cm e pedicelo 0,5 a 0,7cmde compr.; estames 13, lóculos confluentes; flores femininas com receptáculo de 0,3 a 0,35cm de diâmetro; carpelos ca. 33 carpelos.. 5. **Mollinedia fasciculata**

8'. Folhas inteiras ou, mais raro, com dentes inconspícuos no terço superior

10. Estames 16 a 18, os mais externos com os lóculos confluentes e os mais internos paralelos, não confluentes; folhas com 7 a 12cm de compr. e 4 a 5cm de larg. ....12. **Mollinedia oligantha**

10'. Estames com os lóculos não confluentes no ápice
11. Folhas com 9 a 17cm de compr. e 3 a 7cm de larg., oblongas a obovado-oblongas; 19 estames; carpelos desconhecidos ....8. **Mollinedia longicuspidata**
11'. Folhas com 6 a 8cm de compr. e 2 a 3cm de larg., obovado-oblongas ou elítico-blongas; 16 estames; carpelos 20 ....9. **Mollinedia lowtheriana**

2'. Plantas pilosas.
12. Folhas densamente aureo a rufo-tomentosas, especialmente na face inferior da lâmina foliar
13. Folhas coriáceas, com 13 a 20cm de compr. e 4 a 7cm de larg.; flores masculinas com 0,8 a 1cm de diâmetro, estames 17 a 18 com lóculos não confluentes; flores femininas com 33 a 35 carpelos; receptáculo frutífero 1,8 a 2,5cm de diâmetro; frutíolos de início vilosos depois glabros, com anel de pêlos ferrugíneos no ápice ....7. **Mollinedia glaziovii**
13'. Folhas cartáceas, com 8 a 11cm de compr. e 2,5 a 3,5cm de larg.; flores masculinas com 0,45 a 0,55cm de diâmetro, 26 a 28 estames com lóculos confluentes; flores femininas com 10 a 18 carpelos; receptáculo frutífero 0,6 a 1,2cm de diâmetro; frutíolos quando jovens pilosos, na maturação de atro-purpúreos a negrescentes e glabros...................3. **Mollinedia argyrogyna**
12' Folhas não densamente áureo nem rufo-tomentosas
14. Folhas rígido-cartáceas a sub-coriáceas, largamente ovadas ou elíticas, com base rotundada a rotundado-cuneada e ápice breve-acuminado com dentes míudos no terço superior, raro inteiras, glabrescentes a pubérulas na face inferior sendo os pêlos mais abundantes ao longo das nervuras, 14 a 20cm de comp. e 7 a 12cm de larg.; inflorescência ramosa, ráquis com 2,5 a

7cm de compr.; estames 24 a 27, lóculos não confluentes ....6. **Mollinedia gilgiana**

14'. Folhas cartáceas a papiráceas

15. Folhas adultas glabras a pubérulas na face superior, com pilosidade tomentosa fulva mais ou menos densa na face inferior, especialmente ao longo das nervuras; estames 20 a 28, lóculos confluentes; carpelos 30 a 40, mais raro 70 a 80 ou até 130 .... 14. **Mollinedia schottiana**

15'. Folhas glabras a glabrescentes na face superior, com pilosidade serícea, canescente cobrindo a face inferior dando-lhe coloração mais clara, podendo, raramente, a pilosidade ser mais esparsa quando adultas; flores gríseo-tomentosas

16. Folhas ovadas ou elíticas, 5,8 a 7cm (raro 8,5) de compr. e 2 a 2,6cm (raro 3,3) de larg.; inflorescências em cimeiras trifloras simples ou reunidas em cimeiras corimbosas pauciloras; flores 0,3 a 0,4cm de compr. e 0,25 a 0,5cm de diâmetro, 16 estames, lóculos confluentes; carpelos 12 ....15. **Mollinedia salicifolia**

16'. Folhas ovadas, obovadas ou elítica-oblongas, 8,5 a 10cm de compr. e 3 a 4cm de larg., inflorescências paniculadas, ramosas, floribundas, 4,5 a 6cm de compr., pedúnculo comum 3 a 4cm de compr.; estames 22 a 23, lóculos não confluentes; carpelos desconhecidos..................11. **Mollinedia myriantha**

1. Macropeplus ligustrinus (Tul.) Perkins var. **friburgensis** Perkins, Bot. Jahrb. 25: 559. 1898.

Árvore com até 15 m de altura com diâmetro a altura do peito de até 15cm. Folhas elíticas ou oblongo-lanceoladas, agudas no ápice e cuneadas na base, inteiras, raro dentadas, glabras, cartáceas, com 6 a 10,5cm de comprimento e 2,5 a

4cm de largura; nervuras secundárias 6 a 7 pares imersos na face superior e na face inferior pouco aparentes. Pecíolo canaliculado com 0,6 a 0,9cm de comprimento. Inflorescências terminais, em ramos jovens folhosos, mais raro axilares, e extra axilares, então cimeiras trifloras simples ou com até 5 flores e opostas entre si, pedúnculo 0,8 a 1,2cm de comprimento e pedicelo com 0,4 a 0,6cm de comprimento. Flores com 0.7 a 1,0cm de comprimento e 0,3 a 0,5cm de diâmetro, sépalas duas vezes mais compridas do que o tubo, ligeiramente desiguais, agudas no ápice. Flores masculinas com 6 a 10 (12 a 16, segundo Perkins, 1898) estames, anteras aplanadas, muito tênues, com lóculos conniventes, filetes aplanados; estaminóides sepalóides quando presentes, 2 ou 1, triangular-alongados. Flores femininas com carpelos conjestos no fundo do receptáculo. Receptáculo pouco aumentado na frutificação, com 0,6 a 0,8cm de diâmetro com saliências de cerca de 2mm onde se inserem os frutíolos; pedúnculo de 2 a 2,3cm de comprimento. Frutíolos até 7 maduros por infrutescência, com cerca de 1,7cm de comprimento e 1,4cm de diâmetro, epicarpo e mesocarpo levemente carnoso.

Floração e frutificação: Coletada com flores no mês de outubro e com frutos no mês de junho.

Habitat: Floresta Pluvial Atlântica montana, ocorrendo no estrato intermediário da floresta, predominantemente em locais sombrios, sendo sua ocorrência esporádica.

Distribuição geográfica: Rio de Janeiro.

Comentários: *Macropeplus ligustrinus* var. *friburgense* era conhecido apenas por dois exemplares coletados no século passado por Glaziou em Alto Macaé de Nova Friburgo. Brade, em 1929, coletou a espécie na Pedra do Sino, em Teresópolis. Na última década 4 coleções foram feitas, todas em Alto Macaé. Os dois materiais colecionados por Glaziou, e que tipificam a espécie eram árvores pequenas de até 4 m de altura. As quatro últimas coleções representam árvores de

12 e 15 m de altura. Dessa variedade também não se tinha ainda a descrição de material frutífero, que foi feita a partir da coleta S.V.A.Pessoa et al. 504.

Material examinado: A.F.M. Glaziou 17769 (Sintipo P); A.F.M. Glaziou 20485 (Sintipos BR); H.C. de Lima et al. s/ nº P Ib, ind. 3198, mas. fl. (RB 294100); H.C. de Lima et al. 3456, mas.fl. (RB); A.L. Peixoto et O.L. Peixoto 826 (UEC); S.V.A. Pessoa et al. 504, fr. (RB, RBR); L. Sylvestre et al. s/nº PIb, ind. 3198, mas. fl. (RB 294112).

2. Mollinedia acutissima Perkins, Bot. Jahrb. 27: 672. 1900.

Árvore com ramos cilíndricos, castanho-claros, glabros. Folhas ovado-lanceoladas ou oblongas, com base cuneada e ápice longamente agudo, papiráceas, glabras quando adultas, com cicatrizes dos tricomas bem marcadas, com 5 a 6 pares de dentes mais ou menos involutos, com 7 a 12cm de comprimento e 3 a 4cm de largura; nervuras secundárias cerca de 4 pares, imersas na face superior e na face inferior pouco salientes. Pecíolo ligeiramente canaliculado, com ca. de 0,6cm de comprimento. Inflorescências corimbosas, axilares ou terminais, glabrescentes ou esparsamente tomentelas, 3,5 a 4cm de comprimento; ráquis com 0,5 a 1,2cm de comprimento, com brácteas escamosas muito pequenas, arredondadas, caducas, na base, pedúnculo com 0,4 a 1,5cm de comprimento, geralmente mais curtos nas inflorescências femininas e mais alongados nas masculinas, pedicelo cerca de 0,4cm de comprimento. Flores masculinas com receptáculo cupuliforme com 0,3 a 0.45cm de diâmetro, lobos interiores com apêndice breve, agudo, fimbriado, involuto; estames 12 a 15, anteras com lóculos confluentes no ápice. Flores femininas com receptáculo piloso internamente, com tubo longo e lobos diminutos, 0,3 a 0,5cm de diâmetro, com 26 a 27 carpelos tomentosos, estigma breve, verrucoso. Fruto não examinado.

Floração e frutificação: Floresce em novembro

Habitat: Floresta Pluvial Atlântica montana.

Distribuição geográfica: Rio de Janeiro, Município de Nova Friburgo.

Comentários: As coleções que representam esta espécie datam do século passado, embora grande esforço de amostragem tenha sido feito na área de ocorrência original da espécie. Distingue-se das demais do Rio de Janeiro pelas inflorescências multifloras, corimbosas, com flores quase glabras; pelas brácteas arredondadas encontradas na base da inflorescência e folhas longamente acuminadas.

Material examinado: Glaziou 17760, masc. fl. (Sintipos C, F, GH); Glaziou 17760a, fem. fl (Sintipos C, F, GH, US).

3. Mollinedia argyrogyna Perkins, Bot. Jahrb. 27: 661. 1900.

Árvore com até 14 m de altura, em Macaé de Cima entre 4 e 8 m de altura, com fuste cilíndrico e copa ampla e densa. Folhas oblongo-lanceoladas ou elítico-lanceoladas com ápice e base cuneadas, frequentemente inteiras ou, mais raramente com poucos e indistintos dentes no terço superior, quando adultas glabras na face superior, na face inferior, principalmente ao longo das nervuras, aureo-tomentosas, cicatrizes de tricomas, em ambas as faces, salientes, tornando a lâmina foliar um tanto áspera, com 8 a 11cm de comprimento e 2,5 a 3,5cm de largura; nervuras secundárias 6 a 8 pares, imersas na face superior e proeminentes na face inferior. Pecíolo cilíndrico, espesso, tomentoso, com 0,4 a 0,7cm de comprimento. Inflorescências paniculadas, multifloras, axilares ou terminais, flavescente tomentosas; ráquis com até 3cm de comprimento, pedúnculo com ca. de 1cm de comprimento e pedicelo um pouco mais alongado. Flores masculinas com receptáculo campanulado com 0,45 a 0,55cm de diâmetro, externamente flavescente-pilosas, com 26 a 28 estames sésseis com anteras hipocrepiformes. Flores femininas com receptáculo plano, externamente flavescente-tomentoso e recoberto na face interna por pêlos flavescentes a argênteos, com 0,5 a 0,8cm de diâmetro; lobos quase iguais entre si, ovado-triangulares; carpelos 10 a 18, de início densamente argíreo-tomentosos. Frutíolos elíticos, com cerca de 1,2cm de comprimento e 1cm de largura, verdes a atropurpúreos na maturação, negros e glabros quando secos.

Nome popular: "corticeira" e "capixim".

Floração e frutificação: Floresce em agosto e setembro, os frutos tornam-se maduros de dezembro a abril.

Utilidade: É empregada em medicina popular contra males do estômago.

Habitat: Formações florestais de altitude, tanto na Floresta Pluvial Atlântica como em Florestas Estacionais, podendo ocupar o estrato arbóreo superior ou intermediário. Em capões de mata nos campos rupestres pode ocorrer como pequena árvore.

Distribuição geográfica: Minas Gerais, Rio de Janeiro, São Paulo e Paraná.

Comentários: Do material proveniente de Alto Macaé, apenas a exsicata M.P.M.Lima s/n, ind. 4980 se assemelha ao tipo (um dos sintipos da espécie provem de Alto Macaé). Os demais são muito distintos, as folhas são de maiores dimensões, mais tênues e dentadas no terço ou na metade superior. Em muitas espécies do gênero, folhas dentadas e mais tênues caracterizam material proveniente de indivíduos em rebroto ou de fase muito intensa de crescimento vegetativo. Entretanto, mesmo distintos, representam indubitavelmente *M. argyrogyna* pelo tipo e coloração do indumento e pelas cicatrizes aparentes dos tricomas.

Material examinado: Glaziou 17768a, fem. fl. (K); M.P.M. Lima et al. s/nº parcela II, ind. 4980, est. (RB 294106); H.C.

Lima et al. s/nº PIa. ind. 1588, est. (RB 294108); G. Martinelli et al. s/nº PIb, ind. 289, est. (RB 294107); A.L. Peixoto et O.L. Peixoto 839, fem. fr. (UEC); S.V.A. Pessoa s/n. PIa, ind. 1822, est. (RB 294109).

4. Mollinedia engleriana Perkins, Bot. Jahrb. 27: 659. 1900.
(Fig. 41 a-c)
Mollinedia pachypoda Perkins, Bot. Jahrb. 27: 659. 1900. Nov. syn.

Árvore com 4 a 10m de altura, com ramos castanhos a amarronzados, cilíndricos, glabros. Folhas oblongas a oblongo-lanceoladas, não raro com lados desiguais, base aguda e ápice estreitamente acuminado, inteiras raramente dentadas, glabras, sub-cartáceas, com 5 a 10cm de comprimento e 2 a 3,5cm de largura; nervuras secundárias 5 a 6 pares, pouco aparentes na face superior e pouco salientes na face inferior, venação laxa. Inflorescências esparso-pilosas com ráquis nula ou com até 1,2cm de comprimento, pedúnculo com 0,4 a 0,7cm de comprimento, pedicelo com 0,3 a 0,5cm de comprimento e muito tênue nas flores masculinas e com 1,1 a 1,4cm de comprimento, mais espesso nas flores femininas; inflorescências masculinas com 6 a 18 flores. Flores masculinas com receptáculo quase plano, com 0,5 a 0,7cm de diâmetro, lobos exteriores arredondados e lobos interiores ovados e com ápice frequentemente denticulado, estames 10 a 18, com os lóculos das anteras confluentes no ápice. Flores femininas 3 a 5 dispostas em inflorescência racemosa, raro solitárias, lobos muito pequenos, carpelos 12 a 14 com ovário amarelo-viloso e estigma glabro, verrucoso. Frutíolo com 1,8 a 2cm de comprimento e receptáculo com até 1,5cm de diâmetro.

Floração e frutificação: Floresce nos meses de fevereiro, agosto e outubro, tendo sido coletada com fruto apenas no mês de fevereiro.

Habitat: Floresta Pluvial Atlântica montana ou alto-montana, em áreas bem preservadas. Por observações feitas em população ocorrente na Estação Ecológica do Alto da Serra (SP), acredita-se que a espécie não sobreviva em áreas muito alteradas.

Distribuição geográfica: Rio de Janeiro e São Paulo, com apenas três populações conhecidas, todas em áreas de preservação ambiental: Reserva Ecológica de Alto Macaé (RJ), Estação Ecológica do Alto da Serra, Reserva do Parque Estadual das Fontes do Ipiranga (SP).

Comentários: Perkins (1900) descreveu *M. engleriana* e *M. pachypoda* com base em exemplares coletados por Glaziou em Macaé de Cima (Alto Macaé de Nova Friburgo). Peixoto (1987) sugere a identidade destes dois táxons, utilizando *M. engleriana* como nome válido, sendo aqui feita a sinonimização. A espécie é facilmente distinta, quando herborizada, pela coloração enegrescida que geralmente tomam os ramos e folhas. Também é muito frequente a ocorrência de catáfilos nos ramos terminais.

Material examinado: Glaziou 17766, mas. fl. (Holotipo C; Isotipo F, GH, K); Glaziou 18490, mas. fl. (Holotipo BR; Isotipos F, GH, K de *M. pachypoda*); C.B.M. Correia et al. 34, fem. fl. (RB); M. Peron et al. 838, mas. fl. (RB); C.M.Vieira et al. 93, fem. fl. (RB).

5. Mollinedia fasciculata Perkins, Bot. Jahrb. 27: 671. 1900.

Arbusto ramificado com até 3 m de altura, com ramos cilíndricos, delgados, quando adultos glabros, quando jovens minutamente pilosos. Folhas oblongo-obovadas, com base cuneada e ápice breve-acuminado ou obtuso na metade superior providas de dentes introflexos, glabras, papiráceas, com 9 a 10,5cm de comprimento e 3,5 a 4cm de largura. Pecíolo cilíndrico, delgado, glabro com 0,5 a 0,7cm de comprimento. Inflorescências em cimeiras trifloras reunidas em inflorescências corimbosas, axilares ou terminais, mais raro inflorescências paucifloras; pedúnculo com 0,3 a 0,6cm de comprimento e pedicelo com 0,5 a 0,7cm de comprimento. Flores com receptáculo cupuliforme, papiráceo, esparso-piloso, sendo os pêlos acinzentados. Flores masculinas com 0,1 a 0,2cm de diâmetro, lobos ovados, os dois mais internos providos de apêndice agudo, fimbriado, com 13 estames, todos com anteras hipocrepiformes. Flores femininas com 0,3 a 0,35cm de diâmetro, reunidas em inflorescências com 5 a 7 flores, 33 carpelos presos ao receptáculo internamente griseo-piloso; ovário piloso e estigma glabro, verrucoso. Frutíolos arredondados, com 0,5 a 0,6cm de diâmetro, glabros quando maduros, castanho-escuros quando secos.

Floração e frutificação: Floresce de dezembro a fevereiro.

Habitat: Floresta Pluvial Atlântica.

Distribuição geográfica: Rio de Janeiro.

Comentários: A espécie está representada apenas pelas coleções feitas no século passado, em Macaé de Cima (Alto Macaé) e que serviram de base para a descrição da espécie, embora grande esforço de amostragem tenha sido feito na área de ocorrência original da espécie.

Material examinado: Glaziou 17721, masc. fl. (C); Glaziou 18486, masc. fl. (C); Glaziou 17761 mas. fl.(C F, GH); Glaziou 17761a, fem. fl. (F, GH); Glaziou 19860, fem. fl.(F).

6. Mollinedia gilgiana Perkins, Bot. Jahrb. 27: 656. 1900. (Fig. 42 a-g)

Árvore com 6 a 28 m de altura com diâmetro a altura do peito de até 44cm ou arbusto (segundo Perkins, 1901). Folhas largamente ovadas ou largamente elíticas com base rotundada ou rotundado-cuneada e ápice breve acuminado ou agudo, com dentes muito miúdos no terço superior, raro inteiras, rígido-cartáceas a sub-coriáceas, glabras a glabrescentes na face superior e glabrescentes a pubérula na face inferior, exceto ao longo das nervuras onde os pêlos podem ser mais abundantes, 14 a 20cm de comprimento e 7 a 12cm de largura; nervuras secundárias 7 a 9 pares inconspícuos na face superior e na face inferior um tanto salientes. Pecíolo cilíndrico, com cerca de 1,5cm de comprimento. Inflorescências ramosas, paniculadas, adpresso-tomentosas, com até 9cm de comprimento e 9 a 12 flores; ráquis com 2,5 a 7cm de comprimento, pedúnculo e pedicelo com ca. de 1,5 e 2cm de comprimento, respectivamente; brácteas e bractéolas arredondadas. Flores masculinas com receptáculo plano, fusco-piloso, com 0,8 a 1cm de diâmetro, lobos ovados, os interiores frequentemente denticulados. Flores masculinas com 24 a 27 estames, todos com os lóculos das anteras pararelos, não confluentes no ápice. Inflorescências femininas com pedúnculo e pedicelo longos, 2,5 a 3cm o primeiro e 1,3 a 1,5 o segundo, até 7 flores por inflorescência; receptáculo com 0,6cm de diâmetro. Pedúnculo frutífero rígido, com cerca de 3cm de comprimento, receptáculo 0,6 a 0,9cm de diâmetro, glabro; frutíolos com estípite e apículo curtos, imaturos de 10 a 18 por infrutescência, quando maduros 8 a 10, com 1,5 a 1,8cm de comprimento e 1 a 1,4cm de diâmetro, verrucoso.

Nome popular: "Canela".

Floração e frutificação: Floresce nos meses de janeiro a março e frutifica em dezembro, março e maio.

Habitat: Floresta Pluvial Atlântica.

Distribuição geográfica: Rio de Janeiro.

Comentários: Espécie conhecida apenas pelas coleções originais feitas por Glaziou, no século passado, em Macaé de Cima (Alto Macaé de Nova Friburgo), e pelas coleções feitas na última década nesta mesma localidade, onde está representada por uma população significativa nas proximidades da nascente do Rio das Flores. Dos exemplares coletados em Macaé de Cima, nessa década, embora representados por árvores de porte significativo, oito tinham o fuste ramificado: dap 10+17; 3+44; 10+17; 7+14+5; 2+17; 8+6+8; 10+12; 18+13. Glaziou assinala, em seus apontamentos de coleta (Perkins, 1900), que os indivíduos por ele coletados eram arbustos. Dos exemplares coletados no presente século apenas um (Peixoto e Peixoto 829) tinha 6 m de altura; os restantes estavam entre 10 e 28 m. Por dificuldade de coleta, Glaziou não teve acesso aos indivíduos de porte maior ? As coletas feitas na última década, predominantemente baseadas em critérios de limites de amostragem, não contemplaram a amostragem de arbustos da espécie ? A espécie está com uma população se estabelecendo na área ?

Material examinado: Glaziou 17218, mas.fl. (Sintipos BR, C, GH, US); Glaziou 17771, mas.fl. (Sintipos C, F); Glaziou 19858, mas.fl. (Sintipos BR, C, F, GH); A.L.Almeida 34, fr. (RB); I.A. Araújo et al. s/n. PIa, ind. 745, bot. (RB 294070); C.M.B.Correia et al. 154 fr.im. (RB); R.Guedes s/ n. PIa, ind. 745, fem.fl. (RB 294057); H.C. Lima 3484, fr (RB); H.C. Lima et al. 3487, fem.fl. (RB); M. Nadruz et al 568, fem.bot. (RB); A.L.Peixoto et O.L.Peixoto 829, mas.fl. (UEC); T.S.Pereira et al. s/n. PIa, ind. 556, fem.fl.(F, RB 296442, SP); S.V.A.Pessoa et al. s/n. PIa, ind. 453 fr. (RB 294056, SP); S.V.A.Pessoa et al. s/n. PIa, ind. 556, fr. (RB 294062); S.V.A.Pessoa et al. s/n. PIa, ind. 1851, est. (RB 294060); S.V.A.Pessoa et al. s/n. P Ib, ind. 3015 fem.fl.fr. (RB 294060).

7. Mollinedia glaziovii Perkins, Bot. Jahrb. 27: 657. 1900.

Árvore com 5 a 10 m de altura, fuste de casca lisa, acinzentada, com folhas ovado-oblongas ou lanceoladas, base cuneada e ápice agudo, inteiras, quando frescas discolores, na face ventral verde-escuras e na face dorsal verde-claras com nervuras castanho-ferrugíneas, quando jovens densamente flavescentes a rufo-pilosas, adultas glabras a glabrescentes na face superior, onde os pêlos são caducos, na face inferior densamente rufas a ferrugíneo-pilosas, coriáceas, com 13 a 20cm de comprimento e 4 a 7cm de largura; nervuras secundárias 6 a 8 pares, pouco aparentes na face superior e na face inferior salientes. Pecíolo com 1,7 a 2cm de comprimento. Inflorescências ramosas, ferrugíneo-tomentosas, as masculinas com raquis com 1,5 a 4cm de comprimento, pedúnculo com 0,8 a 1,5cm de comprimento e pedicelo com 0,5 a 1cm de comprimento, as flores feminimas axilares, duas de cada lado do ramo ou inflorescências com até 5 flores, sendo uma terminal, com ráquis nulo ou com até 1,7cm de comprimento, pedúnculo com 1,3 a 1,5cm de comprimento e pedicelo com 1,8 a 2cm de comprimento; brácteas mais basais arredondadas e brácteas apicais e bractéolas linear-lanceoladas, decussadas, com 0,3 a 0,5cm de comprimento. Flores masculinas com receptáculo plano, rígido-coriáceo, com 0,8 a 1cm de diâmetro; lobos ovados, inteiros ou levemente denticulados no ápice, estames 17 a 18 com os lóculos das anteras não confluentes no ápice e o conectivo mais ou menos prolongado. Flores femininas com 33 a 35 carpelos densamente flavescentes a ferrugíneo-tomentosos, receptáculo tomentoso, em antese com 1,5 a 1,8cm de diâmetro. Pedúnculo frutífero 3,5 a 4,5cm de comprimento, receptáculo 1,8 a 2,5cm de diâmetro, até 21 frutíolos maduros, frutíolos com cerca de 1,6cm de comprimento e 1,3cm de diâmetro, de início vilosos depois glabros, rugosos, com anel de pêlos ferrugíneos no ápice.

Floração e frutificação: Coletada em flor nos meses de fevereiro, abril, agosto e setembro e com frutos nos meses de junho e setembro.

Habitat: Floresta Pluvial Atlântica montana, ocorrendo em áreas sombrias no interior da floresta, ou em áreas mais exposta ao sol, próximo a picadas, quando então apresenta folhas com menor concentração de pêlos e de consistência mais rígida.

Distribuição geográfica: Rio de Janeiro.

Comentários: A espécie é perfeitamente distinta das demais, ocorrentes em Macaé de Cima, pelos ramos e dorso foliar densamente tomentosos, sendo os pêlos brilhantes e escurecidos. Frequentemente, também, os ramos e folhas estão cobertos por microrganismos enegrecidos, alternados com acizentados e, mais raro, verdes, conferindo à espécie um aspecto característico.

Material examinado: Glaziou 17219, mas.fl. (Sintipos C, GH); Glaziou 17220, mas.fl. (Sintipo P); M. Leitman et al. 401, fem. fl. (RB); H.C. Lima et al. 3534, fem.fl. (RB); G.Martinelli 11697, fr. (RB); G.Martinelli et al. 11902, fem.fl.(RB); G.Martinelli 12065, fem.fl.(RB); S.V.A.Pessoa et al. 423, fem. fl. (RB); A.F.Vaz 645, fem.fr.(RB).

8. Mollinedia longicuspidata Perkins, Bot. Jahrb. 27: 653. 1900.

Árvore pequena ou arbusto com 3 a 8 m de altura, com ramos cilíndricos, glabros, amarronzados. Folhas oblongas ou obovado-oblongas, com base cuneada ou arredondado-cuneada e ápice cuspidado ou longamente acuminado, inteiras ou muito raramente com 1 a 2 dentes indistintos no terço superior, quando adultas glabras na face superior e glabrescentes na face inferior, com 9 a 17cm de comprimento e 3 a 7cm de largura. Nervuras secundárias cerca de 5 pares, inconspícuas na face superior e pouco salientes na face inferior. Pecíolo delgado, cilíndrico, com 1,5 a 2cm de comprimento. Inflorescências geralmente trifloras, tomentelas; ráquis nula ou quase nula, pedúnculo com 0,2 a 0,4cm de comprimento e pedicelo com 0,2 a 0,4cm de comprimento. Flores masculinas com receptáculo plano, com 0,45 a 0,5cm de diâmetro, lobos quase iguais entre si, ovados, os dois interiores com ápice obtuso; estames cerca de 19, todos com os lóculos das anteras não confluentes no ápice, sendo o conectivo mais alongado nos estames marginais. Flores femininas e frutos desconhecidos.

Floração e frutificação: Floresce no mês de dezembro.

Habitat: Floresta Pluvial Atlântica montana, sendo conhecida apenas pela coleção que a tipifica feita no século passado em Alto Macaé de Nova Friburgo.

Distribuição geográfica: Rio de Janeiro.

Material examinado: Glaziou 17763, mas.fl. (Holotipo P; Isotipo C, F, GH).

9. Mollinedia lowtheriana Perkins Bot. Jahrb 27: 667. 1900.

Folhas obovado-oblongas ou elítico-oblongas, com base cuneada e ápice agudo ou longo-acuminado, inteiras ou ligeiramente dentadas no terço superior, cartáceas, esparso-pilosas quando jovens e glabrescentes a glabras quando adultas, com 6 a 8cm de comprimento e 2 a 3cm de largura. Pecíolo com 0,7 a 1cm de comprimento. Inflorescências em cimeiras trifloras geralmente isoladas, luteo-pilosas, com 2,5 a 3cm de comprimento; pedúnculo com ca. de 1cm de comprimento e pedicelo com 0,7 à 0,9cm de comprimento. Flores com receptáculo quase plano, lobos exteriores ovados e lobos interiores com apêndice longo, retangular, denticulado, introflexo. Flores masculinas com 0,35 a 4cm de diâmetro, cerca de 16 estames dispostos de maneira congesta, anteras com os lóculos não confluentes e o conectivo um pouco alongado no ápice. Flores femininas com cerca de 0.35cm de diâmetro, com 20 carpelos glabros, presos ao receptáculo internamente parcamente flavescente-piloso. Frutos desconhecidos.

Floração e frutificação: Floresce no mês de dezembro.

Habitat: Floresta Pluvial Atlântica montana, sendo conhecida apenas pelas duas coleções que a tipificam, feitas no século passado em Alto Macaé de Nova Friburgo,

Distribuição geográfica: Rio de Janeiro.

Material examinado: Glaziou 17764, mas.fl. (Sintipos F, US); Glaziou 17764a, fem.fl. (Sintipo GH).

10. Mollinedia marliae A. Peixoto e V. Pereira Sp. nov. (Fig. 43 a-e)

Folia elliptica vel oblonga, longiuscule acuminata, basi cuneata vel late cuneata, ultra medium vel 1/3 superiore dentata, minutissime punctata, 8,6-11cm longa, 3,2-3,9cm lata. Flores 0,36-0,40cm diam., lobis exterioribus ovatis, lobis interioribus truncatis margine superiore integra vel inaequaliter et paullo ondulata. Stamina 7-8, sessilia, hippocrepica. Carpella 21-28. Frutificationes drupiferae usque 6-aggregatae. Drupae 8-11, 0,5-0,6cm longae.

Sintipos: Rio de Janeiro, Município de Nova Friburgo, Reserva Ecológica de Macaé de Cima, nascente do Rio das Flores, R.Guedes et al. 2189, mas.fl., 07.11.1988 (RB); ibid., R.Guedes et al 2168, fem.fl., 07.11.1988 (RB); ibid., H.C.Lima et al. 3409, fem.fr., 22.07.1988 (RB)

Árvore com 4 a 9 m de altura, fuste único ou 2-ramificado com diâmetro a altura do peito, quando ramificado de 4+3cm a 6+6cm, e quando íntegro de até 10cm, casca acinzetada, fina, não corticosa. Folhas elíticas a oblongas, com ápice longo-acuminado e base cuneada a largo-cuneada, dentada na metade ou no terço superior, sendo os dentes bem marcados e com ápice freqüentemente involuto, provido de glândula monimióide evidente, glabras, nítidas, cartáceas, com pontuação diminuta, de 8,6 a 11cm de comprimento e 3,2 a 3,9cm de largura. Pecíolo de 0,6 a 1cm de comprimento. Inflorescências masculinas corimbosas, laxas, o mais das vezes axilares e com 15 flores glabras ou esparsamente tomentelas; flores papiráceas a cartáceas, verde-claras, receptáculo campanulado com 0,36 a 0,40cm de diâmetro, lobos exteriores ovados, lobos interiores com ápice emarginado inteiro ou ligeiramente ondulado; pedúnculo 0,5 a

0,6cm de comprimento, pedicelo aproximadamente de igual tamanho; estames 7 a 8, alvos em vivo, anteras laxamente dispostas no receptáculo, sésseis, com os lóculos confluentes no ápice. Inflorescência feminina axilar, extra-axilar ou apical, com até 6 flores; pedúnculo e pedicelo, juntos, de 1 a 1,4cm de comprimento. Infrutescências até 6-reunidas, com 8 a 11 frutíolos maduros; receptáculo frutífero com 0,5 a 0,6cm de diâmetro, pedúnculo de 2,1 a 3cm de comprimento, delgado; frutíolos glabros, 0,5 a 0,6cm de comprimento.

Floração e frutificação: Floresce de novembro a janeiro e frutifica de março a agosto.

Habitat: Floresta Pluvial Atlântica, ocorrendo mais frequentemente nas proximidades de córregos. Todas as coleções da espécie foram feitas próximo a nascente do Rio das Flores e apenas uma no Sítio Sophronites.

Distribuição geográfica: Rio de Janeiro.

Comentários: A nova espécie parece próxima a *M. glabra* (Sprengel) Perkins com a qual compartilha as características de folhas glabras, nítidas e minutamente pontuadas ("pelucido punctata"); flores glabras a esparsamente tomentelas. Difere principalmente pelas maiores dimensões das flores (0,5 a 0,6cm de largura) e maior número de estames (20 a 30) em *M. glabra*. O nome da espécie é uma homenagem à botânica Marli Pires Morim de Lima, taxonomista brasileira destacada no estudo das Leguminosae e integrante da equipe do projeto Florística e Fitossociologia do Programa Mata Atlântica do Jardim Botânico do Rio de Janeiro.

Material examinado: Rio de Janeiro, Município de Nova Friburgo, Reserva Ecológica de Macaé de Cima, nascente do Rio das Flores, R. Guedes et al. 2176, mas. fl. (RB); ibid., H.C. Lima et al. s/nº PIa, ind. 1758, fem. fr., 18.07.1988 (RB 294078); Ibid., H.C. Lima et al. 3406, fem. fr., 26.06.1988 (RB); ibid., G. Martinelli et al. s/nº PIa, Ind. 319, fem. fr., 09.05.88 (RB 294076); ibid., M. Nadruz et al. 496, fem. fr.im., 21.06.1989 (RB); Ibid., S.V.A. Pessoa et al. 129, mas. fl., 25.11.1986 (RB); Ibid., S.V.A. Pessoa et al. 400, mas. fr., 24.11.1988 (RB); Ibid., S.V.A. Pessoa et al. 323, fem. fr.im., 25.05.1988 (RB); Sítio Sophronites, S.V.A. Pessoa et al. 258, fem. fr., 19.03.1987 (RB).

11. Mollinedia myriantha Perkins, Bot. Jahrb. 27: 655. 1900.

Folhas obovado-oblongas ou oblongas, com base cuneada e ápice largamente acuminado a agudo, inteiras, quando adultas glabras na face superior e na face inferior com pilosidade canescente, adpressa, rala, com 8,5 a 10cm de comprimento e 3 a 4cm de largura, cartáceas; nervuras secundárias 5 a 6 pares, pouco aparentes na face superior e na face inferior salientes, venação densamente reticulada. Pecíolo cerca de 1cm de comprimento. Inflorescências ramosas, paniculadas, plurifloras, gríseas a lúteo-pilosas, com até 6cm de comprimento; ráquis com 3 a 5cm de comprimento, pedúnculo com 0,3 a 0,9cm de comprimento e pedicelo com 0,4 a 0,6cm de comprimento. Flores masculinas com receptáculo côncavo, com 0,4 a 0,6cm de diâmetro, lobos exteriores ovados e lobos interiores mais alongados, com ápice truncado e margem denticulada, com 22 a 23 estames, todos com os lóculos das anteras paralelos, não confluentes no ápice. Flores femininas e frutos desconhecidos.

Floração e frutificação: Florece no mês de fevereiro.

Habitat: Floresta Pluvial Atlântica montana, sendo conhecida apenas pela coleção tipo procedente de Alto Macaé de Nova Friburgo.

Distribuição geográfica: Rio de Janeiro.

Comentários: É uma espécie muito característica pela pilosidade esparsa e canescente da face inferior das folhas e pelas inflorescências ramosas, plurifloras, com flores com pilosidade cinza-amarelada, adpressa.

Material examinado: Glaziou 19859, mas.fl. (Holótipo C; Isotipos F, GH).

12. Mollinedia oligantha Perkins, Bot. Jahrb. 27: 653. 1900.

Árvore com 5 a 8 m de altura, com ramos cilíndricos, acinzentados, flexíveis. Folhas oblongas ou elíticas, com base cuneada e ápice longamente acuminado, glabras a glabrescentes, subcartáceas, inteiras, com 7 a 12cm de comprimento e 4 a 5cm de largura; nervuras secundárias 5 a 6 pares, inconspícuos na face superior e na face inferior um tanto salientes. Pecíolo com 1 a 1,5cm de comprimento. Inflorescências trifloras, adpresso-pilosas, sendo a pilosidade alva; ráquis nula ou quase nula, pedúnculo com 0,2 a 0,3cm de comprimento e pedicelo com 0,2 a 0,4cm de comprimento. Flores masculinas com receptáculo plano, com 0,5 a 0,6cm de diâmetro, lobos exteriores arredondados e levemente maiores do que os interiores que são ovados; estames 16 a 18, os mais externos com os lóculos das anteras confluentes e os mais internos com os lóculos não confluentes e o conectivo alongado. Flores femininas e frutos não examinados.

Floração e frutificação: Floresce nos meses de novembro, dezembro e janeiro e em suas flores masculinas são encontrados, frequentemente, grande número de trips.

Habitat: Floresta Pluvial Atlântica montana e mais raramente baixo-montana, em locais sombrios, preferentemente próximo a leitos de rios e córregos, no interior da floresta. É pequena árvore com ramos flexíveis que cresce no subbosque.

Distribuição geográfica: Espírito Santo, Rio de Janeiro e São Paulo.

Comentários: Embora não tenha sido recoletada em Alto Macaé, de onde provém a coleção tipo, a espécie tem sido encontrada em remanescente de mata atlântica em localidades no Espírito Santo, São Paulo e Rio de Janeiro, predominantemente em áreas de preservação ambiental. Entretanto, a espécie continua sem a descrição das flores femininas e dos frutos, pois todas as coleções feitas até o momento provém de exemplares masculinos.

Material examinado: Glaziou 18487, mas.fl. (Holotipo GH; Isotipos F, K);

13. Mollinedia pachysandra Perkins, Bot. Jahrb. 27: 672. 1900.

Arvoreta com 1,80 a 2,50 m de altura no interior da mata ou árvore de maior porte, atingindo até 14 m de altura, em áreas mais abertas; ramos cilíndricos, nítidos, marrons a nigrescentes. Folhas ovadas, obovadas ou elítico-oblongas, com ápice agudo e base cuneada, adultas glabras, cartáceas ou subcoriáceas, inteiras, em material herborizado, verde-olivas ou verde-amareladas, com 9 a 14cm de comprimento e 4 a 5,5cm de largura. Pecíolo delgado com 1,5 a 1,9cm de comprimento, nigrescente quando seco. Inflorescências corimbosas, multifloras, flavescente-pilosas; ráquis com até 2,8cm de comprimento, pedúnculo e pedicelo com cerca de 1cm de comprimento, cada um deles. Flores com receptáculo longamente cupular, com 0,3 a 0,4cm de diâmetro e 0,5 a 0,8cm de comprimento, lobos ovados, os dois mais internos com apêndice membranáceo, ondulado-dentado, introflexo. Flores masculinas com 18 a 20 estames sésseis, com anteras hipocrepiformes. Flores femininas com receptáculo internamente densamente flavescente piloso com 8 a 10 carpelos flavescente tomentosos. Pedúnculo frutífero com até 2,2cm de comprimento, receptáculo, na frutificação com 0,8 a 1 m de diâmetro; frutíolos elíticos, apiculados, com superfície verrucosa, glabra e ferrugínea quando seco, avermelhados em vivo, com 1,4 a 1,6cm de comprimento e 0,9 a 1cm de diâmetro, cerca de 10 por infrutescência.

Floração e frutificação: Floresce nos meses de junho, julho e agosto e frutifica no mês de outubro.

Habitat: Floresta Pluvial Atlântica. Espécie heliófila a semi-umbrófila, ocorrendo preferencialmente na fímbria da mata ou em áreas mais abertas, frequentemente próximo a rios e córregos.

Distribuição geográfica: Rio de Janeiro.

Comentários: Desde as coleções originais procedentes da Floresta da Tijuca, no município de Rio de Janeiro, a espécie foi coletada apenas em duas outras localidades: no Morro do Coco (uma coleção), no município de Campos e em Macaé de Cima (4 coleções), de onde se conclui que a espécie tenha sido sempre muito rara nos ecossistemas onde ocorre.

Material examinado: J.F.Baumgratz et al. 516, fem. fl (RB); G.Martinelli 11796, fem. fr. (RB); G.Martinelli et al. s/nº PIa, ind. 265 est.(RB 294063); S.V.A.Pessoa at al. 283, fem.fr. (RB).

14. Mollinedia schottiana (Sprengel) Perkins, Bot. Jahrb. 17, 667. 1900.
=*Mollinedia polyantha* Perkins, Bot. Jahrb. 27: 677. 1900. Nov. syn.
=*Mollinedia cuneata* Perkins, Bot. Jahrb. 27: 676. 1900. Nov. syn.

Árvore ou arbusto com 3 a 10 m de altura, com ramos cilíndricos, fusco-pilosos, depois glabros, casca cinza-clara, levemente escamosa, geralmente coberta por manchas de líquens e briófitas. Folhas ovadas, obovadas, elíticas ou oblongo-ovadas com base cuneada a arredondada e ápice breve acuminado ou agudo, dentadas na metade ou no terço superior, cartáceas, quando jovens adpresso-seríceo-tomentosas, adultas glabras a pubérulas na face superior, na face inferior, principalmente ao longo das nervuras com pilosidade tomentosa fulva mais ou menos densa, raro esparso-pilosas, com 8 a 12cm (raro até 15cm) de comprimento e 2,5 a 5cm (raro até 10cm) de largura; nervuras secundárias 5 a 6 pares, submersas na face superior e proeminentes na face infeiror. Pecíolo 0,5 a 1cm (raro 1,2cm) de comprimento. Inflorescências em cimeiras trifloras organizadas em corimbos axilares, extra-axilares, raramente terminais, multifloras ou mais raramente cimeiras trifloras simples, flavescentes a fulvo-tomentosas; ráquis atrofiada ou com até 1cm de comprimento, pedúnculo com 1 a 1,5cm de comprimento e pedicelo com 0,8 a 1,2cm de comprimento. Brácteas escamosas na base do pedúnculo e bractéolas lineares, caducas, na base do pedicelo. Flores masculinas com receptáculo cupuliforme ou campanulado com 0,3 a 0,5cm de diâmetro, lobos externos ovados e lobos internos ovado-triangulares com apêndice curto, fimbriado, introflexo; estames 20 a 28 todos com os lóculos das anteras confluentes no ápice. Flores femininas com 30 a 40 carpelos, as vezes com 70 a 80, podendo chegar a 130; carpelos tomentosos dispostos congestamente no receptáculo internamente tomentoso. Frutíolos de início pilosos depois glabrescentes, amarelo-esverdeados quando maduros, com manchas alvascentas, castanhos a amarronzados quando secos, com cerca de 1,2cm de comprimento e 0,9cm de largura.

Nome popular: “capixim” e “espinheira-santa”.

Floração e frutificação: Floresce predominantemente de setembro a dezembro e frutifica de maio a julho.

Utilidade: A espécie tem sido utilizada em medicina popular contra males do estômago; sua madeira tem sido utilizada no fabrico de pequeno objetos e como lenha.

Habitat: Floresta Pluvial Atlântica e Floresta Estacional, ocorrendo desde o nível do mar até 1.500 m de altitude, tanto em mata primária como em matas secundárias ou capões florestados em diferentes estádios de regeneração; mais raro como árvore formadora do dossel e mais comumente como integrante do sub-bosque.

Distribuição geográfica: Minas Gerais, Rio de Janeiro, São Paulo, Paraná, Santa Catarina e Rio Grande do Sul.

Material examinado: Glaziou 17762, mas.fl. (Holotipo de *M. polyantha*, K); Glaziou 18483, mas.fl. (Holotipo de *M. cuneata* P; Isotipo C, K); A. L. Peixoto 923, mas.fl. (RBR); A.L.Peixoto 934 fem.fl. (RBR).

Comentários: *M. schottiana* é a espécie do gênero *Mollinedia* de mais ampla distribuição na Floresta Atlântica. Apresenta um acentuado polimorfismo e suporta viver, além de florestas íntegras, em florestas secundárias em diferentes estádios de regeneração. Peixoto (1987) quando estudou as espécies desse gênero sugeriu a sinonimização de *M. cuneata* em *M. schottiana*; não tratou entretanto de *M. polyantha* por não ter visto o tipo e nem outra coleção procedente da localidade tipo que pudesse ser identificada como pertencente a esse táxon. Posteriormente, entretanto, examinando a coleção de Monimiaceae depositada no herbário do Kew Garden (K) teve em mãos o tipo da espécie (Glaziou 17762), o que veio a confirmar a identidade dos taxons, sendo aqui feita, então, a sinonimização.

15. Mollinedia salicifolia Perkins, Bot. Jahrb. 27: 659. 1900.

Arvoreta com 3 a 5 m de altura ou árvore de até 13 m de altura e circunferência a altura do peito de 80cm; fuste com casca castanho-clara, com estrias longitudinais leves; ramos acinzentados, lisos, cilíndricos, delgados. Folhas ovadas ou elíticas com base cuneada e àpice agudo, frequentemente inteiras, raro com poucos dentes no terço superior, discolores, na face superior glabra, na face inferior coberta por pilosidade serícea, canescente, adpressa o que dá aparência mais clara, raramente glabrescente, pilosidade ausente nas nervuras e na margem, com 5,8 a 7cm (raro 7,5 a 8,5cm) de comprimento e 2 a 2,6cm (raro 2,8 a 3,3cm) de largura; nervuras secundárias 6 a 8 pares, inconspícuas na face superior e pouco pronunciadas na face inferior, sendo a nervura principal castanho-escuro a nigrescente, especialmente na parte basal. Pecíolo cilíndrico, com 0,5 a 0,8cm de comprimento, castanho-escuro a nigrescente. Inflorescências em cimeiras trifloras simples ou 2 a 4 reunidas, cobertas por pilosidade serícea, grisea; ráquis com 0,7 a 2cm de comprimento, pedúnculo com 0,6 a 0,8cm de comprimento e pedicelo aproximadamente de igual tamanho; inflorescências masculinas com 6 a 12 flores, inflorescências femininas com 4 a 6 flores. Flores com receptáculo cupuliforme, com 0,3 a 0,4cm de comprimento e 0,3 a 0,5cm de diâmetro; lobos ovados, os exteriores maiores do que os interiores que tem ápice obtuso; flores masculinas com 16 estames, todos com os lóculos das anteras confluentes no ápice; flores femininas com 12 carpelos. Frutíolos verdes com pontos alvascentos, tornando-se nigrescente na maturação, com epicarpo liso, lustroso, 3 a 7 por infrutescência.

Floração e frutificação: Floresce de maio a outubro, frutificando de março a maio.

Habitat: Floresta Pluvial Atlântica, em áreas em bom estádio de preservação.

Distribuição geográfica: Espírito Santo e Rio de Janeiro.

Comentários: *M. salicifolia* é facilmente distinta das demais espécies do gênero pelas folhas discolores, rigidamente cartáceas e de forma muito constante.

Material examinado: Glaziou 17765, masc. fl. (Holotipo C; Isotipo F, GH); Glaziou 18489, masc. fl. (C, BR, GH, F); C.M.B. Correia et al. 204 fem.fl.(RB); H.C. Lima et al. 3485, fem. fr. (RB); H.C. Lima et al. 3692, fem. fr. (RB); H.C.Lima et al. 3771, fem. fr. (RB); M. Peron at al. 786, fem.fl. (RB); S.V.A. Pessoa et al. 450, mas. fl. (CEPEC, NY, RB RBR, SP); S.V.A. Pessoa et al. 504, fem. fr. (RB).

16. Mollinedia stenoplylla Perkins, Bot. Jahrb. 27: 669. 1900.

Folhas linear-lanceoladas ou lanceoladas, com base cuneada e ápice agudo, inteiras ou dentadas na metade superior, cartáceas ou subcoriáceas, glabras, com 5 a 6cm de comprimento e 1 a 1,5cm de largura. Pecíolo com 0,5 a 0,6cm de comprimento. Inflorescências corimbosas com 9 a 12 flores, as vezes menos, com tomento esparso, acinzentado. Flores com 0,4 a 0,6cm de diâmetro, com receptáculo quase plano; lobos exteriores ovados e lobos interiores com apêndice curto, inteiro, membranáceo, introflexo. Flores masculinas com 13 a 15 estames, anteras hipocrepiformes. Flores femininas com receptáculo internamente piloso, lobos iguais entre si; carpelos 21, parcamente pilosos, congestamente dispostos no receptáculo, estigma verrucoso, alongado. Frutíolos elípticos, com estigma persistente assemelhando-se a um mucrão, com cerca de 0,8cm de comprimento e 0,6cm de largura, quando seco rugoso; pedúnculo e pedicelo frutífero, juntos, com cerca de 1,5cm de comprimento e receptáculo com cerca de 0,9cm de diâmetro.

Floração e frutificação: Floresce no mês de novembro e frutifica no mês de maio.

Habitat: Floresta Pluvial Atlântica, sendo conhecida apenas por coleções feitas no século passado, no município de Nova Friburgo.

Distribuição geográfica: Rio de Janeiro.

Material examinado: Glaziou 20220, mas. fl. (Sintipo BR); Glaziou 17768, fem. fl. (Sintipos F, GH, K, P); Riedel et Luschnath 315, fem. fr. (A, PE, US).

17. Siparuna chlorantha Perkins, Bot. Jahrb. 28: 677. 1901.

Arbustos com 1,5 a 3 m de altura, dióicos, aromáticos, com ramos subcilíndricos, verdes, pubérulos, com entrenós variando de 1.4 a 5cm de comprimento. Folhas oposto-cruzadas, raramente ternadas, oblongo-lanceoladas a lanceoladas, ápice agudo a longamente acuminado e base cuneada a arredondada, margem subíntegra com pequenos dentes, dentada ou dentado-crenada, jovens densamente pilosas, adultas com raros pêlos na face dorsal por sobre as nervuras, sendo os pêlos em tufos com 4 a 8 células, subcartáceas a cartáceas, discolores, com 8 a 17cm de comprimento e 3 a 7cm de largura; nervuras secundárias 7 a 9 pares pouco aparentes na face superior e um tanto salientes na face inferior. Pecíolo cilíndrico, verde com manchas vináceas, parcamente piloso, 1 a 6cm de comprimento. Inflorescências pubérulas, verdes, em dicásios compostos, bi-ramosos, terminando por cincinos; pedúnculo comum cilíndrico 0,05 a 0,1cm de comprimento. Inflorescências masculinas 1 a 1,7cm de comprimento, pedúnculo 0,2 a 0,9cm de comprimento com 12 a 24 flores. Inflorescências femininas 0,6 a 1,8cm de comprimento, pedúnculo com 0,2 a 0,5cm de comprimento, com 8 a 10 flores. Brácteas lanceoladas, carnosas, esparso-pilosas na face inferior, diminutas. Flores masculinas com receptáculo cupuliforme, carnoso, 0,15 a 0,2cm de comprimento e 0,2 a 0,35cm de largura; pedicelo cilíndrico, verde com pequenas máculas vináceas, 0,3 a 0,5cm de comprimento; lobos 4 a 6, rotundados, desiguais entre si, reflexos, carnosos, pontuado-glandulosos; velum cônico, elevado, membranáceo, pontuado-glanduloso, glabro, com o poro dilatado; estames 6 raro 5, sendo 4 no cíclo externo, maiores e 2 ou 1 no ciclo interno, menor e mais claro, 0,15 a 0,2cm de comprimento, exertos, filetes aplanados, anteras ovadas, valvares, introrsas. Flores femininas verdes com receptáculo cupuliforme, 0,15 a 0,2cm de comprimento e 0,15 a 0,3cm de largura, pedicelo verde com pequenas manchas vináceas, 0,35 a 0,5cm de comprimento; lobos 4 a 5, arredondados ou triangulares, desiguais entre si, patentes, tendendo a reflexos, carnosos pontuado glândulosos; velum cônico, elevado, carnoso, pontuado de glândulas, glabro, com poro estreito; carpelos 10, raramente 8 a 9, com 0,25 a 0,3cm de comprimento, ovários ovados, glabros, estiletes brancacentos, glabros, estigmas brancascentos papilosos. Receptáculo frutífero piriforme-globoso com vestígios dos lobos, velum e estigma, externamente vináceo, minutamente verde pontuado, internamente roseo, carnoso, aromático, de 1,2 a 1,5cm de comprimento e 1,4 a 1,9cm de largura, deiscência irregular em 6 a 7 partes. Pedicelo frutífero 1 a 1,3cm de comprimento, pedúnculo frutífero 0,1 a 0,2cm de comprimento. Frutíolos 2 a 8, ovados, globosos, 0,6 a 0,7cm de comprimento e 0,3 a 0,5cm de largura, epicarpo tênue, albo, mesocarpo sucoso, endocarpo verrucoso, castanho, duríssimo. Superarilo vermelho, carnoso, cobrindo a parte superior e lateral do fruto.

Nome popular: "negra-mina", "abricó-de-macaco".

Floração e frutificação: Floresce e frutifica durante todo o ano sendo esses eventos intensificados nos meses de junho a setembro.

Habitat: Floresta Pluvial Atlântica do Rio de Janeiro, ocorrendo essencialmente às margens de rios, especialmente em encostas montanhosas úmidas em localidades situadas na vertente frontal da Serra do Mar, entre 800 e 1.800 msm. Coletada apenas em áreas cobertas por remanescentes florestais em bom estado de preservação.

Distribuição geográfica: Rio de Janeiro.

Comentários: A espécie era conhecida apenas pela coleção tipo feita por Glaziou em Macaé de Cima (Alto Macaé de Nova Friburgo). Pereira (1991), fazendo o estudo das espécies desse gênero para o Rio de Janeiro, ampliou a área de ocorrência com novas coletas e descreveu as flores masculinas, o receptáculo frutífero e os frutos. Era conhecida apenas com flores femininas (Perkins, 1901).

Material examinado: I.A. Araújo et al. 71 (RB); C.B. Correia et al. s/nº PIb, ind. 2830 (RB 294084); R. Guedes 2220, fem. fl. fr. (RB); B.C. Kurtz et al. s/nº PIa, ind. 1876, fem. fl. fr. (RB 294091, RBR); B.C. Kurtz 109, fem. fl. fr.

(RB); H.C. Lima et al. 3483, fem. fl. fr. (NY, RB, RBR); H.C. Lima et al. 3566, mas. fl. (RB, RBR); H.C. Lima et al. 3591, fem.fl.fr. (RB); H.C. Lima et al. 3826, mas. fl. (RB); H.C. Lima et al. 3822, mas. fl. (RB); G. Martinelli et al. 11803, fem. fl. fr. (RB, RBR); M. Nadruz et al. 537, fem. fl. fr. (RB); A.F. Vaz 679, Fem. fl. fr. (RB); C.M. Vieira et al. s/nº PIb, ind. 2774, mas. fl. (RB 294086); C.M. Vieira et al. s/nº PIb. ind. 2842, mas. fl. (RB 294085).

Tabela sumarizada

Gêneros	Nº de Espécies
Macropelus	1
Mollinedia	15
Siparuna	1
Total	17

Referências bibliográficas

PEIXOTO, A.L. 1987. **Revisão Taxonômica do Gênero *Mollinedia* Ruiz et Pavon (Monimiaceae, Monimioideae).** Tese de Doutorado. Universidade Estadual de Campinas. 392 p.

PEREIRA, M.V.L. 1991. **Taxinomia e Morfologia das Espécies do Gênero *Siparuna* Aubl. (Monimiaceae) ocorrentes no Estado do Rio de Janeiro.** Tese de Mestrado. Museu Nacional, UFRJ. 232 p.

PERKINS, J. R. 1900. Monographie der Gattung *Mollinedia*. **Bot. Jahrb. 27:** 636-682.

____________. 1901. Monographie der Gattung *Siparuna*. **Bot. Jahrb. 28:** 660-705.

____________ & GILG, E. 1901. Monimiaceae *in* Engler A., *Pflanzenr.* **4** (4.101): 1-122.

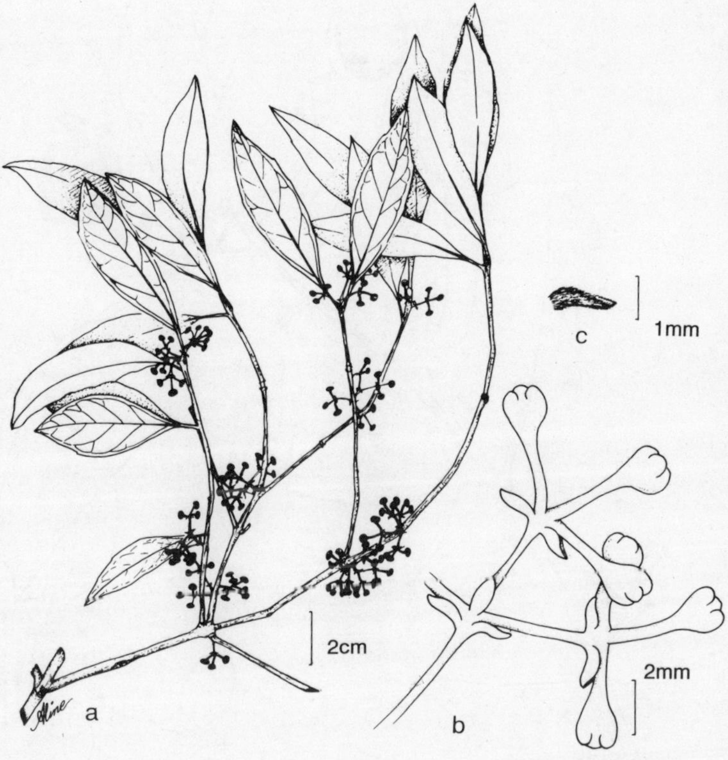

Fig. 41 - *Mollinedia engleriana*: a - ramo com flores masculinas; b - inflorescência; c - detalhe da bráctea.

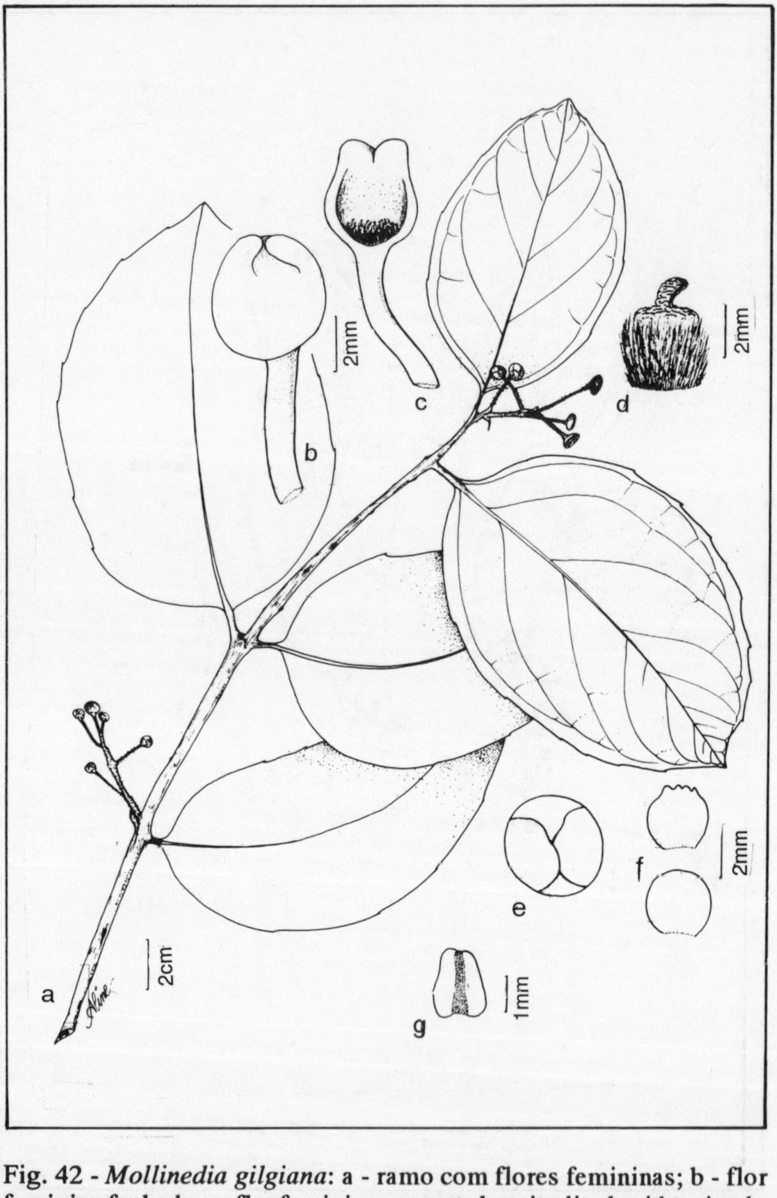

Fig. 42 - *Mollinedia gilgiana*: a - ramo com flores femininas; b - flor feminina fechada; c - flor feminina em corte longitudinal evidenciando os carpelos; d - carpelo; e - flor masculina em vista frontal; f - lobos externo e interno da flor masculina; g - antera.

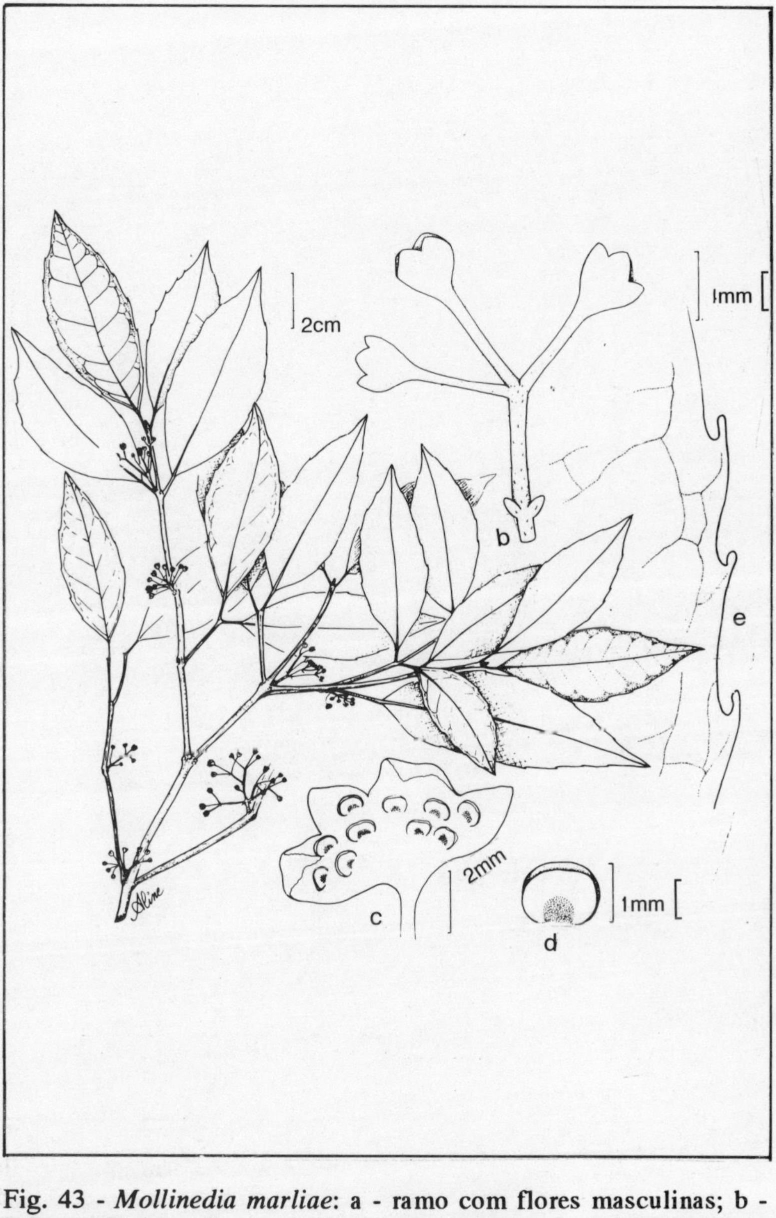

Fig. 43 - *Mollinedia marliae*: a - ramo com flores masculinas; b - inflorescência; c - flor masculina aberta; d - antera; e - detalhe do bordo da folha.

ONAGRACEAE

Paul E. Berry[1]

A família Onagraceae é composta de 15 gêneros e 650 espécies distribuídas por todo o mundo. No Brasil ocorrem 4 gêneros, *Oenothera* e *Epilobium*, representados por ervas que habitam áreas abertas, *Ludwigia*, como ervas e arbustos de planícies alagadiças, e *Fuchsia* que, por sua vez, é um gênero lenhoso que se diversificou em ambientes de florestas alto-montanas das serras litorâneas, onde ocorrem 8 espécies. Duas destas espécies, *F.regia* subsp. *serrae* e *F. glazioviana*, subordinadas à sect. *Quelusia* (Berry, 1989), ocorrem em Macaé de Cima apresentando-se como arbustos escandentes ou lianas e que chegam a atingir o dossel da mata. Possuem folhas opostas ou espiraladas com pequenas estípulas caducas, às vezes persistentes, alargadas na base, simulando uma nodosidade no pecíolo. Flores hermafroditas, axilares, pêndulas, tetrâmeras; tubo floral cilíndrico até obcônico ou fusiforme (mais largo na proção mediana do que na basal), nectários na base; sépalas totalmente livres ou concrescidas na metade de seu comprimento, valvar quando em botão; coloração do tubo e sépalas de vermelho amagenta; pétalas purpúreas, convolutas na antese, menores que as sépalas. Estames 8, em duas séries. Ovário ínfero, tetra-

[1] Missouri Botanical Garden, P.O.Box 299, St. Louis, MO 63166, U.S.A.

locular, muitos óvulos por lóculo; estilete excerto, estígma clavado. Fruto tipo baga com numerosas sementes.

Chave para identificação das espécies:

1. Folhas 4-11 cm comp., 2,5-4,5 cm. larg.; estípulas com uma base persistente, espessada, dando uma aparência nodosa ao caule; tubo floral 7-15 mm comp.; sépalas conadas em mais de 1/3 de seu comp. total .... 1. **F.regia** subsp..**serrae**

1' Folhas 1,5-4 cm comp., 0,8-1,5 cm larg.; estípulas pequenas, de base não persistente e nem espessada; tubo floral 5-8 mm comp.; sépalas conadas em até 1/3 de seu comp.total .... 2. **F.glazioviana**

1. Fuchsia regia subsp. **serrae** P.E.Berry
= *Fuchsia affinis* Cambessèdes, Fl. Bras. Merid. 2(17):274.1830
= *Fuchsia radicans* Miers in Lindley, Bot. Reg. 27: pl. 66.1841.
(Fig. 44)

Lianas, atingindo até 18 m no dossel da mata, ou arbustos escandentes. As plantas de grande porte têm caule com 6 cm de diâmetro e remitem ramos flexuosos a 6 m. Folhas opostas ou espiraladas 3-4 (estreitamente) ovada a elíptica, ápice agudo a acuminado, base arredondada a aguda, margem subinteira a denticulada, com 5-10 veias secundárias ; pecíolos 10-35 mm comp., 1,5-3 mm espessura; estípulas proeminentes, crassas, 2-3 mm larg., 2-3 mm comp., ca. 0,5 mm espessura, recurvadas, persistentes, adjacentes algumas vezes fundidas, quando secas marrons, e aparentando uma nodosidade nos ramos. Flores com pedicelos 20-45 mm comp.; tubo floral cilíndrico-fusiforme, 7-15 mm comp.; sépalas 18-34 mm comp., 5-7 mm larg., conadas na base em 8-14 mm e formando um tubo sepálico longo, usualmente tetra-sulcado; pétalas 11-20 mm comp., 8-15 mm larg. Filamentos 22-48 e 20-40 mm comp.; anteras 3-4 mm comp., 1,5-2 mm larg. Baga 16-26 mm comp., 9-13 mm espessura.

Nomes populares: brinco-de-princesa

Floração e frutificação: Floresce de meados de novembro até março, ocasionalmente em outros meses.

Utilidades: Cultivada como ornamental

Habitat: Típica de florestas densas montanas e alto-montanas, atingindo alturas elevadas no interior das matas mas, em sua maioria, apresentando-se como arbusto em locais abertos, em altitudes entre 300 - 1500 msm.

Distribuição geográfica: Amplamente dispersa nas Serras do Mar e Geral, ocorrendo no Rio de Janeiro (onde é mais localmente distribuída), São Paulo, Paraná, Santa Catarina e Rio Grande do Sul.

Comentários: *Fuchsia regia* é um complexo de espécies altamente polimórfico e o mais amplamente disperso no Brasil. Três subespécies são atualmente reconhecidas (Berry 1989) sendo *Fuchsia regia* subsp. *regia* a mais comum das subespécies no Rio de Janeiro. Contudo, as sépalas fortemente conadas e as estípulas espessadas nas plantas coletadas em Macaé de Cima caracterizam-na com subsp. *serrae*, a qual é mais típica de localidades costeiras ao Sul de São Paulo até o Rio Grande do Sul. O espécime tipo de *Fuchsia radicans* foi provavelmente coletado nas proximidades de Macaé de Cima e trabalhos de campo adicionais são necessários para determinar se isto e se as populações provenientes de Macaé de Cima merecem ser reconhecidos como um grupo distinto da subsp. *serrae*.

Material examinado: H.C.Lima 1123 (RB,MO), H.C.Lima 3491 et al. (RB,MO) e I. de Araújo 04 (RB,MO).

2. Fuchsia glazioviana Taub., Engl. Bot. Jahrb. 15, beibl. 34:10. 1892
= *Fuchsia santos-limae* Brade, Arq. Jard. Bot. Rio de Janeiro 15: 10, fig.2.1957.
(Fig. 45 a-f)

Pequenos arbustos escandentes ou lianas. Ramos em geral densamente emaranhado, facilmente esfoliantes. Folhas opostas ou espiraladas em 3, firmemente membranáceas a subcoriáceas, elípticas ou lanceoladas, margens levemente glandulosa-denticulada, com 4-5 veias secundárias; pecíolos 3-6 mm comp.; internós pequenos, 3-12 mm comp. Flores com pedicelos 12-26 mm comp.; tubo floral cilíndrico, 5-7 mm comp.; sépalas 17-22 mm comp., 3-4 mm larg., conadas na base a uma extensão de 4-5 mm; pétalas 9-12 mm comp., 6-9 mm larg. Filetes 22-32 e 16-28 mm comp.; anteras 2,5-3,5 mm comp., 1,1 - 1,6mm larg. Baga 10-16 mm comp., 5-8 mm de larg.

Nomes populares: brinco-de-princesa

Floração e frutificação: Flores e frutos por todo o ano porém mais encontradiços de novembro a março.

Utilidade: Uso potencial em horticultura; esta espécie atualmente é cultivada por sociedades amadoras de estudiosos em *Fuchsia* na Europa e América do Norte

Habitat: Ocorre tanto no interior de florestas alto-montanas como ao longo de estradas e em áreas de campos abertos em altitudes que variam de 1.500 - 2.100 msm

Distribuição geográfica: Espécie rara, conhecida apenas de algumas localidades adjacentes à Nova Friburgo, como Macaé de Cima e Morro Nova Caledônia bem como às proximidades de Santa Maria Madalena no estado do Rio de Janeiro.

Comentários: *Fuchsia glazioviana* é a mais singular espécie dentre as *Fuchsia* brasileiras por apresentar folhas agrupadas, pequenas e estreitas com diminutos pecíolos. As flores são polinizadas por beija-flores enquanto seus frutos dispersados por aves frugívoras.

Material examinado: P.E.Berry 4420 et al. (MO, RB).

Referência bibliográfica

BERRY, P. E. 1989. A Systematic revision of Fuchsia sect. Quelusia (Onagraceae). **Ann. Missouri Bot. Gard. 76:** 532 - 84.

Fig. 44: *Fuchsia regia* subsp. *serrae:* Ramo florífero.

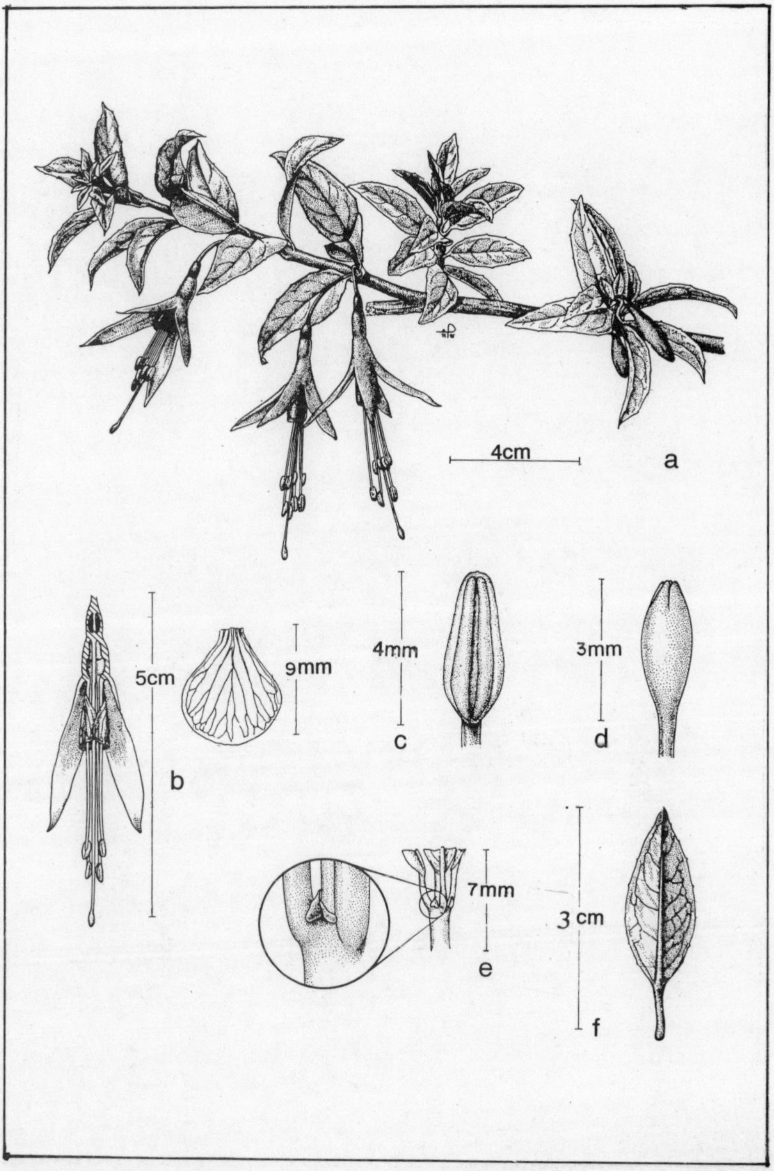

Fig. 45: *Fuchsia glazioviana*: a- Ramo florífero, b- flor em seção longitudinal e pétala em detalhe, c- detalhe da antera, d- detalhe do estigma, e- detalhe das estípulas, f- folha (face abaxial).

OPHIOGLOSSACEAE

Claudine M. Mynssen[1]

A família Ophioglossaceae é considerada muito primitiva. Ocupa uma posição isolada dentro do grupo, não demonstrando relacionamento direto com nenhuma outra Pteridophyta atual (Tryon & Tryon 1982). Possui cerca de 50 a 60 espécies distribuidas em 3 gêneros (Tryon & Stolze 1989).

Foi registrada apenas a espécie *Ophioglossum palmatum* na área da Reserva Ecológica de Macaé de Cima.

Ophioglossum palmatum L., Sp. pl. 1063. 1753.
(Fig. 46 a-b)

Erva epífita. Pecíolo com pêlos amarelados na base, com 21-25cm de comprimento e 0,3cm de diâmetro. Lâmina foliar palmado-lobada, com a base cuneiforme, membranácea, glabra, pêndula, com 22-33,5cm de comprimento e 4-9,5cm de largura, dividida dicotomicamente. Nervuras reticuladas, às vezes com vênulas livres no interior das malhas. Esporângios unidos, formando sinângios organizados em forma de espigas que partem do terço superior do pecíolo.

[1] Jardim Botânico do Rio de Janeiro/ Universidade Santa Úrsula. Rua Pacheco Leão, 915, Rio de Janeiro, RJ. CEP: 22460-030.

Nome popular: lingua-de-cobra, lingua-de-víbora, samambaia (Sehnem 1979).

Habitat: Floresta Pluvial Atlântica montana e alto-montana e Floresta Pluvial Ripária.

Distribuição geográfica: Brasil: Amazonas, Bahia, Minas Gerais, Rio de Janeiro, São Paulo, Paraná, Santa Catarina, Rio Grande do Sul. México, Peru, Índias Ocidentais, América Tropical. África.

Comentários: Ocorre como epífita em mata sombria. É considerada uma pteridófita rara nas regiões onde ocorre (Stolze 1976).

Material examinado: L. Sylvestre 302 (RB); A. Fée s/nº (RB 12.826); J. Badini s/nº (RB 138.871); C. F. M. Delphim 01 (RB); S.J. Silva Neto 544.

Referências bibliográficas

SEHNEM, A. 1979. Ofioglossáceas. In: REITZ, R. **Flora Ilustrada Catarinense**. Itajaí, Santa Catarina, 16p. il.

STOLZE, R. G. 1976. Ferns and fern allies of Guatemala. Part 1: Ophioglossaceae througth Cyatheaceae. **Fieldiana** (Botany), new series **39**: 1-130.

TRYON, R.M. & STOLZE R.G., 1989. Pteridophyta of Peru, part II. 13. Pteridaceae - 15. Dennstaedtiaceae. **Fieldiana** (Botany), new series **20**: 1-145.

TRYON, R.M. & TRYON A.F. 1982. **Ferns and allied plants with special reference to Tropical America**. New York, Springer Verlag. 857 p. il.

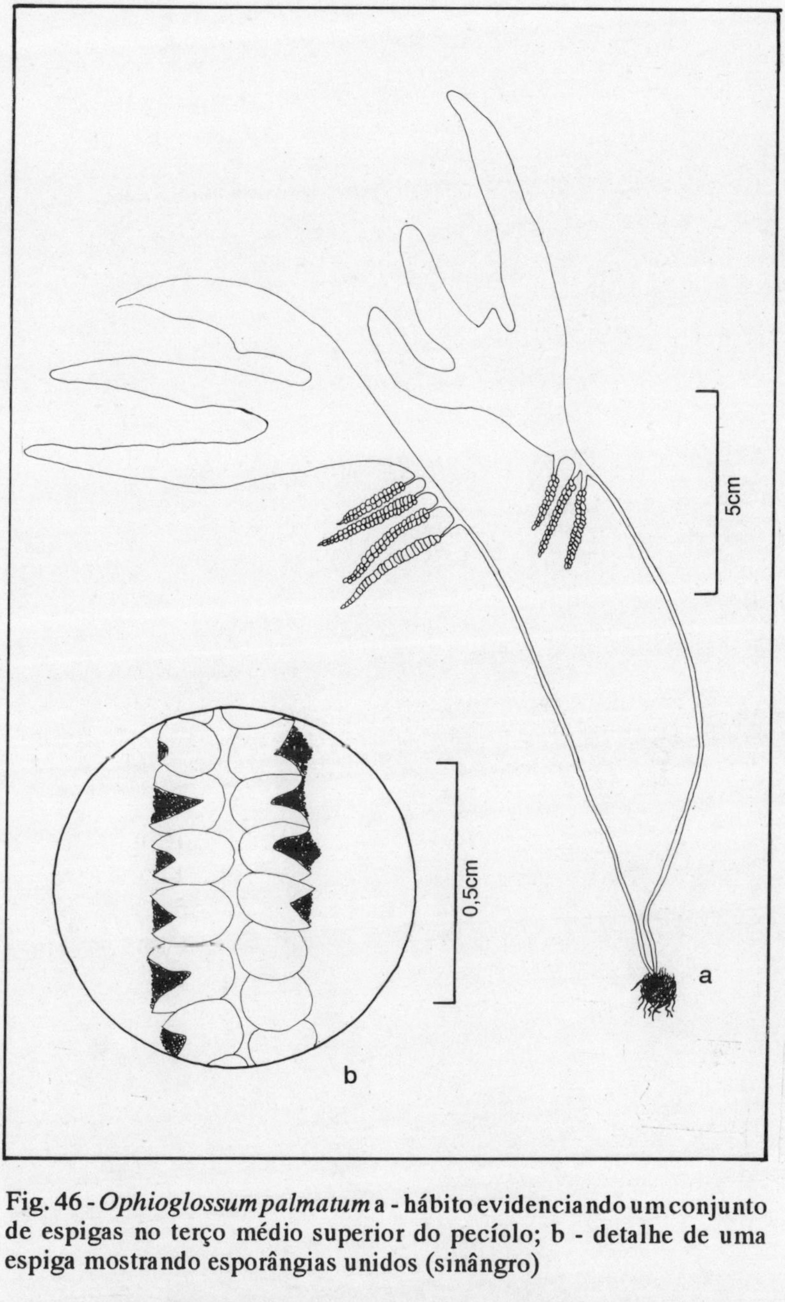

Fig. 46 - *Ophioglossum palmatum* a - hábito evidenciando um conjunto de espigas no terço médio superior do pecíolo; b - detalhe de uma espiga mostrando esporângias unidos (sinângro)

RUBIACEAE

Mario Gomes[1]

A família Rubiaceae apresenta uma ampla distribuição geográfica, ocupando as regiões tropicais e subtropicais de todo o mundo, com poucos representantes na zona temperada. Com ca. de 10.700 espécies, vinculadas a 637 gêneros, situa-se entre as 4 maiores famílias de Angiospermas (Mabberley 1987).

No conjunto de biomas neotropicais, esta importante família pode ser encontrada atuando sob diversas formas de vida, as quais ocupam grande parte dos ecossistemas formados nessa região.

Sua ocorrência na Floresta Pluvial Atlântica se dá com boa frequência na maioria das comunidades onde viceja este tipo de cobertura vegetal, com uma maior concentração de espécies no estrato arbustivo.

Suas flores de tamanhos, formas e cores variadas, nectaríferas e odoríferas, são verdadeiros atrativos, principalmente para insetos, que, ao visitarem-nas, terminam por fazer a sua polinização. Os frutos carnosos da tribo *Gardenieae* são geralmente procurados por alguns mamíferos, que se

[1] Universidade Federal do Rio de Janeiro, C.C.S., Instituto de Biologia, Bl. A, Departamento de Botânica, Ilha do Fundão, Cep. 21.949-900, Rio de Janeiro, RJ.
Agradecimentos: À Dra. Graziela Maciel Barroso pela leitura crítica dos originais, sempre com brilhantes sugestões.

alimentam de sua polpa e atuam na dispersão das sementes. Quando estas são aladas ou minúsculas, contidas nas cápsulas, são dispersas pelo vento. As dos frutos indeiscentes, em geral venenosos para a fauna, com elevado índice de alcalóides, ou pela concentração de alumínio em suas cascas, de cor vermelha, alaranjada, azul-metálica ou nigrescente, germinam próximo à planta-mãe, formando densas populações (Gomes 1993).

Seu potencial econômico pode ser explorado das mais variadas formas, principalmente como medicinais; ornamentais; madeireiras; alimentícias e tintoriais.

Desde que foi descrita originalmente (Jussieu 1789), as Rubiaceae têm sido alvo de eventuais mudanças, no que se refere à sua delimitação. Isto é devido, principalmente à grande riqueza de seus caracteres e da variedade morfológica observada nestes, o que tem resultado na ampliação ou na restrição do seu âmbito. Até o momento, a caracterização que melhor abrange a família, segundo o que se sabe, foi feita por Cronquist (1981).

O que tem causado divergências entre os estudiosos desta família, contudo, são as categorias infra-familiares. Na tentativa de melhor compreender sua taxonomia, foram propostos alguns sistemas que dividem-na em subfamílias, relacionando as tribos e os gêneros a elas vinculados.

Os sistemas clássicos estão baseados, a princípio, através de: deiscência vs. indeiscência dos frutos (Jussieu 1789); e ovário com 1 vs. ovário com muitos óvulos em cada lóculo (De Candolle 1830, Richard 1834, Hooker 1873, Schumann 1891). Esses com algumas diferenças entre si.

Os sistemas modernos (Bremekamp 1966, Verdcourt 1958), mesmo que apresentando pontos de divergência, têm como principais argumentos: sementes com endosperma farto vs. escasso e; presença vs. ausência de ráfides (cristais de Oxalato de Cálcio em forma de agulhas isoladas ou em feixes).

Robbrecht (1988) coloca em discussão os sistemas anteriores e, tomando-os como base, se utilizando de uma quantidade maior de caracteres morfológicos, aliados a dados fitogeográficos, propõe uma nova classificação para Rubiaceae, na qual reconhece 4 subfamílias (*Ixoroideae, Cinchonoideae, Antirheoideae* e *Rubioideae*), que abrangem 39 tribos.

Na Reserva Ecológica de Macaé de Cima, a família Rubiaceae está representada por 57 espécies, que ocupam quase todos os estratos daquela floresta. Este número a coloca entre as quatro famílias mais representativas na área em estudo. Neste trabalho, essas espécies foram vinculadas às 4 subfamílias propostas por Robbrecht (*l. c.*) e estão subordinadas a 14 tribos, com 22 gêneros.

São árvores, arbustos terrícolas, rupícolas ou escandentes, herbáceas eretas, prostradas ou trepadeiras; ramos cilíndricos, comprimidos, triangulares ou quadrangulares, lisos, estriados ou alados. Folhas simples, inteiras, opostas ou verticiladas, com bordo liso; estípulas interpeciolares, livres ou conatas, foliáceas ou reduzidas, inteiras, bífidas ou com bordo fimbriado, membranáceas ou coriáceas. Inflorescências terminais ou axilares em tirsos, cimeiras, glomérulos ou flores isoladas; brácteas reduzidas, foliáceas ou corolínicas, involucrais ou não. Flores andróginas ou unissexuais, actinomorfas ou zigomorfas, 4-6-meras; diali ou gamossépalas, gamopétalas; isostêmones, filetes concrescidos no tubo da corola; ovário ínfero, 1-2-5 locular, 1-muitos óvulos em cada lóculo. Frutos bacáceos, drupáceos ou capsulares; sementes angulosas, reniformes, lenticelares, aladas ou com tufo de pelos, endosperma farto ou escasso.

Obs.: (1) Os táxons aqui identificados em nível de gênero, foram incluídos na chave para melhor expressar a ocorrência da família na área em estudo. Sua ausência no texto, no entanto, deve-se ao fato de estarem recebendo tratamento de espécies ainda inéditas ou de identificação duvidosa, que necessitam de novas coletas para uma melhor definição. Ainda assim, todas foram citadas nos comentários dos táxons próximos.

(2) Os dados sobre distribuição geográfica, habitat e nomes populares relacionados à cada táxon, quando não seguidos de referência, foram extraídos das etiquetas do material depositado nos herbários, principalmente: RB, R, GUA e SP.

Chave para identificação dos táxons

1. Árvores ou arbustos
    2. Arbustos escandentes, epifíticos ou rupícolas; estípulas decíduas, bordo arredondado; folhas subcarnosas, nervuras secundárias tênues; flores isoladas terminais, 6-meras, tubo da corola com mais de 5 cm. de comp.; fruto cápsula fusiforme, até 9 cm. de comp., pilosidade ferugínea quando madura; sementes com tufo de pelos ....16. **Hillia parasitica**
    2'. Terrícolas, eretos, lenhosos
        3. Plantas armadas de espinhos
            4. Ramos tomentosos; espinhos isolados supra-axilares; folhas tomentosas; flores hermafroditas, isoladas, axilares, pedunculadas; fruto drupa oblonga, 1 semente em cada lóculo
                5. Plantas com pilosidade ferrugínea; folhas com até 5,5 cm. de comp., base obtusa a truncada..................8. **Chomelia brasiliana**
                5'. Plantas com pilosidade pálida; folhas com até 13 cm. de comp., base aguda a cuneada.................9 **Chomelia estrellana**
            4'. Ramos glabros, 1-4 espinhos no ápice; folhas glabras a pubérulas; flores unissexuais terminais, femininas isoladas, masculinas em fascículos; fruto baga esférica, muitas sementes em cada lóculo, envoltas em polpa.......... ....5. **Randia armata**
        3'. Plantas sem essa característica

6. Ramos triangulares, densamente pilosos; estípulas seríceas; folhas ternado-verticiladas; flores unissexuais, 6-meras, pediceladas, ovário 2-locular; femininas em umbelas sésseis; masculinas com ramos tricotômicos; fruto baga elipsóide, muitas sementes em cada lóculo, envoltas em polpa escura ....2. **Amaioua intermedia** var. **brasiliana**

6'. Sem o conjunto de caracteres

7. Ramos cilíndricos, glabros ou pubérulos; estípulas glabras; flores 4-meras, unissexuais, terminais, sésseis; femininas isoladas, ovário 5-locular; masculinas em glomérulos paucifloros sésseis; fruto baga esférica, muitas sementes em cada lóculo

8. Folhas obovado-lanceoladas ou elíptico-lanceoladas, até 8 cm. de comp., domácias em fenda pilosas nas axilas das nervuras secundárias

9. Plantas densamente foliosas; entrenós com até 1,5 cm. de comp.; folhas com ápice curtamente acuminado ....1. **Alibertia longiflora**

9'. Entrenós mais longos; folhas com ápice longamente acuminado ....**Alibertia** sp. 2

8'. Folhas elípticas a oblongas, em geral bem maiores, domácias em tufo de pelos esparsos e em bolsa .... **Alibertia** sp. 1

7'. Ramos cilíndricos ou comprimidos; flores hermafroditas, ovário bilocular, 1-muitos óvulos em cada lóculo; frutos secos ou carnosos

10. Inflorescências axilares ou terminais; muitos óvulos em cada lóculo do ovário; fruto cápsula ou baga

11. Inflorescências axilares; arbustos, ramos flexuosos; estípulas muito curtas, sem forma definida; folhas com pecíolo 3-6 cm. de comp., limbo membranáceo, 8-20 cm. de comp.; nervuras, pedicelos, cálice, ovário e

lobos da corola ferrugíneo-tomentosos; inflorescências sésseis, 3-4 flores; lacínios do cálice lineares, mais longos que o tubo da corola; lobos da corola mais longos que o tubo..................23. **Hoffmannia dusenii**

11'. Inflorescências terminais

12. Flores com até 6 cm. de comp.; fruto cápsula; sementes aladas

13. Flores com mais de 2 cm. de comp

14. Ramos delgados, pálidos, lisos; folhas lanceoladas; flores actinomorfas, 5-meras, lacínios do cálice lanceolados; corola infundibuliforme, estames inclusos; fruto cápsula ovada, até 1 cm. de comp. ....11. **Hindsia longiflora**

14'. Ramos robustos, lenticelados; folhas elípticas ou ovadas; flores zigomorfas, 6-meras, lacínios do cálice filiformes; corola campanulada, estames exsertos; fruto cápsula elíptica, mais de 1 cm. de comp. .... 10. **Coutarea hexandra** var. **fluminensis**

13'. Flores com até 2 cm. de comp.

15. Ramos glabros; folhas com numerosas glândulas translúcidas, pelos esparsos na face inferior; lobos da corola maiores que o tubo; fruto cápsula loculicida........... ....20. **Rustia gracilis**

15'. Sem o conjunto de caracteres

16. Ramos crassos, tomentosos; estípulas velutinas ou tomentosas, mais de 5 cm. de comp.; folhas tomentosas a pubescentes, 20-60 cm. de comp.

17. Estípulas decíduas, conatas por um dos lados, até 9 cm. de comp.; folhas sésseis; inflorescências amplas, terminais, pedunculadas; flores 5-meras, cálice cupular, lacínios denteados ....18. **Bathysa cuspidata**

17'. Estípulas livres, 1,5-4 cm. de comp.; pecíolo 3-6 cm. de comp.; inflorescências axilares e terminais, pedunculadas ou sésseis; flores 4-meras (raro 5-meras), lacínios do cálice arredondados ou triangulares............................17. **Bathysa australis**

16'. Ramos delgados; estípulas seríceas, até 1,5 cm. de comp.; folhas com até 20 cm. de comp., pubescentes, axilas das nervuras na face inferior mais densamente pilosas............................19. **Bathysa mendonçaei**

12'. Flores com mais de 6 cm. de comp.; fruto baga, sementes não aladas

18. Folhas cartáceas; flores zigomorfas; botões florais com ápice giboso, encurvado; estames exsertos, anteras pubescentes; sementes poliédricas, amareladas, envolvidas por mucilagem hialina

19. Ramos tetrágonos; estípulas com até 1 cm. de comp.; folhas 10-20 cm. de comp., base aredondada a subcordada; flores com até 20 cm. de comp., face interna do tubo da corola papilosa na base.......4. **Posoqueria latifolia**

19'. Ramos cilíndricos; estípulas com até 0,5 cm. de comp.; folhas com 5-12 cm. de comp., base aguda; flores com até 17 cm. de comp.; toda a face interna do tubo da corola papilosa ....3. **Posoqueria acutifolia**

18'. Folhas subcoriáceas; flores actinomorfas; botões florais eretos, fauce da corola pubescente; estames inclusos, anteras glabras; sementes com-

glabras; sementes comprimidas, envoltas por mucilagem nigrescente ....6. **Tocoyena sellowiana**

10'. Flores isoladas ou inflorescências axilares ou terminais; 1 óvulo em cada lóculo do ovário; fruto drupa, endocarpo delgado

20. Plantas glabras; estípulas inteiras, rígido-coriáceas, acuminadas ou longamente aristadas; brácteas rudimentares; flores terminais, isoladas ou reunidas em inflorescências

21. Folhas com numerosas nervuras secundárias; prefloração da corola imbricada, anel de pelos na face interna; ovário distintamente bilocular; fruto bilocular, uma semente por lóculo; plantas pardas quando herborizadas ....7. **Ixora brevifolia**

21'. Folhas com até 12 pares de nervuras secundárias; prefloração da corola valvar, glabra e lisa em ambas as faces, ou com papilas na face externa; ovário unilocular ou bilocular com septo muito delgado; fruto com uma semente

22. Estípulas com ápice arredondado ou acuminado; inflorescências em tirsos; flores com ovário bilocular, septo pouco evidente; frutos oblongos ou ovóides, maculados; semente com embrião basal

23. Inflorescências estreitas, ramos secundários quase nulos, mais desenvolvidos na fase de frutificação; flores sésseis, até 1,5 cm. de comp.

24. Estípulas longo-triangulares; folhas com domácias em bolsas; flores ca. 1,5 cm. de comp. ....45. **Coussarea congestiflora**

24'. Estípulas largo-triangulares; folhas sem domácias; flores ca. 1cm. de comp. ....47. **Coussarea speciosa**

23'. Inflorescências multifloras, ramos laterais desenvolvidos; flores pediceladas, 3-4,5 cm. de comp.; frutos maculados, oblongo-ovóides ....46. **Coussarea friburgensis**

22'. Estípulas com ápice aristado; inflorescências em cimas corimbosas ou flores isoladas; ovário unilocular; frutos esféricos ou comprimidos dorsiventralmente; sementes com embrião lateral

25. Inflorescências multifloras

26. Folhas lanceoladas, ápice caudado-cuspidado; flores com cálice amplo, corolínico, persistente no fruto............. ....50. **Faramea urophylla**

26'. Folhas com ápice acuminado; flores com cálice reduzido; frutos comprimidos lateral e dorsiventralmente.................... 49. **Faramea multiflora** var. **salicifolia**

25'. Flores isoladas

27. Plantas densamente foliosas; folhas com 3-5,5 cm. de comp.; flores pediceladas, ca. 2 cm. de comp...... ....48. **Faramea dichotoma**

27'. Folhas com 5-8 cm. de comp.; flores sésseis ....**Faramea** sp.1

20'. Plantas pubérulas a velutinas; estípulas inteiras, bífidas ou partidas; brácteas corolínicas a reduzidas; flores isoladas ou inflorescências axilares ou terminais; corola geralmente com anel de pelos na face interna, na inserção dos estames; ovário bilocular, septo evidente; fruto bilocular, 1 semente em cada lóculo

28. Estípulas inteiras, livres ou conatas, ápice truncado, agudo ou acuminado, numerosos segmentos subulados (acúleos) no ápice ou no dorso, decíduos ou persistentes, presença de bainha extra estipular; flores isoladas ou inflorescências terminais multifloras

29. Folhas com domácias
30. Folhas com até 4,5 cm. de comp.; inflorescências paucifloras, compactas, flores sésseis .... 40. **Rudgea eugenioides**
30'. Folhas maiores; inflorescências multifloras
31. Estípulas longo-acuminadas, segmentos subulados no ápice; inflorescências amplas; flores ca. 2 cm. de comp.; ápice dos botões florais 4-corniculado.................................... 39. **Rudgea corniculata**
31'. Estípulas com numerosos segmentos subulados no dorso, decíduos; inflorescências com ramos secundários curtos; flores sésseis, menos de 1 cm. de comp. .... 44. **Rudgea recurva**
29'. Folhas sem essa característica
32. Folhas com 4-10 cm. de comp.; folhas florais sésseis, base trun-cada ou cordada; flores isoladas terminais sésseis; corola ca. 4 cm. de comp. .... 41. **Rudgea insignis**
32'. Sem o conjunto de caracteres
33. Folhas com mais de 16 cm. de comp.; inflorescências amplas, eixo e ramos secundários robustos, tricotômicos; flores sésseis e pediceladas, até 3,5 cm. de comp. .... 43. **Rudgea nobilis**
33'. Folhas com até 10 cm. de comp.; ramos da inflorescência delgados, curtos; flores sésseis, até 1 cm. de comp. .... 42. **Rudgea leiocarpoides**
28'. Estípulas inteiras, bidenteadas, bipartidas ou bífidas, sem segmentos subulados no dorso ou no ápice; inflorescências axilares ou terminais
34. Inflorescências em glomérulos axilares ou terminais; brácteas involucrais coloridas ou pálidas, ou reduzidas, não involucrais; flores sésseis

35. Glomérulos involucrados; folhas com nervuras secundárias evidentes

36. Plantas densamente pilosas

37. Folhas com 9-13 cm. de comp., 12-16 pares de nervuras secundárias; glomérulos terminais, às vezes 3-capitados, sésseis ou pedúnculo com até 3 cm. de comp., brácteas com até 2 cm. de comp. ....34. **Psychotria ruelliifolia**

37'. Folhas com 4-10 cm. de comp., 4-7 pares de nervuras secundárias; glomérulos axilares e terminais; pedúnculo com até 1,5 cm. de comp.; brácteas com até 0,8 cm. de comp. ....
...........................35. **Psychotria stachyoides**

36'. Plantas glabras

38. Plantas nigrescentes quando herborizadas; glomérulos solitários

39. Estípulas bífidas; pecíolo com 1-3 cm. de comp.; glomérulos terminais campanulados, longamente pedunculados; brácteas corolínicas ....
.............24. **Psychotria alto-macahensis**

39'. Estípulas jovens inteiras, triangulares, desenvolvidas truncadas, depois bipartidas; folhas sésseis ou curtamente pecioladas; glomérulos terminais e axilares sésseis, brácteas pálidas ....
................25. **Psychotria appendiculata**

38'. Plantas esverdeadas ou argiláceas quando herborizadas; 2-3 glomérulos longamente pedunculados, no ápice dos ramos, às vezes ramificados ....**Psychotria** sp.1

35'. Glomérulos não involucrados; folhas com nervuras secundárias tênues, patentes, numerosas

40. Estípulas persistentes, bífidas, lacínios linear-lanceolados; folhas oblongas ou elíptico-lanceoladas; glomérulos terminais sésseis, em geral com 3 flores; cálice cilíndrico, ca. 0,6 cm. de comp.; corola infundibuliforme, até 1,5 cm. de comp.; fruto drupa globosa, ca. 0,5 cm. de diâmetro, cálice persistente..........36. **Psychotria suterella**

40'. Estípulas decíduas, conatas, pálidas, bidenteadas, dentes setáceo-lanceolados; folhas linear-lanceoladas, oblongas ou elípticas; glomérulos axilares e terminais pedunculados; cálice campanulado, ca. 0,2 cm. de comp.; corola cilíndrica, até 0,8 cm. de comp.; drupa globosa, costada, ca. 0,4 cm. de diâmetro.................38. **Psychotria velloziana**

34'. Inflorescências em tirsos ou cimeiras terminais multifloras; brácteas reduzidas; flores sésseis ou pediceladas

41. Cimeiras terminais sésseis, 3-radiadas, ramos tricotômicos ou bi-tricotômicos; flores sésseis ou subsésseis; cálice amplo, longo obcônico, coro-línico, avermelhado; corola com até 2 cm. de comp.; fruto drupa globosa, ca. 0,6 cm. de diâmetro, alaranjada a nigrescente, cálice persistente ....37. **Psychotria ulei**

41'. Inflorescências terminais, corimbosas, pedunculadas, multifloras; cálice curto, não coro-línico

42. Estípulas inteiras, bordo truncado a arredondado, apiculadas ou bi-denteadas; folhas elípticas, oblongas ou oblongo-lanceoladas, 7-15 x 3-7 cm.; ramos da inflorescência pubérulos a hirsutos, pilosidade mais densa nas axilas; flores pediceladas

43. Ramos sulcados, pubérulos; estípulas arredondadas, bi-denteadas, dentes linear-lanceolados; folhas pubérulas, nervuras ferrugíneas; axilas dos ramos secundários das inflorescências com pilosidade ferrugínea; flores 5-meras, ligeiramente zigomorfas, cálice curto, pubérulo, dentes irregulares, corola pubérula, base do tubo mais alargada .... 33. **Psychotria pubigera**

43'. Ramos glabros; estípulas com bordo truncado ou arredondado, apiculadas; folhas glabras, face inferior pálida; flores actinomorfas 5-6-meras, cálice pateli- forme, papiloso, corola papilosa ....32. **Psychotria pallens**

42'. Estípulas bífidas desde a base ou bífidas no ápice; folhas lanceoladas a elípticas, glabras, 2,5-11 x 0,8-4 cm; ramos da inflorescência glabros a ligeiramente pubérulos; flores sésseis ou pediceladas.

44. Folhas elípticas a oblongas, até 4 cm. de largura

45. Ramos comprimidos; estípulas triangulares, ápice bífido; folhas com ápice caudado-acuminado, 6-9 pares de nervuras secundárias; ramos da inflorescência pouco desenvolvidos, irregu- larmente tricotômicos; flores terminais curtamente pedi-celadas, mais de 2 cm. de comp.; botões florais com ápice capitado; corola aberta infundibuliforme, lobos largo-ovados ....27. **Psychotria caudata**

45'. Ramos cilíndricos; estípulas bífidas desde a base, lacínios longo-triangulares; folhas com ápice agudo-acuminado, 10-12 pares de nervuras secundárias; inflorescências com ramos secundários dicotômicos; flores 1 cm. de comp., as das bifurcações e centrais no ápice dos ramos sésseis, as laterais pediceladas; botões florais ovóides; corola glabra, aberta cilíndrica, lobos triangulares.................................. ....31. **Psychotria nitidula**

44'. Folhas lanceoladas a oblongo-lanceoladas, menos de 3 cm. de largura

46. Folhas com até 7 cm. de comp., numerosas nervuras secundárias, patentes, tênues, alternadas por menores subparalelas; flores 4-meras, ca. 0,5 cm. de comp.

47. Folhas oblongo-lanceoladas, 2,5-5 cm. de comp.; ramos da inflorescência quase capiláceos; flores com constrição entre ovário e cálice............... 28. **Psychotria constricta**

47'. Folhas estreitamente lanceoladas, 3,5-7 cm. de comp.; ramos da inflorescência delgados .... 29. **Psychotria leiocarpa**

46'. Folhas com até 10 cm. de comp., 6-10 pares de nervuras secundárias

48. Folhas com 5-10 cm. de comp., 8-10 pares de nervuras secundárias; ramos da inflorescência longos, flores 5-meras (raro 6-meras) ....30. **Psychotria nemorosa**

48'. Folhas menores, número menor de nervuras secundárias; flores 4-meras ....26. **Psychotria brachyanthema**

1'. Herbáceas eretas, prostradas ou trepadeiras

49. Trepadeiras; inflorescências terminais e axilares; fruto cápsula septicida, sementes aladas ou falsamente aladas por concrescimento da placenta

50. Estípulas com bordo fimbriado, em geral aderidas à porção mediana dos pecíolos, formando tubo; tirsos com umbelas nas extremidades dos ramos; flores com menos de 1 cm. de comp.; cápsula turbinada, 1 semente em cada lóculo............... ....52. **Emmeorrhiza umbellata**

50'. Sem o conjunto de caracteres

51. Ramos tetrágonos, tomentosos; glomérulos axilares sésseis; pedicelo, ovário e cálice

subtomentosos; corola pubérula; cápsula turbinada, pubérula..........................13. **Manettia congesta**

51'. Ramos tetrágonos ou cilíndricos, glabros a ligeiramente pubérulos; inflorescências pedunculadas; cápsula globosa, oblonga ou fusiforme

52. Ramos cilíndricos, pubérulos; folhas membranáceas; inflorescências em tirsos multifloros, pedúnculo e pedicelos delgados; flores alvas, cálice reduzido, lacínios lineares, reflexos, tubo da corola estreito, cilíndrico ....12. **Manettia beyrichiana**

52'. Ramos tetrágonos, comprimidos, glabros; folhas subcoriáceas a cartáceas; inflorescências em cimas axilares no final dos ramos; pedúnculo comprimido; flores averme- lhadas ou arroxeadas, cálice amplo, lacínios arredondados, corola hipocrateriforme

53. Ramos robustos; folhas oblongas ou elípticas, base obtusa ou truncada; cálice e corola glabros; cápsula globosa ....15. **Manettia mitis**

53'. Ramos delgados; folhas lanceoladas a oblongo-lanceoladas, base aguda a subaguda; lobos do cálice e da corola com pelos nos bordos; cápsula oblonga a fusiforme ....14. **Manettia fimbriata**

49'. Herbáceas eretas ou prostradas; inflorescências axilares; frutos secos ou carnosos, não capsulares; sementes não aladas

54. Herbáceas eretas; ramos tetrágono-alados, retrorso-aculeados; estípulas com bordo fimbriado; fruto seco, separado em 2 mericarpos indeiscentes, 1 semente em cada lóculo ....51. **Diodia alata**

54'. Sem o conjunto de caracteres

55. Ramos rígidos, delgadíssimos, tetrágono-alados; estípulas foliáceas, em conjunto com as

folhas formando verticilos; folhas (e estípulas) lanceoladas, ápice mucronado, ca. 1 cm. de comp.; flores isoladas, axilares, monoclamídias, brácteas involucrais; lóculos do ovário uniovulados; bagas com até 0,5 cm., alaranjadas........................53. **Relbunium indecorum**

55'. Ramos flácidos, cilíndricos; estípulas reduzidas, longo-acuminadas; folhas ovadas ou orbiculares, mais de 2 cm. de comp; inflorescências em glomérulos axilares; lóculos do ovário multiovulados; fruto baga inflada, azul metálica

56. Ramos, folhas, pedúnculo e ovário velutinos; glomérulos pedunculados; lacínios do cálice lanceolados........21. **Coccocypselum lanceolatum**

56'. Ramos e folhas orbiculares esparsamente pilosos; glomérulos sésseis; lacínios do cálice lineares......... ....22. **Coccocypselum sessiliflorum**

Rubiaceae Ixoroideae

1. Alibertia longiflora K. Schum. in Mart., Fl. Bras. 6(6):412. 1889.

= *Faramea dichotoma auct. non* K. Schum. *nom. nud.*, Glaziou, Bull. Soc. Bot. France 1(3):347. 1909.

Arbusto, até 5 m. alt.; ramos pálidos, delgados, cilíndricos, nós espessados; mais jovens comprimidos, minutamente pubérulos; entrenós com 0,5-1,5 cm. de comp.; estípulas triangulares acuminadas ou truncadas, 0,2-0,3 cm. de comp. Folhas curtamente pecioladas; limbo coriáceo, oblongo-lanceolado ou obovado-lanceolado, glabro ou com pelos esparsos na nervura central, com domácias em fenda densamente pilosas, base aguda ou acuminada, ápice curto, obtuso-acuminado, 2-3,5 x 1-1,5 cm. Flores, actinomorfas, 4-meras, terminais; femininas isoladas, subsésseis; cálice glabro, truncado ou denticulado; corola hipocrateriforme, externamente pubérula, ca. 2 cm. de comp.; ovário 5-locular. Flores masculinas isoladas ou reunidas em glomérulos sésseis, até 4 flores; corola ca. 1 cm. de comp., lobos ovados, ½ do comp. do tubo; estames sésseis, anteras lanceoladas, acuminadas, ca. 0,4 cm. de comp., adnatas ao filete pouco abaixo de sua porção mediana; estilete linear, ápice bífido, ca. 0,4 cm. de comp., rudimento de ovário presente.

Floração e frutificação: Floresce nos meses de fevereiro e março. Frutos ainda não observados.

Habitat: Espécie encontrada em Floresta Pluvial Atlântica montana e alto-montana; e Campo rupestre.

Distribuição geográfica: Brasil: Minas Gerais e Rio de Janeiro.

Comentários: *A. longiflora* teve sua descrição original baseada na coleta 17.034 de Glaziou, posteriormente ao tratamento do gênero (Schumann *op. cit.*). O material indicado para Macaé de Cima, mesmo tendo sido coletado anteriormente, não foi incluído nessa ocasião, pois esteve relacionado como *Faramea dichotoma* K. Schum., ainda como *nomen nudum*.

A descrição das estruturas masculinas desta espécie, é feita pela primeira vez, no presente trabalho.

Para *Alibertia* sp. 1 e sp. 2, supõe-se que sejam táxons ainda não descritos. Entretanto, as dúvidas a esse respeito só poderão ser esclarecidas quando o material for melhor coletado, pois, as coleções atuais encontram-se estéreis ou em frutos. Algumas de suas principais características estão dispostas na chave deste trabalho.

Material examinado: Glaziou 3.656 (BR, C).

2. Amaioua intermedia Mart., in: Roem. & Schult. Syst. Veg. 7(1):90. 1829; Jung-Mendaçolli, Hoehnea 21(1/2):102. 1994.
= *Amaioua guianensis* Aubl. Hist. Pl. Guiane Fr. Suppl. 13, t. 375. 1775; Smith & Downs, Sellowia 7:39, fig. 10. 1956.

var. *brasiliana* (A. Rich. ex DC.) Steyerm., Mem. N. Y. Bot. Gard. 12(3):212. 1965.
= *Amaioua guianensis* var. *brasiliana* (A. Rich. ex DC.) K. Schum. in Mart., Fl. Bras. 6(6):359, t.145. 1889.
= *Amaioua brasiliana* A. Rich., ex DC. Prodr. 4:370. 1830.

Arbusto a árvore, até 10 m. alt.; ramos triangulares sulcados, seríceos; estípulas decíduas, longo-triangulares, seríceas. Folhas ternado-verticiladas, pecíolos e nervuras na face inferior sub-seríceas; pecíolos com 1-1,5 cm. de comp.; limbo lanceolado, oblongo a ligeiramente obovado, base aguda a cuneada, ápice agudo a acuminado-cuspidado, 5-20 x 2-5 cm.; 5-10 pares de nervuras secundárias ascendentes, domácias em tufo de pelos. Inflorescências terminais em cimeiras sésseis, ramos da masculina em tríades e em dicásios; feminina em umbelas, 3-6 flores. Flores pediceladas, actinomorfas, 6-meras; cálice tubuloso, seríceo, lacínios linear-lanceolados; corola hipocrateriforme, tubo com 0,9-1 cm. de comp., lobos com 2/3 do comp. do tubo. Flores masculinas com anteras apiculadas; disco do ovário curto, truncado, estilete piloso na base, estígma dilatado. Flores femininas com ovário cilíndrico, 6-gono, piloso, muitos óvulos em cada lóculo. Fruto baga elipsóide, pubescente, coroada pelo tubo do cálice, ca. 1,5 cm. de comp.; sementes envolvidas em polpa.

Nomes populares: Canela-de-veado, marmelada, pau-de-caibro, coração-de-bugre.

Floração e frutificação: Pode ser encontrada com flores ou com frutos em todos os meses do ano.

Habitat: Floresta Pluvial Atlântica montana e baixo-montana; Floresta Pluvial dos Tabuleiros; Floresta Pluvial Amazônica; Floresta Pluvial Ripária; Pantanal; Cerrado; Campo Rupestre; e Restinga.

Distribuição geográfica: Brasil, com maior frequência nas regiões Sudeste e Sul (Steyermark *op. cit.*).

Comentários: Este táxon, mesmo ocorrendo em diversas formações vegetais, estando, portanto, submetido a inúmeras variações climáticas, apresenta pouca variação morfológica, sendo facilmente identificável. Na área em estudo, pode ser reconhecido, principalmente, por ser uma planta lenhosa com folhas verticiladas.

Material examinado: S.V.A. Pessoa 491 (RB, FCAB, SP, CEPEC, NY); A. Vaz 680 (RB, RBR, UEC, HRB, BHCB, MO, F, K); H.C. Lima s/nº P I, ind. 1193 (RB-294.664).

3. **Posoqueria acutifolia** Mart., Flora 24 (2):77. 1841; K. Schum. in Mart., Fl. Bras. 6(6):340. 1889; Jung-Mendaçolli, Hoehnea 21(1/2):103. 1994.

Arbusto a árvore, até 15 m. alt., glabra ou com pelos esparsos apenas nas nervuras das folhas; ramos cilíndricos; estípulas triangulares, rígidas, 0,5 cm. de comp. Folhas com pecíolo de 0,5- 0,8 cm. de comp.; limbo lanceolado, oblongo-lanceolado ou elíptico, cartáceo, base aguda, ápice agudo a ligeiramente cuspidado, 5-12 x 3-5 cm.; 5-6 pares de nervuras secundárias. Inflorescências corimbosas terminais compactas, 10-20 flores, pedúnculo com 0,8-1 cm. de comp. Flores zigomorfas, 5-meras, pedicelos ca. 0,7 cm. de comp.; bractéolas triangulares acutíssimas; lobos do cálice triangulares, bordos minutamente ciliados; corola alva, 9-16,5 cm. de comp., tubo estreito, cilíndrico, papilas por toda extensão da face interna, pelos vilosos na fauce, lacínios oblongos, ligulados, 1/5-1/6 do comp. do tubo; estames exsertos, anteras linear-lanceoladas, 0,5 cm. de comp., dorso tomentoso. Fruto baga globosa, coriácea, dentes do cálice persistentes; sementes numerosas, amareladas, cuneiformes, lisas, envolvidas por mucilagem escassa; embrião claviforme, cotilédones foliáceos.

Nomes populares: Bacupari-miúdo, pau-de-macaco, fruta-de-macaco.

Floração e frutificação: Floresce de setembro a abril e frutifica de outubro a junho.

Utilidades: Madeireira e ornamental.

Habitat: Floresta Pluvial Atlântica montana e alto-montana; e Campo Rupestre.

Distribuição geográfica: Brasil: Minas Gerais, Rio de Janeiro e São Paulo.

Comentários: Os frutos das espécies deste gênero são muito procurados pela fauna silvestre, principalmente por primatas.

Material examinado: M. Gomes s/nº P I, ind. 1841 (RB-294.546); S.V.A. Pessoa 473 (RB); idem s/nº P I, ind 2550 (RB-294.543); C.M.B. Correia s/nº P II, ind. 4484 (RB-294.545); T.S. Pereira 15 (RB).

4. Posoqueria latifolia (Rudge) Roem. & Schult., Syst. Veg. 5:227. 1819; K. Schum. in Mart., Fl. Bras. 6(6):338, t.140. 1889; Smith & Downs, Sellowia 7:39, fig. 9. 1956. = *Solena latifolia* Rudge, Pl. Guian. 1:26, t.40. 1806.

Arbusto a árvore, até 25 m. alt., geralmente glabra; ramos tetrágonos; estípulas longo-triangulares, até 1 cm. de comp. Folhas com pecíolo até 1 cm. de comp.; limbo elíptico, oblongo ou largo-obovado, cartáceo, base arredondada a subcordada, ápice agudo a curtamente acuminado, 10-20 x 5-10 cm., 5-8 pares de nervuras secundárias ascendentes. Inflorescências terminais corimbiformes, compactas, até 30 flores; pedúnculo com até 3 cm. de comp.; bractéolas triangular-filiformes, pubérulas; pedicelos com até 1,5 cm. de comp. Flores zigomorfas, 5-meras, vistosas; lobos do cálice triangulares, curtos; corola branca, esverdeada ou amarelada, tubo cilíndrico, 9-18 cm. de comp., face interna com papilas na base, vilosidades muito concentradas na fauce, lobos lanceolados, até 1,5 cm. de comp.; estames exsertos, anteras linear-lanceoladas, até 0,9 cm. de comp., dorso tomentoso. Fruto baga globosa, coriácea, até 8 cm. de diâmetro; sementes amareladas, numerosas, cuneiformes, lisas, envolvidas por mucilagem hialina; embrião claviforme, cotilédones foliáceos.

Floração e frutificação: Pode ser encontrada com flores ou com frutos em todos os meses, sendo que o pico da floração se dá em dezembro e janeiro.

Nomes populares: Açucena-do-mato, bacupari, castanha-de-macaco, maria-peidorreira, marmelinho-do-mato, etc.

Utilidades: Madeireira e ornamental.

Habitat: Floresta Pluvial Atlântica montana e baixo-montana; Restinga; Floresta Pluvial Amazônica; Floresta Pluvial Ripária; Pantanal; e florestas tropicais da América do Sul e Central, até o México.

Distribuição geográfica: Espécie de ampla distribuição no neotrópico, desde o Sul do México até o Sul do Brasil (Macias 1988).

Comentários: A principal característica diagnóstica da subfamília *Ixoroideae*, adotada com restrições por Robbrecht (1988) – que inclui aqui as espécies de 1 a 7 –, refere-se ao mecanismo de polinização, no qual, a parte superior do estilete (dilatada ou pilosa) atua como um receptáculo polínico. O pólen, que é aí depositado antes das flores se abrirem, é retirado, após a antese, por insetos, que continuam a busca de alimento em outras flores (Bremekamp 1966).

Observou-se que as espécies de *Posoqueria* que ocorrem em Macaé de Cima não possuem este mecanismo de polinização – o contato é impedido porque as anteras de ambas são exsertas, com estilete mais curto que o tubo da corola, sem pelos ou dilatações.

O notável mecanismo de polinização desenvolvido por *P. latifolia*, segundo Puff & *al.* (1995), foi primeiramente descrito, com detalhes, por Müller (1866). Este "mecanismo catapulta" é, em suma, acionado da seguinte forma: quando uma flor de *P. latifolia* se abre, as anteras estão unidas formando uma estrutura elipsóide, que, em consequência da corola apresentar-se zigomórfica, posiciona-se obliquamente ao tubo. O polinizador (geralmente mariposa) que chega a essas flores pêndulas, tenta introduzir sua probóscida no interior do tubo da corola, procurando néctar. Ao fazer isso, toca a parte curvada dos filetes, acionando o mecanismo. As anteras desprendem-se de forma explosiva, arremessando grande quantidade de pólen contra o corpo do visitante.

Puff & al. (*l. c.*), diante desse "estado de coisas", que em Rubiaceae foi observado somente em *Posoqueria*, questionam o tratamento taxonômico do gênero dentro da tribo *Gardenieae*, subtribo *Gardeniinae* (spp. 1-6), considerando que estudos mais aprofundados poderiam fornecer dados, para melhor elucidadar essa posição.

Outras espécies, entretanto, deveriam ser estudadas, para que a suposta exclusividade desse mecanismo no gênero seja confirmada e assim ser feita a sua revisão, pois, até o momento, além desta, somente *P. longiflora* foi examinada.

Material examinado: C.M. Vieira 21 (RB).

5. Randia armata (Sw.) DC. Prodr. 4:387. 1830; Smith & Downs, Sellowia 7:37, fig. 8. 1957; Jung-Mendaçolli, Hoehnea 21(1/2):103. 1994.
= *Gardenia armata* Sw. Prodr. Ind. Occ.:51. 1788.
= *Basanacantha spinosa* K. Schum., in Mart., Fl. Bras. 6(6):376, t. 149. 1889.

Arbusto a pequena árvore, até 6 m. alt., intensa e opostamente ramificados; ramos rígidos, robustos, lenticelados, armados de 1-4 espinhos vigorosos no ápice ou nas bifurcações; estípulas ovadas, ápice agudo, ou arredondado, ca. 0,3 cm. de comp. Folhas decíduas, quase sempre agrupadas no ápice dos ramos, até ausentes na fase frutífera; pecíolo delgado, glabro a pubescente, 0,5-1 cm. de comp.;

limbo elíptico a obovado, membranáceo a subcoriáceo, glabro a pubescente na face inferior, ou com pilosidade somente nas nervuras, base aguda a cuneada, ápice agudo a acuminado, 4-8,5 x 2,5-3,5 cm., ca. 7 pares de nervuras secundárias ascendentes, com domácias em tufo de pelos. Flores terminais actinomorfas, 5-meras, curtamente pediceladas; masculinas reunidas em fascículos curtamente pedunculados; femininas isoladas; brácteas reduzidas, laciniadas; cálice com sépalas livres, linear-subuladas, ou longo-triangulares, 0,5-0,7 cm. de comp. corola com 2,5-3,5 cm. de comp., tubo cilíndrico, lobos largo-ovados; estames inclusos ou semi-exsertos; estígma ultrapassando a fauce da corola; ovário bilocular, obcônico. Fruto baga esférica ou ovóide, áspera, rígida, 2-3 cm. de comp.; sementes comprimidas, cuneiformes, envolvidas em polpa, empilhadas, ca. 1 cm de largura.

Nomes populares: Angélica, espinho-agulha, espinho-de-carneiro, espinho-de-santo-antônio, esporão, fruta-de-cachorro, jasmim-do-mato, limão-do-mato, mororó, angarilla-caspi (Peru).

Floração e frutificação: Encontrada com flores ou com frutos maduros ou desenvolvidos por todo o ano, com pico da floração em outubro.

Utilidades: Ornamental. Pode ser utilizada na proteção de muros e cercas, principalmente em lugares ensolarados onde apresenta-se com espinhos mais vigorosos, além do agradável aroma de suas flores.

Habitat: Espécie habita, em geral com boa frequência, principalmente em Floresta Pluvial Atlântica montana e baixo-montana; Cerrado; Caatinga; Restinga; Floresta Pluvial Amazônica; Campo Rupestre; e Pantanal.

Distribuição geográfica: Brasil; México; Antilhas; Peru (Smith & Downs 1956a); e Paraguai.

Material examinado: Glaziou 17.038 (C, G, foto RB).

6. Tocoyena sellowiana (Cham. & Schltdl.) K. Schum. in Mart., Fl. Bras. 6(6):349. 1889; Smith & Downs, Sellowia 7:37, fig. 7. 1956.
= *Gardenia sellowiana* Cham. & Schltdl. Linnaea 4:197. 1829.

Arbusto a árvore, até 20 m. alt.; ramos robustos, cilíndricos, pálidos, jovens lenticelados; estípulas membranáceas, triangulares, decíduas, 0,5-0,7 cm. de comp. Folhas com pecíolo delgado, ca. 1,5 cm. de comp.; limbo elíptico a obovado, base aguda, ligeiramente inequilátera, ápice curto-acuminado, 10-12 x 5-6,5 cm., ca. 10 pares de nervuras secundárias ascendentes, com domácias em tufo de pelos hialinos, reticulação evidente. Inflorescências terminais em cimas compactas, paucifloras. Flores 5-meras, curto-pediceladas, 10-12 cm. de comp.; cálice cupular, denteado; tubo da corola cilíndrico, lobos ovóides; estames inclusos; estígma ultrapassando a fauce. Fruto baga, ca. 5 cm. de diâmetro, pericarpo rígido; sementes comprimidas, oblongas, ca. 1 cm. de comp., envoltas em polpa.

Nome popular: Genipapinho.

Floração e frutificação: Floresce de dezembro a fevereiro e frutifica até outubro.

Utilidade: Ornamental.

Habitat: Floresta Pluvial Atlântica montana e baixo-montana; Floresta Pluvial Amazônica; Cerrado; e Restinga.

Distribuição geográfica: Brasil: Maranhão, Piauí, Rio Grande do Norte, Alagoas, Bahia, Minas Gerais, Rio de Janeiro, São Paulo e Santa Catarina.

Material examinado: Glaziou 17.043 (R, BR, foto RB); idem 17.044 (BR, foto RB).

7. Ixora brevifolia Benth. in Linnaea 23: 448. 1850; Müll. Arg. in Mart., Fl Bras. 6(5):74. 1881.

Arbusto a pequena árvore, até 6 m. alt.; ramos pálidos, cilíndricos; estípulas livres, triangulares, ápice setígero-aristado. Folhas com pecíolo com 0,5-1 cm. de comp.; limbo coriáceo, oblongo-lanceolado, base aguda a cuneada, ápice agudo, numerosas e tênues nervuras secundárias, 9-15 x 3,5-8 cm. Inflorescências em tirsos terminais, ramos laterais desenvolvidos; brácteas foliáceas, lanceoladas; bractéolas lineares. Flores actinomorfas, 4-meras, sésseis e pediceladas, ca. 0,8 cm. de comp.; lobos do cálice triangulares, glândulas na face interna; tubo da corola com menos da ½ do comp. dos lobos. Fruto drupa globosa, bilocular, avermelhada, ca. 0,7 cm. de diâmetro.

Floração e frutificação: Encontrada com flores de novembro a abril, com frutos até maio.

Habitat: Espécie habita em Floresta Pluvial Atlântica montana; Campo Rupestre; e Cerrado.

Distribuição geográfica: Brasil: Ceará, Goiás, Distrito Federal, Minas Gerais e Rio de Janeiro.

Material examinado: Glaziou 17.041a (R).

Rubiaceae Antirheoideae
8. Chomelia brasiliana A. Rich. Mém. Soc. Hist. Nat. Paris 5:183, *pr. p.* 1834; Müll. Arg. in: Mart., Fl. Bras. 6(5):36. 1881.

Arbusto a árvore, 6 m. alt.; ramos cilíndricos, lenticelados e glabros, espaçadamente com espinhos supra-axilares, mais jovens ferrugíneo-tomentosos, inermes; estípulas membranáceas, triangulares, longamente acuminadas. Folhas com pecíolo ferrugíneo-tomentoso, até 0,5 cm. de comp.; limbo elíptico a oblongo-lanceolado, base obtusa a truncada, ápice agudo, face superior pardo-ferrugínea em material herborizado, pubescente nas nervuras, face inferior pálida, tomentosa, 3,5-5,5 x 1,5-2,5 cm., ca. 5 pares de nervuras secundárias ascendentes, mais densamente pilosas do que o limbo. Flores actinomorfas, 4-meras, isoladas, axilares, ferrugíneo-tomentosas externamente; pedicelo 0,2-0,3 cm. de comp.; bractéolas 2, linear-lanceoladas; cálice com lacínios linear-lanceolados, glândulas esparsas na face interna; corola internamente glabra; estames inclusos; ovário oblongo, disco seríceo, estilete tomentoso.

Nomes populares: Bálsamo-de-espinho, falsa-quina.

Floração e frutificação: Floresce de outubro a março.

Habitat: Floresta Pluvial Atlântica baixo-montana e montana; Floresta Pluvial dos Tabuleiros; e Cerrado.

Distribuição geográfica: Brasil: Bahia, Minas Gerais, Espírito Santo, Rio de Janeiro e São Paulo.

Material examinado: Glaziou 19.442 (F); R. Guedes s/nº P II, ind. 607 (RB-294.569).

9. Chomelia estrellana Müll. Arg., Flora Ratisb. 59:452,457. 1875; in: Mart., Fl. Bras. 6(5): 39. 1881.
= *Chomelia brasiliana auct. non* A. Rich., Glaziou, Bull. Soc. Bot. France 1(3):344, *pr. p.* 1909.

Arbusto a pequena árvore, até 6 m. alt., às vezes com espinhos esparsos pelo caule; ramos com espinhos supra-axilares, jovens pálido-tomentosos; estípulas triangulares longamente acuminadas, tomentosas. Folhas com pecíolo tomentoso, 1-3 cm. de comp.; limbo elíptico a oblongo, velutino a tomentoso, base e ápice agudos ou cuneados, 4,5-13 x 2,5-5 cm., 7-10 pares de nervuras secundárias ascendentes, com maior concentração de pelos que no restante da folha. Flores actinomorfas, 4-meras, isoladas, axilares, velutinas; pedúnculo com até 1 cm. de comp., lobos do cálice lineares; corola hipocrateriforme, 1,5-2 cm. de comp., lobos com 1/3 do comp. do tubo. Fruto drupa oblonga, cálice persistente; sementes com endosperma oleoso.

Nome popular: Esporão de galo.

Floração e frutificação: Floresce de maio a setembro e frutifica até maio.

Habitat: Espécie tem sido encontrada habitando o sub-bosque da Floresta Pluvial Atlântica montana.

Distribuição geográfica: Brasil: Rio de Janeiro.

Comentários: Como representantes da subfamília *Antirheoideae* na área da Reserva, as espécies de *Chomelia* podem ser reconhecidas principalmente por possuirem espinhos supra-axilares e flores isoladas axilares. O endosperma oleoso de suas sementes é uma importante característica da subfamília à qual estão vinculadas.

Material examinado: Glaziou 17.040 (BR, foto RB); T. Fontoura s/nº P II, ind. 2934 (RB-294.571); R. Guedes s/nº P II, ind. 395 (RB-269.570).

Rubiaceae Cinchonoideae
10. Coutarea hexandra (Jacq.) K. Schum. in Mart., Fl. Bras. 6(6): 196. 1889.
= *Portlandia hexandra* Jacq. Sel. Stirp.: 63, pl.182, f. 20. 1763.
var. **fluminensis** K. Schum. in Mart., Fl. Bras. 6(6): 198, t. 108. 1889; Smith & Downs, Sellowia 7:31, fig. 5 a-e. 1956; Sucre, Arq. Jard. Bot. Rio de Janeiro 17: 34, t. 30. 1961.

Arbusto a árvore, 4-12 m. alt.; ramos delgados, glabros, densamente lenticelados, pálidos, cilíndricos, mais jovens comprimidos, nigrescentes; estípulas largo-triangulares, acuminadas, face interna densamente pilosa e glandulosa. Folhas com pecíolo delgado, ca. 1 cm. de comp.; limbo lanceolado ou oblongo-lanceolado, base aguda, ápice acuminado, 5-8,5 x 2-3 cm., 6-7 pares de nervuras secundárias delgadas, pálidas, proeminentes, encurvadas, com domácias em tufo de pelos. Inflorescências terminais e axilares, 1-3 flores; pedúnculo com 1-2 cm. de comp.; brácteas e bractéolas filiformes. Flores zigomorfas, 6-meras, pediceladas; ovário oblongo; lobos do cálice lineares, 0,8-1 cm. de comp.; corola campanulada, ca. 6 cm. de comp., lobos triangulares com 1/5 do comp. do tubo. Fruto cápsula septicida obovada, comprimida, 2-3,5 cm. de comp.; sementes aladas com 1 cm. de comp.

Nomes populares: Quina-da-terra, do-Pará, de-Pernambuco, do-Piauí, quina-quina, quinino, murta-do-mato.

Floração e frutificação: Pode ser encontrada com flores e/ou com frutos em todos os meses.

Utilidades: Medicinal e ornamental.

Habitat: Floresta Pluvial Atlântica montana; Restinga; Floresta Pluvial Amazônica; Cerrado; e Caatinga.

Distribuição geográfica: A espécie distribui-se desde o Sul do México até o Norte da Argentina e Sul do Brasil. A variedade *fluminensis* ocorre no Brasil, nos estados: Piauí, Bahia, Minas Gerais, Rio de Janeiro, São Paulo; Paraná e Santa Catarina (Sucre 1961). Posteriormente foi coletada nos estados: Ceará, Alagoas, Espírito Santo e Rio Grande do Sul.

Comentários: Este táxon vem sendo utilizado popularmente como febrífuga e no combate à malária, porém, testes farmacognósticos não reconheceram princípios ativos que confirmem tais aplicações. Por outro lado, foi revelado que suas cascas possuem significante quantidade de vitamina C (Giral & Aguilar 1953), o que comprova suas indicações farmacêuticas.

Material examinado: Glaziou 710 (C); idem 4.015 (C); idem 8.736 (C, G, foto RB); idem 10.937 (C); idem 13.942 (C); idem 18.304 (C); T. S. Pereira 19 (RB).

11. Hindsia longiflora (Cham.) Benth. Bot. Reg. new ser. 30, t. 40. 1844; K. Schum. in Mart., Fl. Bras. 6(6):163, t. 102. 1889.
= *Rondeletia longiflora* Cham. in, Linnaea 9:240. 1834.

Arbusto, ca. 2 m. alt.; ramos delgados, pálido-amarelados, mais jovens pubérulos, cilíndricos, 4-carenados; estípulas longo-triangulares acuminadas, pubescentes, ca. 0,3 cm. de comp. Folhas curtamente pecioladas; limbo membranáceo, lanceolado, base cuneada, ápice agudo a acuminado, pelos esparsos em ambas as faces, mais densos nas nervuras e no bordo, 4-6,5 x 1-1,5 cm., 7-10 pares de nervuras secundárias ascendentes, com domácias em tufo de pelos. Inflorescências terminais em cimas corimbosas sésseis, compactas; ramos comprimidos, pubescentes; brácteas pubérulas, lineares, ca. 0,4 cm. de comp. Flores actinomorfas, 5-meras, pediceladas; sépalas do cálice livres, foliáceas, lanceoladas, pubérulas, face interna com glândulas na base, 0,7-1 cm. de comp.; corola infundibuliforme, face externa sub-tomentosa, interna com pilosidade na metade inferior, 2-2,5 cm. de comp., lobos ovados, ¼ do comp. do tubo; estames inclusos; ovário híspido, muitos óvulos em cada lóculo, placentação na base do septo; estilete filiforme, ápice bífido; sementes aladas.

Floração e frutificação: Floresce de novembro a março.

Utilidade: Ornamental.

Habitat: Floresta Pluvial Atlântica montana, alto-montana e campo altimontano; Cerrado; e Campo Rupestre.

Distribuição geográfica: Brasil: Minas Gerais e Rio de Janeiro.

Comentários: Os indivíduos de *H. longiflora* localizados em Fl. Pl. Atlântica apresentam-se, em geral, mais desenvolvidos no porte e com pilosidade menos abundante que os de outras formações.

Material examinado: A. Costa 434 (RB).

12. Manettia beyrichiana K.Schum., in: Mart., Fl. Bras. 6(6):181. 1889; Sucre, Arq. Jard. Bot. Rio de Janeiro 17: 26. t.20. 1961.

Trepadeira volúvel; ramos delgados comprimidos, esparsamente pilosos; entrenós com 8-20 cm. de comp.; estípulas largo-triangulares ou arredondadas, curtas. Folhas glabras, pecíolos delgados, 0,5-1,5 cm. de comp., limbo lanceolado a elíptico, base aguda, ápice longo-acuminado, 6-9 x 1,5-4 cm., 4-6 pares de nervuras secundárias ascendentes. Inflorescências em cimeiras axilares, no final dos ramos e terminais; ramos delgados, comprimidos; brácteas reduzidas, lineares. Flores actinomorfas, 4-meras, pedicelos delgados; lacínios do cálice lineares, reflexos; tubo da corola constricto próximo da porção mediana, 0,6 cm. de comp., anel de pelos na inserção dos estames; lobos triangulares, pelos na face interna. Fruto cápsula septicida globosa, sulco longitudinal, até 0,4 cm. de diâmetro, lobos do cálice persistentes, sementes aladas, discóides, diminutas.

Floração e frutificação: Floresce de fevereiro a setembro e frutifica até setembro.

Habitat: Floresta Pluvial Atlântica montana.

Distribuição geográfica: Brasil: Rio de Janeiro.

Comentários: Espécie habita preferencialmente locais melhor iluminados de matas bem preservadas.

Material examinado: M. Gomes 380a (RB, GUA, FCAB, SP, CTES, UEC, A, US, WTU, SI, NY); H.C. Lima 3.789 (RB, GUA); C.M.B. Correia 149 (RB); S.V.A. Pessoa 210 (RB, FCAB, SP, NY); idem 467 (RB, FCAB, SP); I.A. Araújo 35 (RB, RBR, UEC); idem 37 (RB, BHCB, MO, K); A. Vaz s/nº (RB-288.733); C.M. Vieira 70 (RB, FCAB, SP, NY).

13. Manettia congesta (Vell.) K. Schum., in: Mart., Fl. Bras. 6(6):177. 1889; Sucre, Arq. Jard. Bot. Rio de Janeiro 17: 29, t. 25. 1961.
= *Guagnebina congesta* Vellozo, Fl. Flum.:46. 1825; Icon.1. est. 120. 1831 (1827).

Trepadeira volúvel; ramos tomentosos, comprimidos, tetrágonos a cilíndricos; estípulas triangulares, ápice acuminado. Folhas com pecíolo com 0,3-0,9 cm. de comp.; limbo lanceolado a oblongo-lanceolado, discolor, pubérulo, base e ápice agudos, 4-8,5 x 1,5-3 cm., 6-8 pares de nervuras secundárias ascendentes. Inflorescências em glomérulos axilares. Flores actinomorfas, 4-meras, pedicelos tomentosos; ovário obcônico, tomentoso; lobos do cálice triangulares; corola infundibuliforme, 0,9 cm. de comp., lobos triangulares, 1/3 do comp. do tubo. Fruto cápsula septicida turbinada, até 0,5 cm. de comp., lobos do cálice mais largos que nas flores; sementes aladas, discóides, diminutas.

Floração e frutificação: Não foi possível delimitar ao certo seu período de floração, pois, as datas contidas nas fichas de herbário, não apresentam sequência dos meses. Foi registrada a ocorrência de frutos apenas em agosto.

Habitat: Espécie encontrada habitando a Floresta Pluvial Atlântica montana, alto-montana e campo altimontano; e Campo Rupestre.

Distribuição geográfica: Brasil: Minas Gerais, Rio de Janeiro, São Paulo e Santa Catarina.

Comentários: Espécie reconhecida, principalmente, por sua densa pilosidade e inflorescências em glomérulos axilares.

Material examinado: I.A. Araújo 48 (RB, GUA, FCAB, SP, NY).

14. Manettia fimbriata Cham. & Schltdl. in Linnaea 4: 173. 1829; Sucre, Arq. Jard. Bot. Rio de Janeiro 17: 28, t. 23. 1961.
= *Manettia mitis* var. *fimbriata* (Cham. & Schltdl.) K. Schum. in Mart., Fl. Bras. 6(6): 185, t. 104 *pr. p.* 1889.

Trepadeira volúvel, partes vegetativas glabras ou esparsamente pilosas; ramos comprimidos; estípulas largas arredondadas ou triangular-acuminadas. Folhas com pecíolo canaliculado, 0,5-1 cm. de comp.; limbo lanceolado a elíptico-lanceolado, base aguda a obtusa, ápice agudo, 5-7,5 x 1-2,5 cm., nervuras secundárias pouco conspícuas. Inflorescências em cimeiras axilares e terminais paucifloras; brácteas lanceoladas, fundidas, bordo fimbriado. Flores actinomorfas, pediceladas, cálice amplo, bordos das sépalas fimbriados; corola hipocrateriforme, ca. 1,5 cm. de comp, bordos dos lobos fimbriados, 1/5 do comp. do tubo. Fruto cápsula oblonga a obovada, comprimida lateralmente, ca. 1 cm. de comp., cálice persistente; sementes aladas, discóides, diminutas.

Floração e frutificação: Floresce de janeiro a junho, podendo ser encontrada com frutos desenvolvidos ou maduros na mesma época.

Habitat: Floresta Pluvial Atlântica montana e baixo-montana; e Restinga.

Distribuição geográfica: Brasil: Minas Gerais e Rio de Janeiro.

Material examinado: H.C. Lima 3.613 (RB, SP); S.V.A. Pessoa 566 (RB).

15. Manettia mitis (Vell.) K. Schum., in: Mart., Fl. Bras. 6(6):185. t.104 *pr. p.* 1889; Sucre, Arq. Jard. Bot. Rio de Janeiro 17: 27, t. 21. 1961.
= *Guagnebina mitis* Vellozo, Fl. Flum.:45 1825; Icon 1, est. 118. 1831 (1827).

Trepadeira volúvel; ramos glabros, comprimidos; estípulas largo-triangulares acuminadas ou arredondadas. Folhas glabras; pecíolos com 1-3 cm. de comp.; limbo cartáceo, glabro, oblongo a elíptico, base obtusa, ápice obtuso ou agudo, 5-11 x 3-5 cm., 6-8 pares de nervuras secundárias pouco conspícuas. Inflorescências em cimeiras axilares e terminais; ramos esparsamente pubérulos, comprimidos; brácteas lineares. Flores pediceladas actinomorfas, 4-meras;

cálice amplo, lacínios arredondados; corola hipocrateriforme, até 1,5 cm. de comp., lobos lanceolados, 1/3 do comp. do tubo. Fruto cápsula septicida, globosa, sulco longitudinal, até 1 cm.; sementes aladas, discóides, diminutas.

Floração e frutificação: Floresce de janeiro a julho e frutifica até maio.

Habitat: Espécie encontrada, geralmente com certa frequência, habitando em Floresta Pluvial Atlântica baixo-montana, montana, alto-montana e campo altimontano; e em Restinga.

Distribuição geográfica: Brasil: Minas Gerais, Espírito Santo e Rio de Janeiro.

Comentários: A subfamília *Cinchonoideae* está representada, neste trabalho, pelos táxons 9-19. As sementes aladas, contidas em cápsulas, constituem a principal característica desse grupo, que possui bom número de espécies com valor medicinal, entre outras utilidades.

Os gêneros *Hindsia* e *Manettia* destacam-se dos demais por possuirem ráfides, que se distribuem com abundância por várias de suas estruturas, sobretudo no mesofilo. Por esse motivo, segundo Robbrecht (1988), alguns autores os têm relacionado à subfamília *Rubioideae*.

No presente, esses táxons são incluídos dentro da subfamília *Cinchonoideae*. Aqui considera-se que sementes aladas sejam caráter mais relevante do que presença de ráfides. Além disso tem-se visto que alguns gêneros e até tribos inteiras dessa subfamília apresentam vários tipos de modificações estruturais – como por exemplo a tribo *Urophylleae*, que tem sua distribuição na Ásia, cujos gêneros possuem ráfides, flores unissexuais, ovário plurilocular e frutos carnosos com sementes angulares – e, até onde se sabe, não se tem colocado em questão a sua posição taxonômica.

Material examinado: G. Martinelli 11.923 (RB); A. Vaz 716 (RB); M. Peron 887 (RB, NY, GUA); M. Leitman 376 (RB, FCAB).

16. Hillia parasitica Jacq., Enum. Pl. Carib.:18. 1760; K. Schum. in Mart., Fl. Bras. 6(6): 203, t. 90. 1889; Smith & Downs, Sellowia 7:30, fig. 4f-h. 1956; Sucre, Arq. Jard. Bot. Rio de Janeiro 17: 32, t. 29a. 1961; Taylor, Ann. Missouri Bot. Gard. 81(4):588, t.9. 1994.

Arbusto escandente, hemi-epífita, epífita ou rupícula; ramos tetrágono-comprimidos, estriados; estípulas decíduas, raramente vistas, membranáceas, bordo arredondado. Folhas com pecíolo com 0,5-1,5 cm. de comp.; limbo discolor, sub-carnoso, elíptico a oblongo-lanceolado, base aguda ou cuneada, ápice agudo ou cuspidado, 4-10 x 2-4,5 cm., 4-6 pares de nervuras secundárias, pouco visíveis. Flores actinomorfas, 6-meras, isoladas, terminais, sésseis; brácteas estipuláceas; cálice truncado ou com lacínios lanceolados, decíduos; corola alva ou amarelo-esverdeada, hipocrateriforme, 8-12 cm. de comp., lobos com 1/3 do comp. do tubo; anteras inclusas a semiexsertas; muitos óvulos em cada lóculo do ovário, estilete atingindo a fauce da corola, estígma bilobado. Fruto cápsula septicida alongada, até 9 cm. de comp.; sementes fusiformes, tufo de pelos no ápice.

Floração e frutificação: Pode ser encontrada com flores em quase todos os meses do ano; com frutos desenvolvidos ou maduros de maio a setembro.

Habitat: Espécie tem sido encontrada em Floresta Pluvial Atlântica montana e alto-montana; Floresta Pluvial Amazônica; Floresta Pluvial Ripária; Campo Rupestre; e demais florestas tropicais úmidas do Norte da América do Sul e América Central, em uma faixa de 200-2.400 m. de alt.

Distribuição geográfica: Brasil: Roraima, Ceará, Bahia, Minas Gerais, Espírito Santo, Rio de Janeiro, São Paulo, Paraná e Santa Catarina; México; Antilhas; Equador; Venezuela; Bolívia; Colômbia; Guiana; e Peru.

Comentários: Taylor (1994) observa que esta é uma espécie frequente nos locais onde habita, com características muito próprias que a distinguem das demais, sendo as principais: folhas com venação pouco conspícua e corola 6-mera, com tubo medindo até 12,5 cm. de comp. As variedades *parasitica* e *nobilis* (Steyermark 1972) não foram reconhecidas pelo autor acima citado, por não apresentarem diferenças significativas para atingirem esse status.

No Rio de Janeiro pode ser encontrada nas serras de vários municípios, onde as matas se mostram bem conservadas, às vezes formando densas comunidades. Suas flores exalam agradável aroma pouco antes do anoitecer, diminuindo de intensidade após algumas horas.

Material examinado: Glaziou 6.568 (C); idem 13.943 (BR, C, G, foto RB); C.M. Vieira 33 (RB, GUA); J. Costa s/nº (RB-294.607, FCAB, SP, NY); C. Farney 1.220 (RB, FCAB, SP); M. Leitman 250 (RB); idem 251 (RB, RBR, UEC); A. Amorim 254 (RB).

17. Bathysa australis (St.Hil.) Hook.f. in Benth. & Hook. Gen. Pl. 2:49. 1873; K. Schum. in Mart., Fl. Bras. 6(6):239. 1889.
= *Exostema australe* St. Hil. Pl. Us. Bras. 14, pl. 3b. 1824.
= *Bathysa meridionalis* Smith & Downs, Sellowia 7:88, fig. 2. 1956; Jung-Mendaçolli, Hoehnea 21(1/2):100. 1994.

Arbusto a árvore, até 12 m. de altura; ramos crassos, comprimidos, tomentosos; estípulas longo-triangulares, 1,5-4 cm. de comp., tomentosas. Folhas com pecíolo longo, 3-6,5 cm. de comp.; limbo lanceolado, elíptico, oblongo ou obovado, membranáceo a subcoriáceo, tomentoso a pubescente, base cuneada, aguda ou subcordada, ápice agudo a acuminado, 20-60 x 12-30 cm., 15-24 pares de nervuras secundárias patentes na base e ascendentes próximo do ápice. Inflorescências amplas em tirsos multifloros, terminais ou axilares, sésseis ou pedunculadas; brácteas foliáceas ou lineares reduzidas, estipuladas; ramos tomentosos. Flores actinomorfas, 4-meras (raramente 5-meras), pedicelo e ovário seríceo-velutinos; cálice tomentoso interna e externamente, lobos arredondados ou triangulares; corola amarela, infundibuliforme, 0,8-1,2 cm. de comp., tubo subtomentoso na face externa, anel de pelos esparsos na face interna à altura da fauce, lobos ovóides, mesmo comp. do tubo; estames exsertos, filetes glabros; estilete tomentoso. Fruto cápsula septicida globosa ou oblonga, tomentosa, 0,4 cm. de comp; sementes aladas discóides, diminutas.

Nomes populares: Araribá, caá-açú, macuqueiro, pau-colher, quina-do-mato, fumão, fumo-do-diabo, autuparana.

Floração e frutificação: Floresce de setembro a março e frutifica até agosto.

Habitat: Espécie característica do estrato arbóreo da Floresta Pluvial Atlântica montana, com maior frequência nos estados do Sudeste (Germano Filho 1993).

Utilidades: Medicinal. As cascas podem ser usadas como tônicas e febrífugas; é também fornecedora de madeira (Corrêa 1984).

Distribuição geográfica: Brasil: Minas Gerais, Espírito Santo, Rio de Janeiro, São Paulo, Paraná, Santa Catarina e Rio Grande do Sul.

Comentários: Jung-Mendaçolli (1994), após uma detalhada explanação acerca das alterações taxonômicas relacionadas a esta espécie, adotou o nome *Bathysa meridionalis*. Este nome foi criado por Smith & Downs (1956b) para a planta com flores 4-meras, descrita por Schumann (1889) como *B. australis*, em contraposição a *B. australis,* que, segundo sua descrição e estampa originais, como *Exostema australe* (St. Hil. *op. cit.*), teria flores 5-meras. Essa, no entanto, parece ser a única característica que teria dado origem a tal desmembramento.

Germano Filho (1993) considerou como válido apenas o nome *B. australis*. Esse autor observou que a espécie apresenta uma predominância de flores 4-meras, sendo que flores 5-meras podem ser encontradas algumas vezes, na mesma inflorescência. As coleções de Macaé de Cima foram examinadas por esse autor e podem referendar sua posição.

Material examinado: Glaziou 7.685 (C); idem 8.741 (G); idem 8.744 (C); idem 13.950 (C, F); idem 20.364 (C); G. Martinelli 12.759 (RB); S.V.A. Pessoa s/nº P I, ind. 510 (RB-294.602); H.C. Lima 4.013 (RB, GUA, FCAB, SP, UEC, NY); idem s/nº P I, ind. 995 (RB-294.598); A.L. Almeida 36 (RB); M. Nadruz 424 (RB, RBR, BHCB, MO); C. Farney 1.230 (RB, MG); B.C. Kurtz 112 (RB, FCAB); L. Sylvestre s/nº P I, ind. 2811 (RB-294.595); C.M.B. Correia 44 (RB); idem 219 (RB); M. Peron 825 (RB, F, K, MBM); A. Vaz 750 (RB); R. Guedes s/nº P I, ind. 3256 (RB-294.601).

18. Bathysa cuspidata (St. Hil.) Hook.f., in: Benth. & Hook. Gen. Pl. 2:49. 1873; in Mart., Fl. Bras. 6(6):237, t. 119. 1889.
= *Exostema cuspidatum* St. Hil. Pl. Us. Bras.14, t.3a. 1824.

Arbusto a árvore, até 10 m. alt.; ramos crassos, tetrágonos, tomentosos; estípulas com até 9 cm. de comp., lanceoladas, velutinas a tomentosas, decíduas, conatas em um lado, separadas na outra extremidade. Folhas sésseis ou pecíolo com até 1,5 cm. de comp.; limbo seríceo-velutino a tomentoso, lanceolado, obovado ou oblongo, base cuneada, ápice cuspidado, 25-50 x 10-22 cm., 20-26 pares de nervuras secundárias patentes. Inflorescências em tirsos terminais amplos, ramos comprimidos, tomentosos; pedúnculo bicarenado; brácteas foliáceas, lanceoladas, até 14 cm. de comp. ou reduzidas, triangulares, tomentosas. Flores actinomorfas, 5-meras, sésseis e pediceladas; cálice cupular, curtamente denteado, tomentoso; corola branca, hipocrateriforme, 0,8 cm. de comp., lobos e tubo com mesmo comp. Fruto cápsula septicida, 0,5 cm. de comp., tomentosa, costas longitudinais; sementes curtamente aladas, discóides, diminutas.

Floração e frutificação: Floresce de abril a julho e frutifica até outubro.

Nome popular: Araribá (local), quina-do-mato, quina-cinzenta.

Utilidades: Medicinal: as cascas podem ser usadas como tônicas, no combate às anemias, caqueixas, ancilostomíases e febres palustres (Corrêa 1984). Possui também bom potencial ornamental.

Habitat: Espécie ocorre principalmente na Serra do Mar e da Mantiqueira, em Floresta Pluvial Atlântica montana, sendo raríssimo encontrá-la em Floresta Pluvial Ripária (Germano Filho 1993).

Distribuição geográfica: Brasil: Goiás, Minas Gerais, Espírito Santo, Rio de Janeiro e São Paulo.

Comentários: Suas características mais exclusivas são: a densa pilosidade, folhas sésseis ou subsésseis, a amplitude das estípulas e principalmente as flores regularmente pentâmeras.

Material examinado: M. Gomes 436 (RB, FCAB, SP); S.V.A. Pessoa s/nº P I, ind. 1960 (RB-294.578); idem s/nº P I, ind. 1797 (RB-294.579); idem s/nº P I, ind. 1995 (RB-294.580); idem s/nº P I, ind. 1970 (RB-294.581); idem s/nº P I, ind. 2001 (RB-294.582); H.C. Lima 4.011 (RB, GUA).

19. Bathysa mendonçaei K. Schum., in: Mart., Fl. Bras. 6(6):239. 1889.

Arbusto a árvore, até 7 m. alt.; ramos delgados, pubescentes; estípulas seríceas, longo-triangulares, decíduas, 1-1,5 cm. de comp. Folhas com pecíolo com 1-2,5 cm. de comp.; limbo membranáceo, lanceolado a oblongo, pubescente na face inferior, base aguda, ápice acuminado, 10-20 x 3-8 cm., 9-14 pares de nervuras secundárias, com domácias em tufo de pelos. Inflorescências em tirsos terminais multifloros, eixo e ramos comprimidos, tomentosos; ramos secundários patentes. Flores actinomorfas, 4-meras; pedicelo, cálice e ovário velutinos; corola com 0,3 cm. de comp., face externa glabra, anel de pelos na face interna à altura da fauce, lobos arredondados, mesmo comp. do tubo; estames exsertos, filetes densamente pilosos. Fruto cápsula septicida urceolar, 0,4 cm. de comp.; sementes curtamente aladas, discóides, diminutas.

Floração e frutificação: Floresce de novembro a fevereiro e frutifica até novembro.

Habitat: Espécie encontrada com maior frequência na Serra do Mar, em Floresta Pluvial Atlântica montana.

Distribuição geográfica: Brasil: Minas Gerais, Rio de Janeiro e São Paulo.

Material examinado: H.C. Lima 3.790 (RB); B.C. Kurtz s/nº P II, ind. 2011 (RB-294.585); idem s/nº P II, ind. 2013 (RB-294.586); idem s/nº P II, ind. 2197 (RB-294.587); idem s/nº P II, ind. 2277 (RB-294.588); idem s/nº ind. 1880 (RB-294.592); T. Fontoura 184 (RB, FCAB, SP); M. Nadruz 545 (RB, FCAB, GUA, SP, NY); C.M. Vieira 69 (RB, FCAB, GUA, SP, NY); S.V.A. Pessoa 554 (RB); R. Guedes s/nº P II, ind. 631 (RB-294.591, FCAB, SP, GUA, NY).

20. Rustia gracilis K. Schum. in Mart., Fl. Bras. 6(6):263. 1889.

Arbusto a árvore, até 15 m. alt.; ramos cilíndricos, pálidos; estípulas caducíssimas, membranáceas, longo-triangulares. Folhas com pecíolo delgado, 1-2 cm. de comp.; limbo lanceolado ou oblongo-lanceolado, com numerosas glândulas oleíferas translúcidas, pelos esparsos na face inferior, mais agrupados nas laterais das nervuras, 10-16 x 2-4,5 cm. Inflorescências terminais em tirsos amplos, multifloros; brácteas foliáceas, lanceoladas, 3-7,5 cm. de comp.; bractéolas lineares ou longo-triangulares. Flores actinomorfas, 5-meras, pediceladas; cálice cupular denteado;

corola com 1,5-2 cm. de comp., tubo se alargando em direção à base, lobos pubérulos, mais longos que o tubo; estames exsertos, filetes com densa pilosidade hialina na altura da fauce da corola, anteras poricidas; ovário obcônico, multiovulado, estilete mais longo que a corola, estígma bilobado. Fruto cápsula loculicida, obovada, bi-valvar, até 1 cm. de comp.; sementes minúsculas, comprimidas, curtamente aladas.

Floração e frutificação: Floresce de novembro a março, com frutos maduros ou desenvolvidos de fevereiro a abril.

Habitat: Floresta Pluvial Atlântica montana.

Distribuição geográfica: Brasil: Rio de Janeiro e São Paulo.

Comentários: Gênero com características muito próprias. Estando representado por uma única espécie na área em estudo, esta pode ser reconhecida principalmente por possuir folhas providas de glândulas oleíferas translúcidas, cuja secreção exala aroma adocicado, semelhante ao da cumarina; estames com filetes longos, com tufo de pelos à altura da fauce da corola; e anteras com deiscência poricida, o que é pouco frequente, pois, em Rubiaceae, apenas quatro gêneros possuem esta característica (Robbrecht 1988). Mais raro ainda é a presença de glândulas translúcidas nas folhas, somente encontradas em dois gêneros (Solereder 1908; Metcalfe & Chalk 1950).

Material examinado: Glaziou 6.039 (C, foto RB); idem 12.036 (C); idem 14.893 (C); idem 19.437 (C).

Rubiaceae Rubioideae

21. Coccocypselum lanceolatum Pers., Syn. 1:132. 1805; Smith & Downs, Sellowia 7:35, fig. 6e,f. 1956; Jung-Mendaçolli, Hoehnea 21(1/2):106. 1994.

Herbácea prostrada, partes vegetativas aéreas velutinas; estípulas inteiras, linear-lanceoladas. Folhas com pecíolo com até 2 cm. de comp., limbo lanceolado a obovado, base aguda, obtusa a subcordada, às vezes ligeiramente assimétrica, ápice agudo, 4,5-5,5 x 2-2,5 cm., 9-10 pares de nervuras secundárias, encurvadas, às vezes vinosas. Inflorescências em glomérulos axilares; pedúnculo com 1,5-3,5 cm. de comp.; brácteas reduzidas foliáceas. Flores actinomorfas, 4-meras, sésseis, azul-violáceas; ovário multiovulado. Fruto baga oblonga, inflada, tomentosa, azul-metálica, cálice velutino; sementes reniformes, negras, diminutas.

Floração e frutificação: Pode ser encontrada com flores em todos os meses do ano, sendo comum encontra-la com frutos na mesma época.

Utilidade: Ornamental.

Habitat: Floresta Pluvial Atlântica montana, alto-montana e campo altimontano; Cerrado; Floresta Pluvial Amazônica; e Campo Rupestre.

Distribuição geográfica: Brasil: Ceará, Bahia, Goiás, Distrito Federal, Mato Grosso, Minas Gerais, Espírito Santo, Rio de Janeiro, São Paulo, Santa Catarina e Rio Grande do Sul; Peru.

Comentários: Espécie geralmente forma densas comunidades, em locais úmidos.

Material examinado: I.A. Araújo 66 (RB); C.M. Vieira 105 (RB).

22. Coccocypselum sessiliflorum Standl., Publ. Field Mus. Nat. Hist. bot. ser. 11:194. 1936; Smith & Downs, Sellowia 7:33, fig. 5f,g. 1956.

Herbácea prostrada, terrícola ou rupícola; ramos delgados, esparsamente pilosos; estípulas inteiras, linear-lanceoladas, pilosas. Folhas com pecíolo tomentoso, 0,1-0,4 cm. de comp.; limbo orbicular, membranáceo, discolor, face inferior vinosa, pelos esparsos, mais densos nas nervuras, base truncada, arredondada ou cordada, ápice agudo, 2-2,5 cm. de comp. e de largura, 5 pares de nervuras secundárias encurvadas. Inflorescências em glomérulos axilares, paucifloros, subsésseis; bractéolas lineares subtomentosas. Flores actinomorfas, 4-meras, sésseis; sépalas livres, lineares, tomentosas, às vezes ultrapassando o comp. da corola; corola ca. 0,5 cm. de comp., tubo cilíndrico-infundibuliforme, pilosidade no dorso dos lobos, ½ do comp. do tubo. Fruto baga azul-metálica, obovada, cálice persistente; sementes lenticelares.

Floração e frutificação: Foi encontrada com flores e/ou frutos de março a julho.

Habitat: Floresta Pluvial Atlântica montana.

Distribuição geográfica: Brasil: Rio de Janeiro, Paraná e Santa Catarina. Peru.

Comentários: Esta espécie tem sido encontrada com pouca frequência nos poucos locais onde habita.

Material examinado: S.V.A. Pessoa 220 (RB, FCAB); M. Peron 849 (RB); idem 886 (RB); C.M.B. Correia 157 (RB); M. Leitman 136 (RB).

23. Hoffmannia dusenii Standl., Publ. Field Mus. Nat. Hist. bot. ser. 8(5):348. 1931.
= *Hoffmannia peckii* var. *selloana* K. Schum. in Mart., Fl. Bras. 6(6):327. 1889; Smith & Downs, Sellowia 7:42. 1956, syn. nov.

Subarbusto ou arbusto, até 2 m. alt.; ramos flexuosos, crassos, tetrágono-comprimidos, pilosidade ferrugínea mais densa no ápice; estípulas curtíssimas, sem forma definida. Folhas com pecíolo longo, 3-6 cm. de comp.; limbo membranáceo, elíptico, oblongo ou obovado, base cuneada, às vezes inequilátera, ápice agudo ou acuminado, 8-24 x 5-10 cm., 10-15 pares de nervuras secundárias encurvadas; pecíolos e nervuras na face inferior das folhas ferrugíneo-tomentosos. Inflorescências axilares sésseis ou curtamente pedunculadas, paucifloras. Flores actinomorfas, 4-meras; pedicelo, ovário e cálice ferrugíneo-tomentosos; lacínios do cálice lineares; corola espiralada, lobos mais longos que o tubo, pilosidade ferrugínea no dorso; estames exsertos. Fruto baga oblonga, cálice persistente, muitas sementes minúsculas em cada lóculo.

Floração e frutificação: Floresce de outubro a março e frutifica até abril.

Habitat: Floresta Pluvial Atlântica montana e Floresta Pluvial Amazônica.

Distribuição geográfica: Brasil: Rio de Janeiro, Paraná e Santa Catarina; Peru.

Comentários: Ao descrever a variedade *selloana* de *H. peckii*, utilizando-se de material incompleto (Sellow no. 4272), Schumann (1889) expressa sua dúvida, colocando que, com tais características, esta poderia ser elevada a nível específico.

Standley (1931), mesmo sem ter visto o referido material, comenta que *H. peckii* var. *selloana* e *H. dusenii*, descrita nessa ocasião, poderiam ser iguais.

Smith & Downs (1956a) vinculam a espécie de Standley à variedade de Schumann, sem terem exposto os motivos para tal união.

No presente trabalho, ambas são também consideradas como sinônimos, entretanto, está sendo revalidada a espécie descrita por Standley, por ter-se chegado à conclusão de que, de acordo com a taxonomia deste gênero, esta apresenta-se com caracteres bastante distintos.

Material examinado: G. Martinelli 11.711 (RB, FCAB, SP).

24. Psychotria alto-macahensis M. Gomes ***nom. nov.***
= *Cephaelis glaziovii* Standl. Publ. Field Mus. Nat. Hist. bot. ser. 8(3):182. 1930, *non Psychotria glaziovii* Müll. Arg. 1881.

Plantas glabras; arbusto, até 4 m. alt., nigrescente em material herborizado; ramos delgados, jovens sulcados; estípulas conatas, bidenteadas, dentes subulados, ca. 0,4 cm. de comp. Folhas com pecíolo com 1-3 cm. de comp., limbo elíptico a lanceolado, base cuneada, ápice agudo a acuminado, 7-16 x 2-7 cm., 10-15 pares de nervuras secundárias oblíquas. Inflorescências em glomérulos terminais involucrados, campanulados; pedúnculo comprimido, 3-5,5 cm. de comp.; brácteas livres, corolínicas, vermelhas ou vináceas, ovadas, convolutas no par externo, ca. 2,5 cm. de comp.; segundo par com até 2 cm. de comp.; as restantes lanceoladas e menores. Flores 5-meras, sésseis; cálice tubuloso, estreito, urceolar, curta e irregularmente denteado, 0,7-1 cm. de comp.; corola ca. 2 cm. de comp., tubo estreito, cilíndrico, lobos curtos, oblongos, reflexos. Fruto drupa ovóide, ligeiramente comprimida, ca. 1 cm. de comp., cálice persistente.

Floração e frutificação: Floresce de junho a agosto, tendo sido encontrada com frutos somente em agosto.

Habitat: Floresta Pluvial Atlântica montana.

Distribuição geográfica: Brasil: Minas Gerais, Espírito Santo e Rio de Janeiro.

Comentários: Macaé de Cima é a localidade típica deste táxon. Seus frutos não haviam sido descritos anteriormente. A escassa representação nos herbários faz crer que esta seja uma espécie pouco comum, caracterizando-se principalmente por ser uma planta glabra e com glomérulos campanulados, longamente pedunculados.

Psychotria sp. 1, dentre as espécies tratadas, é a que mais se aproxima de *P. alto-macahensis*. Apresenta-se glabra, com glomérulos pedunculados. Caracteriza-se por ter folhas mais estreitas, verdejantes quando herborizadas e glomérulos bem menores que os do outro táxon, 2-3 no ápice dos ramos, às vezes ramificados. Parece ocupar posição taxonômica entre *P. pleiocephala* e *P. monocephala*. Assemelha-se a ambas na parte vegetativa, diferenciando-se dessas porque os glomérulos da primeira estão distribuídos em inflorescências intensamente ramificadas, os da segunda são solitários. Como *Psychotria* sp. 1 foi coletada uma única vez com frutos jovens, são necessárias coletas de material em flor, para que sua descrição seja melhor elaborada.

Material examinado: Glaziou 20.362 (C); I.A. Araújo 47 (RB); S.V.A. Pessoa 243 (RB); M. Nadruz 505 (RB).

25. Psychotria appendiculata Müll.Arg., in: Mart., Fl. Bras. 6(5):350. 1881.

Arbusto, ca. 3 m. alt., nigrescente quando herborizado; ramos delgados, jovens comprimidos, desenvolvidos cilíndricos; estípulas persistentes inteiras, triangulares, jovens acuminadas, depois truncadas, em ramos desenvolvidos bipartidas. Folhas sésseis ou pecíolo com até 0,4 cm. de comp.; limbo lanceolado a oblongo-lanceolado, membranáceo, base cuneada, ápice agudo a acuminado, 7-12,5 x 1-3 cm., 8-10 pares de nervuras secundárias, patentes, reticulação evidente. Inflorescências em glomérulos terminais involucrados, sésseis; brácteas e bractéolas pálidas, bordo franjeado e apêndice coceariforme no ápice. Flores actinomorfas, 5-meras, sésseis, ca. 0,5 cm. de comp. Fruto drupa oblonga com sulcos longitudinais, ca. 0,6 cm. de comp.

Floração e frutificação: Coletada com flores e frutos em abril, maio e novembro e com frutos em fevereiro.

Habitat: Floresta Pluvial Atlântica montana.

Distribuição geográfica: Brasil: Espírito Santo e Rio de Janeiro.

Material examinado: R. Guedes 2127 (RB, FCAB); idem s/nº P I, ind. 646 (RB-294.658); idem s/nº P I, ind. 649 (RB-294.660).

26. Psychotria brachyanthema Standl., Publ. Field Mus. Nat. Hist., bot. ser. 8(3):210. 1930.

= *Coussarea triflora auct. non* Müll. Arg., Glaziou, Bull. Soc. Bot. France 1(3):347. 1909.

Arbusto intensamente ramificado; ramos delgados, cilíndricos, glabros; estípulas bi-denteadas, ca. 0,7 cm. de comp. Folhas glabras, pecíolo delgado, até 0,5 cm. de comp.; limbo lanceolado, base aguda, ápice acuminado, 2,5-5,5 x 0,7-1,5 cm., 6-7 pares de nervuras secundárias oblíquas. Inflorescências em pequenos tirsos; pedúnculo 1-1,5 cm. de comp.; brácteas subuladas, pubérulas, ca. 0,2 cm. de comp. Flores em botão curtamente pediceladas, 5-meras; cálice reduzido, minutamente pubérulo, lobos ovados; corola oblonga, ca. 0,3 cm. de comp., face externa com pilosidade pulverulenta, acinzentada.

Floração e frutificação: Floresce em março e abril (Glaziou 1909).

Habitat: Floresta Pluvial Atlântica montana.

Distribuição geográfica: Brasil: Rio de Janeiro.

Comentários: Standley (*op. cit.*) considerou esta espécie próxima de *P. nitidula* Cham. & Schltdl., diferenciando-as apenas pela corola, que naquela é glabra na face externa. O material citado foi utilizado para a descrição desta espécie, porém os ramos aqui examinados não dispunham da parte fértil. O exame das estruturas vegetativas evidenciou que *P. brachyanthema* possui folhas em geral menores, mais estreitas e com cerca da metade do número de nervuras secundárias do outro táxon. Estas características a aproximam melhor de *P. nemorosa* Gardn. (ver adiante).

Material examinado: Glaziou 20.361 (BR, foto RB).

27. Psychotria caudata M. Gomes, Eugeniana 19: 19. 1992.
= *Faramea lutzeana* Glaziou *nom. nud.* Bull. Soc. Bot. France 1(3):349. 1909

Arbusto, até 5 m. alt.; ramos delgados, comprimidos, glabros; estípulas bífidas no ápice, ca. 0,2 cm. de comp., lacínios decíduos. Folhas glabras, pecíolo delgado, 0,5-1 cm. de comp.; limbo oblongo a elíptico, discolor, membranáceo, base aguda, ápice abruptamente caudado-acuminado, 5,5-11 x 1,5-4 cm., 6-9 pares de nervuras secundárias patentes, arcuado-ascendentes, alternadas por menores sub-paralelas e reticulação tênue. Inflorescências terminais depresso corimbiformes; pedúnculo delgado, glabro, comprimido, 1,5 cm. de comp.; ramos secundários irregularmente tricotômicos ou indivisos; brácteas e bractéolas exíguas, lineares; pedicelos curta e esparsamente pubérulos, quase nulos ou com até 0,4 cm. de comp. Flores actinomorfas, 4-meras; cálice cilíndrico, pubérulo, curtamente denteado, 0,2 cm.; ápice dos botões florais capitado; corola aberta com 2 cm. de comp., face externa pubérula na base e pelos longos, esparsos próximo à inserção dos estames na face interna, tubo longamente infundibuliforme, lobos ovados, tão longo quanto largos, ápice agudo, 1/5 do comp. do tubo; anteras oblongas, semi-exsertas.

Floração e frutificação: Floresce em novembro e dezembro.

Habitat: Floresta Pluvial Atlântica montana.

Distribuição geográfica: Brasil: Rio de Janeiro.

Comentários: Espécie endêmica da região de Macaé de Cima. Pode ser reconhecida principalmente por suas folhas com ápice caudado, botões florais com ápice capitado, tubo da corola estreito e lobos ovados.

Somente por ocasião deste trabalho é que foi relacionado o material de Glaziou à esta espécie, não tendo, portanto, sido citado por Gomes (1992), para a sua descrição original.

Material examinado: Glaziou 17.054 (BR); M. Nadruz 426 (RB); A. L. Almeida 32 (RB); S.V.A. Pessoa 131 (RB); E.L. Jacques 270 (RB).

28. Psychotria constricta Müll. Arg., in: Flora Ratisb. 59: 544, 546. 1876; in Mart., Fl. Bras. 6(5):281. 1881.

Arbusto, até 2 m. alt., na maioria das vezes com menos de 0,5 m. alt.; ramos densamente foliosos, delgados, jovens comprimidos, desenvolvidos cilíndricos; estípulas bífidas, lacínios lineares, 0,3 cm. de comp. Folhas subsésseis; limbo oblongo-lanceolado, membranáceo, base aguda a cuneada, ápice cuspidado-acuminado, 2,5-5 x 0,8-1,6 cm., 10-12 pares de nervuras secundárias, patentes, tênues, alternadas por menores subparalelas. Inflorescências terminais longa e curtamente pedunculadas, corimbiformes; ramos delgadíssimos, tricotômicos; brácteas lineares, exíguas. Flores actinomorfas, 4-meras, pediceladas; cálice campanulado, lobos triangulares, constricção entre este e o ovário, 0,2 cm. de comp.; botões florais clavados; corola aberta com até 0,5 cm. de comp., lobos com 1/4-1/5 do comp. do tubo. Fruto drupa, hemicarpos tricostados, ca. 0,3 cm. de comp., azul, violeta a nigrescente.

Floração e frutificação: Floresce de dezembro a março e frutifica até agosto.

Habitat: Floresta Pluvial Atlântica montana, alto-montana e campo altimontano.

Distribuição geográfica: Brasil: Rio de Janeiro.

Comentarios: Além do porte, que geralmente é muito pequeno (menos de 0,5 m.), esta espécie pode ser reconhecida por seus ramos densamente foliosos e principalmente os ramos da inflorescência muito delgados.

Material examinado: A. Costa 361 (RB, WTU); S.V.A. Pessoa s/nº P I, ind. 2427 (RB-294.627); I.A. Araújo 34 (RB); C.M. Vieira 45 (RB, FCAB, SP, NY).

29. Psychotria leiocarpa Cham. & Schltdl., in: Linnaea 4:22. 1829; Müll. Arg. in Mart., Fl. Bras. 6(5):280, t. 40.

1881; Smith & Downs, Sellowia 7:52, fig. 15d-g. 1956; Dillenburg & Porto, B. Inst. Bioc. 39:33, t. 6. 1985.

Arbusto, até 3 m. alt.; ramos delgados, jovens comprimidos, desenvolvidos cilíndricos, glabros; estípulas bífidas, lacínios longo-triangulares. Folhas com pecíolo delgado, até 1 cm. de comp.; limbo lanceolado, membranáceo, base cuneada, ápice longo-acuminado, 3,5-7 x 1-1,6 cm., ca. 15 pares de nervuras secundárias tênues, patentes, alternadas por menores paralelas. Inflorescências terminais largo-piramidais, laxas; ramos e pedicelos delgados, pubérulos; brácteas lineares, bractéolas triangulares acuminadas. Flores actinomorfas, 4-meras, pediceladas, pubérulas; cálice campanulado, lobos irregulares, triangulares, em conjunto com ovário ca. 0,2 cm. de comp.; corola com 0,5 cm. de comp., lobos com 1/3 do comp. do tubo. Fruto drupa ovóide, comprimida lateralmente, com sulco longitudinal, hemicarpos obtusamente quadricostados, 0,4 cm. de comp., cálice persistente, azul a nigrescente.

Nomes populares: Vassoura, buta.

Floração e frutificação: Apresenta 2 períodos de floração: de outubro a fevereiro e de maio a agosto. Frutificando também: de maio a outubro e de novembro a janeiro (Lima 1986).

Habitat: Floresta Pluvial Atlântica montana e baixo-montana; Floresta Pluvial dos Tabuleiros; Restinga.

Distribuição geográfica: Brasil: Ceará, Bahia, Minas Gerais, Rio de Janeiro, São Paulo, Paraná, Santa Catarina e Rio Grande do Sul.

Comentários: Espécie muito frequente nos locais onde habita, formando densas comunidades, porém, em Macaé de Cima foi encontrada com extrema raridade.

Material examinado: A. Costa 361 (RB, WTU); S.V.A. Pessoa s/nº P I, ind. 2427 (RB-294.627); I.A. Araújo 34 (RB); C.M. Vieira 45 (RB, FCAB, SP, NY).

30. Psychotria nemorosa Gardn., in: Hook. Lond. Journ. of Bot. 4:109. 1845; Müll. Arg. in Mart., Fl. Bras. 6(5):278.1881; Jung-Mendaçolli, Hoehnea 21(1/2):116. 1994.

Arbusto, até 4 m. alt.; ramos delgados, cilíndricos; estípulas bífidas, lacínios linear-lanceolados, glabras ou com pilosidade no dorso. Folhas com pecíolo com 0,4-0,8 cm. de comp., glabro ou pubérulo; limbo lanceolado, discolor, face inferior glabra ou pubérula, base aguda, ápice acuminado, 5-10 x 1-2,8 cm., 8-10 pares de nervuras secundárias pouco evidentes. Inflorescências terminais corimbosas, longamente pedunculadas, laxas; pedúnculo delgado; ramos secundários em tríades; brácteas reduzidas, lineares. Flores actinomorfas, 5-6-meras, pediceladas, ovário e cálice ca. 0,1 cm., lobos irregularmente denteados; botões florais oblongos; corola aberta com até 0,9 cm. de comp., anel de pelos na inserção dos estames, lobos com ¼ do comp. do tubo; estames inclusos. Fruto drupa depresso-globosa, sulco longitudinal, 0,5 cm.

Floração e frutificação: Floresce de dezembro a fevereiro e frutifica até maio.

Habitat: Floresta Pluvial Atlântica montana; Campo Rupestre; e Cerrado.

Distribuição geográfica: Brasil: Minas Gerais, Rio de Janeiro e São Paulo.

Material examinado: Glaziou 13.944 (RB, foto RB, R, BR); idem 13.960 (C, G); idem 16.125 (C); idem 18.297 (G); A.L. Almeida 31 (RB, RUSU, FCAB, CEPLAC); G. Martinelli 12.037 (RB, FCAB); idem 13.433 (RB, UEC, MO); idem 13.438 (RB); M. Nadruz 542 (RB, BHCB); M. Peron 831 (RB, GUA, FCAB, SP, NY); A. Costa 358 (RB, WTU).

31. Psychotria nitidula Cham. & Schltdl. in: Linnaea 4:25. 1829; Müll. Arg. in Mart., Fl. Bras. 6(5):285, t. 41. 1881; Dillenburg & Porto, B. Inst. Bioc. 39:36, t. 7. 1985.

Plantas glabras; arbusto, ramos cilíndricos; estípulas bífidas, lacínios longo-triangulares. Folhas com pecíolo com 0,5-1 cm. de comp.; limbo oblongo ou lanceolado, base abruptamente cuneada, ápice acuminado, 6-9 x 2,5-3,5 cm., 10-12 pares de nervuras secundárias. Inflorescências terminais corimbiformes, delgadas; pedúnculo desenvolvido. Flores actinomorfas, 5-meras, no centro dos ramos sésseis, laterais pediceladas; cálice campanulado, lobos triangulares, patentes; corola aberta com 0,9 cm. de comp., lobos com a ½ do comp. do tubo, face interna com anel de pelos na inserção dos estames; anteras exsertas. Fruto drupa globosa, hemicarpos quadricostados.

Floração e frutificação: Floresce de outubro a dezembro e frutifica até junho.

Habitat: Floresta Pluvial Atlântica montana, alto-montana e campo altimontano.

Distribuição geográfica: Brasil: Minas Gerais, Rio de Janeiro e Rio Grande do Sul.

Material examinado: I.A. Araújo 7 (RB, FCAB, SP).

32. Psychotria pallens Gardn., in Hook., Lond. Journ. of Bot. 4:109. 1845; Müll. Arg. in Mart., Fl. Bras. 6(5):274, t. 38. 1881.
= *Psychotria friburgensis* Standl. Publ. Field Mus. Nat. Hist., bot. ser. 8(4):213.1930. Syn. nov.

Arbusto a árvore, até 7 m. alt.; ramos delgados, comprimidos, glabros; estípulas persistentes, inteiras, bordo truncado ou arredondado, apiculadas. Folhas com pecíolo com 1-2 cm. de comp.; limbo oblongo a elíptico, glabro, firme membranáceo, face inferior pálida, base cuneada, ápice agudo a ligeiramente acuminado, 7-15,5 x 3-7 cm., 13-15 pares de nervuras secundárias patentes, se curvando próximo da margem. Inflorescências terminais em tirsos corimbosos; pedúnculo e ramos secundários delgados, pubérulos comprimidos, ramos secundários, ascendentes, intensamente tricotômicos; brácteas lineares, até 0,6 cm. de comp.; bractéolas triangulares. Flores actinomorfas, 5-meras e, não raro, 6-meras, pediceladas; cálice pateliforme, irregularmente denteado, papiloso; corola externamente papilosa, infundibuliforme, 0,9 cm. de comp., lobos com ½ do comp. do tubo; estames inclusos ou exsertos; estilete curto ou se projetando além da fauce da corola. Fruto drupa depresso-globosa, azul, ligeiramente comprimida lateralmente, com sulco longitudinal, até 0,4 cm. de comp.

Floração e frutificação: Floresce de fevereiro a junho e apresenta-se com frutos desenvolvidos ou maduros de fevereiro a abril, de junho a setembro e em novembro.

Habitat: Floresta Pluvial Atlântica montana.

Distribuição geográfica: Brasil: Espírito Santo e Rio de Janeiro.

Comentários: As folhas de *P. palens* apresentam variações na forma, tamanho e no desenvolvimento das nervuras secundárias, o que foi ressaltado por Standley (*op. cit.*) como caracteres diagnósticos entre esta e *P. friburgensis*.

O táxon aqui tratado pode ser identificado, a princípio, por possuir folhas pálidas na face inferior e a face externa da corola papilosa.

Suas inflorescências são terminais, mas, tem se observado também, que muitas vezes na fase de frutificação, estas estão posicionadas nas axilas foliares (ver Fl. Bras. 6(5) estampa 38). Parece que, neste caso, os ramos das gemas axilares é que desenvolvem-se a partir do final do período de floração.

Material examinado: Glaziou 4.023 (C); I.A. Araújo 30 (RB, RUSU); M. Gomes 381 (RB, F); idem 384 (RB, GUA, FCAB, RBR, SP, UEC, BHCB, NY, MO, K); S.V.A. Pessoa (RB, FCAB, SP, NY); R. Guedes s/nº P I, ind. 3308 (RB-294.663); M. Nadruz 503 (RB, GUA, SP, NY); L. Sylvestre 304 (RB, FCAB); A. Vaz 650 (RB, HRB).

33. Psychotria pubigera Schltdl., in: Linnaea 28:514. 1856; Müll. Arg. in Mart., Fl. Bras. 6(5):275. 1881; Smith & Downs, Sellowia 7:52, fig. 15h-j. 1956.

Arbusto; ramos delgados, comprimidos, sulcados, pubérulos; estípulas arredondadas, bidenteadas, dentes linear-lanceolados. Folhas com pecíolo hirsuto, 0,8-3 cm. de comp.; limbo oblongo-lanceolado, membranáceo, pubérulo, base aguda ou cuneada, ápice acuminado-cuspidado, 8-14(17) x 2,5-6 cm., 12-14 pares de nervuras secundárias, patentes, ferrugíneas, alternadas por menores. Inflorescências terminais em tirsos; ramos hirsutos, comprimidos, axilas ferrugíneo-tomentosas; brácteas linear-lanceoladas, pubérulas. Flores zigomorfas, 5-meras, pediceladas, pubérulas; tubo do cálice curtíssimo, lobos triangulares; corola com até 0,8 cm. de comp., lobos com ¼ do comp. do tubo. Fruto drupa depresso-globosa, costada, 0,3 cm. de comp.

Nome popular: Buta.

Floração e frutificação: Floresce de dezembro a março e frutifica até outubro.

Habitat: Pode ser encontrada com certa frequência em Floresta Pluvial Atlântica montana, alto-montana e campo altimontano.

Distribuição geográfica: Brasil: Rio de Janeiro, São Paulo, Paraná e Santa Catarina.

Comentários: A corola amarela e zigomorfa constitui importante caráter diagnóstico para este táxon, embora não venha sendo ressaltado por outros autores.

Material examinado: Glaziou 704 (C, G); idem 1.261 (BR, C, G, foto RB); idem 4.022 (C); S.V.A. Pessoa s/nº P I, ind. 3729 (RB-294.677); M. Nadruz 497 (RB, RBR); B.C. Kurtz 55 (RB); idem 62 (RB); idem s/nº P II, ind. 1763 (RB-294.684); G. Martinelli 12.756 (RB); R. Guedes s/nº P II, ind. 801 (RB-294.678); T. Fontoura 182 (RB); idem s/nº P II, ind. 2578 (RB-294.683); A. Vaz 732 (RB, GUA, UEC);

M. Peron 800 (RB, FCAB, SP, NY); A. Amorim 308 (RB, WTU); L.C. Giordano 1.900 (RB).

34. Psychotria ruelliifolia (Cham. & Schltdl.) Müll.Arg., in: Mart., Fl. Bras. 6(5):364. 188; Jung-Mendaçolli, Hoehnea 21(1/2):116. 1994.
= *Cephaelis ruelliaefolia* Cham. & Schltdl. in: Linnaea 4:134. 1829.

Arbusto, ramos cilíndricos, pálido-tomentosos; estípulas bífidas, tomentosas, lacínios longo-triangulares. Folhas tomentosas, pecíolo com 0,4-0,6 cm. de comp.; limbo lanceolado, base cuneada, ápice agudo, 9-13 x 2,5-4 cm., 12-16 pares de nervuras secundárias oblíquas. Inflorescências terminais em glomérulos às vezes tri-capitados, involucrados, sésseis ou pedúnculo com até 3 cm. de comp.; brácteas vermelhas a vinosas, pubescentes, ovadas ou lanceoladas; brácteas exteriores, até 2 cm. de comp. Flores actinomorfas, 5-meras, brancas, sésseis; cálice e ovário tomentosos, 0,6 cm.; corola híspida, 1-1,5 cm. de comp., lobos com 1/5 do comp. do tubo. Fruto drupa oblonga, tomentosa, estrias longitudinais, cálice persistente, 0,8 cm. de comp., brácteas envolventes.

Nome popular: Erva-de-rato.

Utilidade: Ornamental.

Floração e frutificação: Floresce de junho a dezembro, tendo sido encontrada com frutos somente em abril.

Habitat: Floresta Pluvial Atlântica montana; e Campo Rupestre.

Distribuição geográfica: Brasil: Minas Gerais, Espírito Santo, Rio de Janeiro e São Paulo.

Comentários: Espécie encontrada muitas vezes nas proximidades de rios. Pode ser reconhecida, mesmo estando estéril, por sua densa pilosidade e as folhas com nervuras secundárias numerosas e ascendentes.

Material examinado: S.V.A. Pessoa 184 (RB, GUA, FCAB, SP, UEC, NY).

35. Psychotria stachyoides Benth., in: Linnaea 23:464. 1850; Müll.Arg. in Mart., Fl. Bras. 6(5):353. 1881; Smith & Downs, Sellowia 7:53, fig. 16a-c. 1956; Jung-Mendaçolli, Hoehnea 21(1/2): 117. 1994.

Subarbusto ou arbusto, até 1,80 m. alt.; ramos delgados, cilíndricos, tomentosos; estípulas bífidas, tomentosas, base larga, lacínios longo-triangulares. Folhas com pecíolo curto, tomentoso, até 0,5 cm. de comp.; limbo lanceolado, subtomentoso, base cuneada, ápice longo-agudo, 4-10,5 x 1-2 cm., 4-7 pares de nervuras secundárias, tomentosas na face inferior, oblíquas, ascendentes. Inflorescências em glomérulos terminais e axilares no final dos ramos, involucrados; pedúnculo com até 1,5 cm. de comp., tomentoso; brácteas vinosas, pubérulas, obovado-lanceoladas, até 0,8 cm. de comp.; bractéolas linear-lanceoladas. Flores actinomorfas, 5-meras, brancas, sésseis; ovário viloso; lobos do cálice lanceolados, 0,2 cm.; corola subtomentosa, até 1 cm. de comp., lobos com 1/5 do comp. do tubo; estames inclusos, anel de pelos na sua inserção. Fruto drupa oblonga, subtomentosa, costada, azul, 0,5 cm. de comp.

Nome popular: Herva-de-rato-de-botão.

Floração e frutificação: Floresce de agosto a dezembro e frutifica até abril.

Habitat: Ocorre com frequência em trechos do sub-bosque da Floresta Pluvial Atlântica montana, alto-montana e campo altimontano; e Campo Rupestre.

Distribuição geográfica: Brasil: Ceará, Bahia, Minas Gerais, Rio de Janeiro, São Paulo, Paraná e Santa Catarina.

Material examinado: M. Nadruz 543 (RB); M.P.M. Lima 200 (RB); A. Costa 357a (RB); M. Peron 860 (RB); S.V.A. Pessoa 245 (RB, GUA, RBR, UEC); C.M. Vieira 108 (RB).

36. Psychotria suterella Müll.Arg., in: Mart., Fl. Bras. 6(5):380. 1881; Smith & Downs, Sellowia 7:57, fig. 18c-e. 1956; Dillenburg & Porto, B. Inst. Bioc. 39:46, t. 12. 1985; Jung-Mendaçolli, Hoehnea 21(1/2):117. 1994.
= *Suteria parviflora* Gardn., in Hook., Lond. Journ. of Bot. 4:109. 1845.

Arbusto a pequena árvore, 2,5-7m. alt.; ramos jovens, comprimidos, mais desenvolvidos cilíndricos, pubérulos a subtomentosos; estípulas bífidas, pubérulas, lacínios linear-lanceolados. Folhas com pecíolo pubérulo a tomentoso, até 1 cm. de comp.; limbo oblongo-lanceolado ou elíptico, membranáceo, base aguda ou cuneada, ápice abruptamente cuspidado-acuminado, 4-7(10) x 1,5-3 cm., nervura central pubérula, 15-20 ou mais pares de nervuras secundárias, patentes, tênues, com intersecundárias subparalelas. Inflorescências em glomérulos terminais sésseis, trifloros, brácteas largo-triangulares, não involucrais. Flores actinomorfas, 5-meras, sésseis; cálice cilíndrico, 0,6 cm. de comp., pubérulo na base, lobos lanceolados, ½ do comp. do tubo; corola infundibuliforme, pubérula, 1,5 cm. de comp., tubo estreito, face interna com anel de pelos a 1/3 da base, lobos com ½ do comp. do tubo; estames inclusos; estígma ultrapassando a fauce da corola. Fruto drupa globosa, 0,5 cm., cálice persistente.

Nome popular: Pasto-de-anta, pixirica, cafezinho-roxo-da-mata, grandiúva-de-anta, buta.

Floração e frutificação: Floresce de outubro a maio e frutifica até novembro.

Habitat: Floresta Pluvial Atlântica montana, alto-montana e campo altimontano; e Campo Rupestre.

Distribuição geográfica: Brasil: Minas Gerais, Rio de Janeiro, São Paulo, Paraná, Santa Catarina e Rio Grande do Sul.

Comentários: Müller (1881) fez a revisão desta espécie tomando como base apenas a descrição sucinta de *Suteria parviflora*, feita por Gardner (*op. cit.*), sem ter visto, no entanto, o material de referência. Nesse mesmo trabalho, Müller descreve *Psychotria estrellana*, com características muito próximas às de *P. suterella*. O material de Glaziou, que havia sido relacionado, em adenda, a *P. estrellana*, ao ser examinado no presente, revelou-se pertencer a *P. suterella*. Aqui, entretanto, não se pode ainda firmar que ambas sejam sinônimos, pois os tipos não puderam ser examinados. Somente faz-se o desmembramento do material coletado por Glaziou, indicado para a área em estudo.

P. suterella distribui-se com acentuada frequência, sendo, dessa forma, uma das espécies dominantes da sub-mata da Reserva e de outros locais onde viceja a Mata Atlântica.

Material examinado: Glaziou 10.910 (C, G, foto RB); G. Martinelli 12.413 (RB, RUSU); M. Peron 763 (RB, GUA, FCAB, SP, NY); S.V.A. Pessoa 319 (RB); idem 333 (RB); idem 334 (RB); M. Gomes 378 (RB, GUA, RBR, FCAB, SP, UEC, BHCB, MG, HRB, NY, MO, F, K, MBM); B.C. Kurtz s/nº P II, ind. 2034 (RB-294.643); C. Farney 1.235 (RB, UEC); R. Guedes s/nº P I, ind. 2265 (RB-294.645, FCAB); M. Nadruz 744 (RB, FCAB).

37. Psychotria ulei Standl., Publ. Field Mus. Nat. Hist. bot. ser.11(5):252. 1936.

Arbusto, até 2 m. alt., totalmente glabro; ramos delgados comprimidos; estípulas bidenteadas, dentes aristiformes, caducos. Folhas com pecíolo com 1-2 cm. de comp.; limbo largo-lanceolado, oblongo ou elíptico, base aguda, ápice acuminado, 5-9 x 2-5,5 cm., 10-12 pares de nervuras secundárias patentes, fortemente ascendentes. Inflorescências em cimeiras terminais corimbosas sésseis, ternadas; ramos secundários ascendentes, comprimidos, dicotômicos, 2-3,5 cm. de comp., flor no centro da bifurcação; brácteas subuladas, triangulares acuminadas; ramos terciários trifloros; bractéolas triangulares acuminadas, mesmo comp. do ovário. Flores actinomorfas, 4-meras, vermelhas ou vinosas, sésseis ou curtamente pediceladas; cálice longo-obcônico, até 1,2 cm., lobos triangular-obtusos, 1/4-1/5 do comp. do tubo; corola com até 2 cm. de comp., metade inferior do tubo estreita, cilíndrica, a superior dilatada, lobos com ¼ do comp. do tubo; estames inclusos. Fruto drupa globosa, 0,6 cm., alaranjada a nigrescente, cálice persistente.

Floração e frutificação: Floresce de julho a outubro e frutifica até outubro.

Habitat: Floresta Pluvial Atlântica montana, alto-montana e campo altimontano.

Distribuição geográfica: Brasil: Rio de Janeiro.

Comentários: Espécie pouco comum. Em Macaé de Cima foi encontrada nas proximidades de riachos.

Material examinado: G. Martinelli 11.801 (RB, RBR); M. Nadruz 507 (RB, GUA, UEC, NY); M. Leitman 134 (RB); S.V.A. Pessoa 221 (RB, FCAB, SP).

38. Psychotria velloziana Benth., in: Linnaea 23:464. 1850; Jung-Mendaçolli, Hoehnea 21(1/2):118. 1994.
= *Psychotria sessilis* (Vell.) Müll. Arg. in Mart., Fl. Bras. 6(5):358. 1881.

Arbusto a árvore, até 12 m. alt.; ramos delgados, cilíndricos a ligeiramente comprimidos, glabros, pubescentes a densamente tomentosos; estípulas decíduas, conatas, pálidas, ápice bidenteado, dentes setáceo-lanceolados. Folhas com pecíolo glabro a tomentoso, 0,4-2 cm. de comp.; limbo estreitamente lanceolado, elíptico a oblongo, membranáceo a coriáceo, glabro a tomentoso, base aguda ou cuneada, ápice agudo a acuminado-cuspidado, 4-11,5 x 0,5-4,5 cm., expansões laterais na nervura central, densa ou esparsamente pilosas, 10 a muitas nervuras secundárias tênues, patentes, alternadas por menores paralelas. Inflorescências em glomérulos axilares e terminais, às vezes curtamente ramificados, pedúnculo glabro a tomentoso, delgado, comprimido, ápice mais largo, 0,5-3,5 cm. de comp.; brácteas curtas, triangulares, subuladas, glabras a tomentosas. Flores actinomorfas, 5-meras, sésseis; cálice campanulado, glabro a tomentoso, 0,2 cm. de comp., lobos triangulares, obtusos; corola glabra a pubescente, até 0,8 cm. de comp., tubo cilíndrico, lobos com ½ do comp. do tubo. Fruto drupa globosa, costada, 0,4 cm., nigrescente.

Nomes populares: Moela-de-pinto, fruto-de-pombo (local), língua-de-pinto, erva-de-rato, canela-birinhí.

Floração e frutificação: É mais frequentemente encontrada com flores de outubro a dezembro, frutificando até outubro.

Utilidades: Os frutos são venenosos e eram utilizados para matar ratos.

Habitat: Floresta Pluvial Atlântica montana, alto-montana e campo altimontano; Restinga; Floresta Pluvial Ripária; e Campo Rupestre.

Distribuição geográfica: Brasil: Bahia, Minas Gerais, Espírito Santo, Rio de Janeiro, São Paulo, Paraná e Santa Catarina.

Comentários: Esta espécie apresenta uma grande variação no porte, na morfologia das folhas e pilosidade dos ramos e folhas. Essa plasticidade fenotípica levou Müller (1881) a desmembrá-la em variedades. Porém, analizando a população de Macaé de Cima, pode-se observar que tais variações morfológicas se dão por conta, principalmente, da idade dos indivíduos, da maior ou menor exposição aos raios de Sol e de solos com maior ou menor umidade. As estruturas que apresentam inexpressivas variações em sua morfologia são: estípulas; inflorescências e flores, bem como a quantidade e disposição das nervuras secundárias das folhas.

Material examinado: Glaziou 13.458 (C, G, R); G. Martinelli 11.783 (RB, BHCB, HRB, MO, F, K, MBM); idem s/nº P I, ind. 2120 (RB-294.657); H.C. Lima 3.465 (RB, GUA, FCAB, RBR, SP, UEC, NY); idem 3.770 (RB, GUA, FCAB, SP, NY); M. Nadruz 566 (RB); idem 746 (RB, F); M. Leitman 364 (RB, FCAB, SP, MG, NY).

39. Rudgea corniculata Benth., in: Linnaea 23:462. 1850; Müll.Arg. in: Mart., Fl. Bras. 6(5): 199. 1881; Smith & Downs, Sellowia 7:62, fig. 20e. 1956.

Arbusto a pequena árvore, até 6 m. alt.; ramos delgados, cilíndricos, glabros e estriados; estípulas triangulares, curtas, ápice longo-acuminado, segmentos subulados no ápice. Folhas com pecíolo delgado, 1-2 cm. de comp.; limbo lanceolado, oblongo ou obovado-lanceolado, base aguda, ápice cuspidado-acuminado, face inferior pálida, 5,5-14 x 2,5-5,5 cm., 7-11 pares de nervuras secundárias oblíquas, ascendentes, domácias em tufo de pelos. Inflorescências terminais em tirsos multifloros; pedúnculo com 7-10 cm. de comp.; ramos secundários ascendentes, desenvolvidos; brácteas e bractéolas triangulares. Flores actinomorfas, 4-meras, sésseis e pediceladas; botões florais clavados, ápice 4-corniculado-apiculado; sépalas livres, lineares, curtas, pubérulas; corola pubérula, até 2 cm. de comp., tubo cilíndrico, lobos oblongos, a mesma medida do tubo.

Floração e frutificação: Floresce em dezembro.

Habitat: Floresta Pluvial Atlântica montana.

Distribuição geográfica: Brasil: Rio de Janeiro, Paraná e Santa Catarina.

Material examinado: Glaziou 17.053 (R); T. Wendt 212 (RB); R. Guedes s/nº P II, ind. 383 (RB-294.549).

40. Rudgea eugenioides Standl., Publ. Field Mus. Nat. Hist. bot. ser. 8(3):233. 1930.

= *Psychotria estrellana auct. non* Müll. Arg., Glaziou, Bull. Soc. Bot. France 1(3):355. 1909.

Arbusto, até 3 m. alt., muito ramificado; ramos delgados, glabros ou pubérulos; estípulas com até 0,1 cm., glabras, truncadas, segmentos subulados no dorso decíduos. Folhas com pecíolos com até 0,6 cm. de comp., pubérulos; limbo elíptico a oblongo-lanceolado, subcoriáceo, base aguda, ápice acuminado, 3-4,5 x 1-2,8 cm., nervura central pubérula, 8-9 pares de nervuras secundárias oblíquas, delgadas, domácias pilosas em fenda. Inflorescências em cimeiras terminais compactas, trifloras, pedúnculo delgado, 1,5-2,5 cm. de comp., pubérulo; brácteas linear-triangulares. Flores actinomorfas, 4-meras, subsésseis, pubérulas; botões florais clavados; cálice campanulado, 0,2 cm. de comp., lobos arredondados, mesma medida do tubo; corola aberta com 0,8 cm. de comp., lobos e tubo com a mesma medida. Fruto drupa ca. 0,6 cm. de comp, oblonga, pubérula, coroada pelo cálice.

Floração e frutificação: Floresce em novembro e frutifica até agosto.

Habitat: Floresta Pluvial Atlântica montana.

Distribuição geográfica: Brasil: Rio de Janeiro.

Comentários: Espécie encontrada com extrema raridade no sub-bosque de trechos bem preservados das matas dos municípios de Teresópolis e Nova Friburgo. Além das coleções de Macaé de Cima, foi localizado apenas mais um material, depositado no Museu Nacional (R).

O táxon apresenta, quase que em sua totalidade, espessamento nos ramos provocado por galhas, o que pode ser considerada como uma importante característica.

Material examinado: Glaziou 18.298 (C, RB); H.C. Lima s/nº P I, ind. 1200 (RB-294.553); S.V.A. Pessoa 475 (RB); R. Guedes 2.191 (RB, GUA, RBR, FCAB, SP, UEC, NY).

41. Rudgea insignis Müll.Arg., in: Mart., Fl. Bras. 6(5):203. 1881.

Arbusto, até 3,5 m. alt.; ramos sub-cilíndricos, pálidos; entrenós curtos; estípulas decíduas, truncadas ou arredondadas, segmentos subulados no dorso em arco e próximos do ápice, decíduos; até 0,4 cm. de comp., presença de baínha extra-estipular formando tubo urceolar. Folhas glabras, as dos ramos com pecíolo delgado, 0,3-1 cm. de comp.; limbo lanceolado, elíptico ou obovado-lanceolado, base aguda, ápice agudo ou acuminado, 4,5-10 x 1,5-3,5 cm., 8-10 pares de nervuras secundárias patentes, tênues. Folhas florais envolventes, sésseis, ovadas, base truncada ou cordada, ápice agudo, 2,5-5 cm. de comp. Flores isoladas, terminais, 5-meras, sésseis, brancas; cálice truncado, sub-cilíndrico, segmentos subulados no ápice; corola hipocraterimorfa, 4 cm. de comp. lobos com o mesmo comp. do tubo. Fruto drupa, até 1 cm. de comp, oblonga, cálice persistente.

Floração e frutificação: Floresce em dezembro e janeiro e frutifica até abril.

Habitat: Floresta Pluvial Atlântica montana, alto-montana e campo altimontano.

Distribuição geográfica: Brasil: Rio de Janeiro.

Comentários: Espécie de fácil reconhecimento por ter flores grandes, isoladas, terminais e folhas florais com base cordada ou truncada.

Material examinado: Glaziou 6.896 (R, C, G, foto RB); idem 13.941 (C); idem 13.954 (C); S.V.A. Pessoa 539 (RB, GUA, FCAB, SP, NY).

42. Rudgea leiocarpoides Müll. Arg. in Flora Ratisb. 59:456. 1876, in Mart., Fl. Bras. 6(5):213, fig. 29 II. 1881. = *Psychotria leiocarpa auct. non* Cham. & Schltdl., Martius, Herb. Flor. Bras.:100, no. 112. 1837.

Arbusto geralmente glabro, ca. 1,5 m. alt.; ramos cilíndricos, delgados; estípulas curtas, largas, numerosos segmentos subulados no dorso, decíduos, baínha extra estipular obcônica, ca. 0,3 cm. de comp. Folhas com pecíolo canaliculado, 0,5-1 cm. de comp.; limbo lanceolado, oliváceo, discolor, base aguda a cuneada, ápice levemente acuminado, 7-9,5 x 1,8-2,2 cm., nervura central pálida, ca. 7 pares de nervuras secundárias oblíquas, encurvadas, unindo-se antes da margem. Inflorescências terminais em pequenos tirsos; ramos comprimidos, com dicásios nas extremidades. Flores sésseis, 5-meras; cálice obcônico-campanulado, lobos largo-triangulares, às vezes irregulares, às vezes reflexos, ca. 0,4 cm. de comp.; corola infundibuliforme, face externa glabra, interna minutamente pubérula, ca. 0,9 cm. de comp.; lobos longo-triangulares, ca. ½ do comp. do tubo; estames inclusos, anteras fixas pelo dorso a partir da ½ superior; ovário obcônico, estilete pubérulo, ultrapassando a fauce da corola, estígma bi-lobado. Fruto drupa ovada, ca. 0,6 cm. de comp., cálice persistente.

Floração e frutificação: Encontrada com flores em novembro e com frutos desenvolvidos em janeiro.

Habitat: Floresta Pluvial Atlântica montana e baixo-montana.

Distribuição geográfica: Brasil: Rio de Janeiro e São Paulo.

Comentários: Esta espécie, embora tenha recebido nome em alusão ao seu sinônimo, não possui semelhança com a legítima *Psychotria leiocarpa* Cham. & Schltdl. - tratada aqui anteriormente. Segundo Müller (*op. cit.*), *R. leiocarpoides* apresenta consistência das folhas, número de nervuras secundárias, estípulas e frutos totalmente diferentes. As flores, que até o presente trabalho não haviam sido descritas, também devem figurar nesse ítem.

O material citado esteve relacionado como *Faramea multiflora* var. *salicifolia* (Presl.) Steyerm. Neste caso, os táxons também não são afins. Sua indicação para a localidade é fato inteiramente novo.

Em outras localidades do Rio de Janeiro, este táxon pode ser encontrado com folhas mais largas, com alguma pilosidade em suas nervuras.

Material examinado: Glaziou 13.952 (C).

43. Rudgea nobilis Müll. Arg., in: Mart., Fl. Bras. 6(5):172. 1881.

Arbusto a árvore, até 6 m. alt.; ramos robustos, ligeiramente comprimidos; estípulas largo-ovadas, acuminadas, segmentos subulados decíduos, próximos do ápice, baínha extra estipular urceolar. Folhas com pecíolo com 1-1,5 cm. de comp.; limbo coriáceo, lanceolado, elíptico ou obovado-lanceolado, base cuneada, ápice acuminado, 16-22 x 3,5-7 cm., 10 pares de nervuras secundárias tênues, ascendentes. Inflorescências em tirsos terminais amplos; pedúnculo e ramos secundários robustos, comprimidos, alvos, glabros. Flores actinomorfas, 5-meras, brancas, centrais sésseis, laterais com pedicelos de 0,5-2 cm. de comp; botões florais clavados; cálice com ovário urceolar, tubuloso, lobos triangulares, 0,3-0,4 cm. de comp.; corola aberta infundibuliforme, 3-3,5 cm. de comp., externamente glabra e minutamente pubérula na face interna, lobos com ½ do comp. do tubo; estames inclusos; estígma ultrapassando a fauce da corola.

Floração e frutificação: Floresce em outubro.

Habitat: Floresta Pluvial Atlântica montana.

Distribuição geográfica: Brasil: Rio de Janeiro.

Comentários: Esta espécie foi encontrada, até o momento, apenas na Serra do Mar, entre os municípios de Teresópolis e Nova Friburgo. Os ramos robustos das inflorescências, com flores grandes e alvas, tornam esta espécie muito vistosa no interior da mata.

Material examinado: L. Sylvestre 363 (RB).

44. Rudgea recurva Müll.Arg., Flora Ratisb. 59:456, 463. 1876; in: Mart., Fl. Bras. 6(5): 214, t. 28. 1881; Smith & Downs, Sellowia 7:64, fig. 21h-l. 1956.
= *Psychotria hastisepala auct. non* Müll. Arg., Glaziou, Bull. Soc. Bot. France 1(3):353. 1909.

Arbusto a árvore, até 11 m. alt.; ramos comprimidos, depois cilíndricos, minutamente pubérulos, fuscos; estípulas no ápice dos ramos longo-triangulares com numerosos segmentos subulados decíduos no dorso, em nós mais desenvolvidos baínha extra estipular de forma irregular. Folhas com pecíolo pubérulo, 0,8-1,5 cm. de comp.; limbo coriáceo, lanceolado, elíptico ou oblongo, discolor, face superior nigrescente e inferior amarelada em material herborizado, base aguda, ápice longo-acuminado, 6-16 x 2-5,5 cm., 8-10 pares de nervuras secundárias, proeminentes, ascendentes, domácias pilosas em fenda. Inflorescências terminais multifloras ramos secundários curtos; brácteas estipuláceas; eixo e ramos secundários comprimidos e pubérulos. Flores actinomorfas, 5-meras, sésseis, pubérulas, ovário com cálice tubuloso, urceolar, 0,1 cm., lobos triangulares; corola com até 0,6 cm. de comp, tubo cilíndrico, lobos reflexos, 2 x o comp. do tubo, anel de pelos na altura da fauce; estames exsertos. Fruto drupa globosa.

Floração e frutificação: Floresce de novembro a dezembro e frutifica até setembro.

Habitat: Frequente em áreas bem regeneradas da Floresta Pluvial Atlântica montana.

Distribuição geográfica: Brasil: Rio de Janeiro, São Paulo, Paraná e Santa Catarina.

Material examinado: Glaziou 13.930 (C); idem 21.537a (RB); C.M.B. Correia 177 (RB); idem s/nº P II, ind. 4805 (RB-294.556); A. Vaz 579 (RB); S.V.A. Pessoa 420 (RB,

FCAB, SP, NY); G. Martinelli 11.957 (RB); R. Guedes s/nº P II, ind. 802 (RB-294.557); H.C. Lima s/nº P II, ind. 1313 (RB-294.555); idem s/nº P II, ind. 4785 (RB-294.558).

45. Coussarea congestiflora Müll.Arg. in, Fl. Ratisb. 58: 466, 475. 1875; in Mart., Fl. Bras. 6(5): 88. 1881.

Arbusto a árvore, ca. 8 m. alt.; ramos comprimidos, estriados; estípulas livres, longo-triangulares. Folhas com pecíolo com 0,5-2 cm. de comp.; limbo oblongo a lanceolado, coriáceo, base aguda, ápice acuminado-cuspidado, 10-20 x 4-11 cm., 10-12 pares de nervuras secundárias evidentes, domácias glabras em fenda. Inflorescências em tirsos terminais pedunculados; ramos laterais quase nulos na fase florífera e desenvolvidos na frutífera. Flores actinomorfas, 4-meras, brancas, sésseis, ca. 1,5 cm. de comp.; cálice obcônico, denteado; corola ligeiramente pubérula. Frutos ovóides, comprimidos lateralmente, máculas alvas, ca. 1 cm. de comp.

Floração e frutificação: Floresce em novembro e dezembro. Foi coletada com frutos desenvolvidos ou maduros de junho a agosto.

Habitat: Floresta Pluvial Atlântica montana.

Distribuição geográfica: Brasil: Rio de Janeiro.

Comentários: Os exemplares coletados em Macaé de Cima possuem os ramos laterais das inflorescências mais curtos do que os dos indivíduos de outras localidades.

Material examinado: L. Sylvestre 303 (RB, FCAB, SP, NY); H.C. Lima 3.784 (RB, FCAB, GUA, SP, UEC, NY); M. Leitman 365 (RB); C.M.B. Correia s/nº P II, ind. 4773 (RB-294.574); idem s/nº P II, ind. 4309 (RB-294.576); J.F. Baumgratz s/nº P II, ind. 4854 (RB-294.575).

46. Coussarea friburgensis M. Gomes, Eugeniana 18:15. 1991.

= *Coussarea porophylla auct. non* (Vell.) Müll. Arg., Glaziou, Bull. Soc. Bot. France 1(3):346. 1909.

Arbusto a árvore, até 6 m. alt.; ramos comprimidos, estrias longitudinais; estípulas largo-triangulares, coriáceas, até 0,5 cm. de comp. Folhas com pecíolo com 1-2,5 cm. de comp.; limbo subcoriáceo, discolor, oblongo-lanceolado, elíptico ou obovado, base aguda ou cuneada, ápice acuminado, 9-18 x 3-6 cm., 8-12 pares de nervuras secundárias, proeminentes. Inflorescências em tirsos terminais amplos; pedúnculo com 5-8 cm. de comp., brácteas reduzidas. Flores actinomorfas, 4-meras, brancas, vistosas, pediceladas; botão floral longo-ovóide, cálice obcônico, até 0,4 cm., denteado, pelos esparsos, glândulas na face interna; corola com 3-4,5 cm. de comp., tubo cilíndrico, lobos crassos, mesma medida do tubo; estames inclusos. Fruto drupóide, ovóide, levemente comprimido, até 1,6 cm. de comp., máculas alvacentas, cálice persistente.

Floração e frutificação: Floresce de outubro a janeiro e frutifica até outubro.

Habitat: Floresta Pluvial Atlântica montana e alto-montana.

Distribuição geográfica: Brasil: Rio de Janeiro.

Comentários: Ao encontrar este táxon no início da floração, pode-se ter a idéia de que sua inflorescência seja um glomérulo, pois, os ramos secundários ainda não estão desenvolvidos. Mais para o final da floração e na fase de frutificação, em que esse desenvolvimento atinge o máximo, pode-se então observar um tirso (Gomes 1991).

C. friburgensis ocorre no sub-bosque de trechos bem preservados das matas apenas dentro dos limites do município de Nova Friburgo.

Material examinado: Glaziou 17.052 (RB); R. Marquete 244 (RB, SP); G. Martinelli 11.793 (RB); idem 11.802 (RB); idem 11.903 (RB, FCAB, SP, NY); idem 11.958 (RB); idem

12.046 (RB, FCAB, SP); idem 12.881 (RB); idem 12.882 (RB); A.L. Almeida 35 (RB); H.C. Lima 3.391 (RB); idem 3.423 (RB, GUA, FCAB, SP, NY); M. Peron 779 (RB, RUSU); idem 781 (RB); idem 783 (RB); J.F. Baumgratz 488 (RB, RBR, FCAB, SP, CTES, WTU, NY, US); idem 513 (RB); R. Guedes s/nº P I, ind. 860 (RB-294.533); idem s/nº P I, ind. 732 (RB-294.534); I.A. Araújo 39 (RB, NY); S.V.A. Pessoa 203 (RB, RUSU, FCAB, SP, NY); idem 274 (RB, GUA, UEC); idem 399 (RB); idem 464 (RB); C. Farney 1.225 (RB); T. Wendt 186 (RB); A. Vaz 653 (RB); idem 728 (RB).

47. Coussarea speciosa K. Schum. *ex* M. Gomes ***sp. nov.*** (Fig. 47 a-c)
Species nova inflorescentia C. congestiflorae Müll. Arg. accedit, sed illa floribus majoribus, calyce intus eglanduloso, corollae lobis tubum aequantibus differt.
Holotypus: Alto da Serra de Nova Friburgo, A. Glaziou 17.051, 20/12/1887 (R, foto RB).

Arbusto, ramos comprimidos, quadrangulares, bicarenados, minutamente pubérulos; estípulas largo-triangulares, acuminadas, pálidas, ca. 0,2 x 0,3 cm. Folhas glabras, pecíolo com até 0,5 cm. de comp.; limbo oblongo a obovado, base aguda, ápice curtamente acuminado, 7-11 x 3-4,5 cm., ca. 8 pares de nervuras secundárias delgadas, proeminentes em ambas as faces, reticulação aparente. Inflorescências em tirsos terminais estreitados; pedúnculo comprimido, minutamente pubérulo, ca. 3,5 cm. de comp.; ramos secundários quase nulos; bractéolas pubérulas, lineares, ínfimas. Flores 4-meras, subsésseis, minutamente pubérulas; botões florais clavados; cálice obcônico-campanulado, dentes agudos, ca. 0,2 cm. de comp.; corola infundibuliforme, ca. 1 cm. de comp.; lobos ovados, mesmo comp. do tubo; estames inseridos no terço superior do tubo, anteras semi-exsertas, fixas pouco abaixo da ½ , ca. 0,4 cm. de comp.; estígma bilobado, ultrapassando a fauce da corola, ovário com ½ do comp. do cálice. Fruto não visto.

Floração e frutificação: Floresce em dezembro.

Habitat: Floresta Pluvial Atlântica montana.

Distribuição geográfica: Brasil: Rio de Janeiro.

48. Faramea dichotoma K. Schum. *ex* M. Gomes ***sp. nov.*** (Fig. 48 a-c)
Species nova F. truncatae (Vell.) Müll. Arg. affinis; sed illa ramis dense foliosis, floribus plerumque solitariis differt.
Holotypus: Brasil, Rio de Janeiro, Alto Macaé de Nova Friburgo, A. Glaziou 17.050, 21/12/1887 (R); *Isotypi:* BR, C, foto RB, GH.
Paratypi: Brasil, Rio de Janeiro, Alto Macaé de Nova Friburgo, A. Glaziou 18.299, s/d (C); Reserva Ecológica Municipal de Macaé de Cima, A. Amorim 268, 26/10/1990 (RB).

Arbusto glabro, densamente folioso; ramos intensamente di-tricotômicos; ramos jovens delgadíssimos, comprimidos, nigrescentes em material herborizado, mais desenvolvidos cilíndricos, com estrias pálidas; entrenós com 1-3,5 cm. de comp.; estípulas decíduas, triangulares ou truncadas, menos de 0,1 cm. de comp., aristas dorsais setígeras, até 0,3 cm. de comp. Folhas com pecíolo plano na face adaxial, 0,2-0,5 cm. de comp.; limbo coriáceo, lanceolado a elíptico, base aguda a cuneada, ápice abruptamente acuminado-cuspidado, arredondado, 3-5,5 x 1-2 cm., 9-11 pares de nervuras secundárias ascendentes, pouco conspícuas, unindo-se antes da margem, alternadas por menores subparalelas. Inflorescências terminais em mônades, raro em tríades sésseis; brácteas estipuláceas; pedicelos com 0,5-1 cm. de comp. Flores 4-meras; ápice dos botões florais ovado; cálice irregularmente denteado, obcônico, ca. 0,2 cm. de comp.; corola ca. 2 cm. de comp., tubo cilíndrico, lobos ovados, mesmo comp. do tubo; estames inclusos, inseridos à altura média do tubo, anteras lineares, ápice agudo e base cordada, ca. 0,6 cm. de comp.; estígma bífido, alcançando a fauce da corola, estilete filiforme, disco do ovário truncado, óvulos arredondados.

Floração e frutificação: Floresce em dezembro e há a indicação de estar com frutos maduros em dezembro, porém, esses não foram vistos.

Habitat: Floresta Pluvial Atlântica montana

Distribuição geográfica: Brasil: Rio de Janeiro.

Comentários: Esta espécie posui características que a colocam entre as que são consideradas como as mais evoluídas da seção *Tetramerium* (Gaertn.) Müll. Arg., sobretudo por ter flores isoladas.

Faramea sp. 1 é um táxon com caracteres próximos aos de *F. dichotoma,* diferenciando-se dessa, principalmente, por ter ramificações menos intensas; entrenós mais desenvolvidos; folhas maiores, com ápice mais longamente acuminado; e flores sésseis. Trata-se também de espécie nova, porém, há a necessidade de novas coletas, para que se possa fazer sua descrição.

49. Faramea multiflora A. Rich. *ex* DC. Prodr. 4:497. 1830.
var. **salicifolia** (Presl.) Steyerm., Mem. New York Bot. Garden 17:394. 1967.
= *Faramea salicifolia* Presl., Symb.Bot.:24, tab. 70. 1833; Müll. Arg. in Mart., Fl. Bras. 6(5):119, t. 16. 1881; Smith & Downs, Sellowia 7:68, fig. 23f-k. 1956.

Arbusto, ca. 3 m. alt.; ramos delgados, jovens comprimidos, depois cilíndricos; estípulas unidas pelo bordo, formando tubo, ápice abruptamente aristado. Folhas com pecíolo com até 1 cm. de comp., limbo oblongo a oblongo-lanceolado, base cuneada, ápice acuminado, 7-12 x 2-4 cm., ca. 8 pares de nervuras secundárias, alternadas por menores subparalelas.

Inflorescências terminais, brácteas estipuláceas, eixo quase nulo; ramos laterais em dicásios e em tríades. Flores 4-meras, actinomorfas, pediceladas; cálice curtíssimo, denteado; ápice dos botões florais ovados; flores abertas ca. 1,8 cm. de comp., tubo cilíndrico, mesma medida dos lobos; estames inclusos ou semiexsertos. Fruto drupa, nigrescente quando madura, comprimida dorsiventral e lateralmente, ca. 0,8 cm de largura.

Nomes populares: Buquê-de-viúva, Furta-maré.

Utilidade: Ornamental.

Floração e frutificação: Pode ser encontrada com flores ou com frutos em todos os meses.

Habitat; Floresta Pluvial Atlântica baixo-montana, montana e alto-montana; Floresta Pluvial Amazônica; Cerrado; e Floresta Pluvial Ripária.

Distribuição geográfica; Brasil: Amazonas, Pará, Mato Grosso, Goiás, Minas Gerais, Rio de Janeiro, São Paulo, Paraná e Santa Catarina.

Comentários: Além de sua ampla distribuição geográfica, este táxon ocupa com boa frequência, principalmente as regiões baixo-montanas da Fl. Pl. Atlântica. Sua ocorrência em Macaé de Cima é indicada apenas pelo material citado.

Material examinado: Glaziou 16.116 (BR, G, foto RB), idem 19.445 (R, C).

50. Faramea urophylla Müll. Arg., in Flora Ratisb. 58:477. 1875; in: Mart., Fl. Bras. 6(5):108. 1881.

Arbusto, ramos jovens comprimidos, depois cilíndricos; estípulas largo-triangulares, longamente setígero-aristadas. Folhas curtamente pecioladas; limbo oblongo ou lanceolado, base cuneada a obtusa, ápice caudado-cuspidado, 11-14,5 x 3-6,5 cm.; face inferior pálida; 8-10 pares de nervuras secundárias, se curvando em direção à margem. Inflorescências terminais em cimas corimbosas; pedúnculo robusto, 1,5-3 cm. de comp., ramos secundários em dicásios, em tríades e em mônade; pedicelos com menos de 1 cm. de comp. Flores com cálice amplo, corolínico, largamente campanulado, ultrapassando o tubo da corola, ou cobrindo-a totalmente, 1,5-2 cm. de comp; corola com tubo cilíndrico e lobos longo-ovados, 1,5-1,8 cm. de comp.; estames inclusos.

Floração e frutificação: Floresce em maio.

Habitat: Floresta Pluvial Atlântica montana.

Distribuição geográfica: Brasil: Rio de Janeiro.

Comentários: Gomes (1993) citou esta espécie como sendo possivelmente extinta, segundo os critérios da IUCN (*apud* Mello-Filho & *al.* 1992), alertando, entretanto, para a insatisfatória documentação das espécies brasileiras, de um modo geral. De fato, sua localidade típica (Macaé) ainda possui remanescentes de matas pouco explorados e a Reserva de Macaé de Cima ainda aguarda novas visitas.

Material examinado: Glaziou 19.447 (R, C, K).

51. Diodia alata Nees & Mart., in Act. Soc. Nat. Cur. 12:12. 1824; K. Schum. in Mart., Fl. Bras. 6(6):14, t. 71-II. 1889; Smith & Downs, Sellowia 7:71, fig. 25g,h. 1956; Sucre, Rodriguésia 21/22(33/34):247, est. 5. 1959; Porto & al., B. Inst. Bioc. ser. bot. 35(35):43, est. 4-I. 1977.

Herbácea semiereta; ramos ascendentes, glabros, tetrágono-alados, alas retrorso-aculeadas; estípulas com bordo fimbriado, 8-10 lacínios filiformes. Folhas curtamente pecioladas; limbo elíptico a obovado-lanceolado, face inferior com pelos hirtos, pelos hialinos retrorsos na margem e nas nervuras, base aguda a decorrente, ápice agudo, mucronado, 3-6 x 1-2 cm. Inflorescências terminais e axilares espiciformes, glomérulos densos; brácteas filiformes. Flores actinomorfas, sub-sésseis, 0,2-0,3 cm. de comp.;

sépalas 2; corola 2-4-mera. Fruto dicoca turbinada, bisulcada, glabra, curtamente pedicelada, mericarpos indeiscentes, 1-2 cm. de comp.

Nome popular: Erva-de-lagarto.

Floração e frutificação: Floresce de outubro a julho e geralmente é encontrada com frutos na mesma época.

Utilidades: Medicinal. É usada popularmente como antiofídica (Porto & *al.* 1977).

Habitat: Floresta Pluvial Atlântica montana e baixo-montana; Restinga, Floresta Pluvial Amazônica; e Floresta Pluvial dos Tabuleiros.

Distribuição geográfica: Brasil: Bahia, Minas Gerais, Espírito Santo, Rio de Janeiro, São Paulo, Paraná, Santa Catarina e Rio Grande do Sul. Colômbia, Perú.

Comentários: Espécie ocupa locais de solos úmidos e encharcados.

Material examinado: S.V.A. Pessoa 212 (RB, FCAB, SP, NY).

52. Emmeorrhiza umbellata (Spreng.) Schum. in Mart., Fl. Bras. 6(6):38, t. 74. obs. p. 408. 1889; Smith & Downs, Sellowia 7:80, fig. 29a-e. 1956; Sucre, Rodriguésia 21/22(33/34):244. 1959; Porto & al. B. Inst. Bioc. 35(35):17, est.1-I. 1977; Jung-Mendaçolli, Hoehnea 21(1/2):127. 1994. = *Borreria umbellata* Spreng., Neue Entdeck. 2:144. 1821.

Trepadeira volúvel; ramos tetrágonos, angulosos; estípulas concrescidas em tubo, ca. ½ do comp. dos pecíolos, bordo fimbriado, lacínios lineares, o do centro maior. Folhas com limbo lanceolado a oblongo, base cuneada, ápice acuminado, 5-10 x 1-3 cm., 3-5 pares de nervuras secundárias ascendentes. Inflorescências em tirsos multifloros, umbelas nas extremidades dos ramos; brácteas foliáceas. Flores actinomorfas, 4-meras, pediceladas, alvas, menos de 0,5 cm.

de comp.; cálice denteado; corola com tubo mais curto que os lobos; estames exsertos. Fruto cápsula turbinada, até 0,3 cm. de comp.; sementes falsamente aladas por concrescimento da placenta.

Floração e frutificação: Floresce de novembro a fevereiro, tendo sido encontrada com frutos nos meses de janeiro, maio e setembro.

Nome popular: Pustameira.

Habitat: Floresta Pluvial Atlântica baixo-montana, montana, alto-montana e campo altimontano; Floresta Pluvial de Araucária; Floresta Pluvial dos Tabuleiros; Restinga; Cerrado; e Campo Rupestre.

Distribuição geográfica: América tropical e temperada (Porto & *al.* 1977). Brasil: Sergipe, Paraíba, Bahia, Mato Grosso, Goiás, Minas Gerais, Espírito Santo, Rio de Janeiro, São Paulo, Paraná, Santa Catarina e Rio Grande do Sul.

Comentários: Espécie geralmente encontrada na orla das matas. Suas flores produzem odor pouco agradável, sendo visitadas, com frequência, por moscas.

Material examinado: A.L. Almeida 19 (RB, HRB, MG); C.M.B. Correia 166 (RB, GUA, RBR, FCAB, SP, UEC, NY, MO); M.P.M. Lima 183 (RB); C.M. Vieira 90 (RB, BHCB, F, K, MBM).

53. Relbunium indecorum (Cham. & Schltdl.) Ehrend., Bot. Jahrb. 76(4):540. 1955.
= *Rubia indecora* Cham. & Schltdl., in Linnaea 3:229. 1828.
= *Relbunium hypocarpium* var. *indecorum* K. Schum. in: Mart., Fl. Bras. 6(6):113. 1888.

Herbácea prostrada, terrícola ou saxícola, muito delicada; raízes alaranjadas ou avermelhadas; ramos delgadíssimos, tetrágonos, glabros ou esparsamente pilosos; estípulas foliáceas, em conjunto com as folhas formando verticilos.

Folhas (e estípulas) pecioladas, obovado-lanceoladas, base angustado-cuneada, ápice mucronado, pelos esparsos na face inferior, ca. 1 cm. de comp. Flores actinomorfas, 4-meras, monoclamídias, isoladas, axilares, pediceladas, invólucro de 4 brácteas foliáceas. Frutos dídimos, carnosos, glabros, maduros alaranjados, ca. 0,2 cm. de comp.

Utilidades: Tintorial. Das raízes se extrai a garancia, corante vermelho muito usado em tinturaria no passado. É também utilizada como ornamental (Corrêa 1984).

Nome popular: Ruivinha-do-campo, cipó-de-sapo.

Floração e frutificação: Pode ser encontrada com flores e frutos por quase todo o ano.

Habitat: Floresta Pluvial Atlântica montana, alto-montana e campo altimontano.

Distribuição geográfica: Brasil: Minas Gerais, Espírito Santo, Rio de Janeiro e São Paulo; Bolívia.

Comentários: Em Macaé de Cima, este táxon pode ser reconhecido por ter folhas muito pequenas, verticiladas; frutos alaranjados; e formar emaranhados junto ao solo. Em outras localidades, pode ser confundido com outras espécies próximas como: *R. gracillimum* e *R. rupestre* (Ehrendorfer 1955).

Material examinado - M. Gomes 434 (RB); G. Martinelli 12.027 (RB); S.V.A. Pessoa 167 (RB).

Considerações gerais sobre:

Habitat:

1. Ocorrência ampla: *Amaioua intermedia* var. *brasiliana, Coccocypselum lanceolatum, Coutarea hexandra* var. *fluminensis, Diodia alata, Emmeorrhiza umbellata, Faramea multiflora, Hillia parasitica, Posoqueria latifolia, Randia armata.*

2. Ocorrência restrita à Floresta Pluvial Atlântica. *Alibertia longiflora, Bathysa australis, B. mendonçaei, Chomelia estrellana, Coussarea friburgensis, C. speciosa, Faramea dichotoma, F. urophylla, Manettia beyrichiana, Psychotria alto-macahensis, P. appendiculata, P. brachyanthema, P. caudata, P. constricta, P. nitidula, P. pallens, P. pubigera, P. ulei, Rudgea corniculata, R. eugenioides, R. insignis, R. leiocarpoides, R. nobilis, R. recurva, Rustia gracilis.*

Distribuição geográfica:

1. Distribuição disjunta: *Coccocypselum sessiliflorum* (estados do Sudeste e Sul do Brasil e Peru), *Hoffmannia dusenii* (estados do Sudeste e Sul do Brasil e Peru), *Relbunium indecorum* (Sudeste do Brasil e Bolívia).

2. Ampla distribuição: Os táxons relacionados para esta categoria são os mesmos que foram citados no ítem de habitat, com ocorrência ampla.

3. Endêmicas das regiões Sudeste e Sul: *Bathysa australis, Manettia congesta, Psychotria nitidula, P. pubigera, P. suterella, Rudgea corniculata, R. recurva.*

4. Endêmicas da região Sudeste: *Alibertia longiflora, Bathysa mendonçaei, Hindsia longiflora, Manettia mitis, Posoqueria acutifolia, Psychotria alto-macahensis, P. appendiculata, P. nemorosa, P. pallens, P. ruelliifolia, Rudgea leiocarpoides, Rustia gracilis.*

5. Endêmicas da flora do estado do Rio de Janeiro: *Chomelia estrellana, Coussarea congestiflora, C. friburgensis, Faramea dichotoma, F. urophylla, Manettia beyrichiana, Psychotria constricta, P. ulei, Rudgea eugenioides, R. insignis, R. nobilis.*

6. Endêmicas da R. E. de Macaé de Cima: *Coussarea speciosa, Psychotria brachyanthema, P. caudata.*

Tabela sumarizada

Sub-famílias	Gêneros	Nº de espécies
Ixoroideae	Alibertia	3
	Amaioua	1
	Ixora	1
	Posoqueria	2
	Randia	1
	Tocoyena	1
Antirheoideae	Chomelia	2
Cinchonoideae	Bathysa	3
	Coutarea	1
	Hillia	1
	Hindsia	1
	Manettia	4
	Rustia	1
Rubioideae	Coccocypselum	2
	Coussarea	3
	Diodia	1
	Emmeorrhiza	1
	Faramea	4
	Hoffmannia	1
	Psychotria	16
	Relbunium	1
	Rudgea	6
Total		57

Referências bibliográficas

BREMEKAMP, C.E.B. 1966. Remarks on the position, the delimitation and the subdivision of the Rubiaceae. **Acta Bot. Neerl. 15**: 1-33.

CANDOLLE, A.P. de. 1830. *Ordo XCVIII*. Rubiaceae. in De Candolle, **Prodromus 4**:341-622.

CORRÊA, M.P. 1984. **Dicionário das Plantas Úteis do Brasil e das Exóticas Cultivadas.** 6v. M. A./Inst. Brasileiro de Desenvolvimento Florestal.

CRONQUIST, A. 1981. **An Integrated System of Classification of Flowering Plants.** Columbia University Press. New York, 1262 p.

EHRENDORFER, F. 1955. Revision of the genus *Relbunium* (Endl.) Benth. & Hook. (Rubiaceae - *Galieae*). **Bot. Jahrb. 76**(4): 516-553.

GERMANO FILHO, P. 1993. **Estudo taxonômico do gênero *Bathysa* Presl. (Rubiaceae, *Rondeletieae*) no Brasil.** Rio de Janeiro, Universidade Federal do Rio de Janeiro 110 p. Tese (Mestrado) Museu Nacional.

GIRAL, F. & AGUILAR, M.D. 1953. Contenido en vitamina C de las drogas medicinales, II. Cortezas, raíces y rizomas. **Ciencia 12** (11/12):283-285.

GLAZIOU, A.F.M. 1909. Plantae brasiliae centralis a Glaziou lectae-Liste des plantes du Bresil central recueillies en 1861-1895. **Mém. Soc. Bot. France 1**(3): 1-661.

GOMES, M. 1991. Uma espécie nova para a Mata Atlântica – *Coussarea friburgensis* (Rubiaceae, tribo *Coussareeae*). **Eugeniana 18**: 15-20.

__________. 1992. *Psychotria caudata*: Uma espécie nova da família Rubiaceae. **Eugeniana 19**: 19-23.

__________. 1993. ***Faramea* Aubl.: Estudo taxonômico das espécies da seção *Homaloclados* (Benth. & Hook. f.) Müll. Arg.** Rio de Janeiro, Universidade Federal do Rio de Janeiro 133 p. Dissertação (Mestrado) Museu Nacional.

HOOKER, J.D. 1873. *Ordo LXXXIV*. Rubiaceae, in Bentham, G. & Hooker, J. D. **Gen. Pl. 2**:7-151.

JUNG-MENDAÇOLLI, S.L. 1994. Flora fanerogâmica (Parque Estadual das Fontes do Ipiranga): 155-Rubiaceae. **Hoehnea 21**(1/2):97-129.

JUSSIEU, A.L. de. 1789. Rubiaceae, **Genera plantarum secundum ordines naturales disposita.** Herissant & Barrois, Paris. 499 p.

LIMA, H.A. 1986. **Contribuição ao estudo da biologia floral, da fenologia e do sistema de reprodução de *Psychotria leiocarpa* Cham. & Schltdl. (Rubiaceae).** Rio de Janeiro, Universidade Federal do Rio de Janeiro 114 p. Dissertação (Mestrado) Museu Nacional.

MABBERLEY, D.J. 1987. **A Portable Dictionary of the Higher Plants.** Cambridge University Press. Cambridge, 706 p.

MACIAS, L.F.N. 1988. **Revisão taxonômica do gênero *Posoqueria* Aubl. (Rubiaceae).** Campinas, Universidade Estadual de Campinas 171 p. Dissertação (Mestrado) Instituto de Biologia.

MELLO-FILHO, L.E. de; SOMNER, G.V. & PEIXOTO, A.L. (coord.) 1992. **Centuria Plantarum Exstintionis Minitata.** Sociedade Botânica do Brasil. Brasília, 167 p.

METCALFE, C.R. & CHALK, L. 1950. **Anatomy of Dicotyledons,** *V.* **II.** Clarendon Press, Oxford, 725-1500.

MÜLLER, F. 1866. Über die befruchtung der *Martha* (*Posoqueria* ?) *frafrans*. **Bot. Zeitung 23**: 129-133.

MÜLLER, J. 1881. Rubiaceae I. In: Martius, C.F.P. von; Eichler, A.W. & Urban, I., **Flora Brasiliensis** ... **6**(5): 1-486. t. 1-67.

PORTO, M.L.; JACQUES, S.M.C.; MIOTTO, S.T.S. & al. 1977. Flora ilustrada do Rio Grande do Sul. Tribo *Spermacoceae*. Rubiaceae I. **B. Inst. Bioc**. ser. bot. **35**(35):1-112.

PUFF, C.; IGERSHEIM, A.; BUCHNER, R. & ROHRHOFER, U. 1995. The united stamens of Rubiaceae. Morphology, anatomy, their role in pollination ecology. **Ann. Missouri Bot. Gard. 82**(3): 357-382.

RICHARD, A. 1834. Mémoire sur la famille des rubiacées,... **Mém. Soc. Hist. Nat. Paris 5**:81-304.

ROBBRECHT, E. 1988. Tropical woody Rubiaceae. **Opera Bot. Belg. 1**:1-271.

SCHUMANN, K. 1889. Rubiaceae II. In: Martius, C.F.P. von; Eichler, A.W. & Urban, I., **Flora Brasiliensis** ... **6**(6): 1-466. t. 68-151.

______________. 1891. Rubiaceae, in Engler & Prantl. **Die Naturlichen Pflanzenfamilien 4**(4):1-156.

SMITH, L.B. & DOWNS, R.J. 1956a. Resumo preliminar das rubiáceas de Santa Catarina. **Sellowia 7**: 13-86.

_________________________. 1956b. Notulae rubiacearum. **Sellowia 7**:87-92.

SOLEREDER, H. 1908. **Systematic Anatomy of the Dicotyledons,** *V.* **I.** Clarendon Press, Oxford, 644 p.

STANDLEY, P.C. 1931. Studies of american plants-V. **Publ. Field Mus. Nat. Hist.** bot. ser. **8**(5):293-398.

STEYERMARK, J.A. 1972. Rubiaceae. In: Maguire, B & coll. The Botany of the Guayana Highlands - Part 9. **Mem. New York Bot Gard. 23**:227-832.

SUCRE BENJAMIM, D. 1961. Flora do estado da Guanabara. Rubiaceae II: Tribo II - *Cinchoneae.* **Arq. Jard. Bot. Rio de Janeiro 17**: 25-35. t. 1-31.

TAYLOR, C.M. 1994. Revision of *Hillia* (Rubiaceae). **Ann. Missouri Bot. Gard. 81**(4):571-609.

VERDCOURT, W.G. 1958. Remarks on the classification of the Rubiaceae. **Bull. Jard. Bot. Brux. 28**: 209-290.

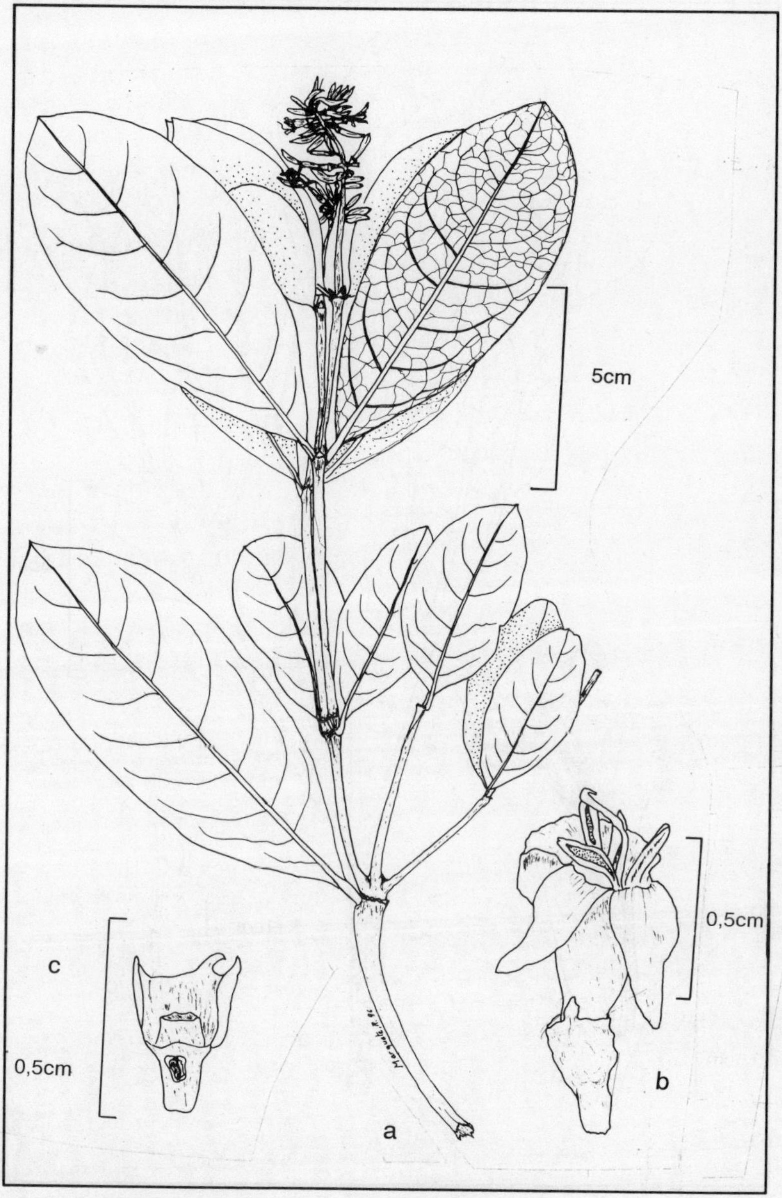

Fig. 47 - *Coussarea speciosa*: a - hábito; b - flor; c - ovário e cálice em corte longitudinal.

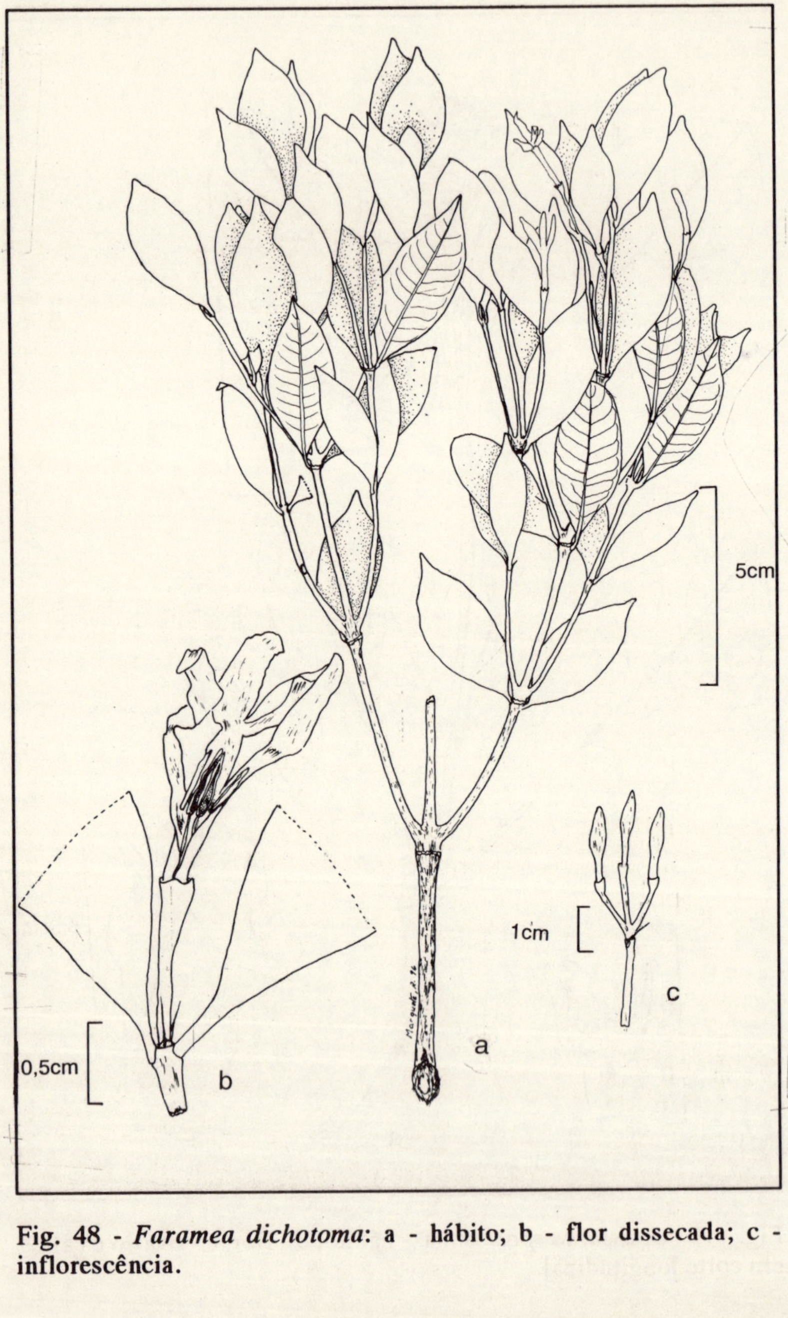

Fig. 48 - *Faramea dichotoma*: a - hábito; b - flor dissecada; c - inflorescência.

SCHIZAEACEAE

Marcelo Guerra Santos[1]
Lana da S. Sylvestre[2]

Família constituída por 4 gêneros (*Anemia, Lygodium, Mohria* e *Schizaea*) altamente diversos no hábito e morfologia, sendo que alguns autores preferem segregá-los em famílias (Tryon & Stolze, 1989; Tryon e Tryon, 1982). É caracterizada por possuir esporângios com ânulo apical.

Na Reserva Ecológica de Macaé de Cima foi encontrado somente o gênero *Anemia*, representado por 3 espécies.

Na reserva, este gênero é caracterizado por apresentar caule com tricomas alaranjados, folhas pinadas, pinas férteis com lamina reduzida, repleta de esporângios com ânulo apical; par de pinas férteis inseridas na base da lâmina estéril. Este gênero possui cerca de 80 espécies que distribuem-se do leste das Américas até o Sudeste da Índia (Tryon & Tryon 1982).

Chave para identificação das espécies:

1. Lâmina pinada-pinatissecta; pinas oblongas e sésseis; lâmina densamente revestida por pêlos ....3. **Anemia villosa.**

---

[1] Universidade Federal Fluminense, Departamento de Biologia Geral, Setor de Botânica. Niterói, RJ.

[2] Universidade Federal Rural do Rio de Janeiro, Instituto de Biologia, Departamento de Botânica. Seropédica, RJ. CEP: 23851-970.

1'. Lâmina simplesmente pinada; pinas inteiras, ovadas a lanceoladas; lâmina glabra ou menos densamente pilosa.
2. Pina terminal semelhante às laterais; nervuras anastomosadas....................2. **Anemia phyllitidis**
2'. Pina terminal pinatífida, com formato diferente das pinas laterais; nervuras furcadas e livres ....1. **Anemia mandioccana**

Descrição das espécies:

1. Anemia mandioccana Raddi, Opusc. Sci. Bol. 3: 282.1819.
(Fig. 49 a-b)

Caule curto, ereto, com ápice recoberto por pêlos filiformes e multicelulares de cor vermelho-alaranjada; pecíolos com 8-34 cm de comprimento e 0,3cm de diâmetro, fasciculados, trissulcados, intensamente pilosos, pêlos semelhantes aos do caule; lâmina com 20-57 cm de comprimento e 5-10,5 cm de largura, pinada, com 21-38 pares de pinas; raque densamente pilosa, pêlos semelhantes aos do pecíolo; pinas com 2-4,5 cm de comprimento e 0,6-1,1 cm de largura, membranáceas, lanceoladas, assimétricas, margem serrada-crenada, base desigual, lado acroscópico auriculado e paralelo a raque, com pequenos peciólulos, ápice obtuso, veias livres e furcadas (até 4 vezes), com uma nervura marginal, lado adaxial piloso, lado abaxial com maior concentração de pêlos na costa e na margem, pêlos semelhantes aos do caule e pecíolo; par de pinas férteis com 14,5-26 cm de comprimento, pecioluladas, inseridas na base da lâmina, próximas ou pouco afastadas do primeiro par de pinas estéreis.

Habitat: Floresta Pluvial Atlântica montana e alto-montana e Floresta Pluvial Ripária.

Distribuição geográfica: Brasil: Espírito Santo, Rio de Janeiro, São Paulo, Santa Catarina. Jamaica.

Comentários: Sehnem (1974) afirma que esta espécie cresce sobre pedras humosas na mata tropical do Rio de Janeiro.

Material examinado: L. S. Sylvestre 364 (RB).

2. Anemia phyllitidis (L.) Sw., Syn. 155. 1806
(Fig. 49 c-d)

Caule ascendente, recoberto por pêlos filiformes e multicelulares de cor alaranjada; pecíolos com 21-32 cm de comprimento, fasciculados e trissulcados, intensamente pilosos na base, pêlos iguais aos do caule; lâmina com 13-23 cm de comprimento e 9-16,5 cm de largura, deltóidea, pinada, com cerca de 6 pares de pinas, com pina terminal de tamanho igual ou maior que às vizinhas; pinas com 5-9,5 cm de comprimento e 1,7-3,5 cm de largura, ovadas a lanceoladas e levemente assimétricas, as basais com pequenos peciólulos e as superiores decurrentes à raque, margem serrada-crenada, base obtusa, ápice agudo, veias anastomosadas, pêlos pequenos e mais abundantes na costa do lado adaxial; par de pinas férteis com 23,5-31 cm de comprimento, peciolulados, inseridas na base da lâmina, juntas ao primeiro par de pinas estéreis.

Nomes populares: Avenca de espiga (Corrêa 1984, Sehnem 1974).

Utilidades: Planta mucilaginosa. O chá ou cozimento das folhas é muito usado na medicina doméstica como expectorante, nas tosses e bronquites. Espécie cultivada na Europa como ornamental (Corrêa 1984, Cruz 1965).

Distribuição geográfica: Brasil: Ceará, Bahia, Goiás, Mato Grosso, Distrito Federal, Minas Gerais, Espírito Santo, Rio de Janeiro, São Paulo, Paraná, Santa Catarina e Rio Grande do Sul. México, Cuba, Jamaica, Trindade-Tobago, São Domingos, Grandes Antilhas, Venezuela, Colômbia, Equador, Peru, Paraguai, Uruguai e Argentina.

Comentários: Ocorre às margens de estradas. Segundo Tryon e Stolze (1989) é uma das espécies mais comuns do gênero e pode ser facilmente reconhecida pela pina subinteira e de venação anastomosada.

Material examinado: S.V.A. Pessoa 538 (RB); L.S. Sylvestre 308 (RB).

3. Anemia villosa Humb. et Bonpl. ex Willd., Sp. Pl. 5: 92. 1810.
(Fig. 49 e-f)

Caule ascendente, intensamente recoberto por pêlos filiformes e multicelulares de cor vermelho-alaranjada; pecíolos com 8-34 cm de comprimento, fasciculados e trissulcados, densamente recobertos por pêlos semelhantes aos do caule; lâmina 10-17 cm de comprimento e 3,5-5,5 cm de largura, lanceolada, pinada com 10-13 pares de pinas; pinas com 1,5-2,7 cm de comprimento e 0,6-1,2 cm de largura, oblongas, pinatissectas e sésseis, margem incisa com lobos arredondados, base obtusa, ápice obtuso; nervuras livres e furcadas (até 4 vezes), densamente pilosa tanto no lado abaxial quanto no adaxial; par de pinas férteis com 13-18 cm de comprimento, peciololuladas, inseridas na base da lâmina, juntas ao primeiro par de pinas estéreis.

Nome popular: Avenca-de-espiga-vilosa; Anêmia-vilosa; Espiga-de-ferrugem, feto (Sehnem 1974).

Habitat: Floresta Pluvial Atlântica montana e alto-montana e Floresta Pluvial Ripária.

Distribuição geográfica: Brasil: Roraima, Ceará, Pernambuco, Bahia, Minas Gerais, Espírito Santo, Rio de Janeiro, São Paulo, Paraná e Santa Catarina. Venezuela, Colômbia, Suriname e Peru.

Comentários: Na área de estudo, os indivíduos crescem em barrancos às margens da estrada. Segundo Tryon &

Stolze (1989) o par de pinas férteis geralmente é mais longo ou igual ao comprimento da lâmina.

Material examinado: L.S. Sylvestre 387 (RB)

Referências bibliográficas

CORRÊA, M.P. 1984. **Dicionário das plantas úteis do Brasil e das exóticas cultivadas**. 2ª (ed. Instituto Brasileiro de Desenvolvimento Florestal, volumes I-VI, il.

CRUZ, G.L. 1965. **Livro verde das plantas medicinais e industriais do Brasil**. vol. 1. 1ª edição, Belo Horizonte, Brasil, 426 p.

SEHNEM, A. 1974. Esquizeáceas, In: REITZ, R. **Flora Ilustrada Catarinense**. Itajaí, Herb. Barbosa Rodrigues p. 3-78, il.

TRYON, R.M. & STOLZE, R.G. 1989. Pteridophyta of Peru part I. 1. Ophioglossaceae - 12 Cyatheaceae. **Fieldiana** (Botany) new series **22**: 1-128.

TRYON, R.M. & TRYON, A.F. 1982. **Ferns and allied plants with special reference to Tropical America**. New York, Springer-Verlag. 857 p., il.

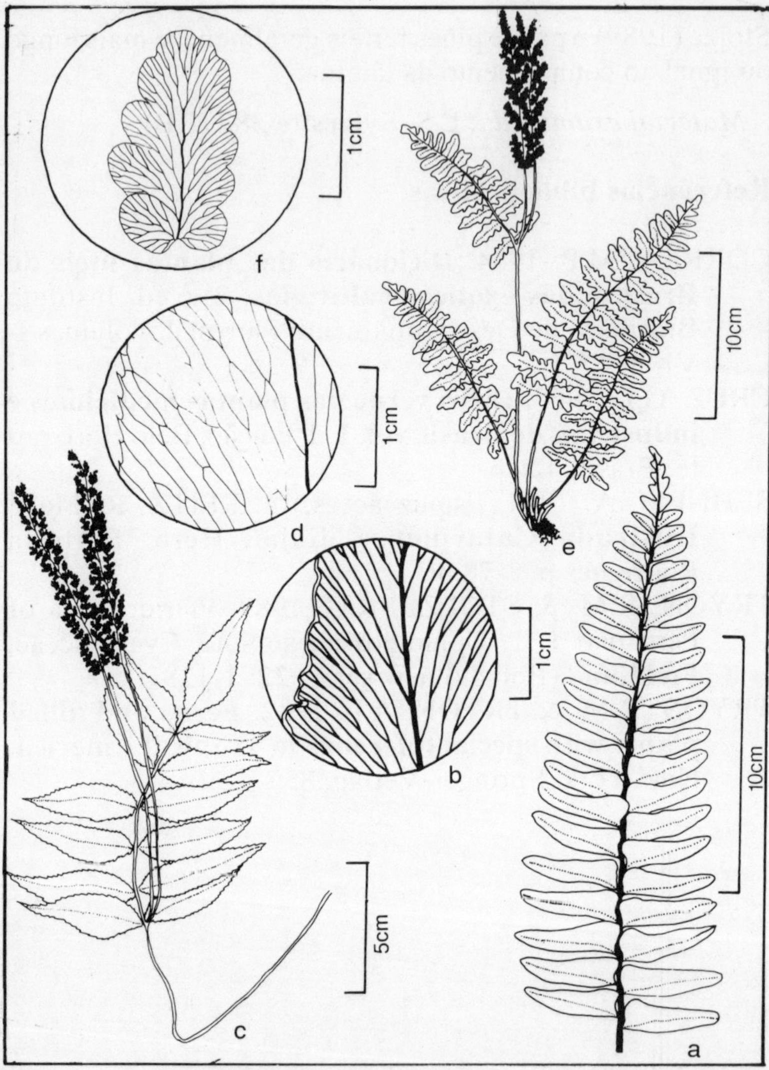

Fig. 49 - *Anemia mandioccana* a- Lâmina foliar 1- pinada, com pina terminal pinatífida; b- detalhe de uma pina com nervuras livres, furcadas. *Anemia phyllitidis* c- Hábito, evidenciando a pina terminal igual às laterais e as pinas basais férteis; d- detalhe de uma pina com margem serreada e nervuras anastomosadas. *Anemia villosa* e- Hábito, mostrando a lâmina foliar pinado-pinatífida; f- pina lateral, com nervuras livres, furcadas.

SMILACACEAE

Regina Helena Potsch Andreata[1]

A família Smilacaceae está representada no Brasil apenas pelo gênero *Smilax L.* Na Reserva Ecológica de Macaé de Cima ocorrem 4 espécies que se caracterizam por serem plantas trepadeiras, lenhosas, com um sistema subterrâneo do tipo rizóforo, caule e ramos cilíndricos ou angulosos, frequentemente aculeados, raro inermes, de superfície lisa ou ornamentada, presença ou não de catáfilo(s) incluido no profilo. As folhas são alternas, providas de bainha e pecíolo de onde parte um par de gavinha; a lâmina é geralmente coriácea, às vêzes papirácea ou membranácea, ovada, lanceolada ou elíptica, com 5-7 nervuras, sendo 3 principais e de nervação acródroma (curvinérvia). A inflorescência parcial é denominada de cima umbeliforme, disposta em sexos separados. As flores apresentam uma coloração esverdeada ou vinosa, com 6 tépalas semelhantes ou diferentes entre si, livres, reflexas ou eretas; as masculinas com 6 estames livres e anteras rimosas; as femininas com ovário súpero, tricarpelar, trilocular, com um óvulo por lóculo, três estiletes, três estigmas e 6 estaminódios, raro 3. Os frutos são bagas globosas ou piriformes, quando maduros de coloração

[1] ICBA, Universidade Santa Úrsula, Rua Fernando Ferrari, 75, 22231-040, Rio de Janeiro, RJ - Jardim Botânico do Rio de Janeiro, Rua Pacheco Leão, 915, 22460-030, Rio de Janeiro, RJ.

amarelo, amarelo-alaranjado, alaranjado, avermelhado, vinoso ou preto e com sementes esféricas, plano-convexas ou trigonas.

As descrições das espécies, assim como outros dados adicionais, foram complementados com as informações de Andreata (1995), visto que a maioria dos exemplares coletados na área procediam de plantas estéreis.

Chave para identificação das espécies:

1. Caule quadrangular, alado; lâmina de 20-30 cm de compr.; flores vinosas. ....1. **Smilax spicata**

1'. Caule cilíndrico, nunca alado; lâmina de até 19 cm de compr.; flores esverdeadas.

2. Caule, na parte basal, com a superfície profusamente muricada, com acúleos intercalados de tamanhos diferentes; lâmina, quando seca, marrom-esverdeada. ....2. **Smilax japicanga**

2'. Caule, em toda sua extensão, com a superfície lisa, sem acúleos intercalados de tamanhos diferentes; lâmina, quando seca, escurecida, esverdeada ou ferrugínea; flores com tépalas reflexas ou eretas.

3. Planta robusta; caule sulcado, com acúleos fortes dispostos,principalmente nos nós; ramos com catáfilo(s) incluído no profilo; lâmina escurecida ou esverdeada, fosca, com as 3 nervuras principais quase da mesma espessura em toda a sua extenção, ápice agudo ou atenuado; flores com tépalas eretas; fruto amarelado ou amarelo-alaranjado................ ....3. **Smilax quinquenervia**

3'. Planta delicada; caule não sulcado, inerme ou com acúleos delicados dispostos na região basal; ramos sem catáfilo incluído no profilo; lâmina ferrugínea e brilhante, com a nervura mediana bem mais espessa do que as duas laterais, ápice acuminado ou caudado; flores com tépalas reflexas; fruto de avermelhado a preto...........4. **Smilax staminea**

1. Smilax spicata Vell., Fl. Flumin. 10: tab. 111. 1831 (1827); A. De Candolle *in* A. & C. De Candolle, Monogr. phan. 1: 155. 1878.
(Fig. 50 a-c)

Caule e ramos quadrangulares, alados e aculeados. Lâmina de 20-30 cm de compr., verde clara e fosca quando seca. Flores vinosas, tépalas reflexas; as masculinas com anteras oblongas, de comprimento semelhante ao dos filetes; as femininas com estaminódios filiformes, que não atingem a metade do comprimento do ovário. Baga de vinosa a preta.

Habitat: Floresta Pluvial Atlântica montana.

Distribuição geográfica: Brasil: Espírito Santo, Rio de Janeiro e São Paulo.

Comentários: Trata-se de uma espécie, até o momento, considerada endêmica na Floresta Puvial Atlântica. Ocorre na Reserva Ecológica de Macaé de Cima em altitude de 1000-1100 m s. m., sendo ocasional nas clareiras das margens do rio Macaé.

Material examinado: H. C. de Lima 3563 et al. (RB).

2. Smilax japicanga Griseb. *in* Martius, Fl. Bras. 3 (1): 6. 1842.
(Fig. 50 d-e)

Caule cilíndrico, com a superfície profusamente muricada na parte basal, provido de acúleos intercalados de tamanhos diferentes. Lâmina de 8-15 cm de compr., marrom-esverdeada e fosca quando seca, com as três nervuras principais mais espessas até o terço médio depois se atenuando em direção ao ápice.

Nome popular: japicanga ou jupicanga.

Utilidades: As raízes cozidas são usadas contra as moléstias sifilíticas, cutâneas e reumáticas; o extrato fluído é considerado um bom depurativo e anti-reumático; também tem efeito diurético (Peckolt & Peckolt 1888).

Habitat: Floresta Pluvial Atlântica baixo-montana, montana e alto-montana.

Distribuição geográfica: Brasil: Rio de Janeiro.

Comentários: Espécie pouco conhecida, cuja ocorrência está ainda restrita ao estado do Rio de Janeiro, sendo encontrada tanto em mata de encosta entre 800-1300 m s. m., quanto em mata de baixada. Em Macaé de Cima é ocasional na submata em altitude entre 1150-1300 m s. m.

Material examinado: H. C. Lima 3520 et al. (RB); H. C. de Lima 3546 et al. (RB).

3. Smilax quinquenervia Vell., Fl. Flumin. 10: tab. 108. 1831 (1827) et *in* Archos. Mus. Nac. Rio de Janeiro 5: 423. 1881.
(Fig. 50 f-i)

Planta robusta, de caule cilíndrico, sulcado, de superfície lisa e acúleos fortes dispostos, principalmente, nos entrenós. Ramos com catáfilo(s) incluíndo no profilo. Lâmina de 9-15 cm de compr., escurecida ou esverdeada e fosca quando seca, com as três nervuras principais quase da mesma espessura em toda a sua extensão, de ápice agudo ou atenuado. Flores esverdeadas, tépalas eretas; as masculinas com anteras lineares, de comprimento semelhante ao dos filetes; as femininas com estaminódios em geral ovados ou oblongos que não atingem a metade do comprimento do ovário. Baga amarelada ou amarelo-alaranjada.

Nomes populares: japecanga ou pitanga grande.

Frutificação: Na área foi observada em fruto de maio a julho, porém em outras localidades, frutifica durante quase todo ano.

Utilidades: As raízes cozidas, são usadas contra as moléstias sifilíticas, cutâneas e reumáticas; o extrato fluído é considerado um bom depurativo e anti-reumático; diurético (Peckolt & Peckolt, 1888); o extrato aquoso das folhas tem ação analgésica (Monteiro et al. 1994).

Habitat: Floresta Pluvial Atlântica, Floresta Pluvial Ripária, Floresta Pluvial dos Tabuleiros, Mata de Restinga e Pantanal.

Distribuição geográfica: Brasil: Mato Grosso, Bahia, Minas Gerais, Espírito Santo, Rio de Janeiro, São Paulo, Paraná, Santa Catarina e Rio Grande do Sul. Peru.

Comentários: Trata-se de uma espécie de ampla distribuição, habitando preferencialmente as florestas, em altitudes que vão de 50 a 1700 m. Ocorre em Macaé de Cima, com frequência, na mata de encosta a 1000-1400 m s. m., tanto em área preservada quanto em área alterada.

Material examinado: S. de V. A. Pessoa 166 et al., 191 et al. (RB); H. C. de Lima 3400 et al. (RB), idem 3611 (RB), idem 3810 (RB), idem 3765 (RB).

4. Smilax staminea Griseb. *in* Martius, Fl. Bras. 3 (1): 11. 1842.
(Fig. 50 j-l)

Planta delicada, de caule cilíndrico, com a superfície lisa, inerme ou com acúleos delicados dispostos na região basal. Lâmina de 7-14 cm de compr., ferrugínea e brilhante quando seca, com a nervura mediana mais espessa do as duas laterais, de ápice acuminado ou caudado. Flores esverdeadas, com tépalas reflexas; as masculinas com anteras oblongas, menores do que os filetes; as femininas com estaminódios filiformes que atingem a metade do comprimento do ovário. Baga de avermelhada a preta.

Frutificação: Coletada na área, em fruto, no mês de agosto.

Habitat: Floresta Pluvial Atlântica, Floresta Pluvial Ripária e Mata de Restinga.

Distribuição geográfica: Brasil: Distrito Federal, Bahia, Minas Gerais, Rio de Janeiro, São Paulo, Paraná e Santa Catarina.

Comentários: A espécie em Macaé de Cima é ocasional na submata, da mata de encosta, em altitude de 1100 a 1450 m. Apresenta, em alguns exemplares, ramos e gavinhas de coloração castanha-avermelhada e brilhantes.

Material examinado: H. C. de Lima 3533 et al. (RB), idem 3549 (RB); M. Leitman 411 et al. (RB); C. M. B. Correia 192 et al. (RB).

Tabela sumarizada

Gênero	Nº de espécies
Smilax	4

Referências bibliográficas

ANDREATA, R. H. P. 1995. **Revisão das espécies brasileiras do gênero Smilax Linnaeus (Smilacaceae)**. São Paulo, USP, 397 + XII p. tese (Doutorado). Instituto de Biociências, Universidade de São Paulo.

CANDOLLE, A.L.P.P. de. 1878. Smilaceae. **In**: Candolle, A.L.P.P. de & Candolle C. P. de . **Monographiae Phanerogamarum**. Paris. G. Masson, 1, 217p.

GRISEBACH, H. A. 1842. Smilaceae. *In:* Martius, C. F. P. von et al. **Flora Brasiliensis** ..., Leipzig, München, **3** (1): 1-27, 3 est.

MONTEIRO, M. H. D. A.; FRUTUOSO, V. S.; SILVA, A. R. & ANDREATA, R. H. P. 1994. Avaliação da potencial ação analgésica em extratos de espécies brasileiras de Smilax L. (Smilacaceae). *In:* Congresso Latino americano de Botânica, 6, Mar Del Plata, **Resumenes**: 467.

PECKOLT, T. & PECKOLT, G. 1888. Smilaceas. *In:* **História das plantas medicinais e úteis do Brasil**. 98: 113.

VELLOZO, J.M. da C. 1831 (1827). ***Smilax***. *In:* **Florae Fluminensis** ... Rio de Janeiro, Edidit Domnus Frater Antonio de Arrabida, Icon, 10, est. 105-114.

__________________. 1881. ***Smilax***. *In:* Florae Fluminensis ... **Archos. Mus. Nac. Rio de Janeiro**, **5**: 422-424.

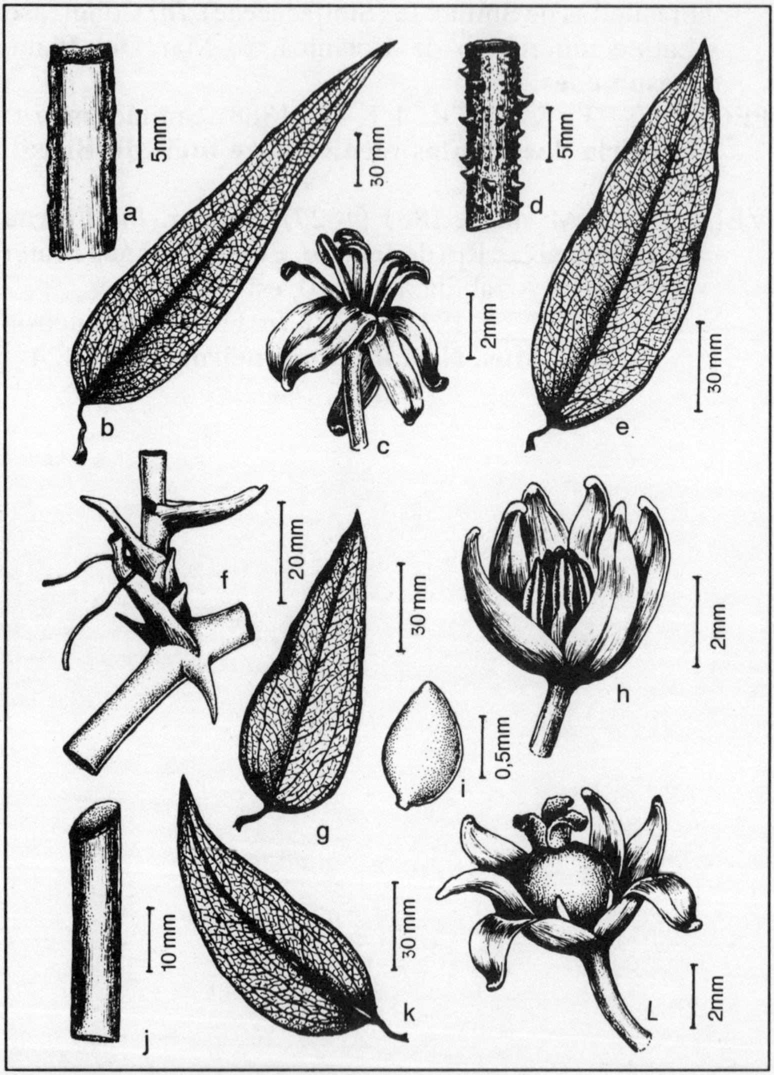

Fig. 50 - *Smilax spicata*: a - detalhe do ramo, b - folha, c - flor estaminada; *Smilax japicanga* Griseb.: d - detalhe do ramo, e - folha; *Smilax quinquenervia* Vell.: f - detalhe do ramo com catáfilos incluidos no profilo, g - folha, h - flor estaminada, i - estaminódio; *Smilax staminea* Griseb.: j - detalhe do ramo, k - folha, l - flor pistilada com estaminódios.

VITTARIACEAE

Marcelo Guerra Santos[1]

A família Vittariaceae é constituída por 6 gêneros e cerca de 100 espécies. A maioria são epífitas com folhas pendentes (Tryon & Stolze 1989). Tryon & Tryon (1982) acrescentam ainda que as escamas clatradas encontradas no caule, associadas aos dois caracteres descritos anteriormente, são encontrados em quase todos os representantes dessa família.

Na Reserva Ecológica de Macaé de Cima foi registrada apenas a ocorrência da espécie *Vittaria lineata*.

O gênero *Vittaria* possui cerca de 80 espécies descritas, muitas de difícil distinção, ocorrendo em regiões quentes do mundo (Sehnem 1967). Tryon & Tryon (1982) afirmam que cerca de 9 espécies ocorrem nas Américas e que a classificação infragenérica é incerta, uma vez que não existe um tratamento taxonômico recente para o gênero. No continente americano, *Vittaria* ocorre preferencialmente em formações mais densas nas florestas pluviais, menos frequentemente em ambientes parcialmente sombreados ou abertos (Tryon & Tryon 1982).

[1] Universidade Federal Fluminense, Departamento de Biologia Geral, Setor de Botânica. Niterói, RJ.

Vittaria lineata (L.) Sm. Mém. Ac. Turin. 5. 421 t. 9 f. 5. 1793. (Fig. 51 a-c)

Caule dorsinventral, curto, revestido por escamas com cerca de 1,8-3,3mm de comprimento, marrons, clatradas, com ápice longo acuminado e margem denteada; pecíolo curto e achatado; folhas 3,5-9,5cm de comprimento e 0,2-0,5cm de largura, lineares, margem inteira, base aguda, ápice agudo, venação areolada, com uma fileira de aréolas de cada lado da costa; esporângios em depressões lineares laterais à costa: esporos monoletes, com superfície lisa.

Habitat: Floresta Pluvial Atlântica montana e alto-montana e Floresta Amazônica.

Distribuição geográfica: Brasil: Amapá, Amazonas, Pará, Maranhão, Ceará, Pernambuco, Bahia, Minas Gerais, Espírito Santo, Rio de Janeiro, São Paulo, Paraná, Santa Catarina e Rio Grande do Sul. Hawai, Guadalupe, México, Peru, Guiana Francesa e Equador.

Comentários: Na área de estudo, ocorre como epífita em ambiente úmido.

Material examinado: L. S. Sylvestre 330 (RB).

Referências bibliográficas

SEHNEM, A. 1967. Vitariáceas, *In:* REITZ, R. **Flora Ilustrada Catarinense**. Itajaí, Herb. Barbosa Rodrigues 18 p., il.

TRYON, R. M. & STOLZE, R.G. 1989. Pteridophyta of Peru Part II.13. Pteridaceae - 15. Dennstaedtiaceae. **Fieldiana** (Botany), new series, **22**: 1-128, il.

TRYON, R.M. & TRYON, A.F. 1982. **Ferns and allied plants with special reference to Tropical America**. New York, Springer-Verlag. 857 p., il.

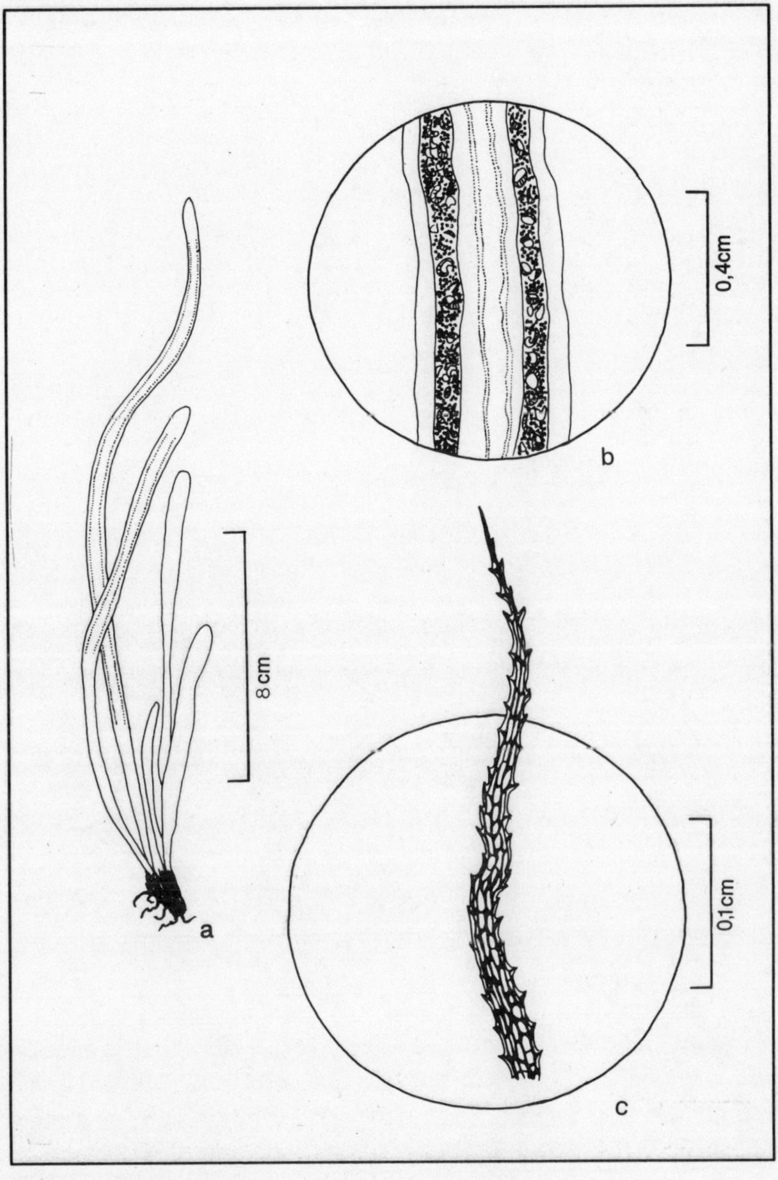

Fig. 51 - Vittariaceae: *Vittaria lineata*: a - hábito, mostrando a lâmina linear; b - detalhe da lâmina foliar, evidenciando os soros marginais; c - escamas do caule.

VOCHYSIACEAE

Maria Célia Vianna[1]
Henrique Ferreira Martins[2]

No que tange à família Vochysiaceae, os levantamentos florísticos e fitossociológicos realizados na área da Reserva Ecológica de Macaé de Cima, permitiram constatar a presença de apenas três táxons do gênero *Vochysia Aublet* - *V. saldanhana, V. oppugnata* e *V. rectiflora var. glabrescens.* Incluímos porém, neste trabalho, mais seis espécies com possibilidade de ocorrência na área - *V. glazioviana, V. tucanorum, V. magnifica, V. schwackeana, V. spathulata* e *V. dasyantha.*

As Vochysiaceae da Reserva Ecológica de Macaé de Cima são árvores, de córtex frequentemente suberoso, rimoso ou verruculoso, com ramos opostos, de folhas simples, opostas ou verticiladas, peninérveas, de margens inteiras, geralmente sem estípulas ou com estípulas muito pequenas; flores amarelas, reunidas em inflorescências tirsóides (compostas por cincinos) terminais ou axilares, hermafroditas e tetracíclicas; cálice gamossépalo, pentalobado, lobos desi-

---

[1] Herbário Alberto Castellanos - DIVEA - DEP - FEEMA, Estr. Vista Chinesa, 741 - Alto da Boa Vista, Rio de Janeiro - RJ.

[2] DIVEA - DEP - FEEMA, Estr. Vista Chinesa, 741 - Alto da Boa Vista, Rio de Janeiro - RJ.

guais entre si, por via de regra, um maior e calcarado, que envolve os ciclos florais internos; corola com três pétalas, desiguais entre si; androceu constituído por um único estame, de antera biteca, com deiscência rimosa; presença de estaminódios pequenos e petalóides é comum; gineceu formado por um ovário súpero, trilocular; óvulos anátropos; fruto cápsula loculicida, triloculada; sementes aladas e no mínimo em número de três por fruto; embriäo reto, homótropo; cotilédones foliáceos.

Chave para identificação das espécies:

1. Antera glabra ou ciliada ao longo da margem. Pétalos glabros ou ciliados, nunca pilosos, estaminódios glabros
 2. Raminhos adultos e folhas glabros
  3. Ápice da folha arredondado e emarginado
   4. Lâmina foliar cerca de 3 vezes mais longa que o pecíolo........................1. **Vochysia glazioviana**
   4'. Lâmina foliar cerca de 6 vezes mais longa que o pecíolo
    5. Pecíolo, raramente com mais de 1cm de comprimento Lâmina foliar com 6-8cm de comprimento e 1,5-2,0cm de largura.......... ....2. **Vochysia tucanorum**
    5'. Pecíolo com 1,5-3,0cm de comprimento Lâmina foliar com 8-15 cm de comprimento e 2-6cm de largura.................................. ....3. **Vochysia oppugnata**
  3'. Ápice da folha acuminado, agudo ou obtuso
   6. Lâmina foliar com 4,0-6,5cm de comprimento e 0,7-2,0cm de largura.................. ....4. **Vochysia saldanhana**
   6'. Lâmina foliar com 8-16cm de comprimento e 2,5- 4,5cm de largura.......... .... 5. **Vochysia magnifica**
 2'. Raminhos adultos e face inferior das folhas pilosos ....6. **Vochysia schwackeana**

1'. Antera pilosa nas duas faces ou, pelo menos, em uma. Pétalos ciliados, pilosos na face dorsal. Estaminódios quase sempre ciliados
7. Folhas verticiladas ....7. **Vochysia spathulata**
7'. Folhas opostas
8. Lâmina foliar com 13-17cm de comprimento e 4,5- 6,5cm de largura ....8. **Vochysia dasyantha**
8'. Lâmina foliar com 7-12cm de comprimento e 1,8-3,0cm de largura..
.............9. **Vochysia rectiflora var. glabrescens**

1. Vochysia glazioviana Warm. in Martius., Fl. Bras. 13 (2): 86. 1875; Vianna: 257. 1980.
(Fig. 55 c)

Árvore de mais ou menos 20m de altura; fuste reto, cilíndrico; copa relativamente pequena, bem conformada. Folhas em verticilos 3-4-meros; pecíolo com 3-4cm de comprimento; lâmina elíptica ou elíptico-oblonga, com 9-11 cm de comprimento e 3-5cm de largura, rigidamente coriácea, face superior brilhante, base cuneada, ápice arredondado e retuso. Inflorescência terminal, pauciflora, com cerca de 13cm de comprimento e 5cm de diâmetro; flores de calcar reto ou levemente curvo. Fruto cápsula loculicida, com cerca de 5cm de comprimento.

Nomes vulgares: barriga-d'água, cacheta, canela-murici, murici-rosa.

Floração e frutificação: floresce a partir de março e frutifica a partir de junho.

Utilidades: madeira utilizada para ripas e táboas para engradamento, forro e obras internas.

Habitat: Floresta Pluvial Atlântica montana, em altitudes de 900-1500m , geralmente em grupos gregários.

Distribuição geográfica: Brasil: Rio de Janeiro.

Material examinado: A. Glaziou 3953 (C - *Holotypus*, P - *Isotypus*, F- *Phototypus*).

2. Vochysia tucanorum Mart., Nov. Gen. Sp. Pl. 1 : 142, t.85. 1826 (1824). Vianna: 262.1980.
(Fig. 55 i)

Árvore com altura de 8-10m em média. Folhas geralmente 4-verticiladas, às vezes multi-verticiladas; pecíolo raramente ultrapassando l,0cm de comprimento; lâmina polimorfa, variável em formato e dimensöes, mais comumente espatulada, frequentemente com 6-8cm de comprimento e 1,5-2,0cm de largura (variabilidade de 3-15cm de comprimento e 1,5-4,0cm de largura),coriáceo-cartácea. Inflorescência terminal, densiflora,com cerca de 15cm de comprimento; flores de calcar reto ou curvo. Fruto cápsula loculicida, quase lisa, com cerca de 2cm de comprimento.

Nomes vulgares: caixeta, congonha-de-bugre, pau-de-tucano, pau-de-vinho.

Floraçäo e frutificaçäo: floresce a partir de novembro e frutifica a partir de março.

Utilidades: madeira branca e leve utilizada para carpintaria e caixotaria.

Habitat: Floresta Pluvial Atlântica montana, em altitudes que variam de 500 - 1100m, geralmente em grupos gregários. Espécie de ampla adaptabilidade, ocorrendo também em cerrado e matas ripárias.

Distribuiçäo geográfica: Brasil: Bahia, Distrito Federal, Goiás, Minas Gerais, Mato Grosso, Paraná, Rio de Janeiro, São Paulo. Paraguai.

Material examinado: Claussen s/nº (G); H.M. Curran 684 (A,US); P.Dusén s/nº (US); L. E. Paes s/nº (RB 110870); E. Ule 4530 (R); A. Glaziou 16764 (A,G,NY,P,R,US); J.G. Kuhlmann s/nº (RB 78353).

3. Vochysia oppugnata (Vell.) Warm. in Martius, Fl. Bras. 13 (2):87, t.16 (I). 1875; Vianna: 244.1980.
(Figs. 52, 55 d)

Árvore em média de 15-20m de altura; fuste reto; copa pequena. Folhas 4-verticiladas, raramente opostas ou multiverticiladas; pecíolo com 1,5-3,0cm de comprimento; lâmina oblonga ou oblongo-espatulada, com 8-15cm de comprimento e 2-6cm de largura, coriácea, base cuneada, ápice truncado ou subrotundo, emarginado. Inflorescência terminal, até 30cm de comprimento ou mais, densiflora; flores de calcar reto ou levemente curvo. Fruto cápsula loculicida com cerca de 4cm de comprimento.

Nomes vulgares: canela-santa, cinzeiro, congonha-do-campo, rabo-de-arara, murici-branco.

Floração e frutificação: floresce a partir de novembro e frutifica a partir de março.

Utilidades: madeira própria para canoas, escaleres, construção civil, obras internas, moirões de cerca, lenha, etc.

Habitat: Floresta Pluvial Atlântica baixo-montana a alto-montana, ocorrendo em grupos gregários desde o nível do mar até 1500m de altitude.

Distribuição geográfica: Brasil : Rio de Janeiro, Minas Gerais.

Material examinado: H.C.Lima 3604a et al.(RB);Idem 3699 (RB); C.E. de Britto Pereira 79(GUA).

4. Vochysia saldanhana Warm. in Vid. Med. Nat. For.: 26.1889; Vianna: 248.1980.
(Figs. 53, 55 e)

Árvore em média de 15-18m de altura; fuste reto, cilíndrico; copa bem conformada. Folhas geralmente em verticilos 3-meros, raro 4-meros; pecíolo com 0,7-1,2cm de comprimento; lâmina oblongo-lanceolada, com 4,0-6,5cm de comprimento e 0,7-2,0cm de largura, pergaminácea; base atenuada e ápice agudo ou acuminado. Inflorescência terminal com cerca de 4cm de comprimento; flores de calcar levemente curvo ou reto. Fruto cápsula loculicida.

Nomes vulgares: canela-santa, murici, murici-rosa, murici-da-serra.

Floraçäo e frutificaçäo: floresce a partir de novembro e frutifica a partir de março.

Utilidades: madeira de uso geral em construção civil.

Habitat: Floresta Pluvial Atlântica montana na altitude de ca. 1.000m.

Distribuição geográfica: Brasil: Rio de Janeiro, Minas Gerais.

Material examinado: Glaziou 6875 - *Paratypus* (C); Idem 16763 - *Phototypi* (A,F); Idem 13807 - *Paratypi* (BR,C,G,K,R), *Phototypus* (F); M. Leitman 402 et al. (RB,GUA); H.C. Lima 3524 et al. (RB,GUA); Idem 3529 et al. (RB,GUA); Idem 3796 et al. (RB,GUA); G. Martinelli 12761 et al. (RB); R. Guedes s/nº PI, ind. 2421 et al. (RB 294919); C.M.B. Correia s/nº PII, ind. 4481 et al. (RB 294914).

5. Vochysia magnifica Warm. in Martius, Fl. Bras. 13 (2): 85.1875; Vianna: 269.1980.
(Fig. 55 f)

Árvore que atinge em média 25m de altura. Folhas geralmente em verticilos 3-meros, raro 5-meros; pecíolo com 2-3cm de comprimento, lâmina oblonga, oblongo-lanceolada ou elíptico-oblonga, com 12-16cm de comprimento e 3,5-4,5cm de largura, coriáceo-cartácea; base e ápice quase iguais agudos ou obtusos. Inflorescência terminal e axilar, com 15-20cm de comprimento; flores de calcar curvo, com cerca de 1cm de comprimento. Fruto cápsula loculicida com cerca de 4cm de comprimento.

Nomes vulgares: caixeta, caxeta, pau-de-caxeta, pau-novo, vinheiro.

Floração e frutificação: floresce a partir de novembro e frutifica a partir de março.

Utilidades: madeira utilizada na fabricação de caixotes.

Habitat: Floresta Pluvial Atlântica montana, ca. 1.000m de altitude.

Distribuição geográfica: Brasil: Minas Gerais, Paraná, Rio de Janeiro, São Paulo.

Material examinado: Capell s/nº (CANF).

6. Vochysia schwackeana Warm. in Vid. Med. Nat. For.:25. 1889; Vianna: 278.1980.
(Fig. 55 g)

Árvore que atinge em média 30m de altura, fuste reto, copa pequena, bem conformada. Folhas 4-5-verticiladas, densamente ferrugíneo-tomentosas quando jovens e glabrescentes quando adultas; pecíolo com 1,0-1,7cm de comprimento; lâmina oblongo-lanceolada, com 5-12cm de comprimento e 1,5-3,5cm de largura, coriáceo-cartácea, base atenuada, ápice agudo ou acuminado. Inflorescência terminal, densiflora, com cerca de 14cm de comprimento. Fruto cápsula loculicida, com cerca de 4cm de comprimento.

Nomes vulgares: canela-murici, canela-santa, murici, murici-rosa.

Floração e frutificação: floresce a partir de novembro e frutifica a partir de março.

Utilidades: madeira branca aproveitada em construções.

Habitat: Floresta Pluvial Atlântica montana, de 600-1.200m de altitude.

Distribuição geográfica: Brasil: Minas Gerais, Rio de Janeiro, São Paulo.

Material examinado: M.C.Vianna 786 (GUA).

7. Vochysia spathulata Warm. in Vid. Med. Nat. For.: 25.1889; Vianna:301.1980.
(Fig. 55 h)

Árvore alta. Folhas geralmente 4-verticiladas, raro 5-6-verticiladas; pecíolo 0,6-1,0cm de comprimento; lâmina espatulada, com 6-10cm de comprimento e 2,0-2,5 de largura, coriácea; base aguda, ápice arredondado e emarginado. Inflorescência terminal, cilíndrica, densiflora, com 8cm de comprimento; flores de calcar geralmente reto.Fruto cápsula loculicida.

Nomes vulgares: canela-santa, pau-de-tucano.

Floraçäo e frutificaçäo: floresce a partir de novembro e frutifica a partir de março.

Habitat: Mata Pluvial Atlântica montana, ca. 1.000m de altitude.

Distribuiçäo geográfica: Brasil: Bahia, Minas Gerais, Rio de Janeiro.

Material examinado: Glaziou 6876 - *Holotypus* (C), *Isotypi* (BR, RB), *Phototypi* (A, F).

8. Vochysia dasyantha Warm. in Martius, Fl. Bras. 13 (2): 95.1875; Vianna: 293.1980.
(Fig. 55 a)

Árvore alta. Folhas opostas; pecíolo com 1,2-1,6cm de comprimento; lâmina oblonga com 13-19cm de comprimento e 4,5-6,5cm de largura, coriáceo-cartácea, base obtusa, ápice curtamente acuminado, mucronado. Inflorescência terminal, raro axilar, com cerca de 20cm de comprimento, densiflora; flores de calcar curvo. Fruto cápsula loculicida.

Nomes vulgares: murici-branco.

Floração e frutificação: floresce a partir de novembro e frutifica a partir de março.

Habitat: Floresta Pluvial Atlântica, 400-1.000m de altitude.

Distribuição geográfica: Brasil: Minas Gerais , Rio de Janeiro.

Material examinado: Glaziou 20296 (BR,C,G,K,P,R).

9. Vochysia rectiflora Warm. var. **glabrescens** Warm. in Vid. Med. Nat. For.:27. 1889; Vianna: 293. 1980.
(Figs. 54, 55 b)

Árvore ca. 25m de altura. Folhas opostas, pecíolo de 1,0-1,5cm de comprimento; lâmina oblongo-lanceolada 9-12cm de comprimento e cerca de 2,5cm de largura, base aguda, ápice abruptamente acuminado. Inflorescência terminal, com cerca de 10cm de comprimento; calcar reto, levemente curvo. Fruto cápsula loculicida.

Nomes vulgares: canela-ruiva, murici.

Floração e frutificação: floresce a partir de novembro e frutifica a partir de março.

Habitat: Floresta Pluvial Atlântica montana a 1.000m de altitude.

Distribuição geográfica: Brasil: Rio de Janeiro.

Material examinado: Glaziou 13434 - *Lectotypus* (C), *Isolectotypi* (G,R); B.C.Kurtz s/nº PII, ind. 1997 et al. (RB 294910); Idem s/nº P II, ind. 1999 (RB 294211).

Tabela Sumarizada

Gênero	Nº de táxons
Vochysia	9

Referências bibliográficas

MARTIUS, C.F.P. VON et ZUCCARINI, J.G. 1826 (1824). **Vochysiaceae in Nova Genera et Species Plantarum. 1**. Monachii: 123-154, tab. 75-93.

VELLOZO, J. M. da C. 1829-1881. *Strukeria. In:* Flora Fluminensis. Flumine Januario: 8-9. 1829 (1825); in **Arch. Mus. Nac. Rio de Janeiro 5**: 7-8. 1881; **Icones** 1. Flumine Januario: tab. 20. 1831 (1827).

VIANNA, M.C. 1980. O Gênero *Vochysia* Aublet (Vochysiaceae) no Estado do Rio de Janeiro. **Rodriguésia 32 (55)**: 237-326.

WARMING, E. 1889. Vochysiaceae in Symbolae ad floram Brasiliae centralis cognoscendam. Part. 32. **Vid. Med. Nat. For. Kjobenhavn**: 22-28.

WARMING, E. 1875. **Vochysiaceae**. In: Martius, C.F.P. von; Eichler, A. W. & Urban, I. **Flora Brasiliensis**.... Muenchen, Wien, Leipzig, v. **13**, part **2**, p. 17-116, tab. 2-21.

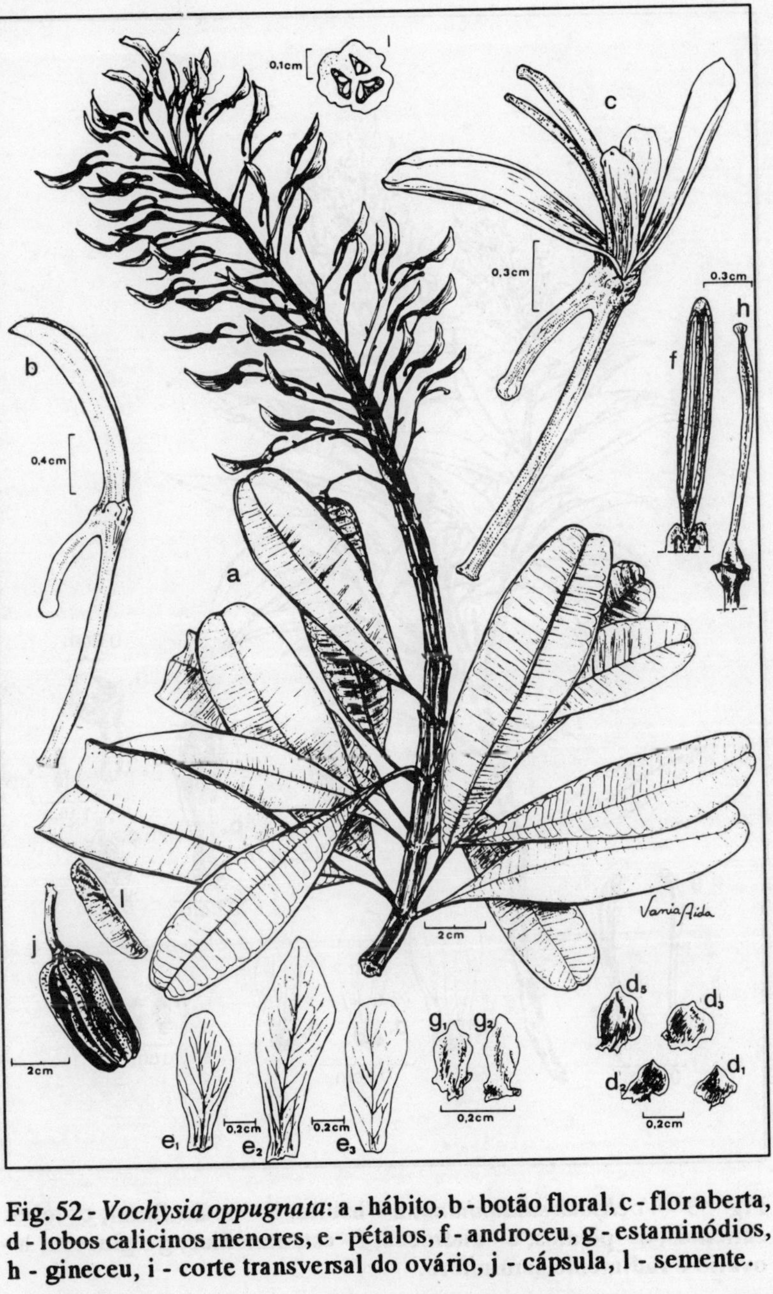

Fig. 52 - *Vochysia oppugnata*: a - hábito, b - botão floral, c - flor aberta, d - lobos calicinos menores, e - pétalos, f - androceu, g - estaminódios, h - gineceu, i - corte transversal do ovário, j - cápsula, l - semente.

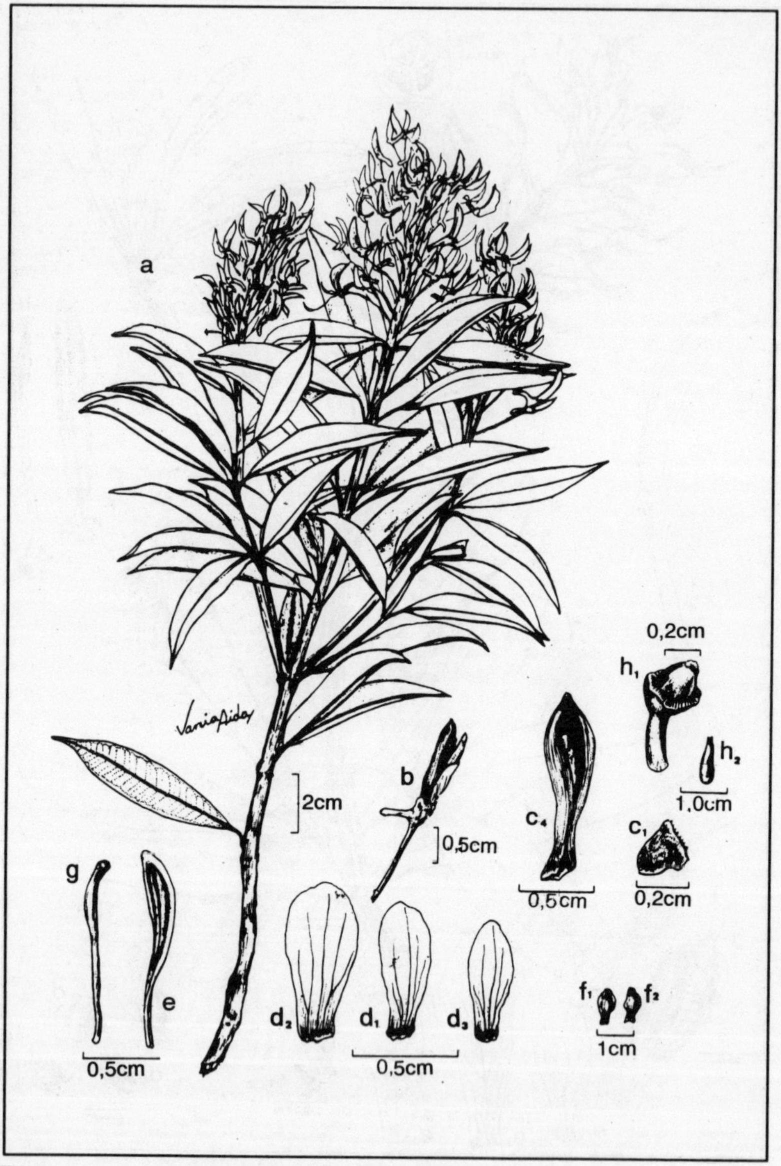

Fig. 53 - *Vochysia saldanhana*: a - hábito, b - botão floral, c -lobos calicinos, d - pétalos, e - androceu, f - estaminódios, g - gineceu, h - ovário e rudimento seminífero.

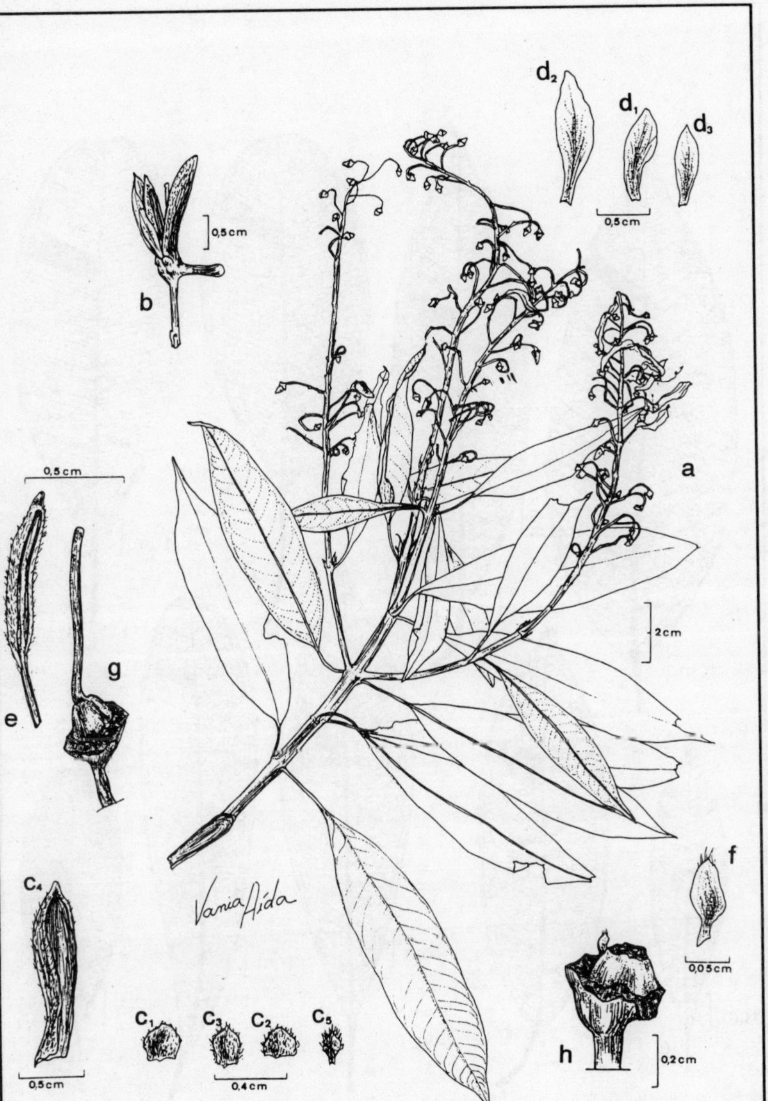

Fig. 54 - *Vochysia rectiflora* var. *glabrescens*: a - hábito, b - botão floral, c - lobos calicinos, d - pétalos, e - androceu, f - estaminódio, g - gineceu, h - ovário e estaminódio.

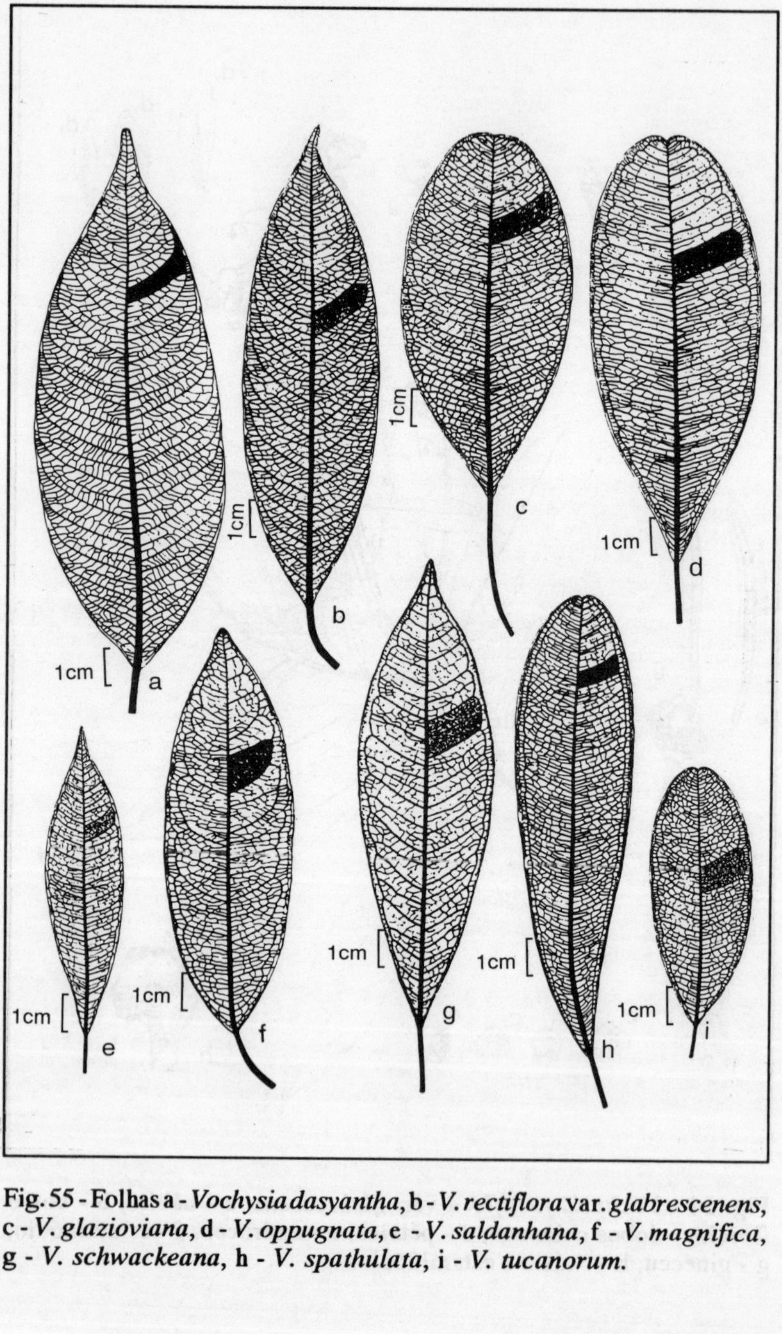

Fig. 55 - Folhas a - *Vochysia dasyantha*, b - *V. rectiflora* var. *glabrescenens*, c - *V. glazioviana*, d - *V. oppugnata*, e - *V. saldanhana*, f - *V. magnifica*, g - *V. schwackeana*, h - *V. spathulata*, i - *V. tucanorum*.

ZINGIBERACEAE

Helena Regina Lima Pugialli[1]

A família Zingiberaceae está representada na Reserva Ecológica de Macaé de Cima pelos gêneros *Hedychium* e *Renealmia,* sendo cada um deles representado por apenas uma espécie. Plantas herbáceas e rizomatosas que desenvolvem-se preferencialmente em locais úmidos sendo semi-umbrófilas a heliófilas. Folhas dísticas, geralmente sésseis, com presença de lígula membranácea. Inflorescência com redução no número de flores. Flores zigomórficas, com cálice e corola tubulosos. Presença de estaminódios petalóides e número de estames reduzidos a um, com dois lobos férteis. Ovário ínfero, trilocular ou unilocular com muitos óvulos, estilete passando através das tecas da antera. Fruto carnoso ou cápsula loculicida. Semente com um arilo normalmente lobado, embrião reto.

Chave para identificação das espécies:

1. Lâmina lanceolada, face abaxial pilosa; lígula de 1-2cm compr.; inflorescência. terminal, brácteas verdes; fruto maduro alaranjado.............1. **Hedychium coronarium**

Fundação Botânica Margaret Mee (FBMM), Jardim Botânico do Rio de Janeiro (JBRJ). Rua Jardim Botânico, 1008 - Rio de Janeiro - RJ - CEP 22460-000.
Agradecimentos: À Dra. Regina H.P. Andreata pela leitura crítica dos manuscritos.

2. Lâmina elíptica, face abaxial pubérula; lígula ca. de 0,1cm compr.; inflorescência basal, brácteas de coloração róseas a vermelhas; fruto maduro preto.....2. **Renealmia petasites**

1. Hedychium coronarium J. König, Retz. Obs. **3** :73. 1783.
(Fig. 56 a-c)

Erva de 1-2m de altura. Lâmina com 33-40x3,5-7cm, discolor, lanceolada, ápice acuminado, base cuneada, com face abaxial pilosa; lígula de 1-2cm compr.; bainha verde.Inflorescência terminal em espiga; brácteas verdes, imbricadas, com margens hialinas. Flores de 7,5-8,0cm compr. com 2-6 no cincino; cálice membranáceo, tubular, fendido no ápice; tubo corolino com 3 lóbulos apicais, brancos e estreitos. Estaminódios brancos, petalóides, unguiculados, sendo um mediano bilobado e 2 laterais, estame fértil com o filete 3 vezes o comprimento da antera. Fruto cápsula, quando maduro alaranjado, semente com arilo vermelho.

Nome popular: lírio do brejo, lágrima de moça, escaldamão, jasmim, borboleta (Corrêa 1984).

Floração e frutificação: Floresce e frutifica ao longo do ano.

Utilidades: Usa-se as folhas para banho; aos rizomas atribuem-se propriedades anti-reumática, purgativa, anti-hipertensiva, diurética e à fécula atribui-se propriedades béquicas; fornece fibras têxteis e celulose para fabrico de papel; sendo também comestíveis e citotóxicos. As flores possuem um perfume forte e agradável idêntico ao jasmim, servindo para perfumaria: (Almeida 1993, Itokawa *et al.* 1988, Corrêa 1984).

Habitat: Floresta Pluvial Atlântica baixo-montana e montana, crescendo em brejos, margens de rios e beira de estradas.

Distribuição geográfica: Brasil: Pará, Pernambuco, Bahia, Minas Gerais, Rio de Janeiro e São Paulo. Originária do Sul da Ásia distribui-se amplamente por todos os continentes.

Comentários: Há muito a espécie foi introduzida como ornamental na América, disseminando-se rapidamente nas regiões temperadas e quentes (Novara 1993). O aroma agradável resulta da riqueza do óleo essencial, que vem sendo alvo de diversos estudos fitoquímicos (Pineda-Ocompo, M. *et al.* 1953, Haggag M.Y. *et al.* 1980 e Dixit *et al.* 1977). Corrêa (1984) refere que em meados do séc. XIX era planta apreciada na Inglaterra e ali considerada, rara e digna de figurar nas melhores estufas. A espécie é atacada pelas lagartas de *Caligo eurilochum-brasiliensis* Felden e *Xantophastis timais* Cram.. Na literatura são citadas duas variedades para a espécie, que não foram consideradas pela falta de estudos mais aprofundados.

Material examinado: Pugialli H.R.L. 203a (RB); C. Lira et al. 401 (GUA); J.P.P. Carauta 899 (GUA); E. de S. F. da Rocha 20 (GUA); E. de S. F. da Rocha 37 (GUA); C.A.R. Carauta 72 (GUA); M.B. Casari 995 (GUA); L.A. Mattos Silva 2353 et al. (GUA); M.M.T. da Rosa 387 (RBR).

2. Renealmia petasites **Gagnep., Bull. Soc. Bot. France 49: 26. 1902; K. Schumann in Engler, Pflanzenreich 4 46: 302.1904; Loesener in Engler & Prantl, Nat. Pflanzenfam. ed. 2. 15A: 610. 1930.**
(Fig. 56 d-i)

Erva de 1-2,5m de altura. Lâmina com 38-50x14-18,5cm, elíptica, discolor, ápice acuminado ou cuspidado, base cuneada, face abaxial pubérula, lígula ca. 0,1cm de compr. bainha vinácea, estriada e reticulada. Escapo ereto e róseo; inflorescência em racemo com 20-24cm de compr., com raque rósea; brácteas róseas ou vermelhas, persistentes, elípticas, obtusas; bractéola rosa, tubular com uma fenda profunda. Flores de 2,0-3,5cm de compr., cálice róseo, turbinado; corola alvacenta. Labelo alvacento de 1cm de compr., com estaminódio mediano bilobado, petalóide e os laterais reduzidos e involutos, estames alvos. Ovário róseo, nectários glandulares rodeando completamente a base do estilete. Fruto cápsula, imaturo vermelho e maduro preto. Semente com arilo amarelo.

Nome popular: caeté-fogo (Macaé de Cima)

Floração e frutificação: Floresce nos meses de maio a julho e em outubro, frutificando no período de dezembro a julho.

Habitat: Floresta Pluvial Atlântica montana, ocorrendo em altitude acima de 700m, na borda da mata e próximo à margem de rios.

Distribuição geográfica: Brasil: Bahia, Minas Gerais, Espírito Santo, Rio de Janeiro, Paraná e Santa Catarina.

Comentários: Maas (1977) considera a espécie muito complexa, necessitando de mais estudos. O autor ressalta que espécimes do Rio de Janeiro apresentam uma inflorescência densa, enquanto que o material proveniente de Santa Catarina possui uma inflorescência laxa existindo uma transição gradual entre esses dois tipos, o que não deve ser levado em conta para caracterização a nível específico ou de variedade. Algumas características como a ocorrência de folhas sésseis, coloração da bainha variando de branca a vinácea, flores com pedicelo curto e brácteas membranáceas sugerem uma estreita relação com *R. brasiliensis K. Schum.* emend Maas, *R. reticulata Gagnep.* e *R. chrysotricha* Petersen. Apesar de *R. petasites* ser uma planta muito aromática, sabe-se pouco a respeito de sua composição química. A ausência desses dados levou ao estudo fitoquímico, a partir da análise de espécimes provenientes de diversos municípios do Estado do Rio de Janeiro.

Material examinado: P. Maas 3300 (GUA); D. Araujo 2028 (GUA); C. M. Vieira 628 et al. (RB).

Tabela Sumarizada:

Gêneros	Nº de Espécies
Hedychium	01
Renealmia	01
Total	02

Referências bibliográficas

ALMEIDA, G.L. de 1993. **Plantas medicinais brasileiras - conhecimentos populares e científicos.** São Paulo, Ed. Hemus LTDA. p. 231-232.

CORRÊA, P.M. 1984. **Dicionário das plantas úteis do Brasil.** Rio de Janeiro, Ministério da Agricultura, IBDF, v. **2,** p. 674-675.

DIXIT, V.K.; VARMA, K.C. & VASHISHT, V.N. 1977. Studies on essential oils of rhizomes of *Hedychium spicatum* Koenig and *Hedychium coronarium* Koenig, **Indian J. Pharm. 39** (3): 58-60.

HAGGAG, M.Y. & EL-SHAMY, A.M. 1980. Phytochemical study of *Alpinia nutans* (Roscoe) and *Hedychium coronarium* (Koenig). **Egypt J. Pharm. Sci. 18** (4): 465-476.

ITOKAWA, H.; MORITA, H.; KATAU, I.; TAKEIA, K.; CAVALHEIRO, A.J.; OLIVEIRA, R.C.B. de; ISHIGE, M. & MOTIDOME, M. 1988. Cytotoxic diterpenes from the rhizomes of *Hedychium coronarium.* **Planta Medica 54** (4): 311-315.

MAAS, P.J.M. 1977. **Flora Neotropica. *Renealmia* (Zingiberaceae - Zingiberoideae), Costoideae Zingiberaceae).** New York, The New York Botanical Garden, 218p.

NOVARA, L.J. 1993. Flora del valle de Lerma. **Aportes Botanicos de Salta- Ser. Flora 2** (9): 1-3.

PINEDA-OCOMPO, M.; OLIVEROS-BELARDO, L. & FERMIN-SILVA, B. 1953. Volatile oil of the rhizome of *Hedychium coronarium*. **Proc. Pacific Sci. Congr. Pacific Sci. Assoc.** 8th Quezon City: 145-158.

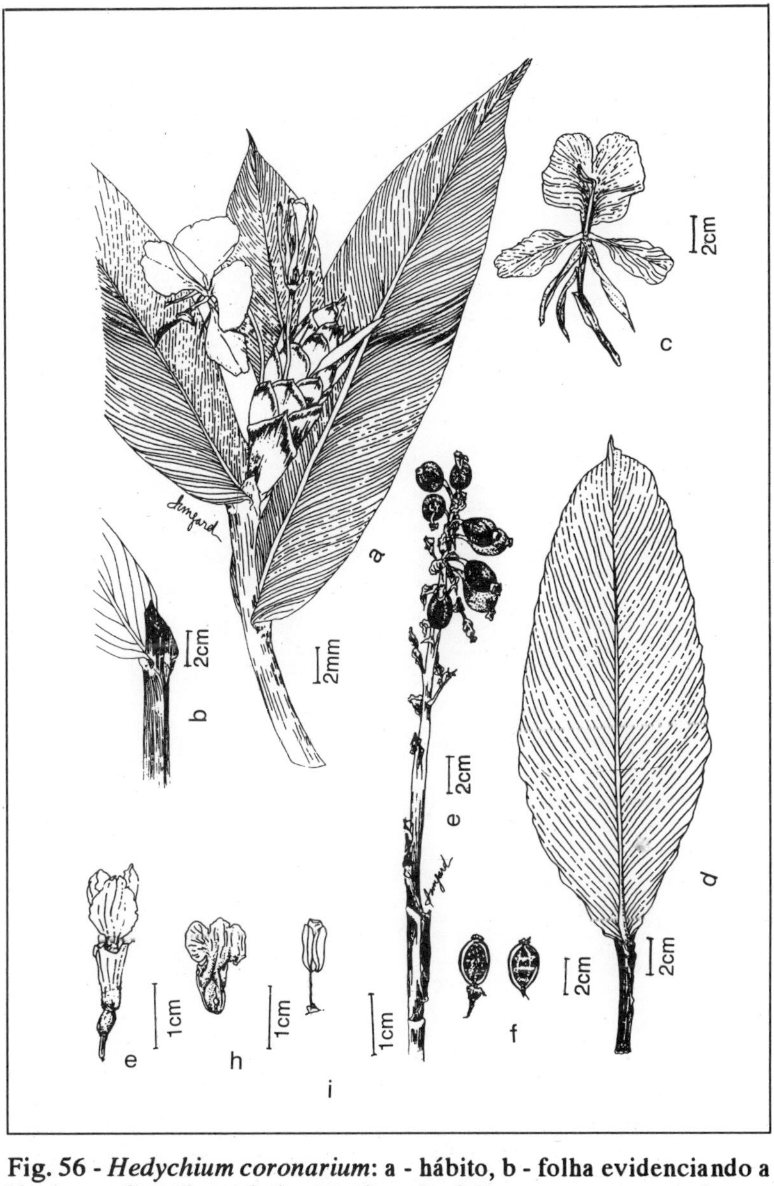

Fig. 56 - *Hedychium coronarium*: a - hábito, b - folha evidenciando a lígula, c - flor. *Renealmia petasites*: d - folha, e - escapo com frutos, f - fruto em corte longitudinal, g - flor, h - estaminódio petalóide, i - estilete atravessando as tecas e nectário glandular basal.